普通高等学校"十四五"规划机械类专业精品教材

机械制造工程训练

主　编　于兆勤　杨　斌

副主编　李灿均　黄小娣　黄永程

华中科技大学出版社

中国·武汉

内容提要

本书根据应用技术型本科教育机械类专业“机械制造工程训练”课程标准的要求编写而成。本书按照生产与教学实际进行编排，满足职业技能鉴定的要求，内容符合岗位技术特点，贴近企业岗位工作实际。

全书共分15章，涵盖了钳工、普通机械加工、数控加工等内容，包含机械制造基础知识、铸造成形、锻造与冲压加工、焊接加工、车削加工、铣削加工、刨削加工、磨削加工、钳工、数控加工、电火花加工、增材制造技术、激光加工。各章均根据各个工种的不同特点提出了学习目标，并附有思考题，以检验教学效果。

本书可作为应用技术型本科院校机械类及近机械类“机械制造工程训练”课程的教材，也可供有关专业工程技术人员参考。

图书在版编目(CIP)数据

机械制造工程训练/于兆勤，杨斌主编. —武汉：华中科技大学出版社，2024.4
ISBN 978-7-5772-0731-5

Ⅰ.①机… Ⅱ.①于… ②杨… Ⅲ.①机械制造工艺-高等学校-教学参考资料 Ⅳ.①TH16

中国国家版本馆CIP数据核字(2024)第075154号

机械制造工程训练
Jixie Zhizao Gongcheng Xunlian

于兆勤 杨 斌 主编

策划编辑：张少奇
责任编辑：程 青
封面设计：原色设计
责任监印：朱 玢
出版发行：华中科技大学出版社(中国·武汉)　电话：(027)81321913
武汉市东湖新技术开发区华工科技园　邮编：430223
录 排：武汉三月禾文化传播有限公司
印 刷：武汉市洪林印务有限公司
开 本：787mm×1092mm 1/16
印 张：19.25
字 数：504千字
版 次：2024年4月第1版第1次印刷
定 价：49.80元

前　言

工程训练是工科院校实践教学中的重要环节，机械制造工程训练是其中的重要组成部分，是工科类学生进行综合性的工程实践和学习现代制造工艺必需的技术基础课程。通过学习，学生能够自己动手完成一系列的工程训练项目，获得现代工业生产方式和生产工艺过程的基本知识，接受生产工艺技术组织管理能力的基本训练。其目标是学习工艺知识，增强工程实践能力，提高综合素质，培养创新精神和创新能力，其作用是其他课程无法替代的。为了适应当前教学改革的要求，结合多年的教学实践经验，在借鉴兄弟院校的成功经验基础上编者编写了本书。

本书从应用技术型本科教育的特点入手，按职业岗位群应掌握的知识和能力进行编写，以能力培养为核心，以知识运用为主线。按照基本理论“适度”“够用”的原则，本书在叙述原理的基础上，更加注重工程实践。

全书共15章，主要内容包括：机械制造基础知识、铸造加工、锻造与冲压加工、焊接加工、车削加工、铣削加工、刨削加工、磨削加工、钳工、数控加工、电火花加工、增材制造技术、激光加工等。各章均根据各个工种的不同特点提出了学习目标，并附有思考题，同时本书附有实习报告，便于学生课后巩固所学的知识。

参加本书编写的有于兆勤、杨斌、李灿均、黄小娣、黄永程，全书由于兆勤、杨斌担任主编。

本书在编写过程中，参考了兄弟院校的同类教材，一一列在了书后的参考文献中，在此一并对作者表示衷心的感谢！

由于编者水平有限，书中难免有错误和不妥之处，恳请读者批评指正，以便再版时修正。

本书可作为应用技术型本科院校及高等院校机械类、近机械类“机械制造工程训练”课程的教材，也可供有关专业工程技术人员参考。

编　者

2023年10月

目　　录

第 1 章　机械制造基础知识

学习目标

1. 了解机械制造工程训练在教学中的地位和作用,掌握工程训练的内容、目的和要求。
2. 了解机械制造工程训练安全文明生产操作规程。
3. 了解常用金属材料和非金属材料的分类、性能和应用。
4. 了解金属材料热处理方法、特点。
5. 掌握各种量具的使用方法。

1.1　概　　述

1.1.1　工程训练在教学中的地位和作用

工程训练是一门实践性很强的技术基础课,是工科类专业学生熟悉加工生产过程、培养实践动手能力和创新意识的重要实践性教学环节。工程训练还是学习其他有关技术基础课程和专业课程的重要基础。理工类学生应具有专业工程技术人员的全面素质,不仅具有优秀的思想品质、扎实的理论基础和专业知识,而且还要有解决实际工程技术问题的能力。

1.1.2　工程训练的主要内容

工程训练的主要内容是学习机械零件制造中的常用制造工艺及设备、工量具的操作方法和一些初步的工艺知识。具体的训练内容包括铸造、压力加工、焊接、车工、钳工、铣工、刨工、磨工、数控加工、特种加工、激光加工、增材制造等。

图 1-1 所示为机械制造的一般过程。

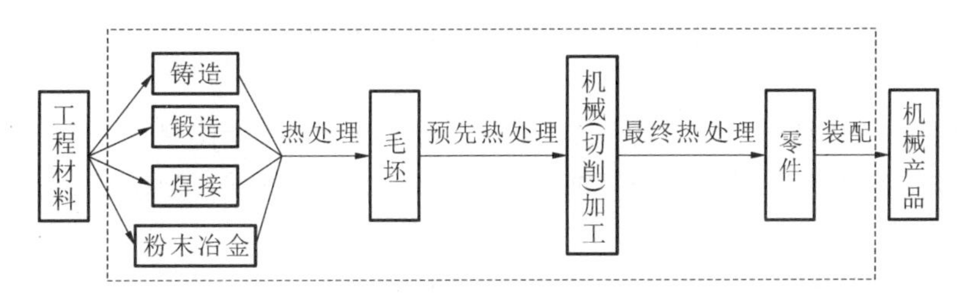

图 1-1　机械制造的一般过程

1.1.3　工程训练的目的和要求

1. 工程训练的目的

工程训练的目的是培养学生的工程意识、动手能力、创新精神,提高综合素质。通过工程训练,使学生初步接触生产实际,对机械制造的过程有一个较为完整的感性认识,为学习机械制造基础和有关后继课程及今后从事机械设计与制造方面的技术工作打下一定的基础,培养学生热爱劳动和理论联系实际的工作作风，拓宽知识视野，增强就业竞争力。

2. 工程训练的基本要求

1）基本知识要求

工程训练是重要实践教学环节，通过车工、钳工、铸造和数控加工等各工种的基本操作训练，使学生了解机械制造的一般过程、机械零件常用加工方法及所用主要设备结构原理、工装量具的使用。实习报告（含实习总结）是工程训练质量考核的形式之一。

2）能力培养要求

通过工程实践技能训练，使学生学习机械制造工艺知识，提高动手能力；促使学生养成勤于思考、勇于实践的良好作风和习惯；鼓励并着重培养学生的创新意识和创新能力；结合教学内容，注重培养学生的工程意识、产品意识、质量意识，提高其工程素质。

3）安全操作要求

在工程训练全过程中，始终强调安全第一的观点，训练开始前进行安全教育，宣讲安全生产的重要性，促使学生遵守劳动纪律和严格执行安全操作规程。

1.1.4 工程训练守则

（1）进入训练场地要听从指导教师安排，认真听讲。

（2）进入训练场地要穿好工作服，袖口、上衣下摆扣紧，戴好工作帽，长头发要放入帽内，不得穿裙子、拖鞋、高跟鞋、背心、短裤或戴围巾进入训练场地。

（3）严禁在训练场地内追逐、打闹、喧哗，阅读与实训无关的书刊，以及听音乐、听广播等。

（4）应在指定的训练设备或装置上进行训练，并严格遵守安全操作规程，未经允许，不得启动其他设备和装置。

（5）仔细检查所用工具的完好性，严禁使用有裂纹、带毛刺、无手柄或手柄松动等不符合安全要求的工具。

（6）训练中要注意周围人员及自身的安全，防止因挥动工具、工具脱落、工件及铁屑飞溅而造成伤害，两人以上工作时要注意协调配合。

（7）切削加工训练时要戴好防护镜，以防止铁屑飞出伤及眼睛。

（8）用汽油和挥发性易燃品清洗工件时，周围应严禁烟火，易燃物品、油桶、油盘、回丝要集中堆放处理。

（9）使用带电工具时应首先检查是否漏电，工具完好正常才能使用。

（10）使用腐蚀剂时要戴口罩、耐腐蚀手套，并防止腐蚀剂倒翻。操作时要小心谨慎，防止外溅。

（11）未经允许不得擅自将实验室内的材料和工具带走。

（12）做到文明实训，工作完后，及时关闭电源，清点整理工具、量具，清洁场地及对所用设备进行保养。

1.2 工程材料

工程材料是人类生产与生活的物质基础，是社会进步与发展的前提。当今社会，材料、信息和能源技术已构成了人类现代社会大厦的三大支柱，而且能源和信息的发展都离不开材料，所以，世界各国都把研究、开发新材料放在突出的地位。工程材料中最典型的是金属材料和非金属材料。

1.2.1 材料的分类

工程材料是在各工程领域中使用的材料。工程上使用的材料种类繁多，工程材料有各种不同的分类方法。一般将工程材料按化学成分分为金属材料、无机非金属材料、高分子材料和复合材料四大类。

1. 金属材料

金属材料可以分为黑色金属和有色金属。黑色金属主要指铁、铬、锰等金属，经常泛指钢铁及其合金；有色金属指除了黑色金属之外的其他金属及其合金。

应用最广的是黑色金属，其用量占整个结构材料和工具材料的90%以上。黑色金属材料的工程性能比较优越，价格也较便宜，是最重要的金属材料。

有色金属按照性能和特点可分为轻金属、易熔金属、难熔金属、贵金属、稀土金属和碱土金属。它们是重要的有特殊用途的材料。

2. 无机非金属材料

无机非金属材料也是重要的工程材料。它主要包括耐火材料、耐火隔热材料、耐蚀(酸)非金属材料和陶瓷材料等。

3. 高分子材料

高分子材料为有机合成材料，也称聚合物。它具有较高的强度、良好的塑性、较强的耐蚀性能、很好的绝缘性等优良性能且重量轻，是工程中发展最快的一类新型结构材料。高分子材料种类很多，工程上通常根据力学性能和使用状态将其分为三大类：塑料、橡胶、合成纤维。

4. 复合材料

复合材料就是由两种或两种以上不同材料组合而成的材料，其性能是其他单质材料所不具备的。复合材料在强度、刚度和耐蚀性方面比单纯的金属、陶瓷和聚合物都优越，是特殊的工程材料，具有广阔的发展前景。

1.2.2 金属材料的分类

1. 碳钢

碳钢中碳的质量分数为0.02%～2.11%，按照碳质量分数可以分为低碳钢(碳质量分数<0.25%)、中碳钢(碳质量分数为0.3%～0.6%)、高碳钢(碳质量分数>0.6%)；按照质量(硫、磷的质量分数)可以分为普通碳素钢(硫质量分数≤0.035%，磷质量分数≤0.035%)、优质碳素钢(硫质量分数≤0.030%，磷质量分数≤0.030%)、高级优质碳素钢(硫质量分数≤0.020%，磷质量分数≤0.020%)。

碳钢按照用途还可以分为碳素结构钢和碳素工具钢。碳素结构钢用于制造工程构件，如桥梁、船舶、建筑构件等，以及一些要求不高的机械零件，如齿轮、轴、连杆、螺钉、螺母等。碳素工具钢用于制造各种刃具、量具、模具等，一般为高碳钢，在质量上都是优质碳素钢或者高级优质碳素钢。

(1) 普通碳素结构钢　普通碳素结构钢的牌号用“Q+数字”表示，其中Q代表屈服强度，后面的数字代表屈服强度的数值，如Q235表示屈服强度为235 MPa。碳素结构钢一般不经热处理直接在供应状态下使用，常用的有Q195、Q215、Q235等，通常用来制造螺栓、螺母、法兰、键、轴等零件。

(2) 优质碳素结构钢　优质碳素结构钢的牌号采用两位数表示钢中碳的平均质量分数的万分数，如 45 钢表示钢中碳的平均质量分数为 0.45%，08 钢表示钢中碳的平均质量分数为 0.08%。优质碳素结构钢主要用于制造机械零件，一般都要进行热处理以提高力学性能。

(3) 碳素工具钢　碳素工具钢的牌号用“T＋数字”表示，T 代表碳素工具钢，后面的数字表示钢中碳的平均质量分数的千分数。如 T8、T10、T12 分别代表碳的平均质量分数为 0.8%、1.0%、1.2%的碳素工具钢，对于高级优质碳素工具钢，则数字后面加 A，如 T12A。碳素工具钢经过热处理(淬火＋低温回火)可以获得很高的硬度，因此可用于制造尺寸较小的量具、刃具、模具等，比如 T12 可以用来制造硬度要求很高(60～62 HRC)的钻头、丝锥、锉刀、刮刀等。

2. 铸铁

铸铁按照显微组织中碳(石墨)的形态分为白口铸铁(碳与铁形成高硬度但很脆的 Fe_3C)、灰铸铁(碳以片状石墨形态出现)、球墨铸铁(碳以球状石墨形态出现)、蠕墨铸铁(碳以蠕虫状石墨形态出现)、可锻铸铁(碳以团絮状出现)。其中白口铸铁硬度高，但很脆，用于制造不受冲击的耐磨零件。

(1) 灰铸铁　灰铸铁牌号的表示方法为“HT＋数字”，数字表示最低抗拉强度。常用的灰铸铁牌号为 HT100、HT150、HT200 等。灰铸铁抗拉强度和塑性低，但铸造性能和减震性能好，主要用于铸造汽车发动机气缸、气缸套、车床床身等承受压力及振动的部件。

(2) 球墨铸铁　球墨铸铁的牌号为“QT＋数字-数字”，两组数字分别表示最低抗拉强度数值和最小伸长率数值，主要牌号有 QT500-7、QT800-2 等。球墨铸铁具有很高的强度和一定的韧性，因此可以代替部分钢(40 钢、40Cr 等)用于制造一些轴类零件(汽车曲轴、连杆、机床主轴等)。

(3) 蠕墨铸铁　蠕墨铸铁主要用于制造一些工作于热循环条件下的铸件，比如柴油机气缸、气缸盖、排气管等。

(4) 可锻铸铁　可锻铸铁的牌号为“KTH＋数字-数字”或“KTZ＋数字-数字”，H 表示黑心可锻铸铁，Z 表示珠光体可锻铸铁，其后面的两组数字分别表示材料的最低抗拉强度数值和最小伸长率数值，主要牌号有 KTH350-10、KTZ550-04 等。可锻铸铁不可以锻造，主要用于制造一些复杂的薄壁零件，比如汽车前后轮壳、减速器壳、转向节壳等。

3. 合金钢

合金钢按照用途可以分为合金结构钢、合金工具钢、特殊性能钢三大类。

(1) 合金结构钢　合金结构钢的牌号用“数字＋合金元素符号＋数字”表示，前面的数字表示钢中碳的平均质量分数的万分数，后面的数字表示合金元素的平均质量分数的百分数，合金元素的平均质量分数小于 1.5%时，牌号中只标合金元素不标平均质量分数。如 60Si2Mn 中碳的平均质量分数为 0.6%，Si 的平均质量分数为 2%，Mn 的平均质量分数小于 1.5%。合金结构钢主要用于制造重要的工程构件和机械零件。

(2) 合金工具钢　合金工具钢的牌号与合金结构钢类似，也用“数字＋合金元素符号＋数字”表示，只是前面的数字表示碳的平均质量分数的千分数，如果碳的平均质量分数大于 1%，则不标前面的数字，但其中高速钢中碳的平均质量分数小于 1%时也不标碳含量。如 9SiCr 中碳的平均质量分数为 0.9%，Si 和 Cr 的平均质量分数小于 1.5%。

(3) 特殊性能钢　特殊性能钢牌号的表示方法与合金工具钢完全相同，但钢中碳的平均质量分数小于0.03%时，牌号前加00，碳的平均质量分数小于0.08%时，前面加0。如对于奥氏体不锈钢0Cr18Ni9Ti，碳的平均质量分数小于0.08%，Cr的平均质量分数为18%，Ni的平均质量分数为9%，Ti平均质量分数小于1.5%。

4. 有色金属及其合金

有色金属的种类繁多，常见的有铝、铜、钛、镁、锌、铅等及其合金。尽管有色金属的产量和使用不及黑色金属，但由于它具有某些特殊性能，目前已经成为现代工业中不可缺少的材料。

1.3　钢的热处理

1.3.1　钢的热处理工艺

钢的热处理指在固态下采用适当的方式对钢进行加热、保温和冷却，改变其表面或内部的组织结构以获得所需要的组织结构与性能的工艺。

热处理是机械零件及模具制造过程中的重要工序之一，利用热处理可以使金属具有优良的力学性能，如高的强度、硬度、塑性和弹性等，从而扩大材料的使用范围，提高材料的利用率，延长使用寿命。因此，在汽车、拖拉机及各类机床上有70%～80%的钢铁零件要进行热处理。模具、量具和轴承等则全部需要进行热处理。

在热处理时，由于零件的成分、形状、大小、工艺性能及使用性能不同，加热温度、保温时间以及冷却速度也不同。常用的热处理方法有普通热处理（退火、正火、淬火和回火）、表面热处理（表面淬火、化学热处理）和特殊热处理等，如图1-2所示。

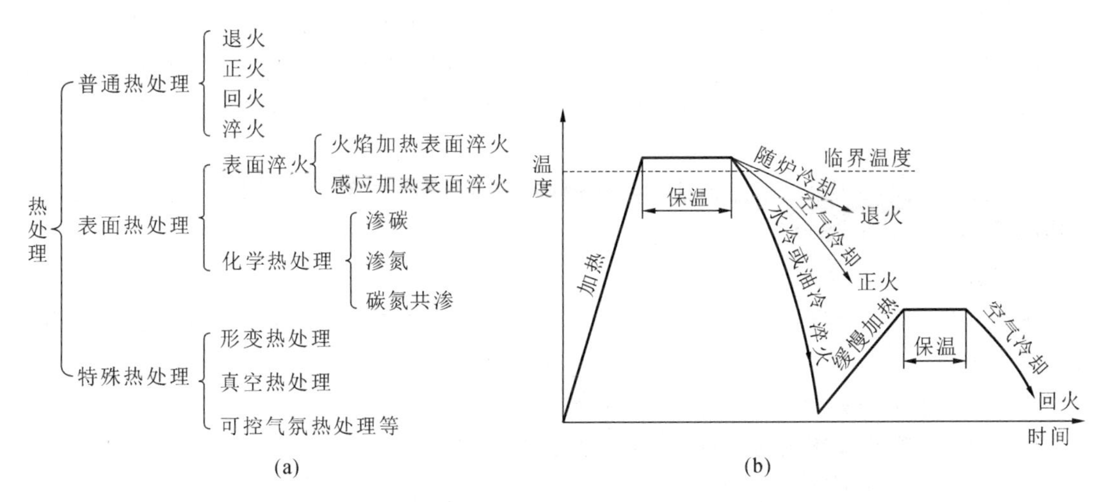

图1-2　碳钢常用热处理工艺和曲线示意图

在生产中，常把热处理分为预先热处理和最终热处理两种。预先热处理的目的是消除前道工序所遗留的缺陷和为后续加工做准备；最终热处理则在于满足零件的使用性能要求。各种热处理方法根据加工目的，穿插在各冷热加工工艺中进行。

1.3.2　钢的普通热处理

1. 退火

退火就是将工件加热到预定温度，保温一定的时间后缓慢冷却的金属热处理工艺。

退火的目的如下：

(1) 改善或消除钢铁在铸造、锻压、轧制和焊接过程中产生的各种组织缺陷以及残余应力，防止工件变形、开裂。

(2) 软化工件以便进行切削加工。

(3) 细化晶粒，改善组织以提高工件的力学性能。

(4) 为最终热处理(淬火、回火)做好组织准备。

常用的退火工艺如下：

(1) 完全退火　用以细化中、低碳钢经铸造、锻压和焊接后出现的力学性能不佳的粗大过热组织。将工件加热到铁素体全部转变为奥氏体的温度以上 30～50 ℃，保温一段时间，然后随炉缓慢冷却，在冷却过程中奥氏体再次发生转变，即可使钢的组织变细。

(2) 球化退火　用以降低工具钢和轴承钢锻压后的偏高硬度。将工件加热到钢开始形成奥氏体的温度以上 20～40 ℃，保温后缓慢冷却，在冷却过程中珠光体中的片层状渗碳体变为球状，从而使硬度降低。

(3) 等温退火　用以降低某些镍、铬含量较高的合金结构钢的高硬度，以进行切削加工。一般先以较快速度冷却到奥氏体最不稳定的温度，保温适当时间，奥氏体转变为屈氏体或索氏体，硬度即可降低。

(4) 再结晶退火　用以消除金属线材、薄板在冷拔、冷轧过程中的硬化现象(硬度升高、塑性下降)。加热温度一般为钢开始形成奥氏体的温度以下 50～150 ℃，只有这样才能消除加工硬化现象使金属软化。

(5) 石墨化退火　用以使含有大量渗碳体的铸铁变成塑性良好的可锻铸铁。工艺操作是将铸件加热到 950 ℃左右，保温一定时间后适当冷却，使渗碳体分解形成团絮状石墨。

(6) 扩散退火　用以使合金铸件化学成分均匀化，提高其使用性能。方法是在不发生熔化的前提下，将铸件加热到尽可能高的温度，并长时间保温，待合金中各种元素趋于均匀分布后缓冷。

(7) 去应力退火　用以消除钢铁铸件和焊接件的内应力。将钢铁制品加热到开始形成奥氏体的温度以下 100～200 ℃，保温后在空气中冷却，即可消除内应力。

2. 正火

正火是将工件加热至临界温度以上 30～50 ℃，保温一段时间后，从炉中取出在空气中冷却的热处理工艺。

正火的目的如下：

(1) 使晶粒细化和碳化物分布均匀，去除材料的内应力。

(2) 降低材料的硬度，提高塑性。

(3) 为后续加工做准备，提高效率，降低成本。

正火的主要应用范围如下：

(1) 用于低碳钢，正火后硬度略高于退火，韧性也较好，可作为切削加工的预处理工序。

(2) 用于中碳钢，可代替调质处理(淬火＋高温回火)作为最后热处理工序，也可作为用感应加热方法进行表面淬火前的预备处理工序。

(3) 用于工具钢、轴承钢、渗碳钢等，可以消除或抑制网状碳化物的形成，从而得到球化退火所需的良好组织。

(4) 用于铸钢件，可以细化铸态组织，改善切削加工性能。

(5) 用于大型锻件,可作为最后热处理工序,从而避免淬火时产生较大的开裂倾向。

(6) 用于球墨铸铁,使硬度、强度、耐磨性得到提高,如用于制造汽车、拖拉机、柴油机的曲轴、连杆等重要零件。

(7) 用于过共析钢,球化退火前进行一次正火,可消除网状二次渗碳体,以保证球化退火时渗碳体全部球粒化。

3. 淬火

钢的淬火是将钢加热到临界温度以上,保温一段时间,使之全部或部分奥氏体化,然后将钢浸入水或油中快速冷却的热处理工艺。

淬火的目的如下:

(1) 使过冷奥氏体进行马氏体或贝氏体转变,得到马氏体或贝氏体组织,然后配合不同温度的回火,以大幅提高钢的刚度、硬度、耐磨性、疲劳强度以及韧性等,从而满足各种机械零件和工具的不同使用要求。

(2) 淬火可满足某些特种钢材的铁磁性、耐蚀性等特殊的物理、化学性能。

4. 回火

将经过淬火的工件重新加热到低于临界温度的适当温度,保温一段时间后在空气或水、油等介质中冷却的金属热处理工艺。回火是工件获得所需性能的最后一道重要热处理工序。淬火后的工件应及时回火,通过淬火和回火的配合,工件才可以获得所需的力学性能。

回火的目的如下:

(1) 消除工件淬火时产生的残留应力,防止变形和开裂。

(2) 调整工件的硬度、强度、塑性和韧性,达到使用性能要求。

(3) 稳定组织与尺寸,保证精度。

(4) 改善和提高加工性能。

回火的分类如下:

(1) 低温回火　回火温度为150～250 ℃。低温回火可以降低零件淬火应力及脆性,使零件保持高硬度及高耐磨性。低温回火广泛用于要求硬度高、耐磨性好的零件,如由各类高碳工具钢、低合金工具钢制作的刃具,冷变形模具、量具,滚珠轴承及表面淬火件等。

(2) 中温回火　回火温度为350～450 ℃。经中温回火的零件的内应力进一步减小,组织基本恢复正常,因而具有很高的弹性,又具有一定的韧性和强度。中温回火主要用于各类弹簧,热锻模具及某些要求较高强度的轴、轴套、刀杆等。

(3) 高温回火　回火温度为500～650 ℃。高温回火可以消除零件淬火后的大部分内应力,获得强度、韧性、塑性都较好的综合力学性能。生产中通常把淬火加高温回火的处理称为调质处理。对于各种重要的结构件,特别是在交变载荷下工作的零件,如连杆、螺栓、齿轮、轴等都需经过调质处理后再使用。

回火决定了零件最终的使用性能,直接影响零件的质量和寿命。

1.4　切削加工的基本知识

切削加工是利用切削刀具从毛坯上切除多余的材料,以获得所需的形状、尺寸精度和表面粗糙度的加工方法。切削加工在工业生产中占有非常重要的地位,除了少数零件可以用铸造和锻造获得外,大部分的零件都要经过切削加工。统计表明,金属切削加工的工作量占机器制造总工作量的 40%～60%。由于切削加工一般是在常温下进行的，不需要加热，因此传统上也常称之为冷加工。图 1-3 所示为常见的加工方式。

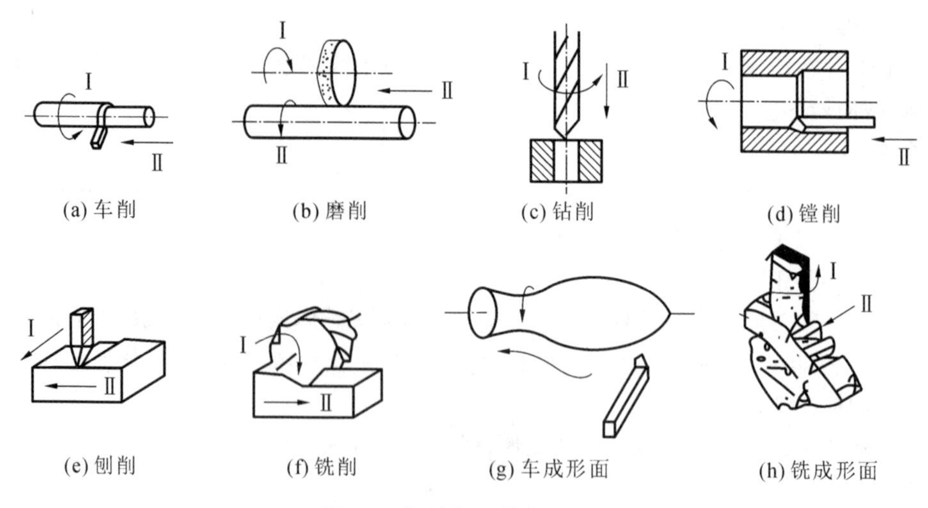

(a) 车削　(b) 磨削　(c) 钻削　(d) 镗削

(e) 刨削　(f) 铣削　(g) 车成形面　(h) 铣成形面

图 1-3　机械加工的常见方式

1.4.1　切削加工的主要特点

1. 加工精度高

切削加工可获得相当高的尺寸精度和很小的表面粗糙度，磨削外圆精度最高可达 IT5～IT7 级，表面粗糙度 Ra 值达到 0.008～0.1 μm。

2. 使用范围广

切削加工的零件材料、形状、尺寸和重量范围较大。切削加工多用于金属材料的加工，如各种碳钢、合金钢、铸铁、有色金属及其合金等，也可用于非金属材料的加工，如石材、木材、塑料和橡胶等。现代制造业也已经有了各种型号及大小的机床，既可以加工数十米的大型零件，也可以加工微小的零件。加工表面包括常见的规则表面，也包括不规则的空间三维曲面。

3. 生产率高

在常规条件下，切削加工的生产率一般高于其他加工方法，特别是数控加工技术的发展，已经使切削加工技术提高到一个崭新的阶段。

1.4.2　切削加工运动

为了加工出各种形式的表面，工件与刀具之间必须存在准确的相对运动，所以，无论采用哪种机床进行切削加工，都必须有以下两种切削运动。

1. 主运动

使刀具与工件产生相对运动，并切除多余金属以形成已加工表面的基本运动，称为主运动。它的特点是：切削过程中速度最高，消耗机床功率最多。如车床上工件的旋转；牛头刨上刨刀的移动；铣床上铣刀、钻床上钻头和磨床上砂轮的旋转等。

2. 进给运动

配合主运动保持切除多余金属的状态，以便形成全部已加工表面的运动，称为进给运动，又称走刀运动。如车刀、钻头、龙门刨刀的移动，铣削、牛头刨刨削时工件的移动都是进给运动。它的特点是:速度很低,消耗功率比较少。

切削加工中主运动一般只有一个,进给运动则可能有一个或几个。

3. 切削用量三要素

切削用量三要素包括背吃刀量 a_p、进给量 f 和切削速度 v_c。如图 1-4 所示,以车外圆为例来说明切削用量三要素的计算方法及单位。

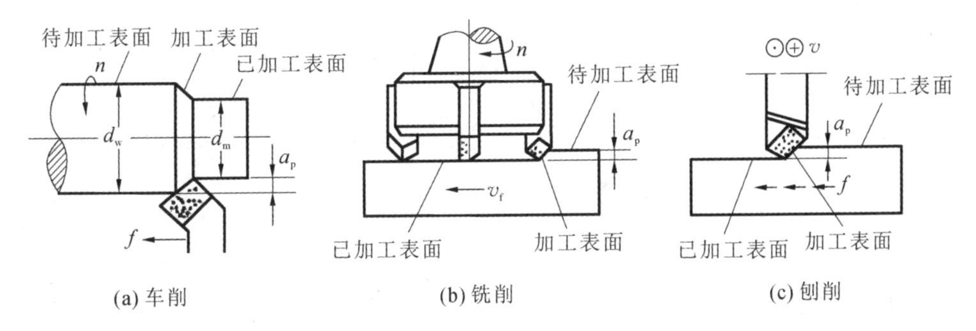

图 1-4　切削用量三要素

(1) 背吃刀量(又称切深)a_p:待加工表面和已加工表面之间的垂直距离,即

$$a_p = (d_w - d_m)/2 \text{ (mm)}$$

(2) 进给量 f:在单位时间内,刀具和工件沿进给运动方向相对移动的距离。即工件每转一周,刀具沿进给运动方向移动的距离,单位是 mm/r。车削加工时进给速度为

$$v_f = n_f$$

(3) 切削速度(简称切速)v_c:在单位时间内,工件和刀具沿着主运动方向相对移动的距离,即

$$v_c = \pi d_w n/1000 \text{ (m/min)}$$

式中:d_w——加工表面的最大直径(mm);

　　n——主运动每分钟转数(r/min)。

4. 零件加工的三个表面

在切削过程中,零件上同时形成三个不同变化着的表面,如图 1-5 所示。

(1) 待加工表面:零件上有待切除的表面。

(2) 已加工表面:零件上经刀具切削后形成的表面。

(3) 过渡表面:在零件需加工的表面上,被主切削刃切削形成的轨迹表面。由于过渡表面是待加工表面与已加工表面间的过渡面,因此得此称谓。

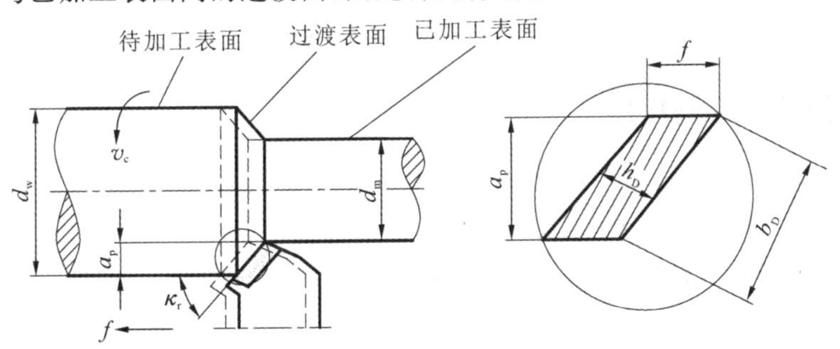

图 1-5　切削时的三个表面

1.5 切削刀具

1.5.1 刀具材料

1. 对刀具材料的基本要求

刀具材料是指刀具切削部分的材料，在切削时要承受高温、高压，以及强烈的摩擦、冲击和振动，因此，刀具切削部分的材料应具备以下基本性能。

(1) 高的硬度　刀具材料的硬度必须高于工件材料的硬度。刀具材料的常温硬度一般要求在 60 HRC 以上。

(2) 高的耐磨性　耐磨性高才能维持一定的切削时间，一般刀具材料的硬度越高，耐磨性越好。

(3) 足够的强度和韧性　刀具材料应具有足够的强度和韧性，以便承受切削力、冲击和振动，避免产生崩刃和折断。

(4) 高的耐热性(热稳定性)　耐热性是指刀具材料在高温下保持硬度、强度不变的能力，刀具材料应具有高耐热性。

(5) 良好的工艺性能　刀具材料应具有良好的工艺性能，以便制造各种刀具。通常刀具材料应具有良好的锻造性能、热处理性能、焊接性能、磨削加工性能等。

2. 常用刀具材料

常用刀具材料有碳素工具钢、合金工具钢、高速钢、硬质合金等。

(1) 碳素工具钢(如 T10、T12A)及合金工具钢(如 9SiCr)　其特点是淬火硬度较高，价廉。但耐热性较差，淬火时易产生变形，通常只用于手工工具及形状较简单、切削速度较低的刀具。

(2) 高速钢　高速钢是含有较多 W、Mo、Cr、V 等元素的高合金工具钢。高速钢具有较高的硬度(热处理硬度可达 62～67 HRC)和耐热性(切削温度可达 500～600 ℃)，可以加工铁碳合金、非铁金属、高温合金等材料。高速钢具有高的强度和韧性，抗冲击振动的能力较强，适合制造各类刀具。常用牌号有 W18Cr4V 和 W6Mo5Cr4V2 等。

(3) 硬质合金　硬质合金是在高温下烧结而成的粉末冶金制品，具有较高的硬度(70～75 HRC)，能耐 850～1000 ℃的高温，具有良好的耐磨性，可加工包括淬硬钢在内的多种材料，因此获得广泛应用。其缺点是性脆，不耐冲击振动，刃口不锋利，较难加工，不易制成形状较复杂的整体刀具，因此通常将硬质合金焊接或机械夹固在刀体(刀柄)上使用(如硬质合金车刀)。常用的硬质合金有钨钴类(YG 类)、钨钛钴类(YT 类)和钨钛钽(铌)类(YW 类)三类。

1.5.2 刀具的几何角度

切削刀具的种类很多，但它们的结构要素和几何角度有许多共同的特征。各种切削刀具中，车刀最为简单，如图 1-6 所示，刀具中的任何一齿都可以看成车刀切削部分的演变及组合，因此首先分析车刀的几何角度。

1. 车刀的组成

车刀由刀头和刀杆两部分组成。刀头是车刀的切削部分，刀杆是车刀的夹持部分。切削部分由三面、二刃、一尖组成，如图 1-7 所示。

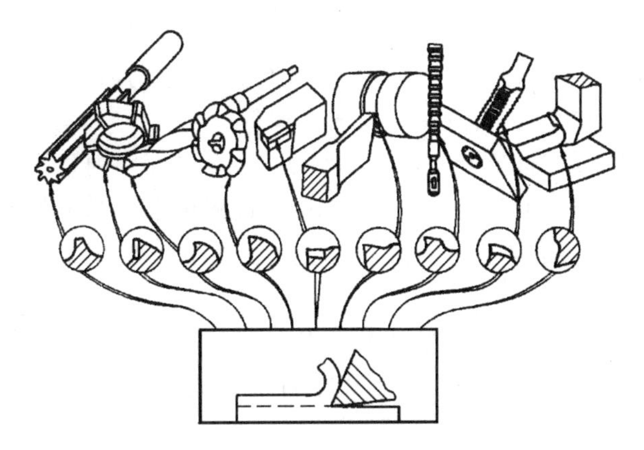

图 1-6　各种刀具切削部分的形状

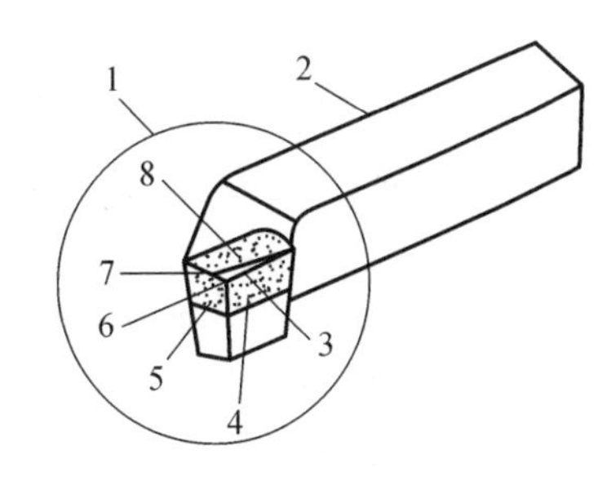

图 1-7　车刀的组成

1—刀头；2—刀杆；3—主切削刃；4—后刀面；5—副后刀面；6—刀尖；7—副切削刃；8—前刀面

(1) 前刀面　刀具上切屑流过的表面。

(2) 后刀面　与零件加工表面(过渡表面)相对的表面。

(3) 副后刀面　与零件已加工表面相对的表面。

(4) 主切削刃　前刀面与后刀面相交的切削刃，它承担着主要的切削任务。

(5) 副切削刃　前刀面与副后刀面相交的切削刃，它承担着一定的切削任务。

(6) 刀尖　主切削刃与副切削刃的交接处。为了强化刀尖，常将其磨成小圆弧形。

2. 车刀角度

为确定车刀的角度，需要建立三个辅助平面，即切削平面、基面和正交平面，如图 1-8、图 1-9 所示。

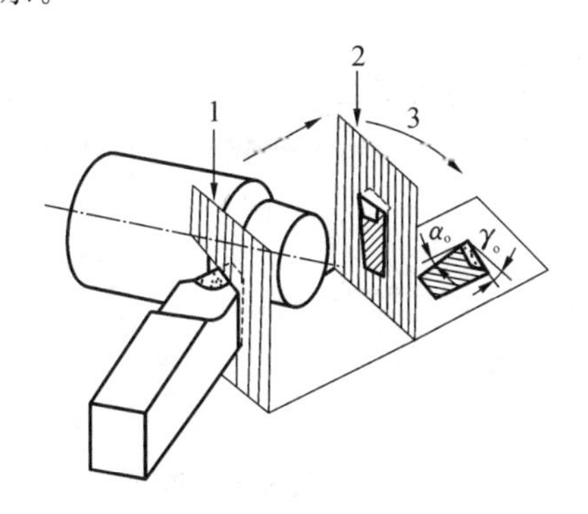

图 1-8　辅助平面

1—正交平面；2—正交平面图形平移；3—翻倒

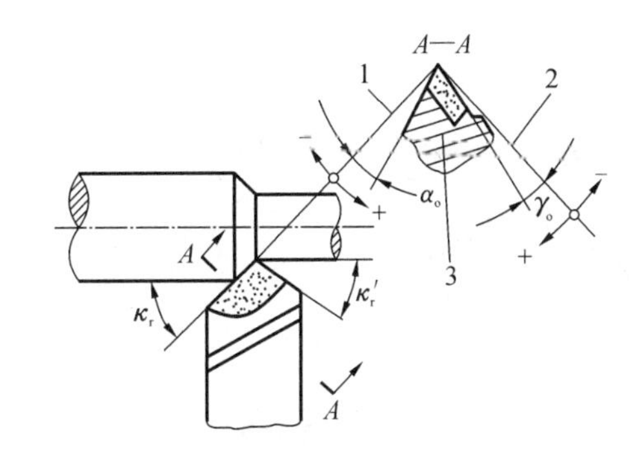

图 1-9　车刀的基本角度

1—切削平面；2—基面；3—正交平面

(1) 前角 γ_o　前刀面与基面的夹角，在正交平面中测量。其作用是使切削刃锋利，便于切削。但前角也不能太大，否则会削弱刀头的强度，使刀头容易磨损甚至崩坏。加工塑性材料时，前角应选大些，加工脆性材料时，前角要选小些。前角取值范围为 $-5°\sim25°$。

(2) 主后角 α_o　后刀面与切削平面间的夹角，在正交平面中测量。其作用是减小后刀面与零件的摩擦。后角取值范围为 $3°\sim12°$。粗加工时主后角选较小值，精加工时主后角选较大值。

(3) 主偏角 κ_r　主切削刃在基面上的投影与进给运动方向之间的夹角，在基面中测量。

减小主偏角,能使切屑的截面薄而宽,从而使切削刃单位长度的切削负荷减轻,同时加强刀尖强度,改善散热条件,提高刀具寿命。但减小主偏角,会使刀具对零件的径向切削力增大,容易使零件变形,影响加工精度。因此,零件刚度较小时,应选用较大的主偏角。

(4) 副偏角 κ_r' 副切削刃在基面上的投影与进给反方向之间的夹角,在基面中测量。减小副偏角,有利于降低零件的表面粗糙度数值。但是副偏角太小,切削过程中会引起零件振动,影响加工质量。副偏角取值范围为 5°～15°,粗加工时副偏角选较大值,精加工时副偏角选较小值。

(5) 刃倾角 λ_s 主切削刃与基面间的夹角。当刀尖相对于车刀刀柄安装面处于最高点时,刃倾角为正值;当刀尖处于最低点时,刃倾角为负值;当切削刃平行于刀柄安装面时,刃倾角为 0°,这时,切削刃在基面内。

1.6 量　　具

1.6.1 量具的种类

判断加工出的零件是否符合图纸要求(包括尺寸精度、形状精度、位置精度和表面粗糙度),需要用测量工具进行测量,这些测量工具简称量具。由于零件有各种不同形状,它们的精度也不一样,因此我们要用不同的量具去测量。

量具的种类很多,本节仅介绍几种常用量具。

1. 卡钳

卡钳是一种间接量具。使用时必须与钢尺或其他刻线量具合用。图 1-10、图 1-11 分别为用外卡钳测量轴径、内卡钳测量孔径的方法。

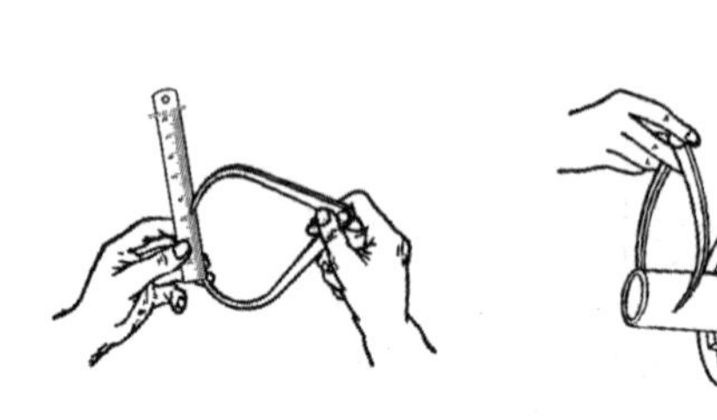

图 1-10　用外卡钳测量

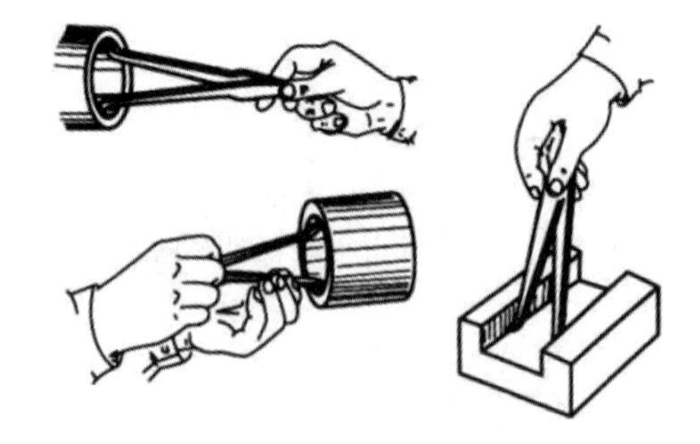

图 1-11　用内卡钳测量

2. 游标卡尺

如图 1-12 所示,游标卡尺是一种比较精密的量具,它可以直接量出工件的内径、外径、宽度、长度、深度等尺寸。按照读数的精度,游标卡尺可分为 1/10、1/20 和 1/50 三种,它们的读数精度分别是 0.1 mm、0.05 mm 和 0.02 mm。游标卡尺的测量范围有 0～125 mm、0～200 mm、0～300 mm 等数种规格。

如图 1-13 所示,以 1/50 的游标卡尺为例,说明它的刻线原理和读数方法。

刻线原理:当主副两尺的卡脚贴合时,副尺(游标)上的零线对准主尺的零线,如图 1-14 所示,主尺每一小格为 1 mm,将主尺 49 mm 的长度在副尺上等分为 50 格,即主尺上 49 mm 刚好等于副尺上 50 格。副尺每格长度＝49/50 mm＝0.98 mm,主尺与副尺每格之差＝1 mm

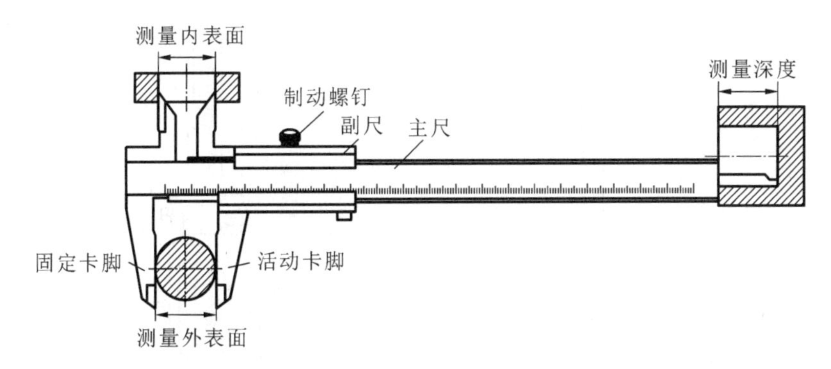

图 1-12　游标卡尺

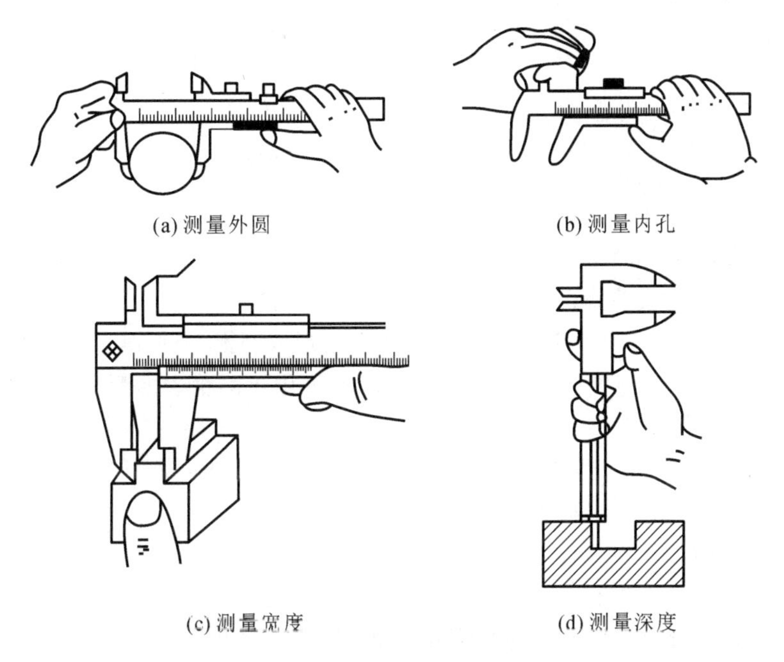

图 1-13　游标卡尺的测量方法

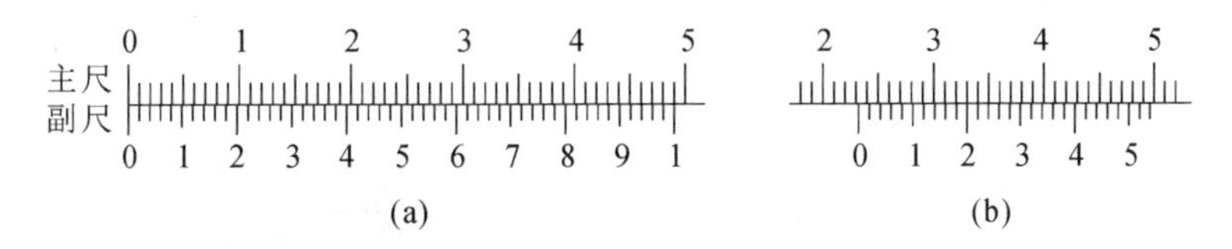

图 1-14　0.02 mm 游标卡尺的刻线原理与读数方法

−0.98 mm=0.02 mm。

读数方法：如图 1-14(b)所示，读数过程可分为三个步骤。

(1) 根据副尺零线以左的主尺上的最近刻度读出整毫米数；

(2) 根据副尺零线以右与主尺刻线对准的刻线数乘上 0.02 读出小数；

(3) 将上面整数和小数两部分尺寸加起来，即为总尺寸。

图 1-15 所示是专用于测量深度和高度的游标卡尺。高度游标卡尺除用于测量工件的高度外，还可用于精密划线。

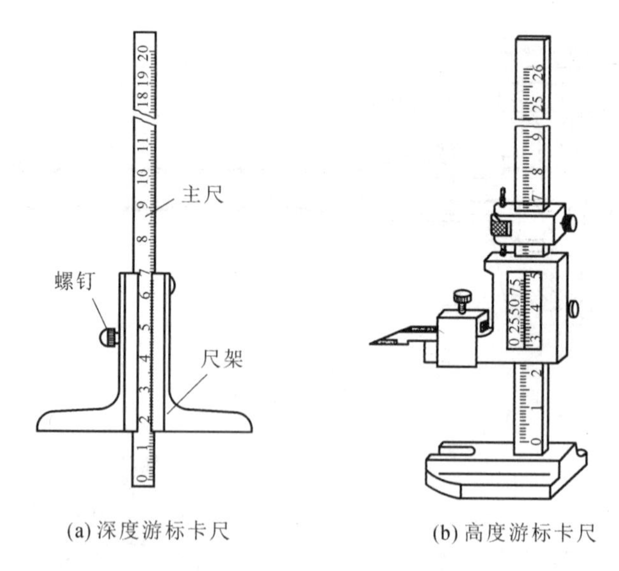

(a) 深度游标卡尺　　(b) 高度游标卡尺

图 1-15　深度游标卡尺和高度游标卡尺

使用游标卡尺时应注意下列事项。

(1) 校对零点，先擦净卡脚，然后将两卡脚贴合，检查主、副尺零线是否重合。若不重合，则在测量后应根据原始误差修正读数。

(2) 测量时，卡脚不得用力紧压工件，以免卡脚变形或磨损，降低测量的准确度。

(3) 游标卡尺仅用于测量加工过的光滑表面，不宜用于测量表面粗糙的工件和正在运动的工件，以免卡脚过快磨损。

(4) 用游标卡尺测量工件时，应使卡脚逐渐与工件表面靠近，最后轻微接触。还要注意游标卡尺必须放正，切忌歪斜，以免测量不准。

3. 百分尺、千分尺

百分尺、千分尺是比游标卡尺更为精确的测量工具，其测量精度分别为 0.01 mm、0.001 mm，有外径千分尺、百分尺，内径千分尺和深度千分尺几种。外径百分尺按测量范围有 0～25 mm、25～50 mm、50～75 mm、75～100 mm、100～125 mm 等多种规格。

图 1-16 是测量范围为 0～25 mm 的外径百分尺，其螺杆和活动套筒连接在一起，当转动活动套筒时，螺杆和套筒一起向左或向右移动。

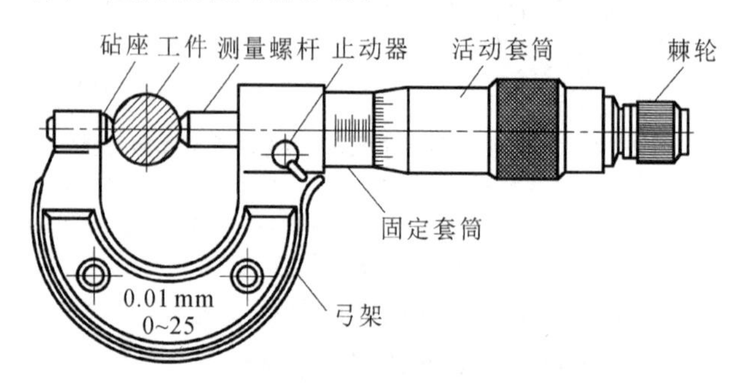

图 1-16　外径百分尺

百分尺的刻线原理和读数示例如图 1-17 所示。

刻线原理：百分尺的读数机构由固定套筒和活动套筒组成(相当于游标卡尺的主尺和副

机械制造工程训练实习报告

主编　于兆勤　杨　斌　黄永程

姓　名 ____________________

学　号 ____________________

班　级 ____________________

学　院 ____________________

前　言

机械工程训练是高等学校工科专业重要的实践教学环节，目的是不断提高工程训练的教学质量，让学生掌握机械制造的各种加工方法和基础知识，培养学生的工程意识。本实习报告与《机械制造工程训练》教材配套使用，报告中的内容可根据训练安排选做。学生通过各项目的训练，在阅读训练教材的基础上，按照教学要求完成实习报告。

本实习报告由于兆勤、杨斌、黄永程担任主编。

限于编者的水平，报告中难免存在缺点与不足之处，希望读者批评指正。

编　者

2024.1

目　　录

训练1 机械制造基础知识训练

1. 填空题。

(1) 工程训练具体的训练内容包括________、________、________、________、________、________、________、________、________、________、________、________等。

(2) 热处理工艺过程通常由________、________、________三个阶段组成。热处理的目的是改变金属材料的________________。

(3) 常规热处理主要包括________、________、________、________等四种方法。

(4) 工程材料按化学成分分为________、________、________、________等四类。

(5) 生产中通常把金属材料分为________和________两大类。

(6) 钢的碳含量(质量分数)在________以下时称为低碳钢,碳含量为________时为中碳钢,碳含量在________时为高碳钢。

(7) 调质是________与________相结合的热处理工艺。

(8) 碳钢按用途分为________、________。

(9) 合金钢按用途分为________、________、________。

(10) 切削用量三要素包括________、________、________。

(11) 刀具切削部分的材料应具备以下基本性能:________、________、________、________、________。

(12) 常用刀具材料有________、________、________、________等。

2. 名词解释。

退火:____。

正火:____。

淬火:____。

3. 解释下列金属材料牌号的意义，并说明其主要应用在什么场合。

Q235：____

____。

45：____

____。

QT600-2：____

____。

HT200：____

____。

60Si2Mn：____

____。

4. 量具的种类有哪些?

训练2 铸造成形训练

1. 填空题。

(1) 铸造方法很多,主要可分为________和________两大类。

(2) 铸造的实质是利用________的流动性来实现成形的,采用铸造方法获得的金属制品称为________,用于铸造的金属统称为铸造合金。

(3) 现代铸造技术大力发展,出现了________、________、________、________和________等特种铸造技术。

(4) 型(芯)砂是由________、________、________、________等按一定比例配制而成的。

(5) 手工造型常用的工具有________、________、________、________、________、________、________、________等。

(6) 型(芯)砂根据黏结剂不同,可分为________、________、________等类型。

(7) 为保证铸件质量,型(芯)砂应具备________、________、________、________等性能。

2. 把图2 1所示的手工造型主要工序流程填充完整。

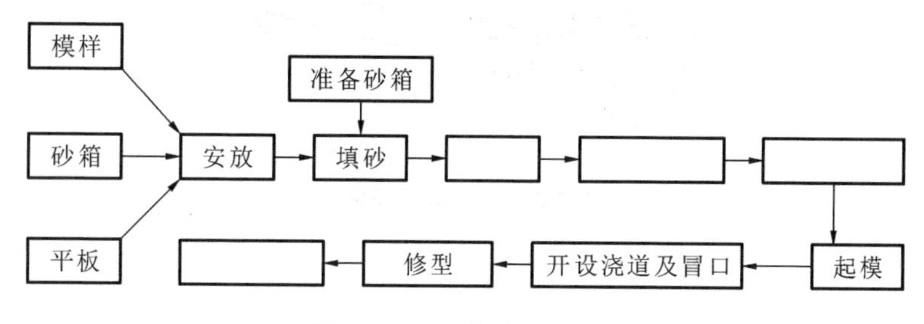

图2-1 手工造型工序流程

3. 标出铸型装配图(图 2-2)和带浇冒口铸件(图 2-3)各部分的名称。

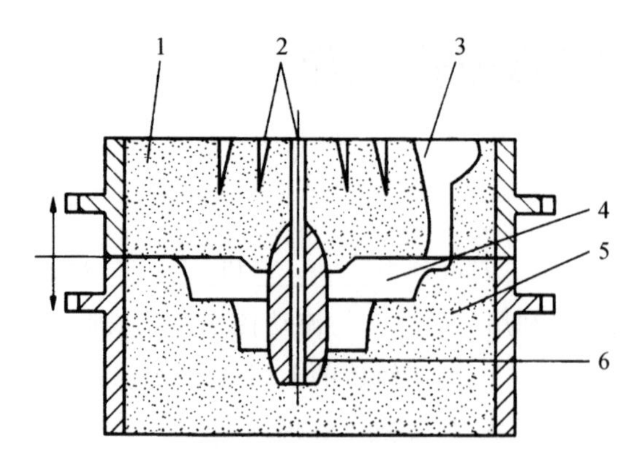

图 2-2　铸型装配图

1 ________;2 ________;3 ________;

4 ________;5 ________;6 ________

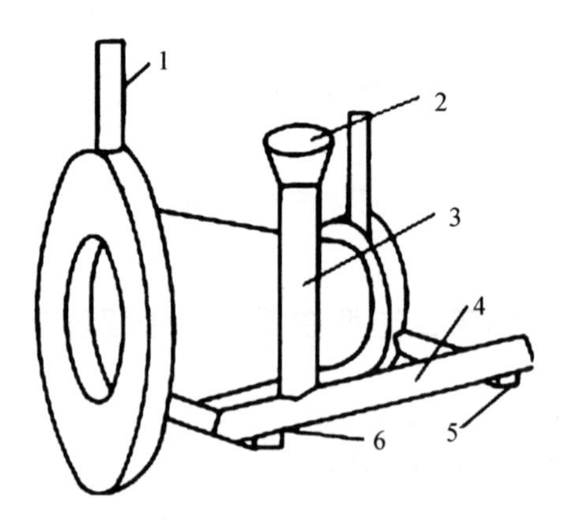

图 2-3　带浇冒口铸件

1 ________;2 ________;3 ________;

4 ________;5 ________;6 ________

4. 简答题。

（1）浇注时浇注温度是否越高越好？为什么？

（2）机器造型有哪些特点？

（3）简述铸造训练时两箱造型的操作步骤。

训练 锻造与冲压加工训练

1. 填空题。

（1）锻压成形是指对金属施加外力，使金属产生________，改变坯料的________，并改善其________和________，获得一定形状、尺寸和性能的毛坯或零件的成形加工方法。

（2）金属开始锻造时的温度称为________，结束锻造的温度称为________。

（3）锻造时将金属加热的目的是________和________。

（4）锻造成形常见的方法有________、________、________等。

（5）自由锻的基本工序有________、________、________、________、________和________等。

（6）金属在加热时可能产生的缺陷有________、________、________和________等。

（7）根据工具的功能可将自由锻常用工具分为________、________、________、________等几类。

（8）板料冲压是利用________使板料产生________或________的加工方法。

（9）胎模按其结构可分为________、________、________、________、________和________等。

2. 冲模分哪几类？写出图 3-1 简单冲模各零件编号的名称。

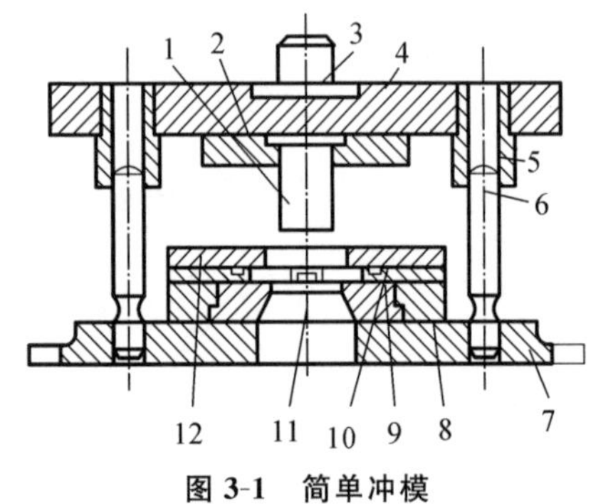

图 3-1 简单冲模

1 ________；2 ________；

3 ________；4 ________；

5 ________；6 ________；

7 ________；8 ________；

9 ________；10 ________；

11 ________；12 ________

训练  焊接加工训练

1. 填空题。

(1) 焊接是通过加热或加压,或两者并用,借助________的结合和扩散,使________牢固地连接成一体的工艺方法。

(2) 焊接电弧分________、________和________等三个区域,其中________的散热条件差,温度可达________K。

(3) 能进行氧气切割的金属有________、________、________、________。

(4) 手工电弧焊时,常用的点火方法是________。

(5) 氧乙炔焰按氧和乙炔的混合比例不同,可分成________、________、________三种。

(6) 对接接头的坡口形状有________、________、________、________。

(7) 手工电弧焊四种典型的焊接位置是________、________、________、________。

(8) 电阻焊的基本形式有________、________、________三种。

2. 将图 4-1 所示的焊炬各组成部分的名称填入表 4-1 中。

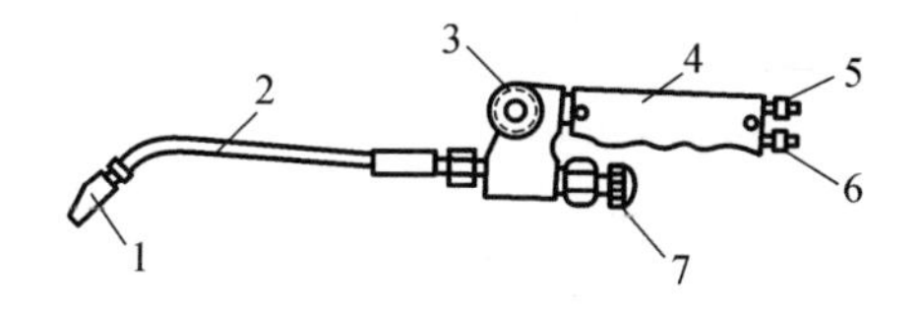

图 4-1　焊炬

表 4-1　焊炬各组成部分

标号	名称	标号	名称
1		5	
2		6	
3		7	
4			

3. 简述气焊操作时点火、熄火的操作要领。

4. 简述焊接主要优缺点。

训练5　车削加工训练

1. 填空题。

(1) 车削加工就是在车床上利用工件的________和刀具的________来改变毛坯形状和尺寸，把它加工成符合图样要求的零件。

(2) 车削的加工工艺范围广泛，包括________、________、________、________、________、________、________、________、________、________等。

(3) 车削实习中常用的车刀类型有________、________、________和________等。

(4) 车床的种类很多，主要有________、________、________、________、________、________、________。

(5) 车削训练中你所使用的车刀材料为________。

(6) 车刀安装时不宜伸出太长，一般刀头伸出不超过刀杆厚度的________，车刀刀尖应与________等高。

(7) 尾座用于安装________以顶住工件，还可以安装________进行钻孔。

(8) 车削加工时，常使用________测量零件，其测量精度为________。

(9) 在车床上使用三爪卡盘安装工件的优点是工件可以________。

(10) 车床附件主要有________、________、________、________、________、________等。

2. 指出图 5-1 所示普通车床各部分的名称，填入表 5-1。

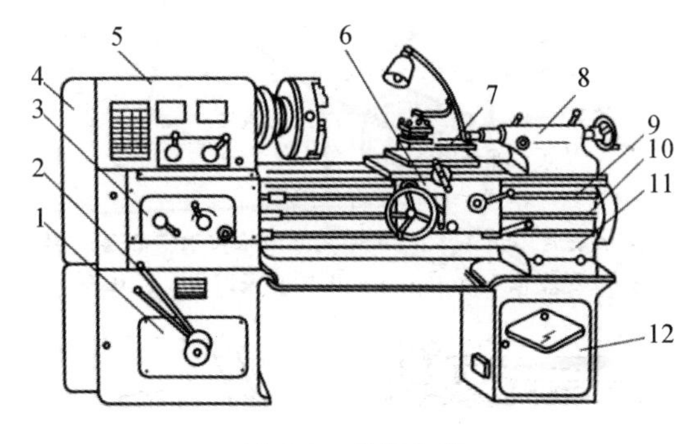

图 5-1　普通车床

表 5-1 普通车床各部分名称

标号	名称	标号	名称
1		7	
2		8	
3		9	
4		10	
5		11	
6		12	

3. 解释下面车床型号的含义。

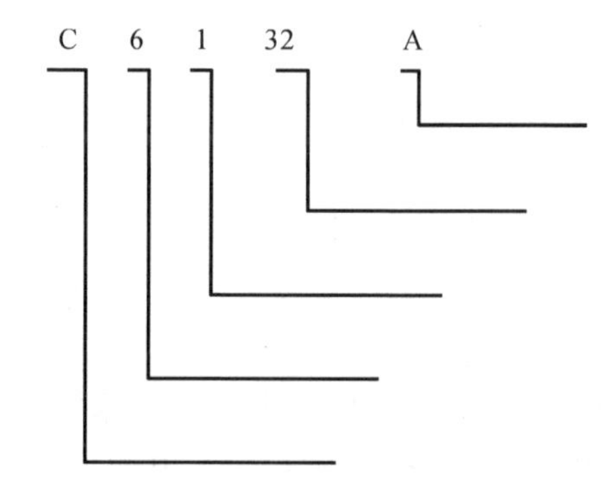

4. 标出图 5-2 所示外圆车刀刀头各部分的名称。

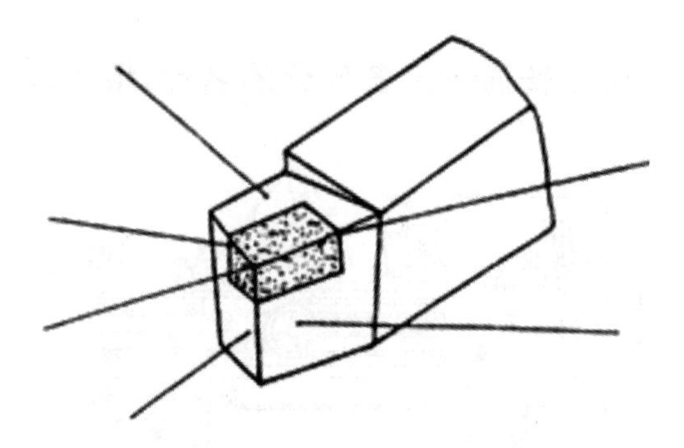

图 5-2 外圆车刀

5. 画出车削下列表面所用的刀具，并用箭头表示出切削运动方向。

（1）切外槽：

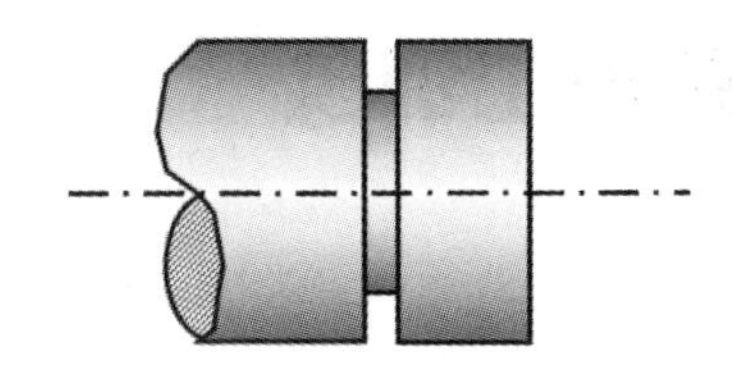

（2）车成形面：

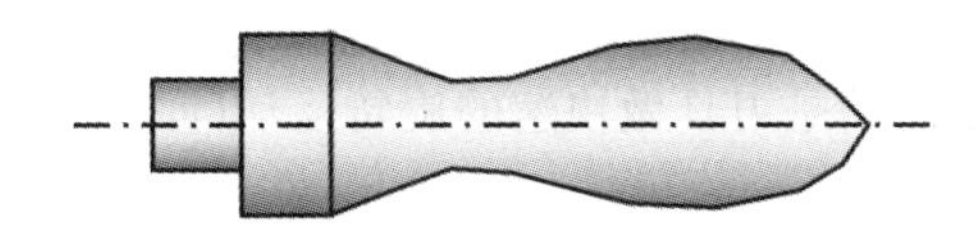

（3）车锥面：

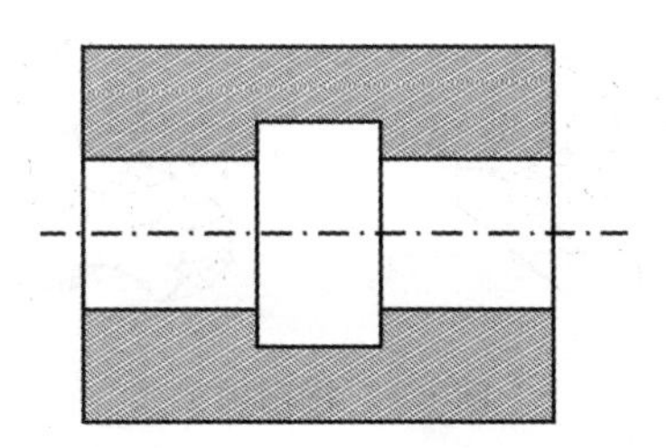

（4）镗槽：

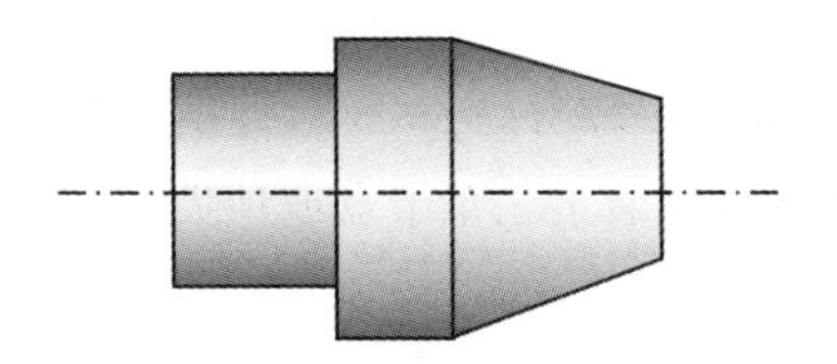

6. 车削一直径为 $\phi 50$ mm **的轴的外圆，车床主轴转速为** 800 r/min，**计算切削速度（单位：**m/s**）为多少？**

训练　铣削加工训练

1. 填空题。

(1) 铣削的加工应用范围很广，可铣削________面、________面、各种沟槽和成形面等。

(2) 铣削的切削运动是刀具做快速的旋转运动(即________)和工件做缓慢的直线运动(即________)。

(3) 顺铣加工时铣刀旋转切入工件的方向与工件进给方向________，切削厚度由________到________。

(4) 万能分度头的底座上装有________，分度头的主轴可以随回转体在垂直平面内转动，主轴的前端常装上三爪卡盘或顶尖。

2. 简答题。

(1) 说明图 6-1 中各加工采用的铣刀类型和铣削对象。

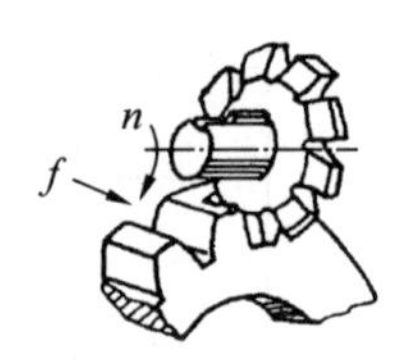

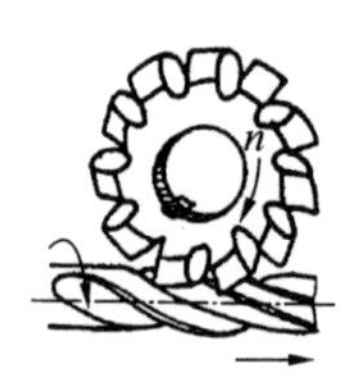

图 6-1　铣削加工

(a) 铣刀类型________，铣削对象________。

(b) 铣刀类型________，铣削对象________。

(c) 铣刀类型________，铣削对象________。

(d) 铣刀类型________，铣削对象________。

（2）简述顺铣和逆铣。

（3）铣床上常用的工件安装方法有哪些？

训练7 刨削加工训练

1. 填空题。

(1) 刨床主要用来加工________(水平面、垂直面、斜面)、________(直槽、T 形槽、V 形槽、燕尾槽)及一些成形面。

(2) 在牛头刨床上加工水平面时，刀具的直线往复运动为________，工件的间歇移动为________。

(3) 牛头刨床的刨削要素是________、________和________。

(4) 牛头刨床主要由________、________、________、工作台、横梁、底座等部分组成。

(5) 插床的滑枕在垂直方向的上下往复移动为________运动。

2. 简答题。

(1) 简述刨刀的种类及其应用。

(2)写出图 7-1 所示牛头刨床刀架各部分名称。

1 ________；2 ________；

3 ________；4 ________；

5 ________；6 ________；

7 ________

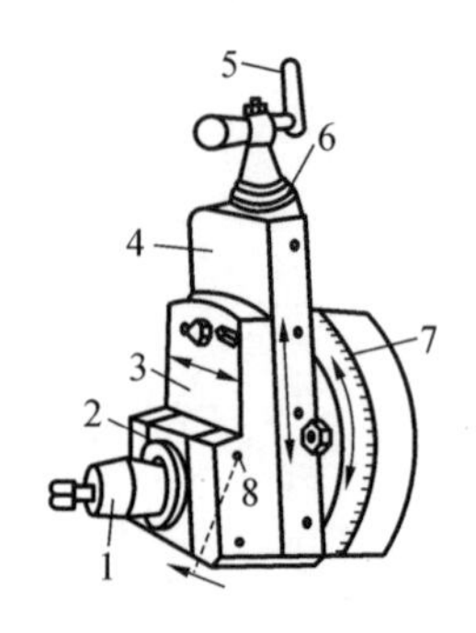

图 7-1 牛头刨床刀架

训练 磨削加工训练

1. 填空题。

(1) 磨床的种类很多,常用的有________、________、________等。

(2) 外圆磨床由________、________、________、________和________等部件组成。

(3) 外圆磨削的主运动是________,进给运动是________、________、________。

(4) 平面磨床采用________来固定钢、铸铁等导磁性材料制成的中小型零件。

(5) 在转速不变的情况下,砂轮直径________,其切削速度________。

(6) 砂轮是磨削的切削工具,它是由________和________构成的多孔物体。________、________和________是构成砂轮的三要素。

(7) 在外圆磨床上磨削外圆的常用方法有________和________两种。

(8) 砂轮在使用一段时间后,如果发现砂轮表面堵塞,这时需要进行________,以恢复砂轮的切削能力和外形精度。

(9) 外圆磨削工件的安装方法有________、________、________。

(10) 生产中最常用的磨粒材料有两类:________,适用于磨削钢料及一般刀具;________,适用于磨削铸铁、青铜等脆性材料及硬质合金刀具。

2. 简答题。

(1) 平面磨削常用的方法有哪几种?各有何特点,如何选用?

（2）指出图 8-1 所示平面磨床各个部件名称。

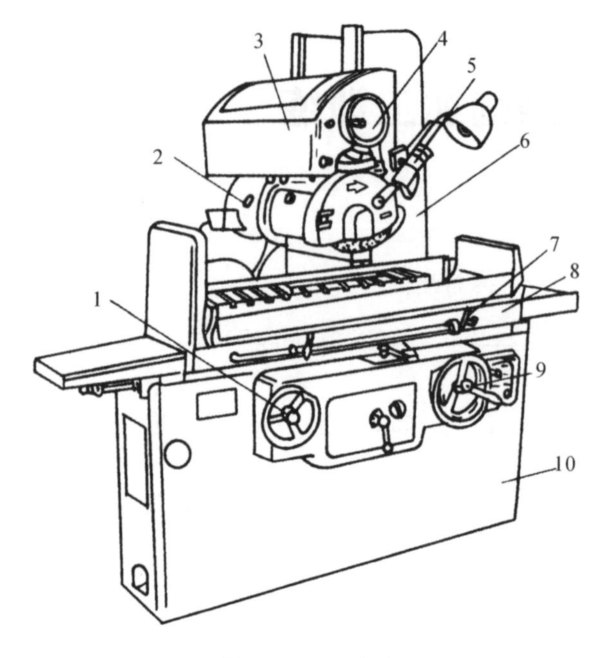

图 8-1 平面磨床

1 ________；2 ________；3 ________；4 ________；5 ________；

6 ________；7 ________；8 ________；9 ________；10 ________

训练钳工与装配训练

1. 填空题。

(1) 平面锉削的基本方法有________、________、________。

(2) 钻孔的主运动是________,进给运动是________。

(3) 钻孔用的刀具主要是麻花钻,它由________、________和________(切削部分和导向部分)组成。

(4) 钳工的基本操作有________、________、________、________、________、________、________、________等。

(5) 划线可分为________划线和________划线两种。

(6) 根据图纸要求,在毛坯或半成品的工件表面上划出加工界线的一种操作称为________。

(7) 常用的划线工具有________、________、________、________、________、________、________等。

(8) 钻床的种类很多,常用的有________、________和________等。

(9) 锯削的常用工具是手锯,由________和________组成。安装手锯时,锯齿应________。

(10) ________是用锉刀对工件表面进行切削加工的方法,主要用于单件小批量生产中加工形状复杂的零件。

(11) 装配有________、________和________之分。

2. 简答题。

(1) 简述使用台虎钳的注意事项。

（2）简述图 9-1 所示操作中所用的工具及操作的内容。

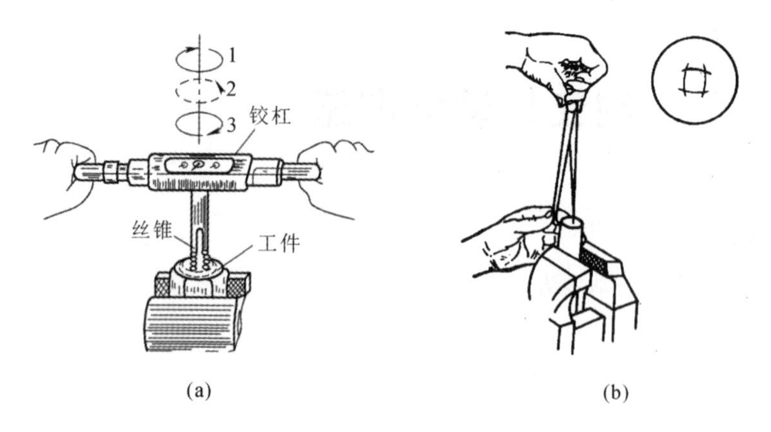

图 9-1　加工操作

（a）____。

（b）____。

（3）简述如何解决锯条折断和崩齿问题。

训练10 数控加工基础知识训练

1. 填空题。

(1) 数控机床是按以数字形式给出的________进行加工的。

(2) 普通数控机床主要有数控________、数控________、数控镗床、数控磨床、数控钻床、数控冲床、数控齿轮加工机床、数控电火花加工机床等。

(3) 数控加工的主要特点是________、________、________、________、________、________、________等。

(4) 数控机床按加工工艺用途可分为________和________机床。

(5) 一个完整的程序由________、________、________三部分组成。

(6) 数控编程一般分为________和________。

(7) 按控制运动的方式分类，数控机床可分为________、________、________等三种。

(8) 所谓编程，就是把零件的________、________、________、________、________等内容，按照数控机床的编程格式和能识别的语言记录在程序单上的全过程。

2. 简答题。

(1) 图10-1所示数控加工的刀具半径补偿分别属于哪一类？

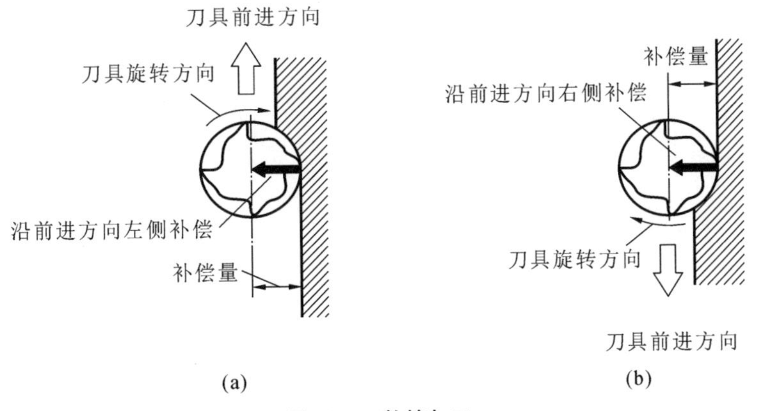

图10-1 数控加工

(a)________;(b)________

(2) 按伺服控制方式,数控机床分哪几类?图 10-2 所示各为哪一类?

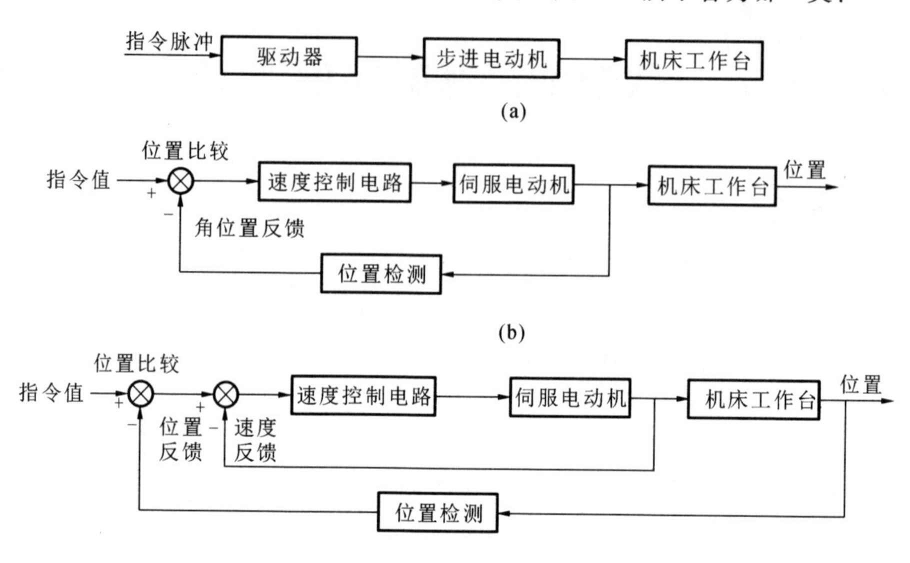

图 10-2 数控机床伺服方式

(a)________;(b)________;(c)________

训练  数控车床加工训练

1. 填空题。

(1) 数控车床是现今国内外使用量较大的一种数控机床，主要用于________的自动加工。

(2) G00 功能是________；G01 功能是________。

(3) G41 功能是________；G92 功能是________。

(4) 每分钟进给的 G 指令是________；每转进给的 G 指令是________。

(5) 在机床断电后重新接通电源、紧急停止、按________键后，必须进行返回参考点操作。

(6) 合上机床侧面电源总开关，松开“控制电源关”按钮，机床上电，按________按钮，数控系统上电，机床可以工作。

2. 简答题。

(1) 简述数控车床的组成。

(2) 与普通车床相比较，数控车床本质上的区别有哪些？

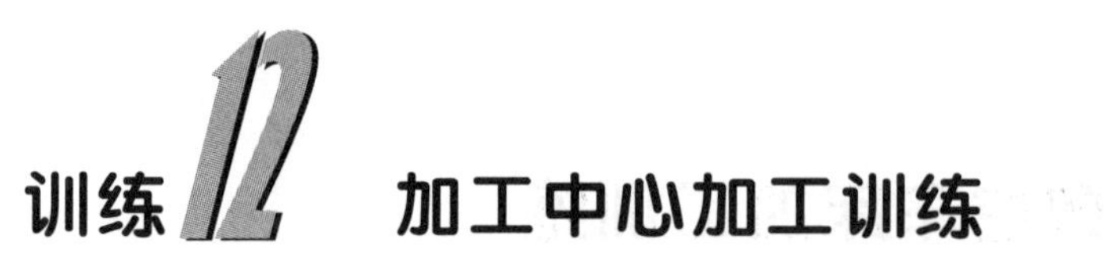

训练12 加工中心加工训练

1. 填空题。

(1) 加工中心是一种用途比较广泛的机床，主要用于各类________、曲面、沟槽、________、________等的加工。

(2) 加工中心的加工方式以________为主，备有刀库，具有________功能，可以实现一次装夹工件后，连续对工件进行自动钻孔、扩孔、铰孔、攻螺纹、铣削等多工序加工。

(3) 按机床主轴的布置形式及机床的布局特点分类，数控加工中心可分为________、________和________等。

(4) 由于数控系统采用________测定参考点的位置，因此，系统在断电后会失去________，编程坐标值也就失去了正确的参考位置，故机床在断电重新接通电源后，必须进行________操作。

(5) 加工中心铣削加工对刀具的要求较高，要求刀具应具有良好的抗冲击性、________ 。

2. 简答题。

加工中心的加工特点有哪些？

训练B 电火花加工训练

1. 填空题。

(1) 电火花加工是利用________,对________进行加工的一种工艺方法。

(2) 线切割加工是电火花加工的一种方法。它以________为工具电极,对工件进行切割加工。加工时,________为一极,________为另一极。

(3) 电火花线切割是利用________原理来对工件进行加工的,所以只可加工导电的金属和半导体材料。

(4) 电火花线切割加工所使用的电极丝直径最小可达________,故可以加工形状复杂,具有细小的窄缝、锐角(小圆角半径)等细微结构的通孔工件。

(5) 目前电火花线切割的加工精度已经可以达到________,表面粗糙度 Ra 值可达到________,可以加工要求精密的工件。

(6) 电火花成形加工包括________加工和________加工两种。

(7) 电火花成形加工机床主机主要包括________、________、________、________及________。

(8) 线切割机床由________、________、________三部分组成。

(9) 数控电火花线切割机床控制系统的主要功能有________、________。

(10) 线切割的切割速度单位是________,电火花穿孔成形的加工速度单位是________。

2. 简答题。

(1) 电参数对线切割加工的工艺指标的影响有哪些规律?

(2) 常见的数控电火花加工机床由哪几部分组成？

(3) 训练中使用的电火花成形加工机床是什么型号，写出图 13-1 所示机床主要部件的名称。

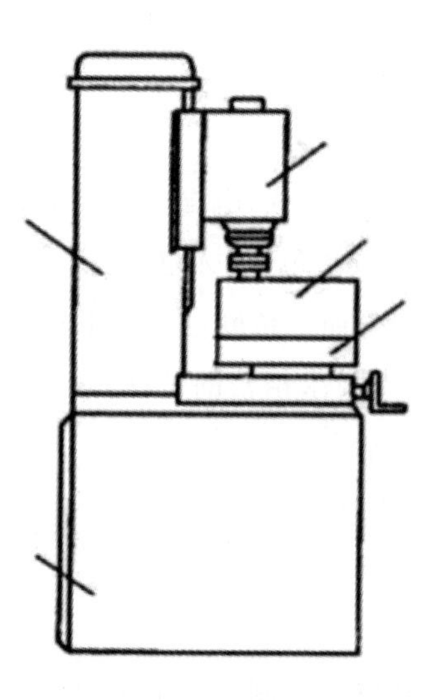

图 13-1　电火花加工机床

增材制造技术训练

1. 填空题。

(1) 增材制造与传统的材料去除加工方法________,是以计算机________模型为基础,运用________的原理,采用逐层增加材料的制造方式直接制造与相应数学模型完全一致的三维物理实体的方法。

(2) 增材制造基于不同的分类原则和理解方式,还有________、快速成形、________、________等多种称谓。

(3) SLA又称立体光刻、光成形等,是以________为原材料,通过紫外激光束照射使其快速固化成形的工艺技术。

(4) 熔丝沉积成形(FDM)工艺不需激光系统,设备组成简单,系统成本及运行费用________,易于推广,但成形过程需要________,选材范围较窄。

(5) 金属增材制造的方法有________、________。

(6) FDM系统中使用的熔丝材料种类有________、________、________。

(7) 激光熔化沉积具有________、________、________、________、________等特点。

(8) 3D打印材料主要包括________、________和________等。

(9) 目前国内还没有明确的3D打印机分类标准,根据市场定位简单分成三个等级:________、________和________。

2. 简答题。

(1) 简述增材制造技术的加工特点。

(2) 简述熔丝沉积成形的工作原理,并填写图 14-1 中各部分的名称。

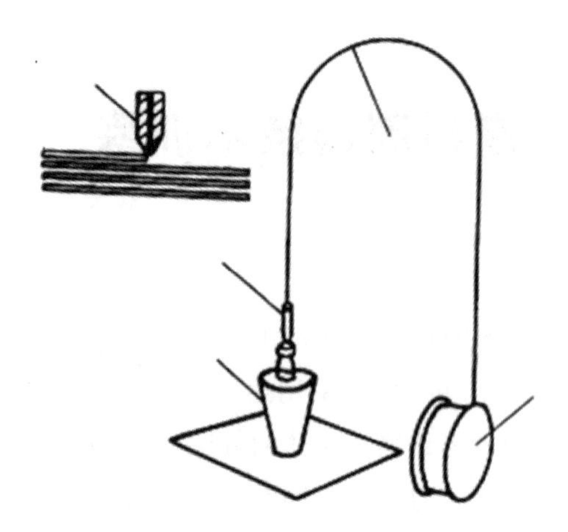

图 14-1　熔丝沉积成形工艺

训练15 激光加工训练

1. 填空题。

(1) 激光是一种________、________、________的相干光。

(2) 激光加工基本设备由________、________、________、________、控制系统、________等几部分组成。

(3) 激光器的作用是把________，产生所需要的激光束。

(4) 激光打标是将高能量密度的________照射在________，使表层材料气化或发生颜色变化的化学反应，从而留下永久性标记的一种加工方法。

(5) 激光打标按其工作方式可分为________、________、________等方式。

(6) 激光焊接的方式有________、________。

(7) 激光内雕原理并不是________，而是因为聚焦点处的激光强度足够高。

(8) X6060 激光切割机应用的是光纤激光器产生的________波长的激光束。

(9) 激光切割方式有________、________、________。

(10) 切割任务完成后必须________、水源后方可离开。

(11) 封离型 CO_2 激光器主要由________、________、________三部分组成。

2. 简答题。

(1)简述激光切割的原理。

(2)简述激光内雕的典型应用。

训练16 工程训练的体会、意见和建议

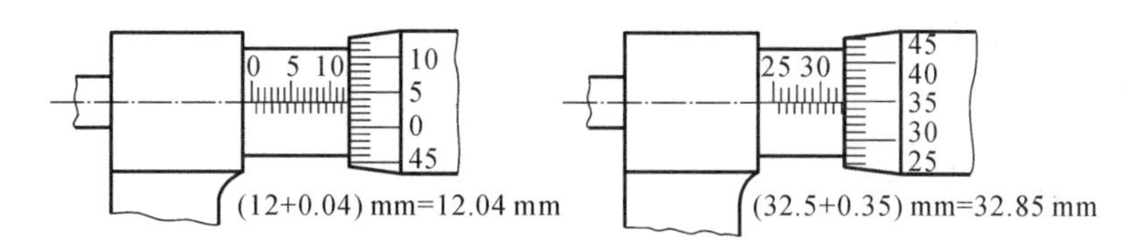

图 1-17　百分尺的刻线原理与读数示例

尺)。固定套筒在轴线方向上刻有一条中线,中线的上、下方各刻一排刻线,刻线每小格间距均为 1 mm,上、下两排刻线相互错开 0.5 mm;在活动套筒左端圆周上有 50 等分的刻度线,因测量螺杆的螺距为 0.5 mm,即螺杆每转一周,同时轴向移动 0.5 mm,故活动套筒上每一小格的读数为 0.5/50 mm=0.01 mm;当百分尺的螺杆左端与砧座表面接触时,活动套筒左端的边线与轴向刻度线的零线重合,同时圆周上的零线应与中线对准。

百分尺的使用方法如图 1-18 所示。读数过程可分三步。

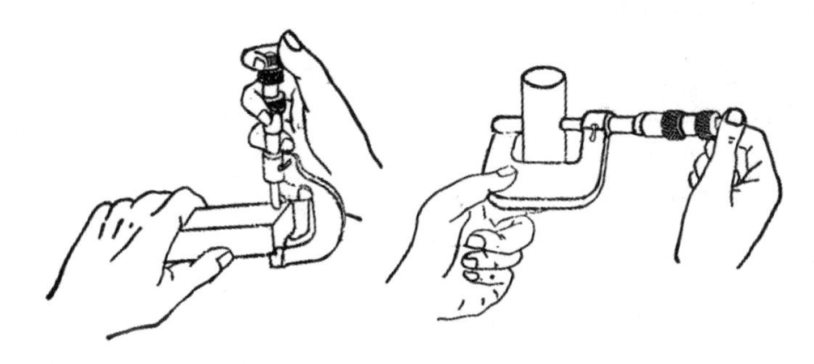

图 1-18　百分尺的使用方法

(1) 读出距边线最近的轴向刻度数(应为 0.5 mm 的整数倍);

(2) 读出与轴向刻度中线重合的圆周刻度数;

(3) 上述两部分读数加起来即为总尺寸。

使用百分尺时应注意下列事项:

(1) 校对零点,将砧座与螺杆接触(先擦干净),看圆周刻度零线是否与中线零点对齐,如有误差,应记住此数值,在测量时根据原始误差修正读数。

(2) 当测量螺杆快要接触工件时,必须使用端部棘轮(此时严禁使用活动套筒,以防用力过度测量不准),当棘轮发生"嘎嘎"打滑声时,表示压力合适,停止拧动。

(3) 工件测量表面应擦干净,并准确放在百分尺测量面间,不得偏斜。

(4) 测量时不能锁紧螺杆后再用力卡紧工件,否则将导致螺杆弯曲或测量面磨损,从而降低测量准确度。

(5) 读数时要注意,防止读错。

4. 塞规与卡规(卡板)

塞规与卡规是用于成批大量生产的一种专用量具。

塞规是用来测量孔径或槽宽的,如图 1-19 所示。它的一端长度较短,其直径等于工件的最大极限尺寸,称为止规;另一端长度较长,其直径等于工件的最小极限尺寸,称为通规。用塞规测量时,只有当通规能进去,止规进不去(即通-通,止-止)时,工件的实际尺寸才在公差范围之内,是合格品,否则就是不合格品。

卡规是用来测量轴径或厚度的，如图 1-20 所示，和塞规相似，也有通规和止规两端，使用方法亦和塞规相同。

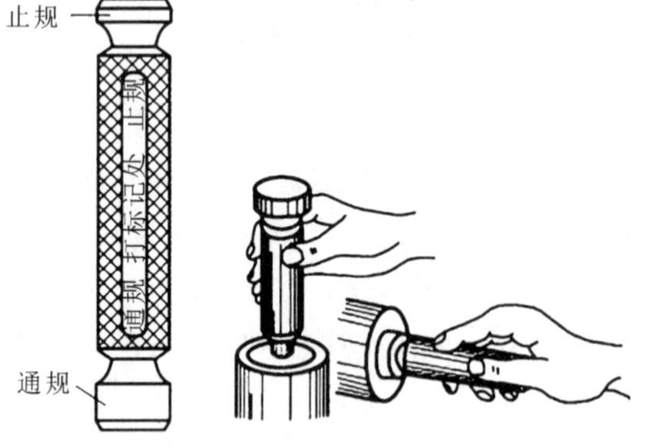

图 1-19　塞规及其应用

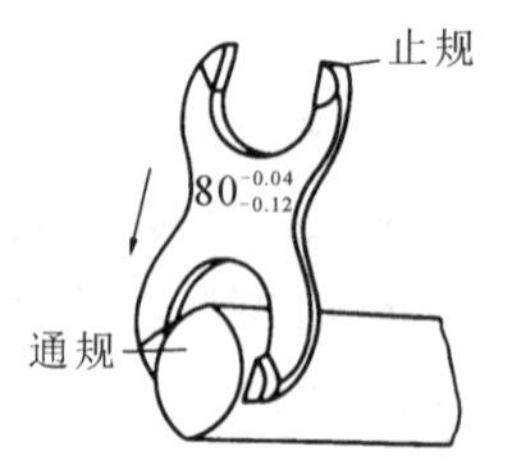

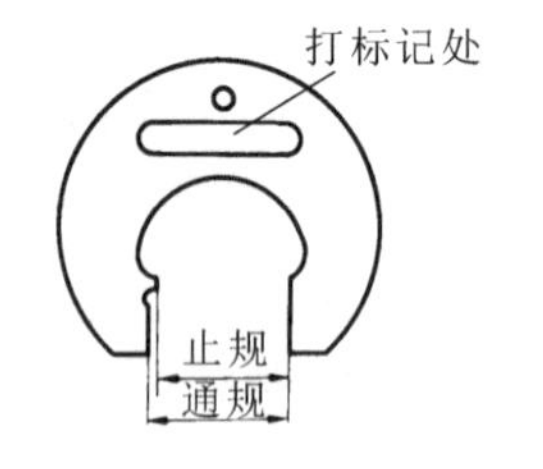

图 1-20　卡规及其应用

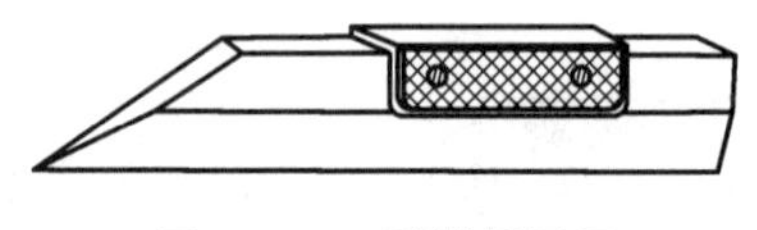

图 1-21　刀形样板平尺

5. 刀形样板平尺(刀口尺)

如图 1-21 所示，刀形样板平尺用于采用光隙法和痕迹法检验平面的几何形状误差(即直线度和平面度误差)。此尺亦可用比较法进行高精度的长度测量。

6. 厚薄尺(塞尺)

厚薄尺用于检查两贴合面之间的缝隙大小。如图 1-22 所示，它由一组薄钢片组成，其厚度为 0.03～0.3 mm。测量时将厚薄尺直接塞进间隙，当一片或数片能塞进两贴合面之间时，则一片或数片的厚度(可由每片上的标记读出)，即为两贴合面的间隙值。

使用厚薄尺时必须先擦净尺面和工件，测量时不能使劲硬塞，以免尺片弯曲和折断。

7. 直角尺

如图 1-23 所示，直角尺的两边成准确的 90°，用于检查工件的垂直度。若直角尺的一边与工件一面贴紧，工件的另一面与直角尺的另一边之间存在缝隙，则用厚薄尺即可量出垂直度的误差值。

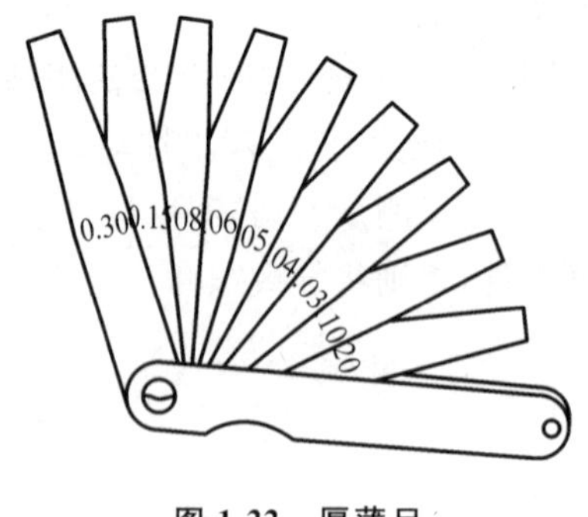

图 1-22　厚薄尺

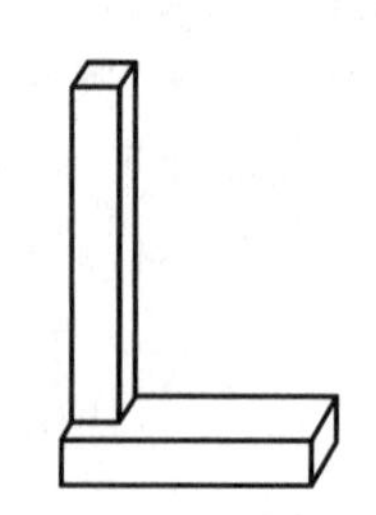

图 1-23　直角尺

8. 百分表、千分表

百分表是一种精度较高的量具，它只能测出相对数值，不能测出绝对数值，主要用于测量工件的尺寸、形状和位置误差(如圆度、平面度、垂直度、跳动等)，也常用于工件的精密找正。

百分表的结构如图 1-24 所示。当测量杆向上或向下移动 1 mm 时，齿轮传动系统带动大指针转一圈，小指针转一格。在刻度盘圆周上有 100 mm 等分的刻度线，其每格读数值为 1/100 mm＝0.01 mm；小指针每格读数值为 1 mm。测量时，大、小指针所示读数之和即为尺寸变化量。小指针处的刻度范围即为百分表的测量范围。刻度盘可以转动，以便测量时调整大指针对准零刻线。

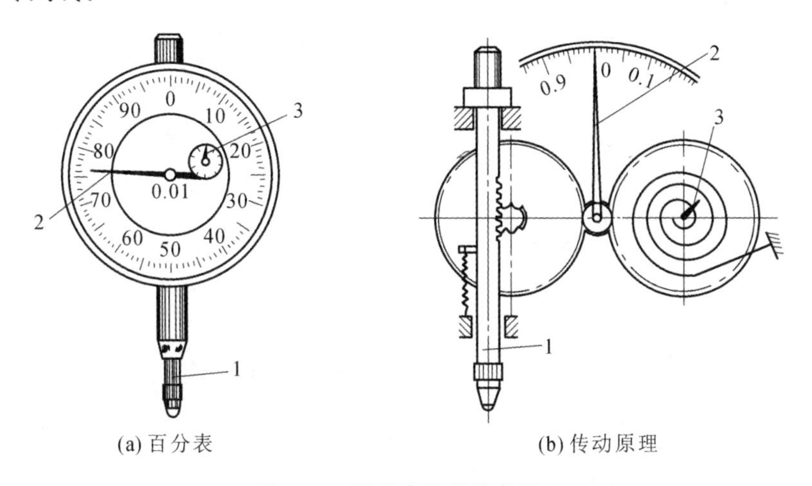

(a) 百分表　(b) 传动原理

图 1-24　百分表及其传动原理

1—测量杆；2—大指针；3—小指针

百分表使用时常装在专用百分表架上，如图 1-25 所示。

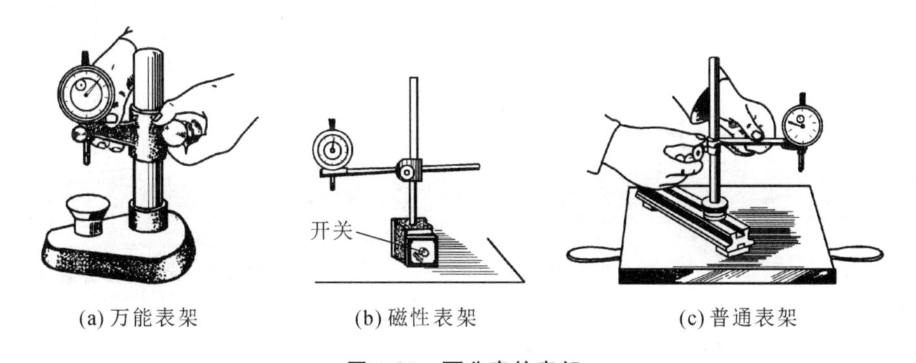

(a) 万能表架　(b) 磁性表架　(c) 普通表架

图 1-25　百分表的表架

百分表应用示例如图 1-26 所示。其中：图 1-26(a)所示为检查外圆对孔的圆跳动、端面对孔的圆跳动；图 1-26(b)所示为检查工件两面的平行度；图 1-26(c)所示为在内圆磨床上用四爪卡盘安装工件时找正外圆。

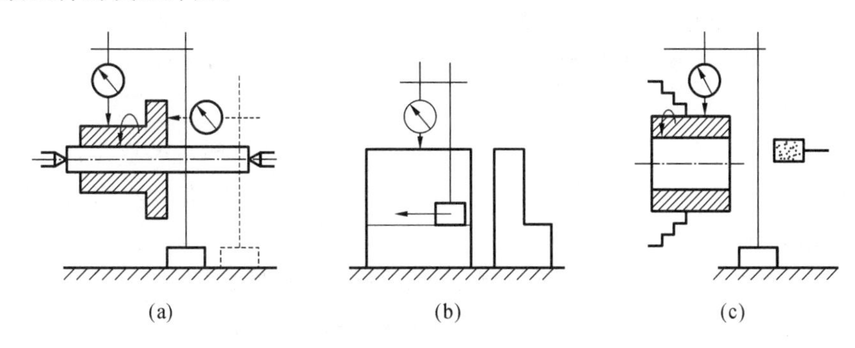

(a)　(b)　(c)

图 1-26　百分表的应用示例

9. 内径百分表

内径百分表是用来测量孔径及其形状精度的一种精密的比较量具，图 1-27 所示是内径百分表的结构。它附有成套的可换插头，其读数准确度为 0.01 mm，测量范围有 6～10 mm、10～18 mm、18～35 mm、35～50 mm、50～100 mm、100～160 mm 等多种。

内径百分表是测量公差等级 IT7 以上精度的孔的常用量具。内径百分表的使用方法如图 1-28 所示。

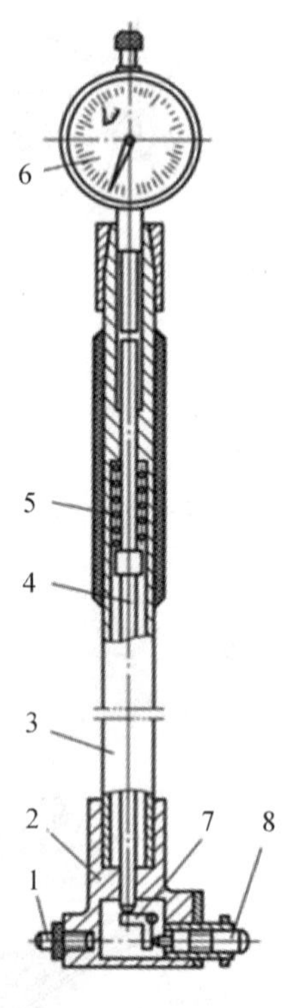

图 1-27　内径百分表

1—可换测头；2—表体；3—表架套杆；4—传动杆；5—测力弹簧；6—百分表；7—杠杆；8—活动测头

图 1-28　内径百分表的使用方法

10. 万能角度尺

万能角度尺是用来测量零件或样板的内、外角度的量具，它的结构如图 1-29 所示。

万能角度尺的读数机构是根据游标卡尺原理制成的。主尺刻线每格为 1°，游标的刻线是将主尺的 29°等分为 30 格，因此，游标刻线每格为 29°/30，即主尺 1 格与游标 1 格的差值为 $1° - 29°/30 = 1°/30 = 2'$，也就是说万能角度尺读数精度为 $2'$。它的读数方法与游标卡尺完全相同。

测量时应先校对零位，当角尺与直尺均装上，且角尺的底边和基尺均与直尺无间隙接触时，主尺与游标的“0”线应对准。调整好零位后，改变基尺、角尺、直尺的相互位置即可测量 0°～320°范围内的任意角度。

用万能角度尺测量工件时，应根据所测角度范围组合量尺，如图 1-30 所示。

图 1-29　万能角度尺

1—尺身；2—90°角尺；3—游标；4—基尺；5—制动器；6—扇形板；7—卡块；8—直尺

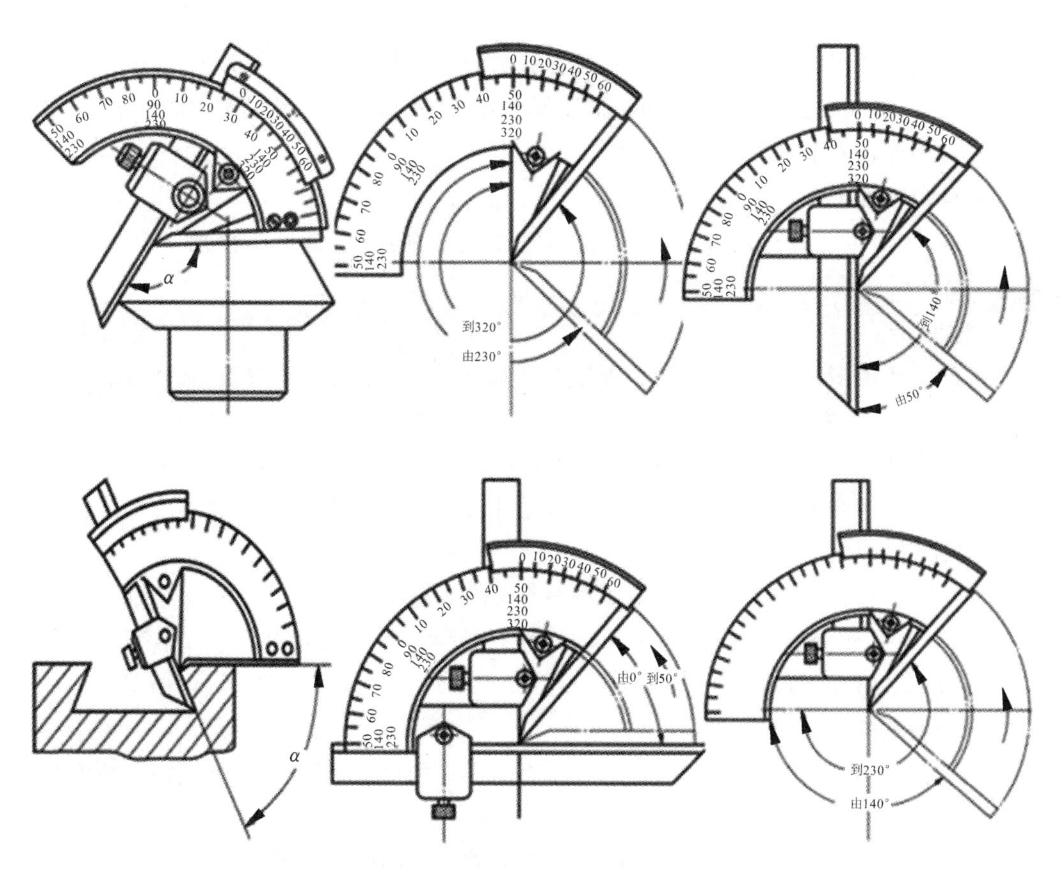

图 1-30　万能角度尺的使用

1.6.2 量具的保养

前面介绍的10种常用量具,除卡钳外,均是较精密的量具,我们必须精心保养。量具保养得好坏,直接影响到它的使用寿命和零件的测量精度。因此,我们必须做到下列几点:

(1) 量具在使用前、后必须擦拭干净,要妥善保管,不能乱扔、乱放;

(2) 不能用精密量具去测量毛坯或运动着的工件;

(3) 测量时不能用力过猛、过大,也不能测量温度过高的工件。

1.7 切削加工步骤

切削加工步骤安排是否合理,对零件加工质量、生产率及加工成本影响很大。零件的材料、批量、形状、尺寸大小、加工精度及表面质量等要求不同,切削加工步骤的安排也不尽相同。单件小批生产小型零件的切削加工通常按以下步骤进行。

1. 阅读零件图

零件图是技术文件,是制造零件的依据。切削加工人员只有在完全读懂图样要求的情况下,才可能加工出合格的零件。

通过阅读零件图,了解被加工零件采用什么材料,零件上哪些表面要进行切削加工,各加工表面的尺寸、形状、位置精度及表面粗糙度要求,据此进行工艺分析,确定加工方案,为加工出合格零件做好技术准备。

2. 零件的预加工

加工前,要对毛坯进行检查,有些零件还需要进行预加工,常见的预加工有划线和钻中心孔。

1) 毛坯划线

零件的毛坯很多是由铸造、锻压和焊接方法制成的。毛坯有制造误差,且制造过程中加热和冷却不均匀,会产生很大内应力,进而产生变形。为便于切削加工,加工前要对毛坯划线。通过划线确定加工余量、加工位置界线,合理分配各加工面的加工余量,使加工余量不均匀的毛坯免于报废。但在大批量生产中,由于零件毛坏使用专用夹具装夹,因此不用划线。

2) 对棒料钻中心孔

在加工较长轴类零件时,多采用锻压棒料作毛坯,并在车床上加工。由于在轴类零件加工过程中,需多次掉头装夹,为保证各外圆面间同轴度要求,必须建立同一定位基准。建立同一定位基准时,在棒料两端用中心钻钻出中心孔,零件通过双顶尖装夹方式进行加工。

3. 选择加工机床及刀具

根据零件被加工部位的形状和尺寸,选择合适类型的机床,这是既能保证加工精度和表面质量,又能提高生产率的必要条件之一。一般零件的加工表面为回转面、回转体端面和螺旋面,遇到这样的加工表面时,多选用车床加工,并根据工序的要求选择刀具。

4. 安装零件

零件在切削加工之前,必须牢固地安装在机床上,并使其相对机床和刀具有一个正确位置。零件安装是否正确,对保证零件加工质量及提高生产率有很大影响。零件安装方法主要有以下两种。

(1) 直接安装。零件直接安装在机床工作台或通用夹具(如三爪自定心卡盘、四爪单动卡盘等)上。这种安装方法简单、方便,通常用于单件小批量生产。

(2) 专用夹具安装。零件安装在为其专门设计和制造的能正确迅速安装的装置中。用这种方法安装零件时,不需找正,而且定位精度高,夹紧迅速可靠,通常用于大批量生产。

5. 零件的切削加工

一个零件往往有多个表面需要加工,而各表面的质量要求不相同。为了高效率、高质量、低成本地完成各零件表面的切削加工,要视零件的具体情况,合理地安排加工顺序和划分加工阶段。

1) 加工阶段的划分

(1) 粗加工阶段。用较大的背吃刀量和进给量、较小的切削速度进行切削。这样既可以用较短的时间切除零件上大部分加工余量,提高生产效率,又可为精加工打下良好的基础,同时还能及时发现毛坯缺陷,及时报废或修补。

(2) 精加工阶段。该阶段零件加工余量较小,可用较小的背吃刀量和进给量、较大的切削速度进行切削。这样加工产生的切削力和切削热较小,很容易达到零件的尺寸精度、几何精度和表面粗糙度要求。

划分加工阶段除有利于保证加工质量外,还能合理地使用设备,即粗加工可在功率大、精度低的机床上进行,以充分发挥设备的潜力;精加工则在高精度机床上进行,以利于长期保持设备的精度。但是,当毛坯质量高、加工余量小、刚度大、加工精度要求不是很高时,可不用划分加工阶段,而在一道工序中完成粗、精加工。

2) 工艺顺序的安排

影响加工顺序安排的因素很多,通常按“十六字诀”原则考虑。

(1) 基准先行原则。应在一开始就确定好加工精基准面,然后再以精基准面为基准加工其他表面。一般将零件上较大的平面作为精基准面。

(2) 先粗后精原则。先进行粗加工,后进行精加工,这样有利于保证加工精度和提高生产率。

(3) 先主后次原则。主要表面是指零件上的工作表面、装配基准面等。它们的技术要求较高,加工工作量较大,故应先安排加工。次要表面(如非工作面、键槽、螺栓孔等)因加工工作量较小,对零件变形影响小,而又多与主要表面有相互位置要求,所以应在主要表面加工之后,或穿插其间安排加工。

(4) 先面后孔原则。采用先面后孔的原则,有利于保证孔和平面间的位置精度。

6. 零件检测

切削加工后的零件是否满足零件图要求,要根据由测量工具测量的结果来判断。

思　考　题

1. 什么是热处理?常用的热处理方法有哪些?

2. 热处理保温的目的是什么?

3. 比较退火和正火的异同点。

4. 淬火的目的是什么?

5. 淬火后为什么要回火?

6. 什么是调质? 调质能达到什么目的?

7. 表面淬火的目的是什么? 有几种表面淬火方法?

8. 试举例说明切削加工在机械制造业中的作用与地位。

9. 试分析车、铣、刨、钻、磨几种常用加工方法的主运动和进给运动。

10. 什么是切削用量三要素? 试用简图表示刨平面和钻孔的切削用量三要素。

11. 加工 45 钢和 HT200 铸铁时,应选用哪种硬质合金车刀?

12. 机械加工的主运动和进给运动指的是什么? 在某机床的多个运动中如何判断哪个是主运动? 举例说明。

13. 机械加工中,如果只有主运动而没有进给运动,则结果会如何?

14. 指出训练中所用刀具的材料是什么? 性能如何?

15. 请描述游标卡尺、外径千分尺、百分表的读数方法。

第2章　铸造成形

学习目标

1. 了解砂型铸造基础知识。

2. 熟悉铸造基本操作过程。

3. 了解铸件常见缺陷及其产生的主要原因。

4. 了解特种铸造工艺过程。

2.1　概　　述

2.1.1　铸造的基础知识

铸造是将液态金属浇注到与零件形状相适应的铸型空腔中，待其冷却凝固后，获得零件或毛坯的工艺方法。它是制造具有复杂结构金属件（如机床床身、发动机气缸体、各种支架和箱体等）的最灵活的成形方法，如图 2-1 所示。

(a) 气缸制品

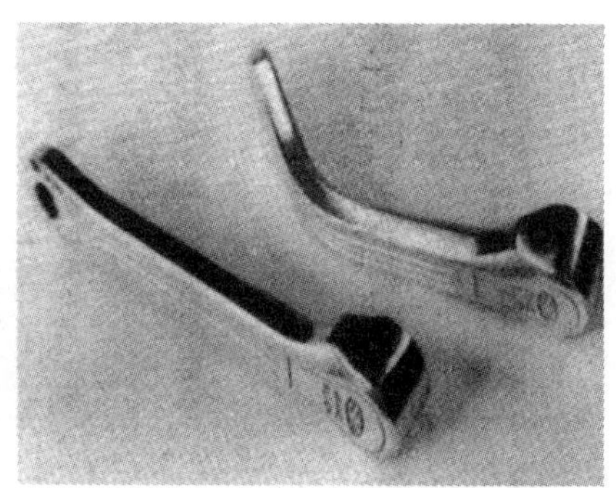

(b) 支架制品

图 2-1　金属铸造制品

铸造的实质是利用熔融金属的流动性来实现成形，采用铸造方法获得的金属制品称为铸件，用于铸造的金属统称为铸造合金。常用的铸造合金有铸铁、铸钢和铸造有色金属。其中铸铁，特别是灰口铸铁的应用最普遍。

铸造方法很多，主要可分砂型铸造和特种铸造两大类。传统的砂型铸造劳动强度大，铸件质量不稳定。随着科技的进步，现代铸造技术大力发展，出现了金属型铸造、熔模铸造、压力铸造、离心铸造和消失模铸造等特种铸造技术。

砂型铸造是将型砂紧实成铸型的铸造方法，广泛用于铸铁和铸钢件的生产。图 2-2 所示为套筒砂型铸造工艺过程。

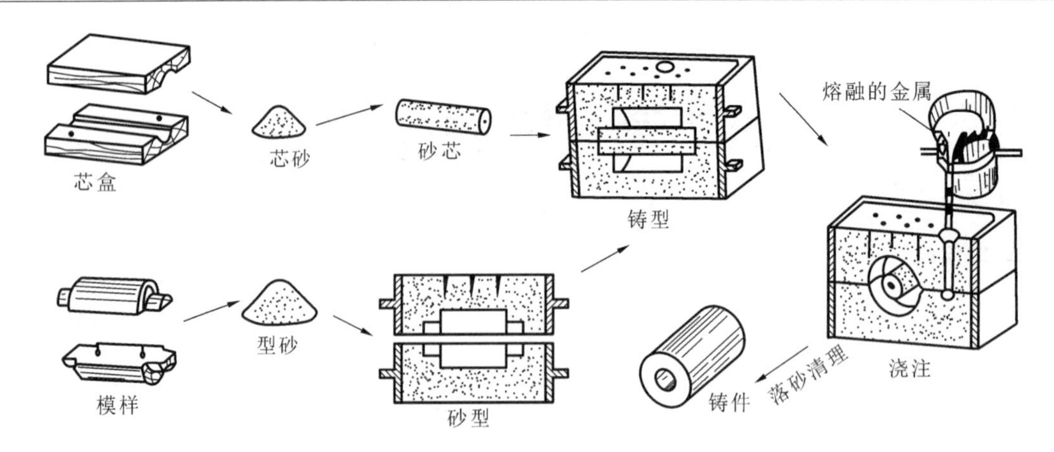

图 2-2 套筒砂型铸造工艺过程示意图

2.1.2 铸造优缺点

1. 优点

(1) 可以生产出形状复杂,特别是具有复杂内腔的零件毛坯,如各种箱体、床身、机架等。

(2) 铸造生产的适应性广,工艺灵活性大。工业上常用的金属材料均可用于铸造,铸件的质量可由几克到几百吨,壁厚可由 0.5 mm 到 1 m 左右。

(3) 铸造用原材料大都来源广泛,价格低廉,并可直接利用废机件,故铸件成本较低。

2. 缺点

(1) 铸造组织疏松、晶粒粗大,内部易产生缩孔、缩松、气孔等缺陷,因此,铸件的力学性能,特别是冲击韧度低于同种材料的锻件。

(2) 铸件质量不够稳定。

2.2 砂型铸造

2.2.1 砂型铸造方法

用型砂制造铸型并生产铸件的方法称为砂型铸造。砂型铸造的生产过程如图 2-3 所示。砂型铸造适应性很广,铸件的生产数量和形状大小、复杂程度及铸造合金的种类几乎不受限制。因此,尽管砂型铸造生产过程复杂,铸件质量较差,但目前仍是广泛使用的铸造方法。砂型铸造生产的铸件占铸件总产量的 80%以上。

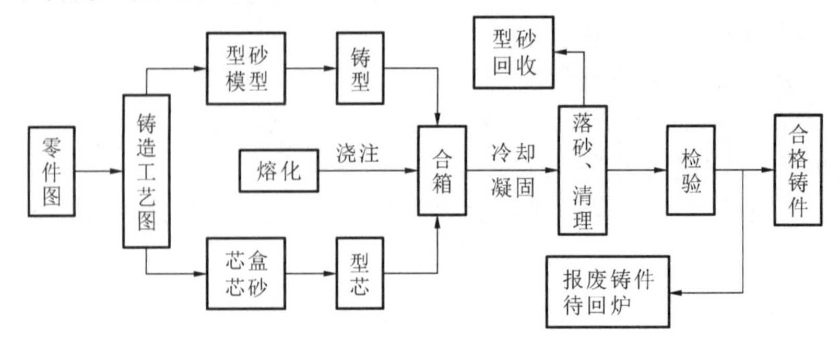

图 2-3 砂型铸造的生产过程

2.2.2　铸造用的工模具

1. 模样和芯盒

模样和芯盒是制作铸件的模具，模样用来获得铸件的外部形状，芯盒用于制造型芯，以获得铸件的内腔。

模样根据零件进行设计，其尺寸和形状并非与最终的零件或铸件完全一致，为了补偿金属固态收缩和凝固收缩所缩减的体积，模样的尺寸必须在零件尺寸基础上增加收缩率。为了获得质量合格的零件，需要对铸件进行机械加工，必须在零件尺寸基础上增加加工余量。型芯除了可用于获得铸件内腔外，有时也用于获得铸件的外形。

为了使模样能够从铸型中顺利取出，铸件上垂直于分型面的表面应有起模斜度；对于有内腔的铸件，还应在模样相应位置做出型芯头。考虑了铸造的这些特点后，才能保证利用制造出的模样和芯盒得到合格的铸件。

图 2-4 是法兰零件的铸造工艺图及相应的模样图。从图中可见模样的形状和零件图往往是不完全相同的。

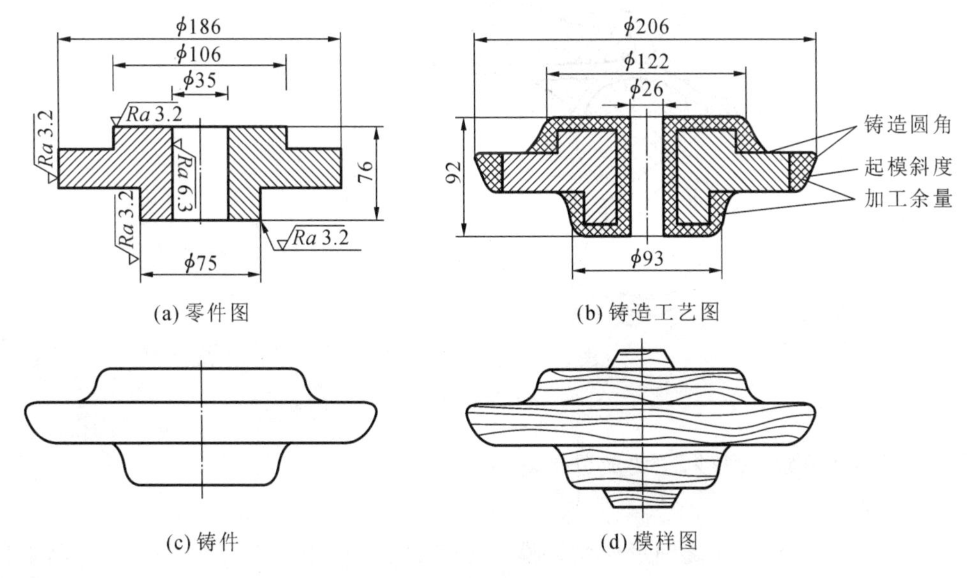

(a) 零件图　(b) 铸造工艺图
(c) 铸件　(d) 模样图

图 2-4　法兰零件的铸造工艺图及相应的模样图

2. 常用造型工具

造型常用工具及用具包括砂箱、造型工具、修型工具等。图 2-5 所示为手工造型常用工具及用具。

2.2.3　铸造用砂

砂型铸造的造型材料由原砂、黏结剂、附加材料等按一定比例和制备工艺混合而成，它具有一定的物理性能，能满足造型的需要。制造铸型的造型材料称为型砂，制造型芯的造型材料称为芯砂。型(芯)砂的消耗量很大，其质量直接影响铸件的质量，因此型(芯)砂在铸造生产中起着重要的作用。

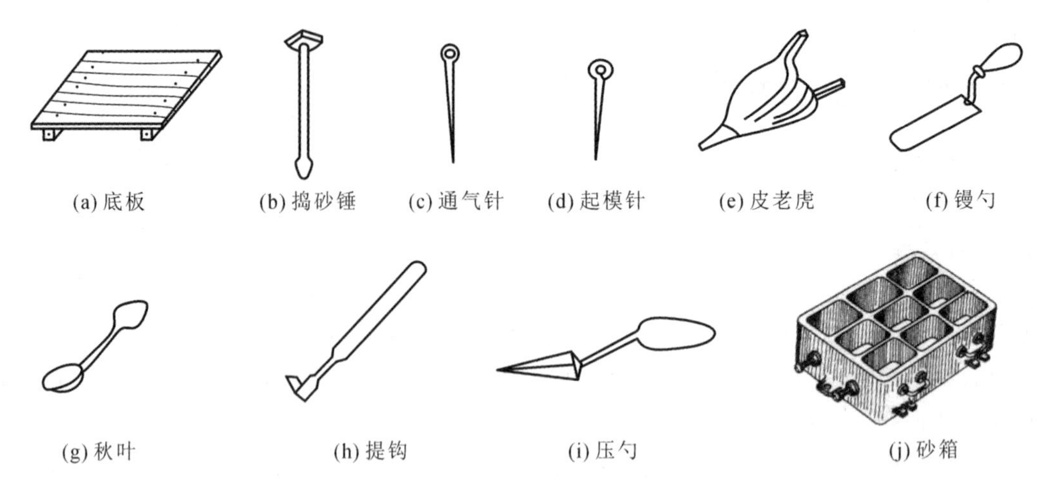

图 2-5 手工造型常用工具及用具

1. 型(芯)砂的组成

型(芯)砂是由原砂、黏结剂、附加材料和水配制而成的,如图 2-6 所示。

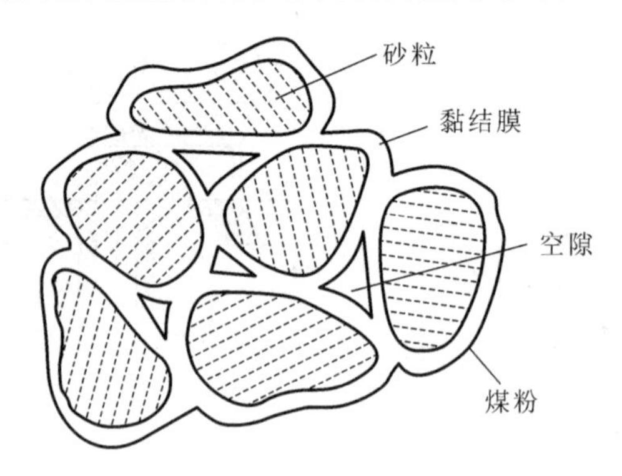

图 2-6 型(芯)砂结构

1) 原砂

原砂有山砂、河砂和海砂,主要成分是 SiO_2,其含量愈高,耐火性愈好。

2) 黏结剂

黏结剂主要用于使砂粒之间形成黏结膜而使其黏结在一起。常用的黏结剂有黏土、膨润土、桐油、亚麻仁油、水玻璃等。

3) 附加材料

常用的附加材料有煤粉和木屑。煤粉可以防止铸件黏砂,提高其表面质量。木屑可改善型(芯)砂的透气性和退让性,防止铸件产生气孔、变形、裂纹等缺陷。

2. 型(芯)砂的分类

型(芯)砂根据黏结剂不同,可分为不同的类型,常用的有以下几种。

1) 黏土砂

黏土砂是以黏土作为黏结剂的型(芯)砂。黏土砂适应性强,回用性好,而且黏土来源广泛,价格低廉,因此在生产中得到广泛的应用。

黏土砂可分为湿型和干型两类。湿型黏土砂用于制作浇注前不经烘干的铸型,它以膨润土作黏结剂，主要用于中小型铸件的造型。干型黏土砂用于制作浇注前需经烘干的铸型，它以普通黏土为黏结剂，用于大型铸件或质量要求较高的中小型铸件的造型或制作型芯。

2）水玻璃砂

水玻璃砂是以水玻璃（硅酸钠的水溶液）为黏结剂的型（芯）砂。用水玻璃砂造型制芯后，向其吹入 CO_2 气体，即可使之硬化。

用水玻璃砂制造的铸型和型芯不需烘干，硬化速度快，生产周期短，而且强度高，但其出砂性和回用性差，一般用于中小型铸钢件的生产。

3）油砂

油砂是以油类（桐油、亚麻仁油）为黏结剂的型（芯）砂。油砂的干强度高，透气性、退让性好，常用来制造形状复杂的型芯，但油砂的价格高，一般用于重要的场合。

油砂的湿强度很低，必须烘干后才能使用，为防止型芯在搬运、烘烤过程中溃散损坏，一般加入少量黏土以提高其湿强度。

此外，根据型砂在造型中的作用又分为面砂、背砂，前者直接形成铸型，一次使用，后者起衬背作用，可重复使用。

3. 造型材料性能和要求

铸件上的许多缺陷与型（芯）砂的性能不足有关，为保证铸件质量，型（芯）砂应具备以下性能。

1）强度

强度是指型（芯）砂在外力作用下不变形、不破坏的能力。型（芯）砂应具有足够的强度，以便于砂型和型芯的制造、装配和搬运，并能承受浇注时液体金属的冲刷和压力。型（芯）砂的强度不足时，容易发生塌箱、冲砂、胀砂等现象，使铸件产生砂眼、夹砂、黏砂等缺陷；如果强度太高，又会阻碍气体的排除和铸件的收缩，使铸件产生气孔、内应力过大，甚至裂纹等缺陷。

2）透气性

透气性是指型（芯）砂在正常紧实后透过气体的能力。浇注时，型（芯）砂在高温液态金属作用下会产生大量气体，液态金属也会析出一些气体。如果型（芯）砂透气性不好，这些气体不能迅速排除，将会留在铸件内，形成气孔。

3）耐火性

耐火性是指型（芯）砂在高温液态金属作用下不软化、不熔化的性能。型（芯）砂耐火性不足时，砂粒将被烧熔而黏在铸件表面，形成黏砂缺陷。

4）退让性

退让性是指铸件在冷凝时，型（芯）砂被压缩的能力。型（芯）砂的退让性不足，将使铸件冷却收缩受阻，产生内应力大、变形和裂纹等缺陷。型（芯）砂越紧实，退让性越差。

型（芯）砂除应具有上述性能外，还应具有良好的可塑性、溃散性、保存性、吸湿性、发气性和回用性等性能。

型（芯）砂的性能可用专门的仪器来测定，也可凭经验手测。合格的型（芯）砂用手测法检验的结果如图 2-7 所示。

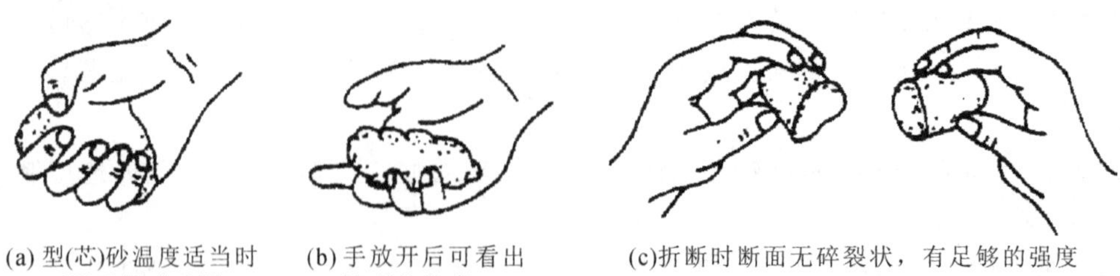

图 2-7　手测法检测型(芯)砂

2.3　铸造的基本操作

2.3.1　手工造型的工艺流程

造型是用型砂及模样等工艺装备制造铸型的过程,图 2-8 所示为铸型图。造型通常分为手工造型和机器造型两大类。手工造型是全部用手工或手动工具进行操作的造型方法,其特点是操作灵活,适用性强。在单件小批生产中,特别是对于不宜用机器造型的重型复杂件,常用此法,但手工造型效率低,劳动强度大。

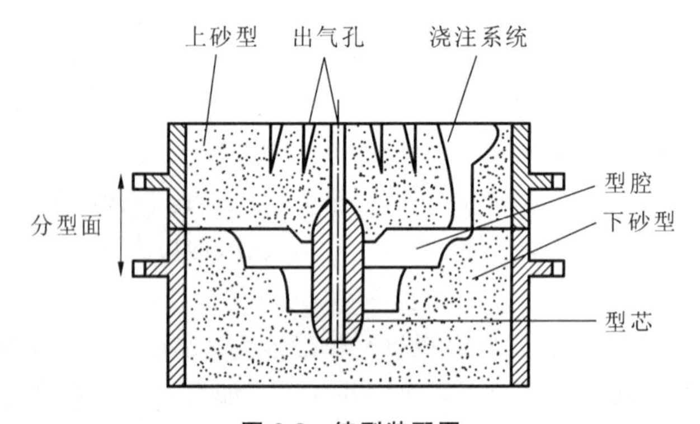

图 2-8　铸型装配图

一个完整的造型工艺过程应包括准备工作、安放模样、填砂、紧实、起模、修型、合型等主要工序。图 2-9 为手工造型的主要工序流程图。

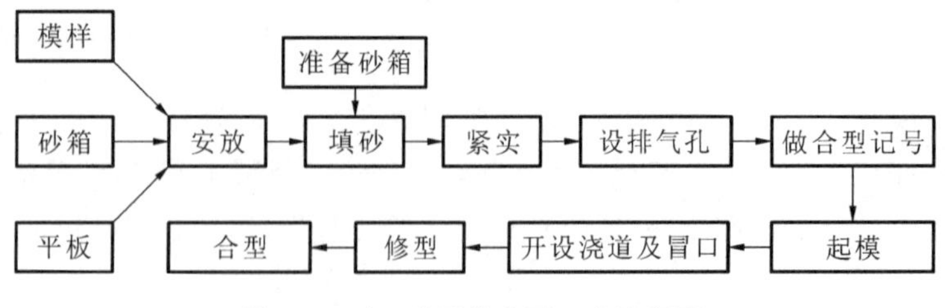

图 2-9　手工造型的主要工序流程图

2.3.2　造型方法

造型是铸造生产过程中最复杂、最主要的工序,对铸件的质量影响极大。实际生产中,由于铸件的大小、形状、材料、批量和生产条件不同，需采用不同的造型方法。手工造型按起模特点又可分为整模造型、分模造型、挖砂造型、活块造型等。

1. 整模造型

由一个整体模样进行造型的方法称为整模造型。造型时模样全部放在一个砂箱内，分型面是平面。此方法适用于最大截面在一端，且为平面的铸件。其优点是造型简便，无错箱，但整模造型仅适用于形状简单的铸件。整模造型的过程如图 2-10 所示。

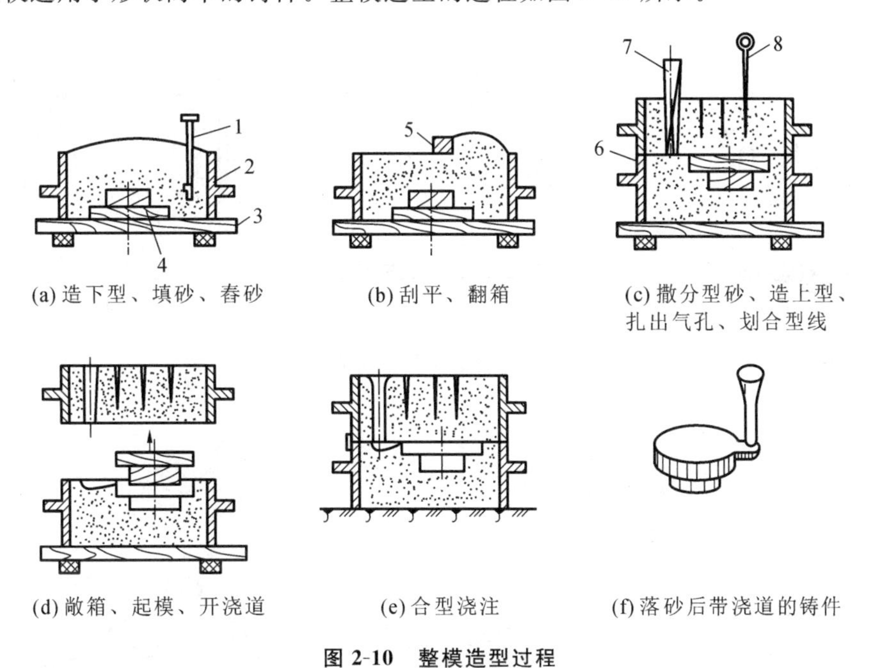

(a) 造下型、填砂、舂砂　(b) 刮平、翻箱　(c) 撒分型砂、造上型、扎出气孔、划合型线

(d) 敞箱、起模、开浇道　(e) 合型浇注　(f) 落砂后带浇道的铸件

图 2-10　整模造型过程

1—砂舂子；2—砂箱；3—底板；4—模样；5—刮板；6—合型线；7—直浇道；8—通气针

2. 分模造型

两箱分模造型是把模样沿最大截面处分成两个半模，分别在上、下砂箱内造出型腔的造型方法，分型面也是平面。两箱分模造型的铸型简单，操作方便，是应用最广的造型方法。如果铸件复杂，可采用三箱或多箱分模造型。其造型过程如图 2-11 所示。

3. 挖砂造型

当铸件的分型面为曲面且模样又不宜分开制造时，可将模样整体置于一个砂箱(通常为下砂箱)内造型。挖砂造型时一定要挖到模样的最大截面处，将下砂型中妨碍起模的型砂全部挖掉，如图 2-12 所示。模样为整体模，造型时需挖去妨碍起模的型砂，铸型的分型面是不平分型面，造型麻烦。挖砂操作技术要求较高，生产率低，只适用于单件生产。

4. 模板和假箱造型

当生产批量大时，可用模板代替平面底板，将模样放置在模板上造型，从而省去挖砂操作。如果生产批量不大，则可用黏土较多的型砂制作一个高紧实度的砂质模板作底板，称为假箱。模板和假箱造型如图 2-13 所示。

5. 活块造型

将模样上妨碍起模的部分做成可与主体脱离的活块，使用这类模样的造型方法称为活块造型。活块一般用销子或燕尾榫与模样主体连接，取模时，先取出模样主体，然后再取出活块，

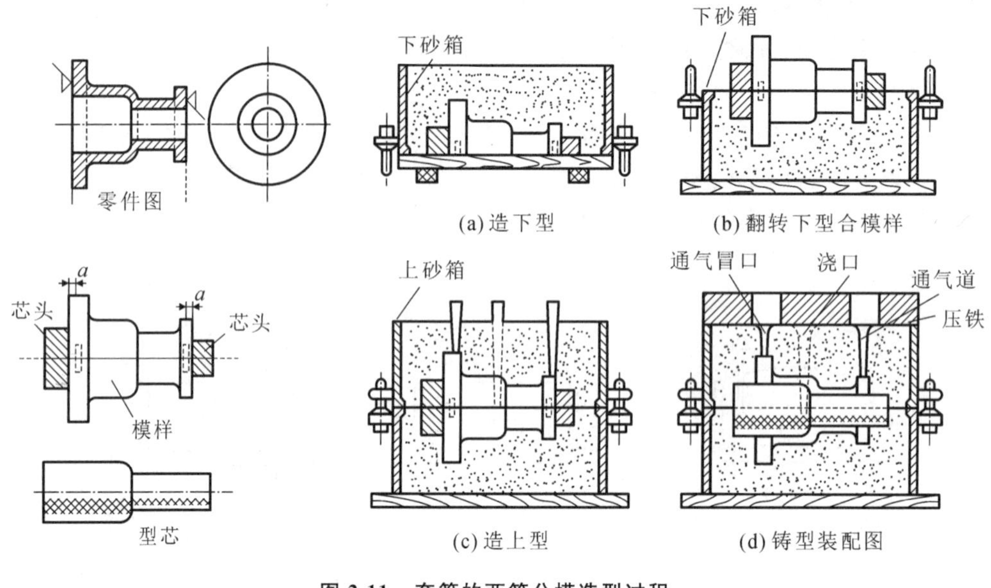

图 2-11　套管的两箱分模造型过程

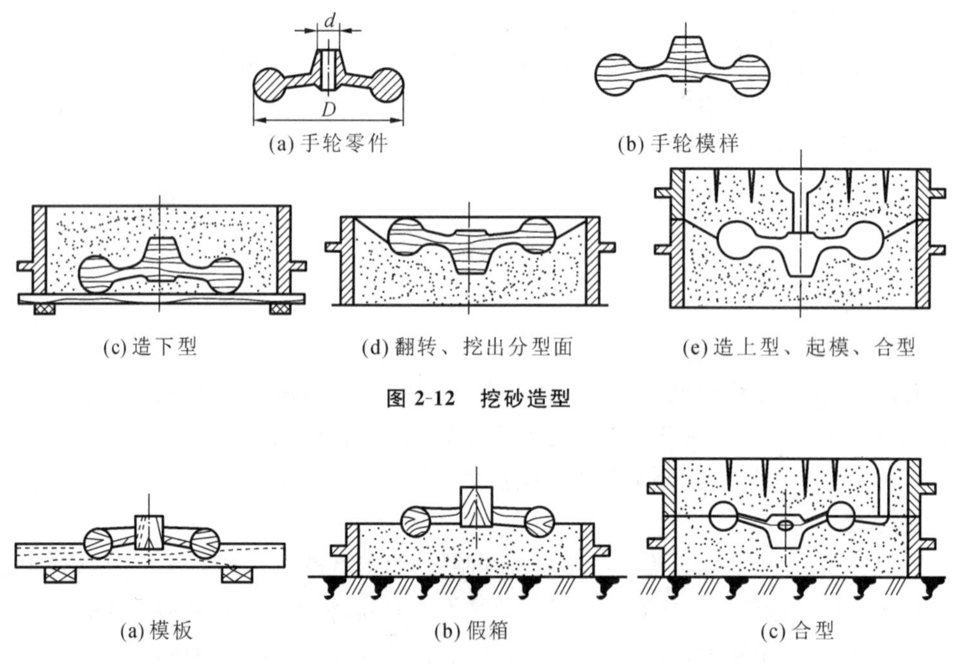

图 2-12　挖砂造型

图 2-13　模板和假箱造型

如图 2-14 所示。活块造型生产率低，对操作者的技术要求高，只适用于单件生产。

6. 刮板造型

刮板造型通常用于尺寸较大的旋转体零件。刮板造型采用一块与铸件截面形状相适应的刮板替代实体模样。造型时，使刮板绕固定的垂直轴旋转，在上、下砂型中刮出与铸件相适应的型腔。刮板造型生产率低，对操作者的技术要求高，铸件尺寸精度也较差，多用于单件生产或小批生产。皮带轮的刮板造型过程如图 2-15 所示。

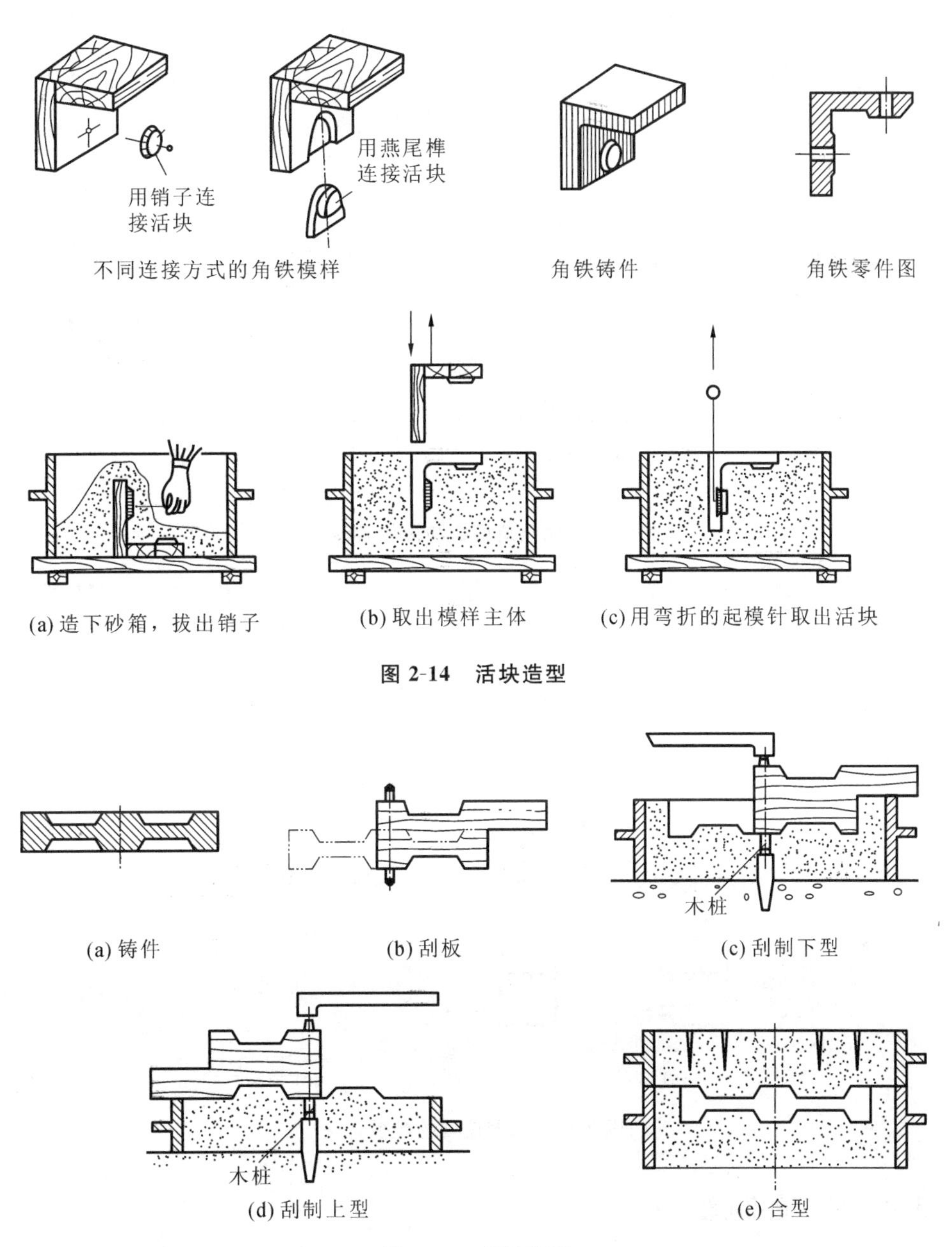

图 2-14　活块造型

图 2-15　刮板造型

7. 机器造型

随着现代技术的发展，机器造型在大批量生产中已基本取代了手工造型。一般将机器造型定义为机器完成造型过程中的全部工作或至少完成紧砂工作的造型过程。造型机种类很多，如振压造型机、高压造型机、射砂造型机等。

机器造型生产率高，铸件质量好，工人劳动强度低，但设备投资大，生产准备周期较长，不适用于复杂砂型，目前多用于两箱造型的大量生产中。

图 2-16 所示为振压造型机和振压紧砂过程。造型时，把单面模板固定在造型机的工作台上，扣上砂箱，加型砂，如图 2-16(b)所示。当压缩空气进入振实活塞底部时，便将其上的砂箱举起一定的高度，此时排气孔接通，如图 2-16(c)所示，振实活塞连同砂箱在自重的作用下复

位，完成一次振实，重复多次直到型砂紧实为止。再使压实气缸进气，如图 2-16(d)所示，压实活塞带动工作台连同砂箱一起上升，与造型机上的压板接触，将砂箱上部较松的型砂压实而完成紧砂的全过程。一般振压造型机的振动频率为 150～500 次/分。

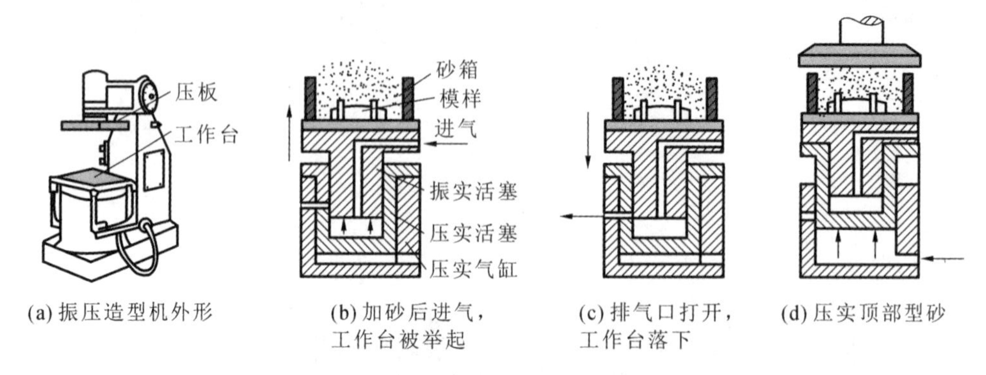

图 2-16　振压造型机和振压紧砂过程

造型机上大都装有起模装置，常用的有顶箱起模、落模起模、漏模起模和翻转落箱起模等四种。图 2-17(a)所示为顶箱起模，当砂型紧实后，造型机的四根顶杆同时垂直向上将砂箱顶起而完成起模；图 2-17(b)所示为落模起模，起模时将砂箱托住，模样下落，与砂箱分离。这两种方法均适用于形状简单、高度较小的模样起模。

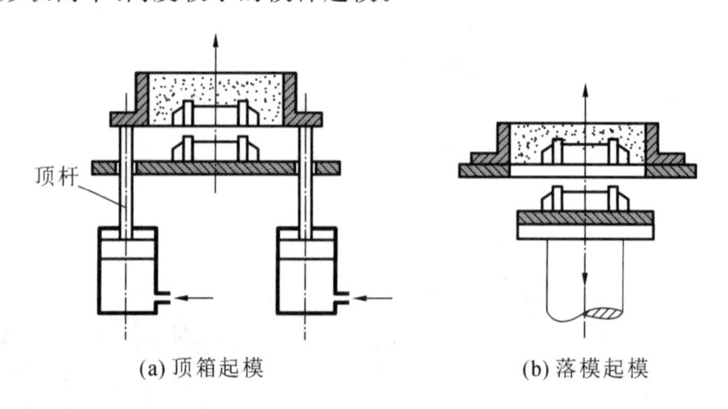

图 2-17　机器造型的起模方法

2.3.3　型芯的制造

型芯的制造方法与砂型造型过程相似，用砂制作的型芯又称砂芯。型芯主要用来形成铸件的内腔或局部外形，浇注时，型芯受到高温液态金属的冲刷和包围，因此要求型芯有比砂型更高的强度、透气性、耐火性和退让性。

1. 造芯工艺特点

为了保证砂芯的尺寸精度、几何精度、强度、透气性和装配稳定性，造芯时根据砂芯尺寸、复杂程度和装配方案，一般有下列几种加强方法。

1) 放置型芯骨

型芯中放置型芯骨的目的是提高型芯的强度。小型芯的型芯骨可用铁丝制成，中、大型芯的型芯骨用铸铁制成，为了吊运方便，往往在型芯骨上做出吊环，如图 2-18 所示。

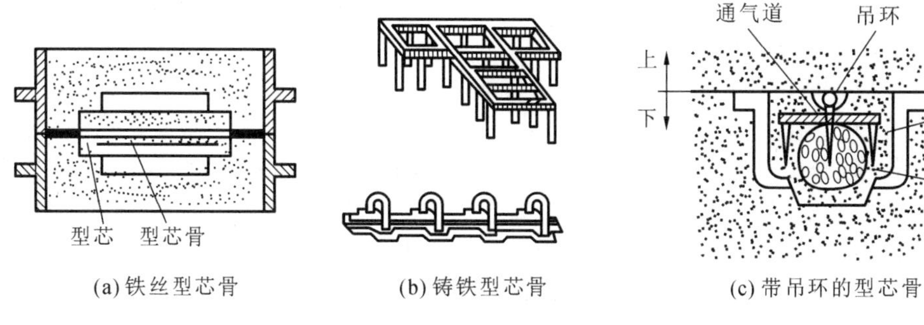

(a) 铁丝型芯骨　　(b) 铸铁型芯骨　　(c) 带吊环的型芯骨

图 2-18　型芯骨和通气道

2）开通气孔

开通气孔可以提高型芯的透气性，型芯中通气孔必须与砂型中的排气孔贯通。

3）刷涂料

在型芯表面刷涂料可以提高其耐火性并降低表面粗糙度值，防止铸件表面黏砂。

4）烘干

烘干砂芯可以提高强度和透气性，减少砂芯在浇注时的发气量。

5）型芯的定位与固定

型芯在铸型中的定位与固定主要依靠型芯头实现。按型芯头在铸型中的固定方法不同，型芯头可分为垂直芯头和水平芯头两种，它们都应具有足够的尺寸和适当的形状，以使型芯牢固地固定在砂型中。有些铸件因受结构限制而没有合适的型芯头来支撑型芯，可采用吊芯或型芯撑来固定型芯，浇注时型芯撑熔入铸件，但有时会因热量不够导致铸件致密性差。

2. 造芯方法

型芯一般是用芯盒制成的，芯盒的空腔形状与铸件的内腔相适应。

1）在芯盒中造芯

根据芯盒的结构，造芯方法可以分为下列三种，如图 2-19 所示。

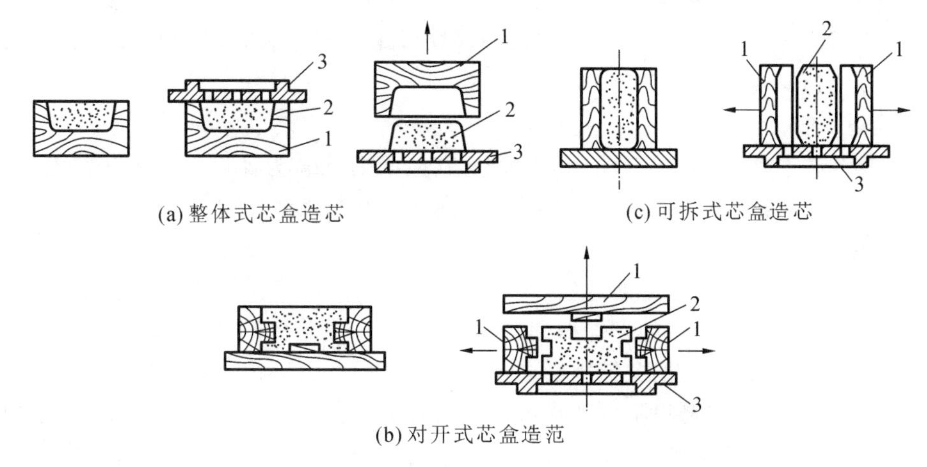

(a) 整体式芯盒造芯　　(c) 可拆式芯盒造芯

(b) 对开式芯盒造范

图 2-19　在芯盒中造芯的方法

1—芯盒；2—砂芯；3—烘干板

(1) 整体式芯盒造芯。用于形状简单的中、小型型芯。

(2) 对开式芯盒造芯。适用于圆形截面的较复杂型芯。

(3) 可拆式芯盒造芯。用于形状复杂的中、大型型芯，当用整体式芯盒无法取芯时，可将芯盒分成几块，分别拆去芯盒取出砂芯，并且芯盒的某些部分还可以做成活块。

2）造芯的一般操作过程

造芯前，应了解对砂芯的工艺要求，如芯头位置、砂芯固定方法、通气道形式等，并准备好芯砂、芯骨、吊环及有关操作工具等。

造芯的一般操作过程为：准备芯盒，填砂，舂砂，放芯骨，刮去芯盒上多余的芯砂，扎通气道，把芯盒放在烘干板上，取下芯盒，烘干型芯等。当采用油砂制作型芯时，由于油砂型芯的湿强度较低，烘干前易变形和下塌，因此制造细长的型芯时，最好将整个型芯先制成两部分，待其烘干后，再将它们黏合成整体型芯。烘干后的型芯在下芯前，需要进行修整，去掉毛边，检验尺寸。

2.3.4　浇注系统

1. 浇注系统的组成

浇注系统包括外浇口、直浇道、横浇道、内浇道等，如图 2-20 所示。浇注系统的任务是让液态金属连续平稳均匀地填充铸型型腔，并调节铸件各部分温度和起到挡渣的作用。若浇注系统不合理，则铸件容易产生冲砂、砂眼、夹渣、浇不足、气孔和缩孔等缺陷。

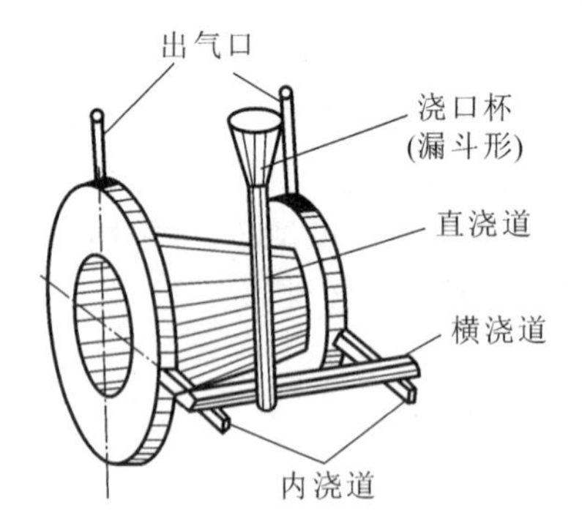

图 2-20　铸件的浇注系统

1）外浇口

外浇口又称浇口杯，单独制作或直接在铸型中形成，用于接纳浇包流下的液态金属，减小液态金属的冲击，使液态金属平稳地流入浇道，并起挡渣和防止气体卷入的作用。为便于浇注，外浇口多制成漏斗形或盆形，前者用于浇注中小型铸件，后者用于浇注大型铸件。

2）直浇道

直浇道是连接外浇口和横浇道的垂直通道，有一定的锥度，以便造型时取出浇口棒。液态金属依靠直浇道内高度产生的静压力，连续均匀地填满型腔。通常小型铸件直浇道高出型腔最高处 100～200 mm。

3）横浇道

横浇道是连接直浇口和内浇口的水平通道，其截面形状多为梯形。一般开在上砂型的分型面以上的位置，横浇道将液态金属分配给各个内浇道并起挡渣作用。

4）内浇道

内浇道是连接横浇道和型腔的通道，其作用是控制液态金属流入型腔的速度和方向，并调节铸件各部分的温度。内浇道的设置如图 2-21 所示。内浇道的形状、位置和数目，以及导入液流的方向，是决定铸件质量的关键因素之一。内浇道的截面形状一般为梯形、半圆形或三角形，其位置低于横浇口。内浇口不应开在铸件的重要部位上，其方位应使液态金属顺着型壁流动，避免直接冲击型芯或砂型的突出部分。同时，内浇口的布置应能满足铸件凝固顺序的要求。为使清除浇道时不损坏铸件，在内浇口与铸件的连接处还应带有缩颈(图 2-22)。

对于壁厚均匀、面积较大的铸件，增加内浇口的数目和尺寸，可使液态金属均匀分散地进入型腔，避免冷隔和变形。

对于壁厚相差较大、收缩大的铸件，内浇口应开在厚壁处，以保证液态金属对铸件的补缩，有利于防止缩孔。

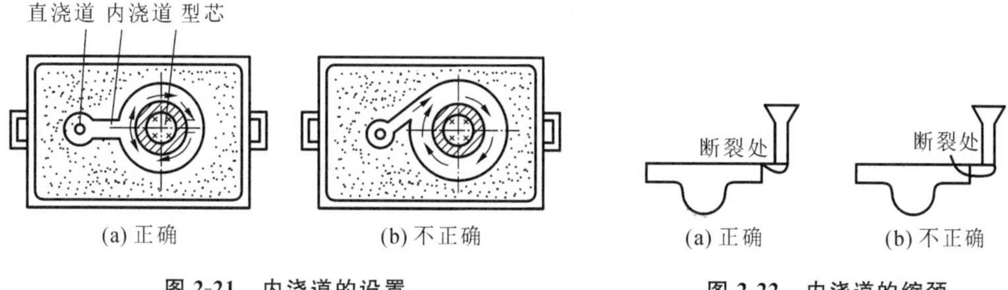

图 2-21　内浇道的设置　　**图 2-22　内浇道的缩颈**

2. 浇注系统的类型

常用的浇注系统按内浇口的注入位置不同可分为以下几种。

1）顶注式浇口

顶注式浇口开设在铸件顶部，其金属消耗少，补缩作用好，但容易冲坏砂型和产生飞溅，挡渣作用也差，主要用于不太高且形状简单、薄壁的铸件。

2）底注式浇口

底注式浇口开设在铸件底部，浇注时液态金属流动平稳，不易产生冲砂和飞溅，但补缩作用较差，不易浇满薄壁铸件，主要用于形状较复杂、壁厚、高度较大的大中型铸件。

3）中间注入式浇口

中间注入式浇口是介于顶注式和底注式之间的一种浇口，开设方便、应用广泛，主要用于一些中型、不是很高，但水平尺寸较大的铸件。

4）阶梯式浇口

阶梯式浇口由于从铸件底部、中部、顶部分层开设内浇口，因而兼有顶注式浇口和底注式浇口的优点，主要用于高大铸件的浇注。

常见浇注系统的形式如图 2-23 所示。

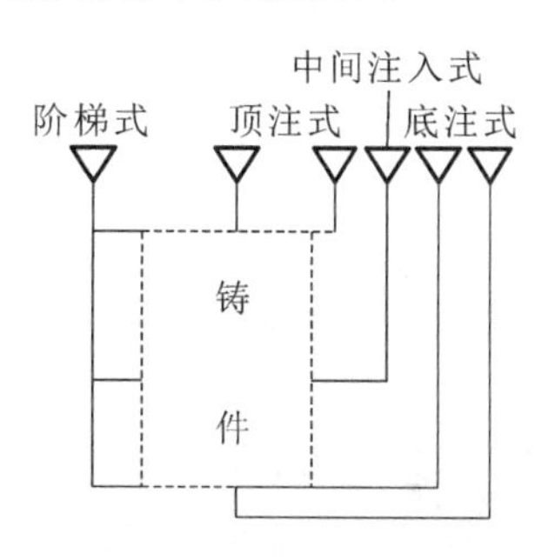

图 2-23　常见浇注系统的形式

2.3.5　合箱

合箱指将铸型的各个部分如砂型、砂芯等组成一个完整铸型的操作过程。合箱质量不高，就会前功尽弃。合箱应使上、下砂型中的型腔对准，避免错箱。生产中常用定位销或泥号来防止错箱。上、下砂型还必须紧固，以避免浇注时液态金属将上箱抬起而使分型面溢出(跑火)。

2.3.6　熔炼

熔炼过程中金属不仅从固态转化为液态，其化学成分也得到优化。熔炼的主要设备有冲天炉、电炉、平炉、转炉等，用得最多的是冲天炉，其广泛用于铸铁的熔炼，电炉费用较高，通常用来保温。对铜、铝等低熔点有色金属，为减少金属损耗，一般用坩埚炉熔炼。

工程训练通常使用铝合金作为制造材料，使用感应炉进行熔炼，它利用一定频率的交流电通过感应线圈，使炉内的金属炉料产生感应电动势并形成涡流，产生热量从而使金属炉料熔化。根据所用电源频率不同，感应炉分为高频(10000 Hz 以上)感应炉、中频(1000～2500 Hz)感应炉和工频(50 Hz)感应炉几种。感应炉由坩埚和围绕其外的感应线圈组成，通过控制感应电源，感应炉不但可用于铝、锌、铜等合金的熔炼，而且常用于钢的熔炼。

感应炉的优点是操作简单、热效率高、升温快、生产率高。

2.3.7　浇注

把液态金属浇入铸型的过程称为浇注。浇注工艺是否合理规范，不但影响铸件的质量，而且关系到安全。浇注操作中应严格按规范操作，控制好浇注速度和温度。

1. 浇注使用的工具

浇注常用的工具有挡渣钩和浇包。浇包外层用钢板制成，内层敷衬耐火材料，并在内表面刷上耐火涂料。浇包使用前应烘干，以免降低铁水温度或引起铁水飞溅。常用的浇包有吊包、手端包、抬包等，如图 2-24 所示。

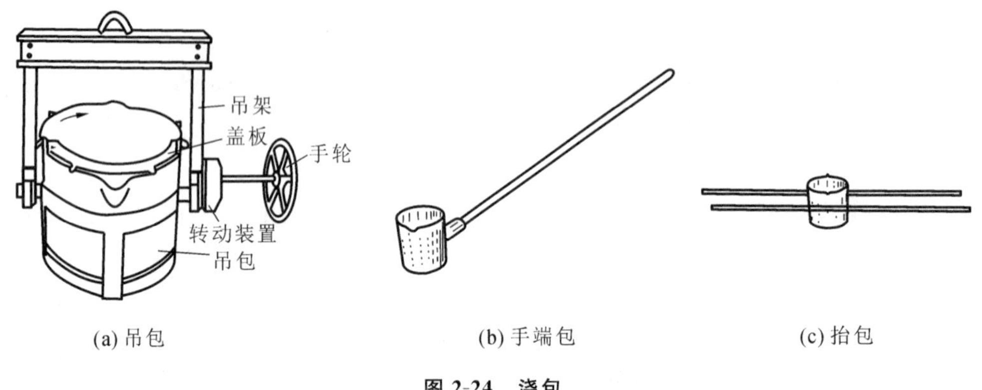

(a) 吊包　　(b) 手端包　　(c) 抬包

图 2-24　浇包

2. 浇注前的准备工作

浇注前应做好以下准备工作：

(1) 整理场地，确保无积水，准备好草木灰；

(2) 烘干浇包和挡渣钩，并检查是否完好，数量是否足够；

(3) 检查铸型装配是否符合要求，浇口、冒口和通气孔是否通畅，清除浇口周围的散砂，以免落入型腔中；

(4) 估计好每个铸型所需的金属量，安排好浇注路线，正确控制金属的流量，保证浇注过程中不断流。

3. 浇注温度和浇注速度

(1) 浇注温度。浇注温度过高，会导致液态金属在铸型中收缩量增大，易产生缩孔、裂纹及黏砂等缺陷；温度过低，则液态金属流动性差，又容易出现浇不足、冷隔和气孔等缺陷。所以，合适的浇注温度对液态金属的充型很重要。浇注温度应根据金属的种类和铸件的大小、形状、壁厚来确定。对于形状复杂的薄壁灰铸铁件，浇注温度为 1400 ℃左右；对于形状较简单的厚壁灰铸铁件，浇注温度为 1300 ℃左右即可；而铝合金的浇注温度一般在 700 ℃左右。

(2) 浇注速度。浇注速度的快慢对液态金属的充型也很关键。浇注速度太慢，会导致液态金属在铸型中冷却过快，易使铸件产生浇不足、冷隔或夹渣等缺陷；而浇注速度太快，则会使铸型中的气体来不及排出而使铸件产生气孔，同时也易出现铸型冲砂、抬箱和跑火等问题。液态铝合金在浇注时应注意不能断流，以防止铝液被氧化。

4. 浇注操作要点

浇注操作要注意以下几点。

(1) 放入浇包的金属液不能太满，应避免熔渣进入浇包，若有熔渣进入浇包，应及时扒除。浇包内的金属液面上应撒草木灰保温，并静置片刻使金属液中的气体和杂质上浮后再浇注。

(2) 浇注时，浇包嘴应对准外浇口，以免飞溅。注意挡渣和保持外浇口充满金属液，以防止熔渣和气体进入铸型。要点燃铸型中逸出的气体以减少有害气体对环境的污染。

(3) 浇注后，用干砂将浇口和冒口掩盖起来，以减少热辐射，同时起到保温作用。浇包中剩余的金属液应倾倒到指定的地点。

2.3.8　落砂、清理

1. 落砂

将铸件从砂型中取出来的操作称为落砂。落砂时应注意铸件的温度，落砂过早，铸件温度太高，在空气中急冷表面易产生硬皮，难以加工，而且会增加铸件内应力，引起变形和裂纹；落砂过晚，铸件的冷却收缩会受到铸型和型芯的阻碍，形成收缩应力，同样会引起铸件变形和裂纹。一般形状简单，小于 10 t 的铸件，在浇注后 0.5～1 h 即可落砂。

落砂的方式有手工落砂和机械落砂两种，在大量生产中，一般用落砂机进行落砂。

2. 清理

落砂后从铸件上清除表面黏砂、多余金属(包括浇冒口、飞边、毛刺和氧化皮)等过程总称为铸件的清理，目的是使铸件外表面达到要求。表面清理多用手动、风动工具，也使用滚筒、喷砂、喷丸等新技术。

中小型的铸铁件浇、冒口一般采用敲击法去除；铸钢件浇、冒口采用气割法去除；有色金属铸件采用锯切法去除浇、冒口。

2.4　特种铸造

在现代科学技术的推动下，铸造方法取得了突破性进展，铸件质量和劳动环境有了质的提高。目前常用的特种铸造方法有金属型铸造、压力铸造、离心铸造、熔模铸造等。

2.4.1　金属型铸造

把液态金属浇入由金属制成的铸型内以获得铸件的方法称为金属型铸造。铸件表面质量好，精度高，组织致密，力学性能优良，尺寸准确，切削加工量大大减少。金属型可多次使用，节约了大量型砂，缩短了造型工时，提高了劳动生产率。但金属铸型一般用铸铁或钢制成，成本高，制造复杂，因此一般适用于大批量生产的有色金属铸件。图 2-25 为轮形件金属铸型示意图。

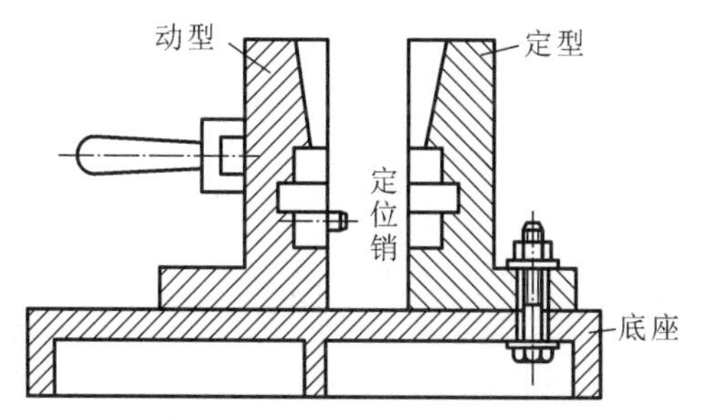

图 2-25　轮形件金属铸型

2.4.2　压力铸造

压力铸造是将液态金属在一定压力下快速注入铸型，并在压力下冷却凝固以获得铸件的方法。用于压力铸造的机器称为压铸机。压铸机按压射部分的特征可分为热压式和冷压式。压铸是在高压、快速下进行的，因此液态金属的充型能力得到提高，可生产形状复杂的薄壁铸件，而且生产率很高。另外，因其铸型为金属型，故压铸件尺寸精确，表面光洁，力学性能好。但压铸机价格昂贵，铸型结构复杂，铸件容易生成分散的细小气孔。因此，压力铸造主要用于大量生产形状复杂的薄壁有色金属中小型铸件。目前应用较多的是卧式冷室压铸机，其生产工艺过程如图 2-26 所示。

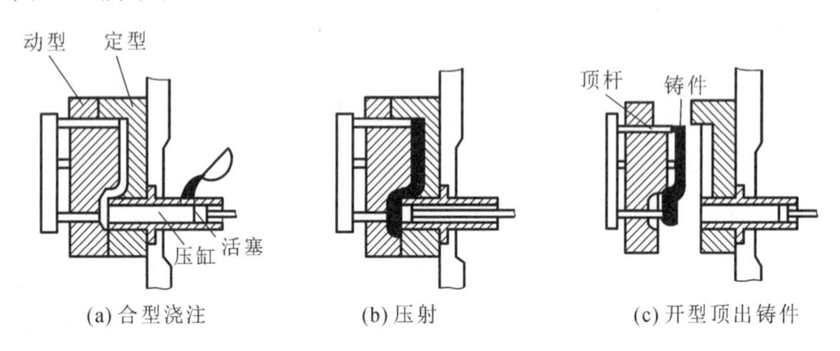

图 2-26　卧式冷室压铸机工艺过程示意图

2.4.3　离心铸造

离心铸造是将液态金属浇入旋转的铸型，在离心力作用下成形、凝固的铸造方法。离心铸造在离心铸造机上进行。离心铸造省去型芯和浇注系统，铸型采用金属型或砂型均可。它既可绕垂直轴旋转(称为立式离心铸造，见图 2-27(a))，又可绕水平轴旋转(称为卧式离心铸造，见图 2-27(b))。离心铸造时，液态金属在离心力作用下结晶凝固，因此可获得无缩孔、气孔、夹渣的铸件，而且组织细密，力学性能好。但离心铸造铸出的筒形铸件内孔尺寸不准确，表面有较多气孔、夹渣，因此需增加内孔加工余量。目前，离心铸造主要用于生产空心旋转体零件，如铸管、铜套、双金属滑动轴承等。

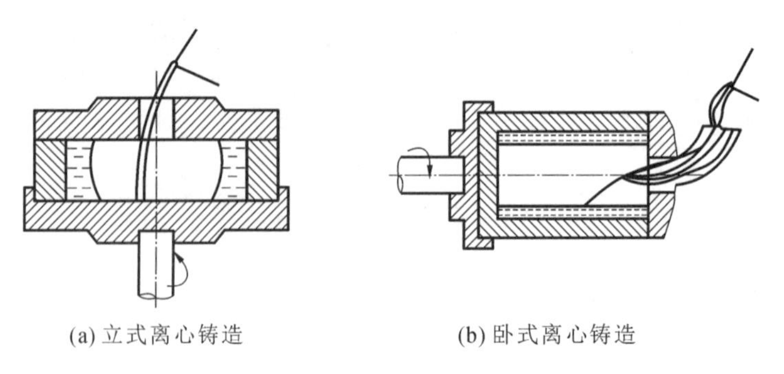

图 2-27　离心铸造

2.4.4　熔模铸造

熔模铸造是利用可熔性的模样制造整体型壳，一般先制造蜡模，将蜡模修整后焊在蜡制浇注系统上，即得到蜡模组。然后，把蜡模组浸入用水玻璃和石英粉配制的涂料中，硬化结壳，然后蜡模熔化而流出型壳，形成没有分型面的铸型型腔。为了排除型壳中的残余挥发物，提高型壳强度，还需将其放在 850～950 ℃ 的炉内焙烧。焙烧好的型壳置于铁箱中，周围填以干砂，制成砂箱，然后进行浇注。熔模铸造过程如图 2-28 所示。

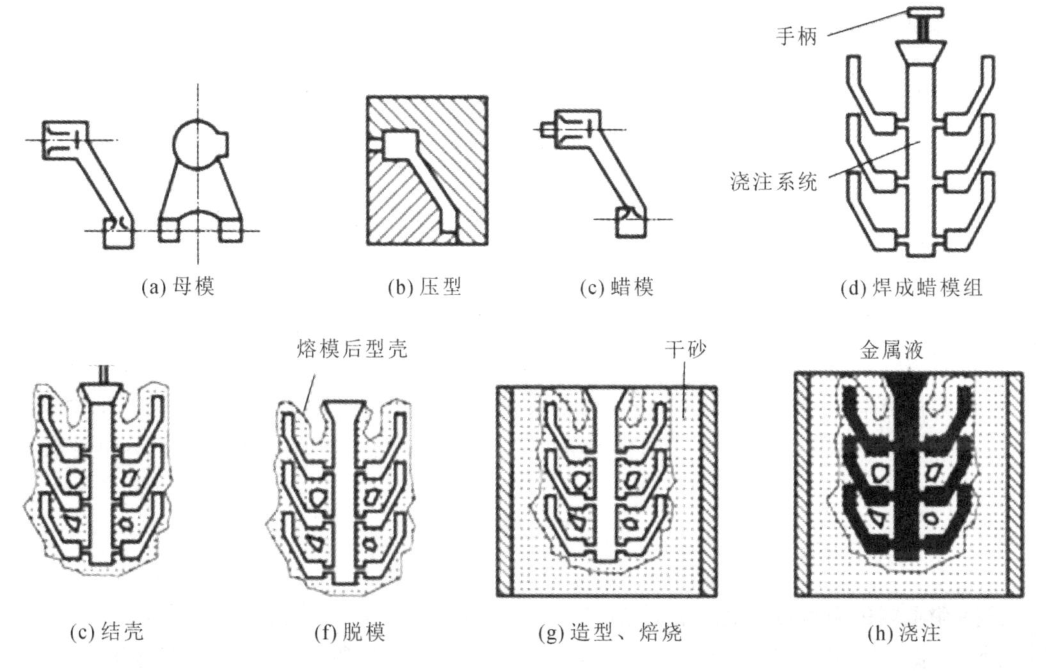

图 2-28　熔模铸造

熔模铸造可生产形状非常复杂的铸件，适应性强，铸件的尺寸精度高，表面粗糙度低。但熔模铸造工艺过程复杂，生产周期长，成本高，且不能生产大型铸件。因此，熔模铸造主要用于制造材料熔点高、形状复杂及难加工的小型碳钢和合金钢铸件。

思　考　题

1. 造型和制芯的材料有哪些？各有何特点？
2. 零件、铸件、模样和型腔的形状和尺寸是否完全一样？为什么？
3. 型芯固定有哪些方法？
4. 造型方法主要有哪些？简述其特点及应用。
5. 造型中应如何选择分型面？
6. 浇注系统由哪些部分组成？各部分有何作用？如何正确开设内浇口？
7. 能不能用型砂代替芯砂进行造芯？为什么？
8. 何谓压力铸造？其铸型的结构包含哪几部分？
9. 通过本章的学习，你对铸造成形的特点、铸造生产的优缺点及其应用有何认识？

第3章　锻造与冲压加工

学习目标

1. 了解锻造的基本知识和生产过程。
2. 熟悉自由锻的基本工序和操作过程。
3. 熟悉胎模锻的基本操作过程。
4. 了解各种锻压方法的工艺特点及加工范围。

3.1　概　　述

锻压是锻造和冲压的总称，属于金属压力加工生产方法的一部分。

锻压成形是指对金属施加外力，使金属产生塑性变形，改变坯料的形状和尺寸，并改善其内部组织和力学性能，获得一定形状、尺寸和性能的毛坯或零件的成形加工方法。

金属坯料要具有足够的可锻性，才能进行锻压加工。可锻性用塑性和变形抗力两个指标来衡量。塑性越高，变形抗力越低，其可锻性就越好。锻件通常采用可锻性较好的中碳钢和低合金钢；冲压件一般采用塑性良好的低碳钢、铜板和铝板等，铸铁等脆性材料不能进行锻压加工。

3.1.1　锻造的种类

根据在不同的温度区域进行的锻造，针对锻件质量和锻造工艺要求的不同，锻造可分为冷锻、温锻、热锻三个成形温度区域。这种温度区域的划分并无严格的界限，一般地讲，在再结晶的温度区域的锻造称为热锻，不加热在室温下的锻造称为冷锻。

锻造成形常见的方法有自由锻、模锻和板料冲压等，如表3-1所示。

表3-1　锻造分类

类型	简图	特点	适用场合及发展趋势
自由锻	上砥铁 坯料 下砥铁 拔长；冲子 冲孔	用自由锻锤或压力机和简单工具；一般在加热状态下使坯料成形	单件、小批量生产外形简单的各种规格毛坯，如轧辊、主轴等；以及钳工、锻工用的简单工具，也适用于修配场合。 趋势：锻件大型化，提高内在质量，操作机械化
模锻	上模 坯料 下模 开式模锻	用模锻锤或压力机和锻模；一般在加热状态下使坯料成形	批量生产，如小型毛坯（如汽车的曲轴、连杆、齿轮等）和日用五金工具（如扳手等）。 趋势：精密化、少切削，如精密模锻齿轮，可直接锻造出8～9级精度的齿形

续表

类型	简图	特点	适用场合及发展趋势
板料冲压	凸模(冲头) 压板 坯料 凹模 拉深	用剪床、冲床和冲模；一般在常温状态下使板料分离或成形	批量生产成品，如钢、铝制的碗、杯、锅、勺等和电气仪表、汽车等工业领域用的零件或毛坯，如汽车外壳、机箱等。 趋势：自动化、精密化；精密冲裁尺寸公差可达 0.01 mm 之内，表面粗糙度 *Ra* 为 3.6～0.2 μm

3.1.2　锻造的特点和生产过程

1. 特点

(1) 改善金属的内部组织，提高金属的力学性能；

(2) 生产率较高；

(3) 适应范围广，锻件的质量小至不足 1 kg，大至数百吨，既可进行单件、小批量生产，又可进行大批量生产；

(4) 采用精密模锻可使锻件尺寸、形状接近成品零件，因而可以大大地节省金属材料和缩短切削加工工时；

(5) 不能锻造形状复杂的锻件。

2. 生产过程

锻造生产主要过程为：坯料加热 → 受力成形 → 冷却 → 热处理。

3.1.3　坯料加热

1. 加热的目的

金属坯料锻造前，为提高其塑性，降低变形抗力，使金属在较小的外力作用下产生较大的变形，必须对金属坯料加热。锻造前对金属坯料进行加热是锻造工艺过程中的一个重要环节。一般来说，随温度升高，金属材料的塑性提高，但加热温度太高，会使锻件质量下降，甚至成废品，所以必须将坯料加热到一定的温度范围再开始锻打工作，这样用较小的锻打力就能使坯料产生较大的变形，完成锻件的加工。

2. 锻造温度范围

温度高，金属的塑性好、变形抗力小，容易变形。金属锻造时，允许加热到的最高温度称为始锻温度，停止锻造的温度称为终锻温度。始锻温度过高会使坯料产生过热、过烧、氧化、脱碳等缺陷，造成废品，始锻温度一般低于熔点 100～200 ℃。锻造过程中，坯料温度不断下降，塑性也随之下降，变形抗力增大，当降到一定温度时，不仅变形困难，而且容易开裂，此时必须停止锻造，重新加热后再锻造。金属的始锻温度和终锻温度之间的温度间隔称为金属的锻造温度范围。金属的锻造温度范围大，可以减少加热次数，提高生产率，降低成本。锻造温度范围取决于坯料金属的种类和化学成分。常见金属材料的锻造温度范围如表 3-2 所示。

表 3-2　常见金属材料的锻造温度范围

材料种类	始锻温度/℃	终锻温度/℃	锻造温度范围/℃
低碳钢	1200～1250	800	400～ 450
中碳钢	1150～1200	800	350～400
合金结构钢	1100～1150	850	250～300
铝合金	450～500	350～380	100～120
铜合金	800～900	650～700	150～200

锻造时材料的温度可以用仪表测得，也可用传统方法，根据坯料的颜色（火色）来估算，碳钢的对应关系如表 3-3 所示。

表 3-3　碳钢的加热温度与其火色的对应关系

加热温度/℃	1300	1200	1100	900	800	700	600 以下
火色	黄白	淡黄	黄	淡红	樱红	暗红	赤红

3. 坯料的加热缺陷和防治办法

工程训练常用的加热炉是电阻炉，它利用电流通过电阻元件产生电阻热，以辐射和对流的方式将热量传递给坯料，使其加热到所需的温度。电阻炉结构简单，操作方便，劳动条件好，加热温度容易精确控制，并可通入保护性气体，以防止或减少坯料氧化。但电能消耗大，成本高，加热时间较长。电阻炉适合加热中、小型单件坯料，或小批量、加热质量要求较高的坯料。

若加热控制不当，金属坯料在加热的过程中会产生多种缺陷，常见加热缺陷及预防措施如表 3-4 所示。

表 3-4　常见加热缺陷及预防措施

名称	原因	危害	防止(减小)措施
氧化	坯料加热时表面金属与氧化性气体发生氧化反应，俗称火耗	造成金属的烧损；降低锻件精度和表面质量；缩短模具寿命	缩短高温区加热时间，控制炉气成分，达到少或无氧化加热
脱碳	坯料表面的碳被氧化，俗称脱碳	降低表面力学性能，降低硬度，表面产生龟裂	
过热	加热温度过高，停留时间过长，导致金属晶粒粗大	降低锻件力学性能，金属塑性减小，脆性增大	控制加热温度，缩短高温加热时间
过烧	加热温度接近材料的熔点，造成晶粒界面氧化甚至熔化	塑性变形能力完全消失，一锻即碎，只得报废	
开裂	坯料表里温差太大，组织变化不匀，导致材料内应力过大	坯料产生内部裂纹，坯料报废	对于高碳钢或大型坯料，开始加热时应缓慢升温

3.1.4 锻件冷却

锻件冷却是锻造工艺过程中必不可少的工序。生产中若锻后冷却不当，锻件易发生翘曲，表面硬度升高，甚至产生裂纹。为保证锻件质量，锻后的锻件常用的冷却方法有以下几种。

1. 空冷

即锻完后将锻件置于空气中冷却，但不应放在潮湿或有强烈气流的地方。低、中碳钢及低合金钢的中小型锻件一般采用空冷方式。

2. 坑冷

锻件放在填有砂子、石灰、炉灰等保温材料的坑中冷却，冷却速度较慢，适用于高合金钢和塑性较差的中型锻件。对于碳素工具钢可先冷至 700～650 ℃，然后再进行坑冷。

3. 炉冷

将锻后的锻件立即放入 500～700 ℃的加热炉中，随炉冷却。这是一种最缓慢的冷却方法，适合于中碳钢和低合金钢的大型锻件及高合金钢的重要零件。

一般情况下，钢中碳含量及合金元素的含量越高，体积越大，形状越复杂，冷却速度应该越缓慢。

3.2 自由锻

机器自由锻是使用机器设备，使坯料在设备上、下两砧之间各个方向不受限制而自由变形，以获得锻件的方法。

3.2.1 自由锻常用设备

1. 自由锻常用设备

自由锻设备有空气锤、蒸汽-空气锤和水压机等，分别适合小、中和大型锻件的生产。

其中空气锤使用灵活，操作方便，是生产小型锻件最常用的自由锻设备。空气锤的规格用落下部分的质量来表示，一般为 50～1000 kg。落下部分包括工作活塞、锤杆、锤头和上砥铁。例如对于 65 kg 空气锤，其落下部分质量为 65 kg，而不是指它的打击力。

2. 空气锤的工作原理

空气锤的结构如图 3-1 所示，由锤身、压缩缸、工作缸、传动机构、操纵机构、落下部分及砧座等组成。其工作原埋是电动机 11 通过减速装置 10 带动连杆 14，使压缩活塞 13 在压缩缸 9 内做上、下往复运动。压缩活塞 13 上升时，将压缩空气经上旋阀 7 压入工作缸 8 的上部，推动工作活塞 12 连同锤杆及上砥铁 5 向下运动打击锻件。

3. 空气锤的操作

先接通电源，启动空气锤后通过手柄或踏杆，操纵上、下旋阀，使空气锤实现空转、锤头悬空、压锤、连续打击和单次打击五种动作，以适应各种加工需要。

（1）空转。转动手柄控制上、下旋阀的位置，使压缩缸的上、下气道都与大气连通，压缩空气不进入工作缸，而是排入大气中，压缩活塞空转。

（2）锤头悬空。控制上旋阀的位置使工作缸和压缩缸的上气道都与大气连通，当压缩活塞向上运动时，压缩空气排入大气中，活塞向下运动时，压缩空气经由下旋阀，冲开一个防止压

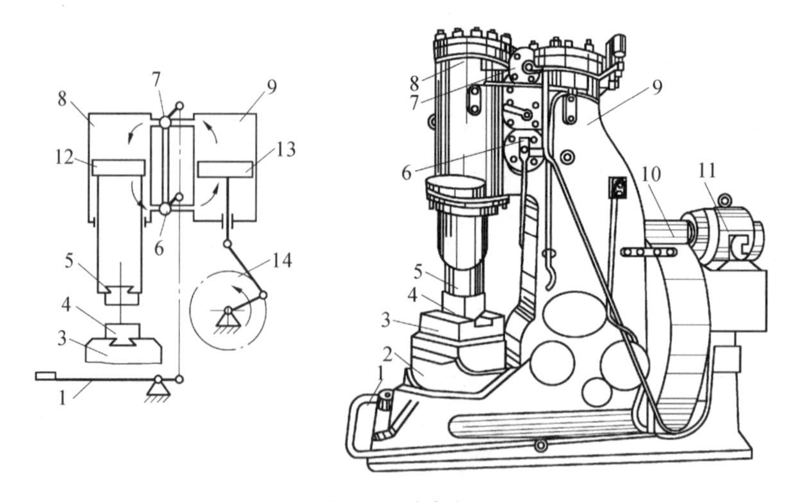

图 3-1　空气锤

1—踏杆；2—砧座；3—砧垫；4—下砥铁；5—上砥铁；6—下旋阀；7—上旋阀；8—工作缸；9—压缩缸；10—减速装置；11—电动机；12—工作活塞；13—压缩活塞；14—连杆

缩空气倒流的逆止阀，进入工作缸下部，使锤头始终悬空。

(3) 压锤。控制上、下旋阀的位置使压缩缸的上气道和工作缸的下气道都与大气连通，当压缩活塞向上运动时，压缩空气排入大气中，而当活塞向下运动时，压缩缸下部空气通过下旋阀并冲开逆止阀，转而进入上、下旋阀连通道内，经由上旋阀进入工作缸上部，使锤头向下压紧锻件。与此同时，工作缸下部的空气经由下旋阀排入大气中。

(4) 连续打击。控制上、下旋阀的位置使压缩缸和工作缸都与大气隔绝，逆止阀不起作用。当压缩活塞上下往复运动时，将压缩空气不断压入工作缸的上下部位，推动锤头上下运动，进行连续打击。

(5) 单次打击。单次打击是由连续打击演化出的。即在连续打击的气流下，手柄迅速返回悬空位置，打一次即停。单次打击不易掌握，初学者要谨慎对待，手柄稍不到位，单次打击就会变为连续打击，此时若翻转或移动锻件易出事故。

3.2.2　自由锻常用工具

自由锻常用工具根据功能可分为以下几类，如图 3-2 所示。

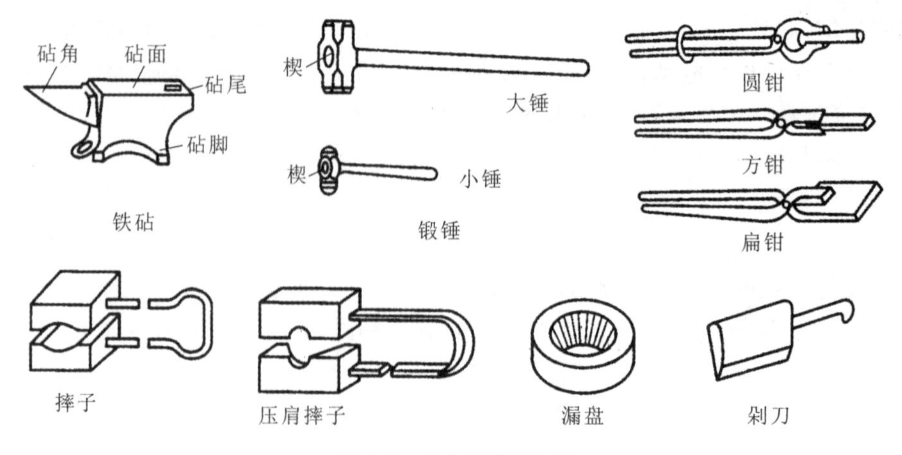

图 3-2　自由锻常用工具

（1）夹持工具：如圆钳、方钳、槽钳、抱钳、尖嘴钳、专用型钳等。

（2）切割工具：如剁刀、剁垫等。

（3）变形工具：如压铁、摔子、压肩摔子、冲子、垫环（漏盘）等。

（4）测量工具：如钢直尺、内外卡钳等。

3.2.3　自由锻基本工序

实现锻件基本成形的工序称为基本工序，如镦粗、拔长、冲孔、弯曲、扭转和切割等，实际生产中最常用的是镦粗、拔长和冲孔三个工序。基本工序前要有辅助工序，如压钳口、压钢锭棱边和切肩等。基本工序后要有修整形状的精整工序，如滚圆、摔圆、平整和校直等。

（1）镦粗　使坯料高度减小、截面增大的锻造工序，如图3-3所示，通常用来生产盘类件毛坯，如齿轮坯、法兰盘等。圆钢镦粗下料的高径比要满足 $h_0/d_0=2.5\sim3$，坯料太高，镦粗时会发生侧弯或双鼓变形，锻件易产生夹黑皮折叠而导致报废，如图3-4和图3-5所示。

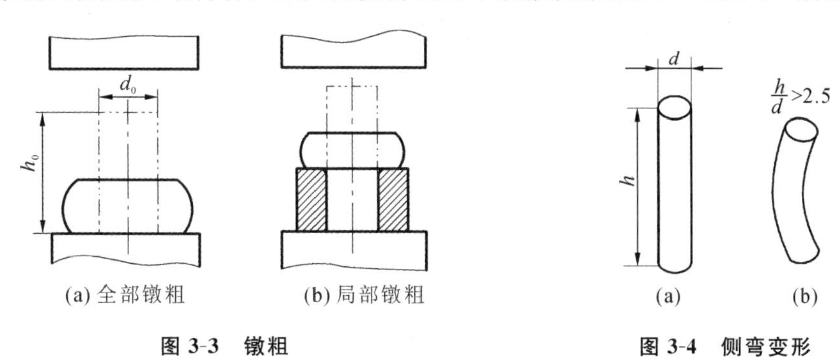

图3-3　镦粗　　　图3-4　侧弯变形

（2）拔长　使坯料的长度增加、截面减小的锻造工序，通常用来生产轴类件毛坯，如车床主轴、连杆等。

拔长过程中锻件应90°翻转，较重锻件常采用锻打完一面再翻转90°锻打另一面的方法，较小锻件则采用来回翻转90°的锻打方法，如图3-6所示。

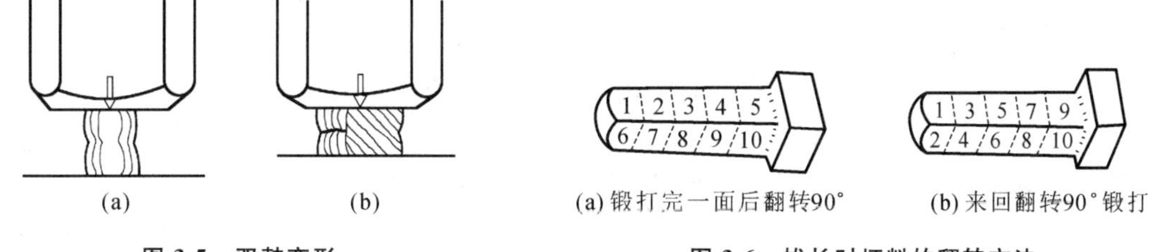

图3-5　双鼓变形　　　图3-6　拔长时坯料的翻转方法

（3）冲孔　用冲子在坯料上冲出通孔或不通孔的锻造工序。实心冲头双面冲孔如图3-7所示，在镦粗平整的坯料表面上先预冲一凹坑，放稍许煤粉，再继续冲至约3/4深度，借助煤粉燃烧的膨胀气体取出冲子，翻转坯料，从反面将孔冲透。

（4）弯曲　使坯料弯曲成一定角度或形状的锻造工序，如图3-8所示。

（5）扭转　使坯料的一部分相对另一部分旋转一定角度的锻造工序，如图3-9所示。

（6）切割　分割坯料或切除料头的锻造工序。

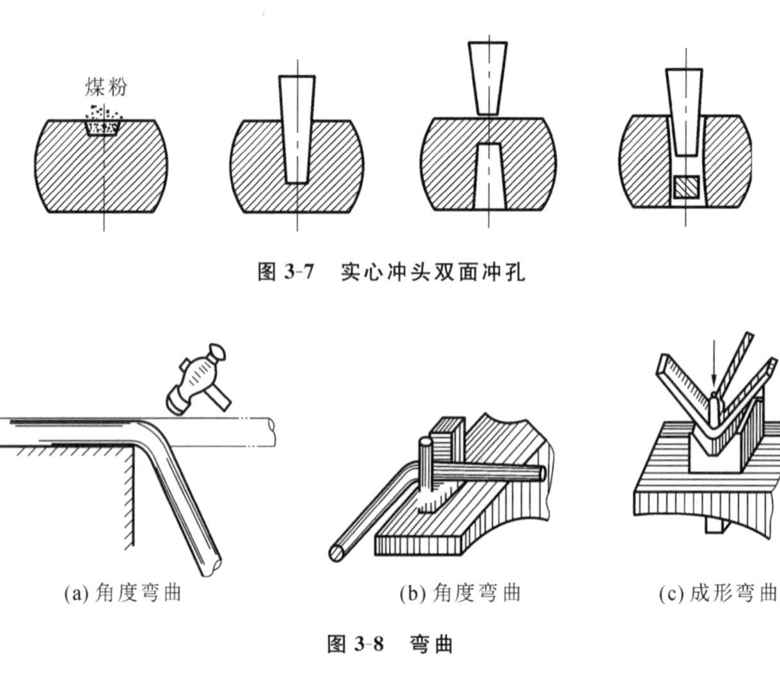

图 3-7　实心冲头双面冲孔

(a) 角度弯曲　　(b) 角度弯曲　　(c) 成形弯曲

图 3-8　弯曲

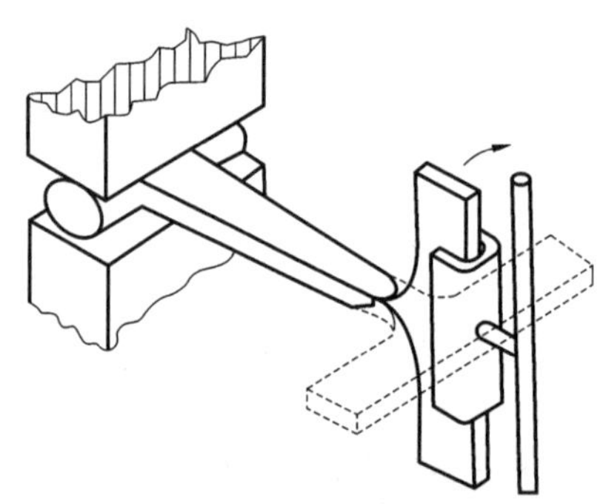

图 3-9　扭转

3.3 胎 模 锻

胎模按其结构可分为摔模、扣模、套模、垫模、合模和漏模等，如表 3-5 所示。

表 3-5　胎模结构

分类	简图	说明
摔模	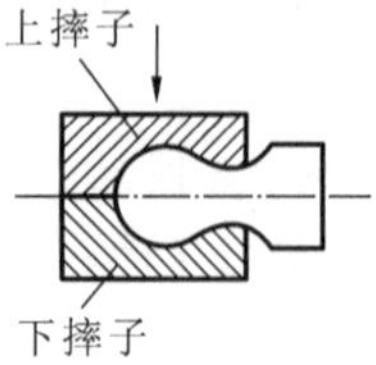 上摔子 下摔子	模具主要由上、下摔子组成，锻造时锻件在上、下摔子中不断旋转进行径向锻造，锻件无毛刺、无飞边。主要用于圆轴、杆、叉类锻件

续表

分类	简图	说明
扣模	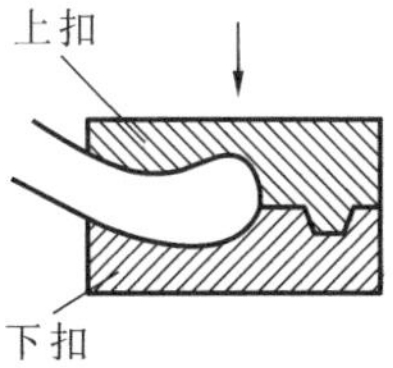 上扣 下扣	模具由上、下扣组成。锻造时，锻件在扣模中不转动，只前后移动。主要用于非回转体、杆叉类锻件
套模	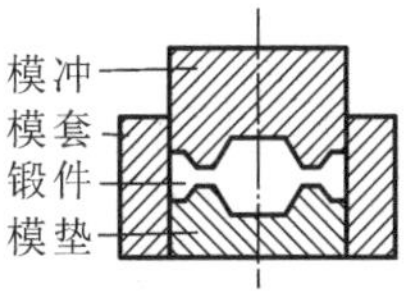 模冲 模套 锻件 模垫	模具由模套、模冲、模垫组成。套模是一种闭式胎模，锻造时不产生飞边。主要用于圆轴、圆盘类锻件
垫模	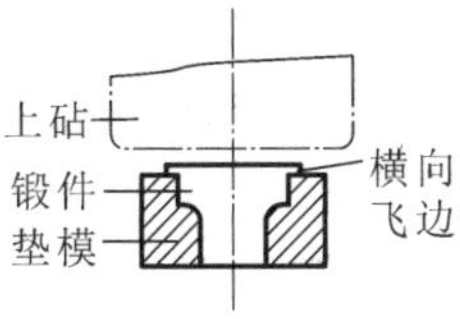 上砧 锻件 垫模 横向飞边	模具只有下模，而上模由锤砧代替，锻造时产生横向飞边。主要用于圆盘、圆轴及法兰盘锻件
合模	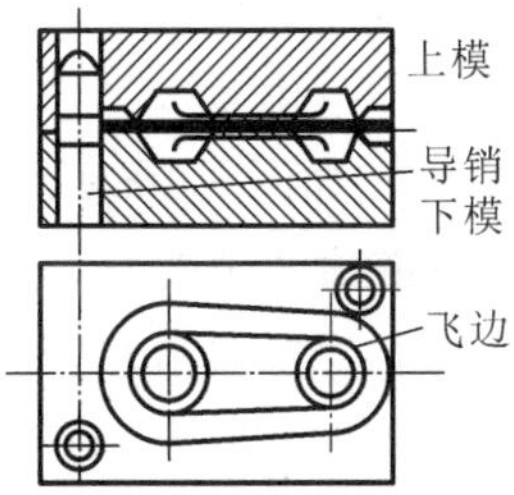 上模 导销 下模 飞边	模具由上、下模及导向装置构成，合模锻造时沿分模面产生横向飞边。主要用于形状较复杂的非回转体锻件
漏模	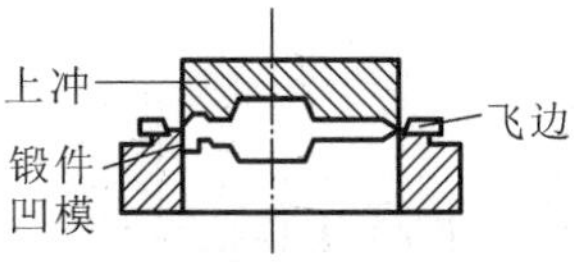 上冲 锻件 凹模 飞边	模具由冲头、凹模及定位导向装置构成。主要用于切除锻件的飞边、连皮或冲孔

胎模锻与自由锻相比，生产效率较高，锻件形状和尺寸精度高，减少了加工余量和余块，节约了金属；与模锻相比，胎模锻简便、成本低，不需昂贵的模锻设备，通用性大，但生产效率低，精度比模锻差，胎模寿命短，工人劳动强度大。因此，胎模锻适用于中、小批量生产，无模锻设备的小型工厂应用较多。

3.4　板料冲压

板料冲压加工是金属压力加工方法之一，它是建立在金属塑性变形的基础上，在常温下利用冲模和冲压设备对材料施加压力，使其产生塑性变形或分离，从而获得一定形状、尺寸和性能工件的工艺方法。因多数情况下板料无须加热，故亦称冷冲压。

常用的板材为低碳钢、不锈钢、铝、铜及其合金等，它们塑性高，变形抗力小，适合于冷冲压加工。

板料冲压易实现机械化和自动化，生产效率高；冲压件尺寸精确，互换性好；表面光洁，无须机械加工；广泛用于汽车、电器、日用品、仪表和航空等制造业中。

3.4.1 冲压的特点

(1) 冲压加工是少切屑、无切屑加工方法之一，是一种能耗低、高效的加工方法，制品的成本较低。

(2) 冲压件的尺寸公差由模具保证，具有“一模一样”的特征，因此产品质量稳定。

(3) 冲压加工可以加工壁薄、重量轻、形状复杂、表面质量好、刚度大的工件，例如汽车外壳、仪表外壳等。

(4) 冲压生产靠压力机和模具完成加工过程，生产率高，操作简便，易于实现机械化与自动化。用普通压力机进行冲压加工，每分钟可加工几十件，用高速压力机生产，每分钟可加工数百件、上千件。

由于冲压加工具有上述突出的优点，因此在批量生产中得到了广泛的应用，在汽车、拖拉机、电机、仪表和日用品的生产中，已占据十分重要的地位。据粗略统计，在电子产品中冲压件(包括钣金件)的数量占工件总数的85%以上，在飞机、各种枪弹与炮弹的生产中，冲压件所占的比例也是相当大的。

3.4.2 冲压设备及工具

1. 冲床

冲床是冲压加工的基本设备。常用的冲床有开式双柱冲床，如图3-10所示。电动机通过V形带减速系统带动大带轮转动，踩下踏板后，离合器闭合并带动曲轴旋转，再经过连杆带动滑块沿导轨做上下往复运动，进行冲压加工。如果将踏板踩下后立即抬起，则滑块冲压一次后，便在制动器的作用下，停止在最高位置，如果踏板不抬起，滑块就进行连续冲压。

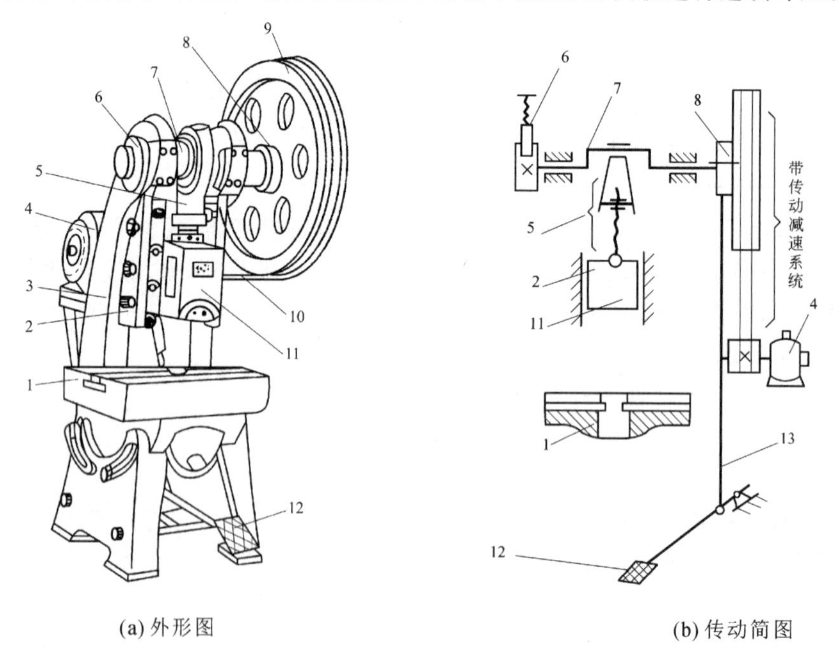

(a) 外形图　　(b) 传动简图

图 3-10　开式双柱冲床

1—工作台；2—导轨；3—床身；4—电动机；5—连杆；6—制动器；7—曲轴；8—离合器；9—飞轮；10—V形带；11—滑块；12—踏板；13—拉杆

2. 剪板机

用剪切方法使板料分离的机器称为剪板机，又称剪床。它是下料的基本设备，如图 3-11 所示。

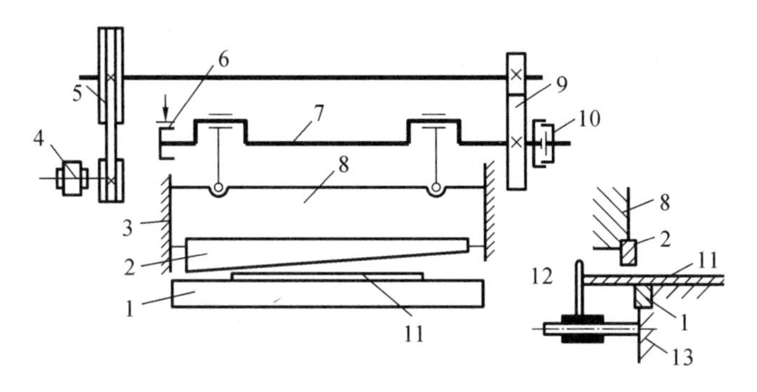

图 3-11　剪床结构与剪切示意图

1—下刀刃；2—上刀刃；3—导轨；4—电动机；5—带轮；6—制动器；7—曲轴；
8—滑块；9—齿轮；10—离合器；11—板料；12—挡铁；13—工件

3. 冲模

冲模是使板料分离或变形的工具。冲模一般分为上模和下模两部分，上模用模柄固定在冲床滑块上，下模用螺栓固定在工作台上。冲模分简单模、复合模和连续模三种。

1）简单模

在冲床的冲压过程中只完成一道工序的冲模称为简单模，简单模结构及工作示意图如图 3-12 所示。它适用于小批量生产。

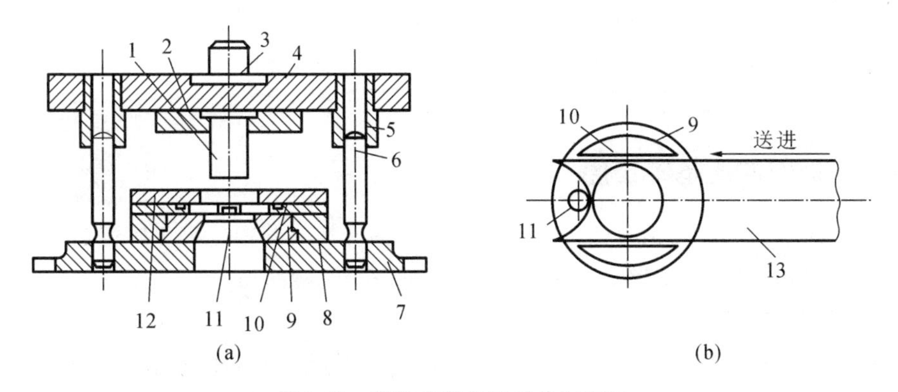

图 3-12　简单模结构及工作示意图

1—凸模；2，8—压板；3—模柄；4—上模板；5—导套；6—导柱；7—下模板；
9—凹套；10—导料板；11—定位销；12—卸料板；13—条料

2）复合模

在冲床的一次冲程中，同时完成数道冲压工序的模具称为复合模。如图 3-13 所示，冲模可同时完成下料和拉深两道工序。

3）连续模

在冲床的一次冲压过程中，在模具的不同部位同时完成多道冲压工序的模具称为连续模，如图 3-14 所示。连续模有利于实现自动化，生产效率高，但是模具精度要求高，成本也高。

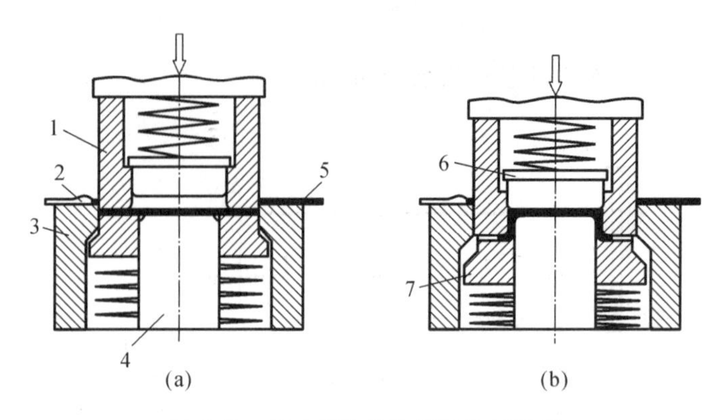

图 3-13 复合模的结构及工作示意图

1—凸凹模；2—定位销；3—落料凹模；4—拉深凸模；5—条料；6—顶出器；7—拉深压板

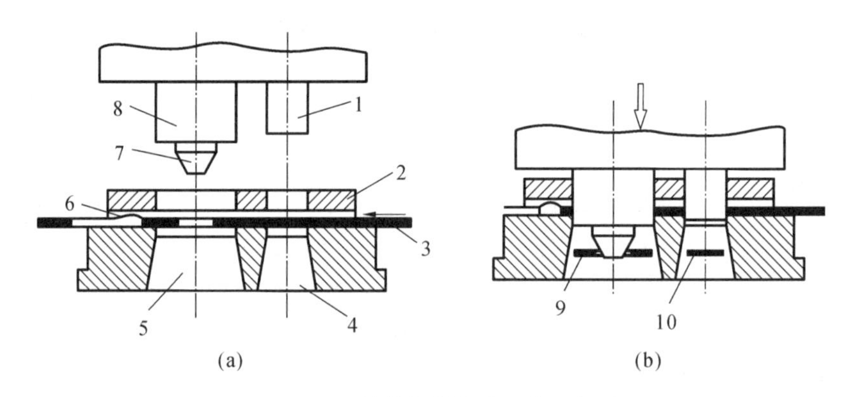

图 3-14 连续模的结构及工作示意图

1—冲孔凸模；2—导板(卸料板)；3—条料；4—冲孔凹模；5—落料凹模；6—定位销；
7—导正销；8—落料凸模；9—冲裁件；10—废料

3.4.3 板料冲压基本工序

板料冲压的基本工序包括分离工序和变形工序两大类。其中分离工序包括剪切、冲裁(落料和冲孔)、修边和剖切等；变形工序包括弯曲、拉伸、翻边、成形等。

1. 冲裁(落料和冲孔)

冲裁是使板料按封闭轮廓分离的工序。如图 3-15 所示，落料时，冲落部分为工件，而余料则为废料；冲孔是在工件上冲出所需的孔，冲落部分为废料。

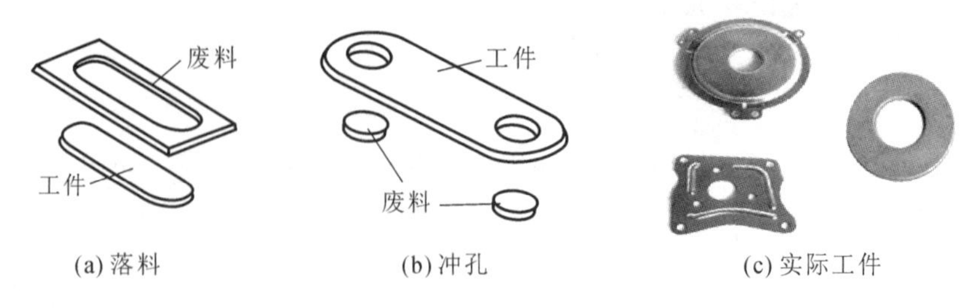

(a) 落料 (b) 冲孔 (c) 实际工件

图 3-15 冲孔与落料

2. 弯曲

弯曲是将板料弯成一定角度和曲率的变形工序。如图 3-16 所示，弯曲时，板料的内侧被压缩，而外侧被拉伸。当拉应力超过板料的强度极限时，就会出现裂纹。所以弯曲件要选择塑性较高的板料，正确地选取弯曲半径，合理地利用板料的纤维方向。

3. 拉深

拉深也称拉延，属于变形工序，如图 3-17 所示。拉深用的坯料通常由落料工序获得。板料在拉深模作用下，成为杯形或盒形工件。

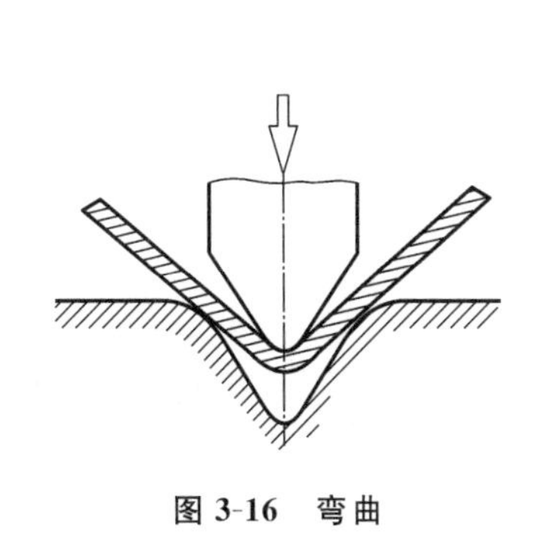

图 3-16　弯曲

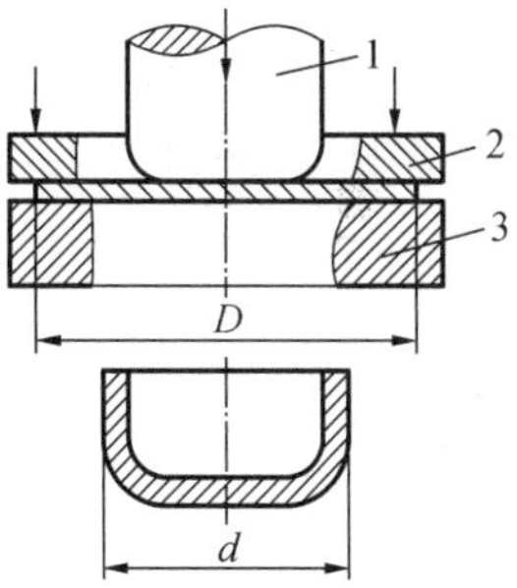

图 3-17　拉深

1—凸模；2—压板；3—凹模

为了避免拉裂，拉深凹模和凸模的工件部分应加工成圆角。为了确保拉深时板料能顺利通过，凹面和凸面之间有比板料厚度稍大的间隙。拉深时，为了减小摩擦阻力，应在板料或模具上涂润滑剂。另外，为了防止板料起皱，通常用压板(如图 3-17 中的 2)通过模具上的螺钉将板料压住。深度大的拉伸件需经多次拉深才能成形，为此，在拉深工序之间通常要进行退火处理，以消除拉深过程中金属产生的加工硬化，恢复其塑性。

思　考　题

1. 锻造前加热金属坯料的作用是什么？加热温度是不是愈高愈好？

2. 什么叫锻造温度范围？常用钢材的锻造温度范围大约是多少？

3. 什么叫拔长？什么叫镦粗？锻件的墩歪及夹层是怎样产生的？

4. 冲孔前，一般为什么都要进行镦粗？一般的冲孔件(除薄锻件外)为什么都采用双面冲孔的方法？

5. 空气锤的“三不打”指的是什么？

6. 弯曲件的裂纹是如何产生的？减少或避免弯曲裂纹的措施有哪些？

7. 拉深件产生拉裂和皱折的原因是什么？防止拉裂和皱折的措施有哪些？

8. 与铸造相比，锻造在成形原理、工艺方法、特点和应用上有何不同？

第4章　焊接加工

学习目标

1. 了解焊接工艺的特点及应用。
2. 了解焊条电弧焊工艺、装备、焊条及焊接材料的特点，初步掌握焊条电弧焊操作方法。
3. 了解气焊工艺、装备及气体特性，初步掌握气焊的操作方法。
4. 了解气体保护焊、氩弧焊的工艺特点。

4.1　概　　述

焊接是通过加热或加压，或两者并用，借助金属原子的结合和扩散，使分离的材料牢固地连接成一体的工艺方法。

焊接具有结构简单、节省金属材料、生产率高、密封性好等优点，广泛应用于建筑结构、船舶、压力容器、管道等领域。焊接还是一种制造零件毛坯的基本工艺方法，在日常设备维护中也经常采用焊接来修补零件缺陷，如断裂、磨损。

焊接按过程特点不同可分为熔化焊、压力焊和钎焊三大类。生产中使用最广泛的是熔化焊中的电弧焊和气焊。

(1) 熔化焊　将两个焊件局部连接处加热至熔化状态，并加入填充金属形成熔池，待其冷却结晶后形成一个整体的牢固接头的焊接方法。常用的熔化焊方法有电弧焊、气焊、电渣焊等。

(2) 压力焊　对两个焊件局部连接处施加压力(不论加热与否)，使其产生塑性变形，从而焊合成一个整体的焊接方法。常用的压力焊方法有电阻焊(对焊、点焊、缝焊)、摩擦焊、旋转电弧焊、超声波焊等。

(3) 钎焊　将熔点比焊件材料熔点低的填充金属钎料加热熔化(焊件不熔化)，使其填入接头间隙并通过扩散与母材接合成一个整体的焊接方法。常用的钎焊方法有火焰钎焊、感应钎焊、炉中钎焊、盐浴钎焊和真空钎焊等。

焊接主要优缺点如下：

(1) 与铸钢结构件相比，可节约材料、减轻重量、降低成本；

(2) 对于一些单件大型零件可以以小拼大，简化制造工艺；

(3) 可修补铸、锻件的缺陷和局部损坏的零件，经济意义重大；

(4) 接头致密性高，连接性能好；

(5) 容易产生焊接变形、焊接应力及焊接缺陷等。

4.2　焊条电弧焊

电弧焊是利用电弧作为热源使被焊金属和焊条熔化而形成焊缝的一种焊接方法。而焊条电弧焊则是整个焊接过程都用手工操作来完成的一种熔化极电弧焊，它具有设备简单，操作方便、灵活，适应性强等优点，应用广泛，焊接原理如图 4-1 所示。但焊条电弧焊的焊接质量受人为因素影响较大、焊接效率低、劳动强度大，在越来越多的场合被自动焊所代替。

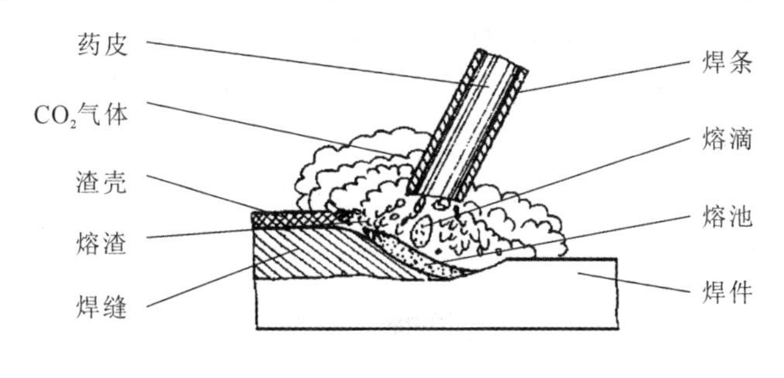

图 4-1　焊条电弧焊原理

4.2.1　焊接电弧

焊接电弧是在具有一定电压降的两个电极之间的气体介质中持久而强烈的放电现象。焊接时，将焊条与焊件瞬时接触，二者发生短路，产生强大的短路电流，再稍微离开，两电极之间的气体在电场作用下发生电离，从而形成焊接电弧，这种方法称为接触短路引弧法，如图 4-2 所示。

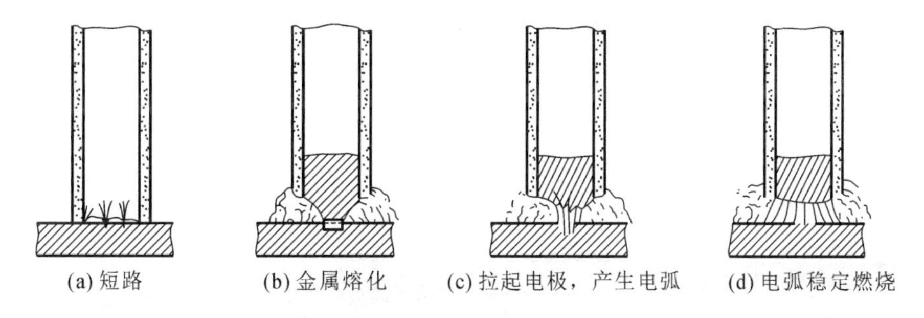

图 4-2　接触短路引弧法

焊接电弧分三个区域，即阳极区、阴极区和弧柱区，如图 4-3 所示。钢材焊接时，阳极区温度约为 2600 K，放出热量约为电弧总热量的 43%；阴极区温度约为 2400 K，热量约占总热量的 36%；弧柱区中心散热条件差，温度可达 6000～8000 K，热量约占总热量的 21%。由于两极热量不同，故在使用直流电源焊接时，有两种不同的接线法：正接，工件接正极，焊条接负极；反接，工件接负极，焊条接正极。正接一般用于厚板的焊接，反接一般用于薄板或有色金属的焊接，以防止焊穿等。

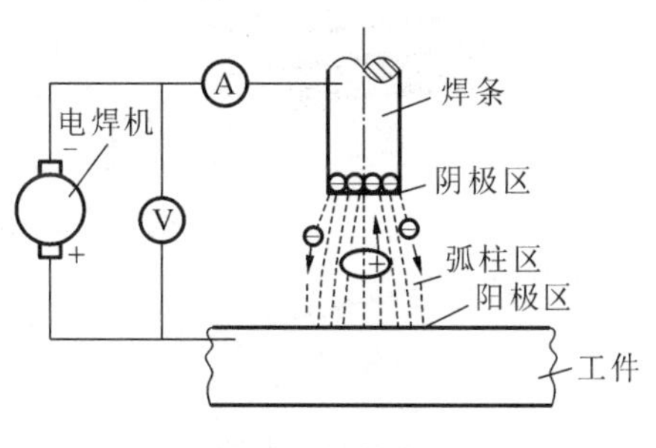

图 4-3　焊接电弧

4.2.2　焊接过程

电弧焊的焊接过程如图 4-4 所示，电弧产生的热将焊件和焊条熔化，形成金属熔池。随着焊条沿焊缝向前移动，新的熔池不断产生，而电弧后面的熔融金属迅速冷却，凝固成焊缝，使分离的金属牢固地连接在一起。

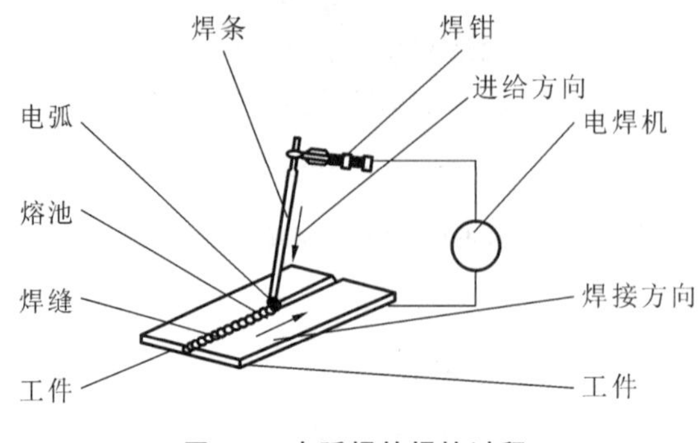

图 4-4　电弧焊的焊接过程

4.2.3　焊接电源

焊接电源俗称电焊机，有弧焊变压器和弧焊整流器两类。

1. 弧焊变压器

弧焊变压器又称交流电源，常用的有 BXI-250 型交流电焊机，其型号含义如下：

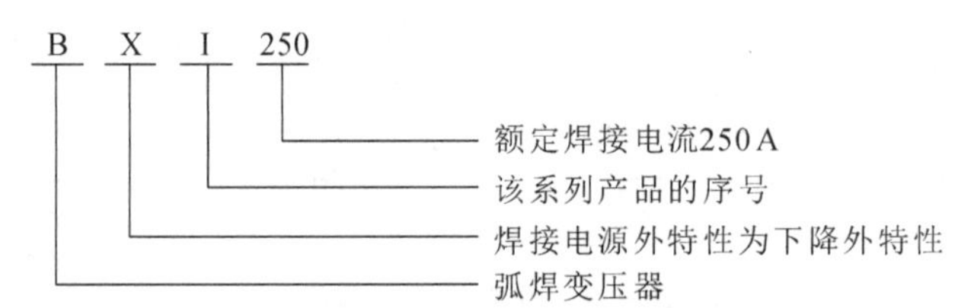

该电焊机输入端接于 220 V/380 V 工业用电源上，输出端分别接在焊钳和焊件上，空载电压为 60 V，工作电压为 30 V，焊接电流可在 50～300 A 内调节。弧焊变压器外形如图 4-5 所示。

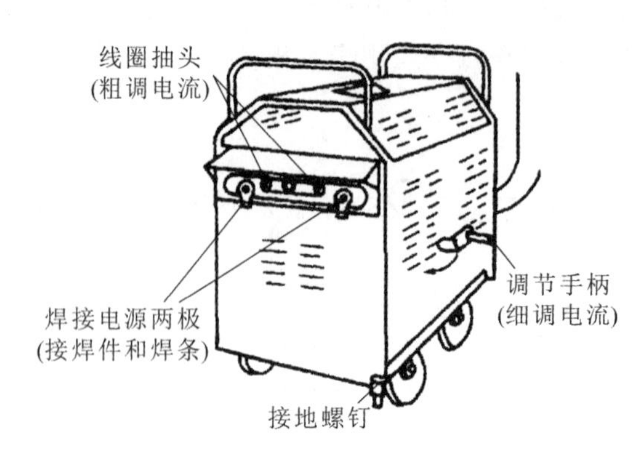

图 4-5　弧焊变压器外形

2. 弧焊整流器

弧焊整流器又称直流电源，是用整流元件使工业交流电变为直流电的焊机。常用的有 ZXG-300，其型号含义如下：

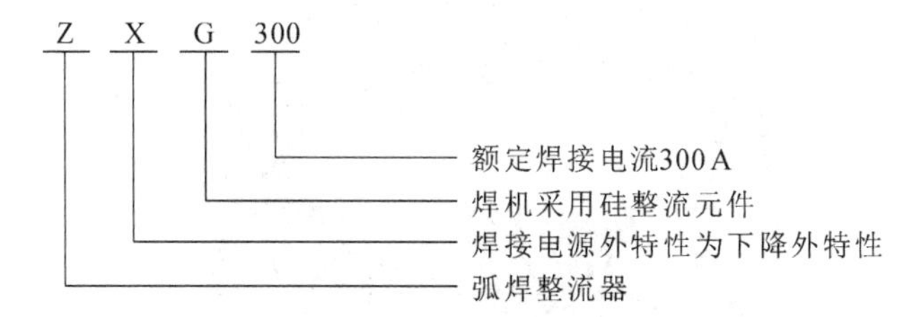

这种电焊机与弧焊变压器相比，具有噪声小、结构简单、维修容易、成本低等优点。随着硅整流技术的发展，弧焊整流器现已得到广泛应用。弧焊整流器外形如图 4-6 所示。

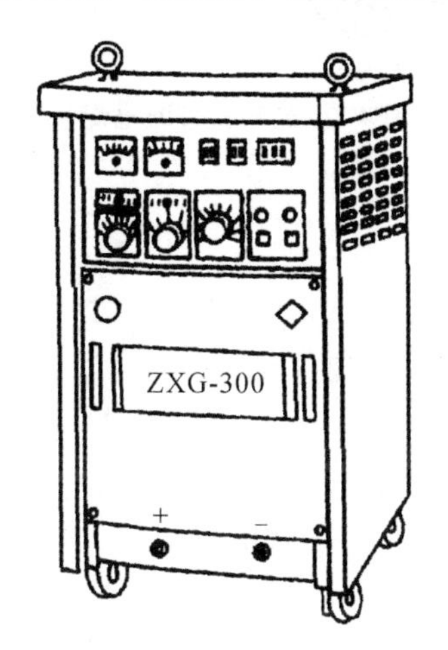

图 4-6　弧焊整流器外形

3. 旋转式直流电焊机

旋转式直流电焊机是由交流电动机与直流发电机组成的机组。如对于 AX7-500 型直流电焊机，其型号含义如下：

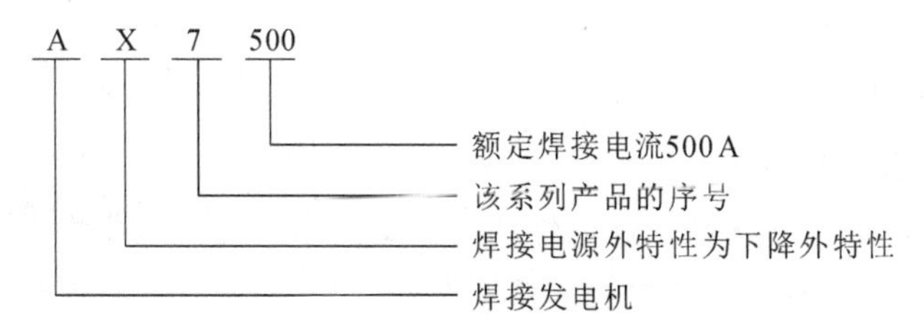

该电焊机输入端接于 380 V 三相工业用电源上，输出的空载电压为 50～90 V，工作电压为 30 V，电流调节范围为 45～320 A。AX 系列电焊机由于能耗高、噪声大、成本高，国家已明确宣布淘汰。旋转式直流电焊机如图 4-7 所示。

4. 交、直流焊接电源比较

弧焊变压器结构简单，使用可靠，维修方便，噪声小，价格低，是最常用的手工电弧焊设备，但电弧稳定性差。用弧焊整流器焊接，电弧稳定性好。用稳弧性差的低氢焊条焊接时，应尽量选用弧焊整流器焊接。

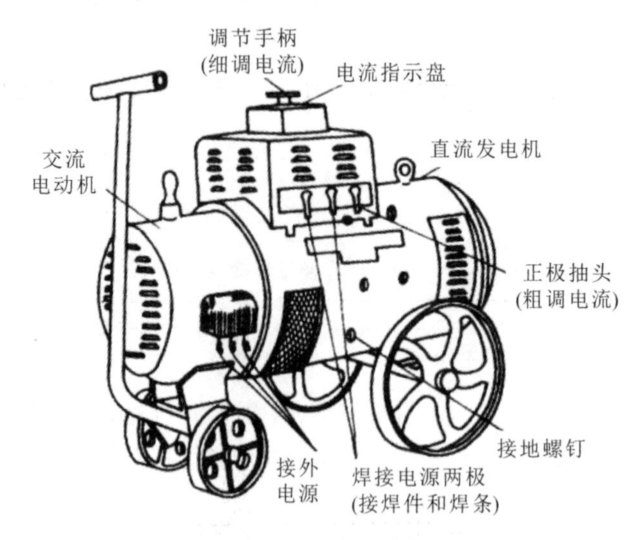

图 4-7　旋转式直流电焊机

4.2.4　焊条

1. 焊条的组成

焊条由焊芯和药皮组成，焊钳夹在裸露焊芯的一端上，如图 4-8 所示。

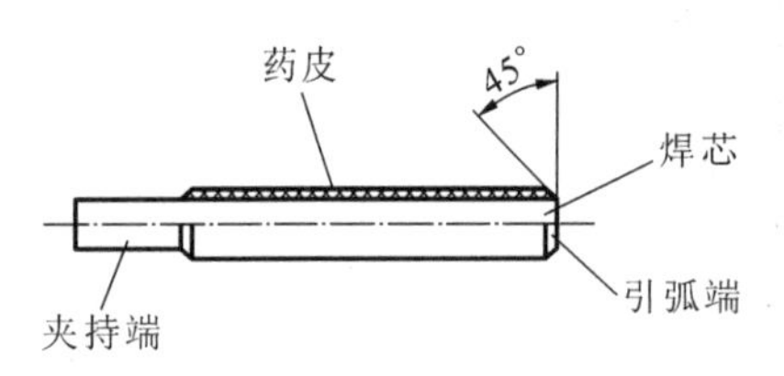

图 4-8　焊条的组成

(1) 焊芯：其作用是传导电源、产生电弧、作填充金属；焊芯是专门冶炼的，C、Si 含量较低，S、P 含量极少，目前常用碳素结构钢焊芯牌号有 H08、H08A、H08MnA，常用直径为 3.2～6 mm，长度为 350～450 mm。

(2) 药皮：由多种矿石粉、铁合金粉和黏结剂等按一定比例配制而成。这些材料按其作用可分为稳弧剂、脱氧剂、造渣剂、造气剂。药皮的主要作用是使电弧稳定燃烧，在电弧的高温作用下产生气体和熔渣，保护熔池金属不被氧化和受有害气体的影响；药皮中渗入的合金元素可保证焊缝的性能等。

焊条使用前应烘干。

2. 焊条的分类、型号与牌号

按熔渣化学特性，焊条分为酸性和碱性两类。熔渣中以酸性氧化物为主的称为酸性焊条，反之称为碱性焊条。酸性焊条电弧燃烧的稳定性好，用交流或直流电焊机均可焊接；碱性焊条脱硫、脱磷能力强，但稳弧性较差，一般需用直流电焊机焊接。

焊条型号是以国家标准为依据，反映焊条主要特性的一种表示方法，焊条型号包括焊条类别、特点、强度、药皮类型及焊接电源等含义，具体示例如下：

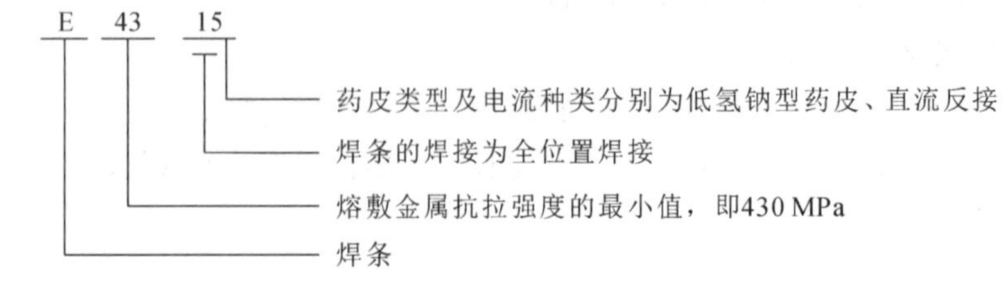

焊条牌号是根据焊条的主要用途及性能特点对焊条产品进行具体命名形成的，现已被焊条型号所代替，但生产实践中仍有所使用。

根据不同的材料和要求应选用不同的焊条，一般标准和图纸上都会标明焊条的型号或牌号。表4-1是几种常用碳钢焊条的型号和用途。

表4-1 几种常用碳钢焊条的型号和用途

型号	旧牌号	药皮类型	焊接电源	主要用途	焊接位置
E4303	J422	钛钙型	直流或交流	焊接低碳钢结构	全位置焊接
E4301	J423	钛铁矿型	直流或交流	焊接低碳钢结构	全位置焊接
E4322	J424	氧化铁型	直流或交流	焊接低碳钢结构	平角焊
E5015	J507	低氢钠型	直流反接	焊接重要的低碳钢或中碳钢结构	全位置焊接
E5016	J506	低氢钾型	直流或交流	焊接重要的低碳钢或中碳钢结构	全位置焊接

4.2.5 焊条电弧焊的焊接工艺

1. 接头形式和坡口

(1) 焊接接头形式如图4-9所示。常见的接头形式有四种：对接、搭接、角接和T形接。其中对接形式使用最广泛。

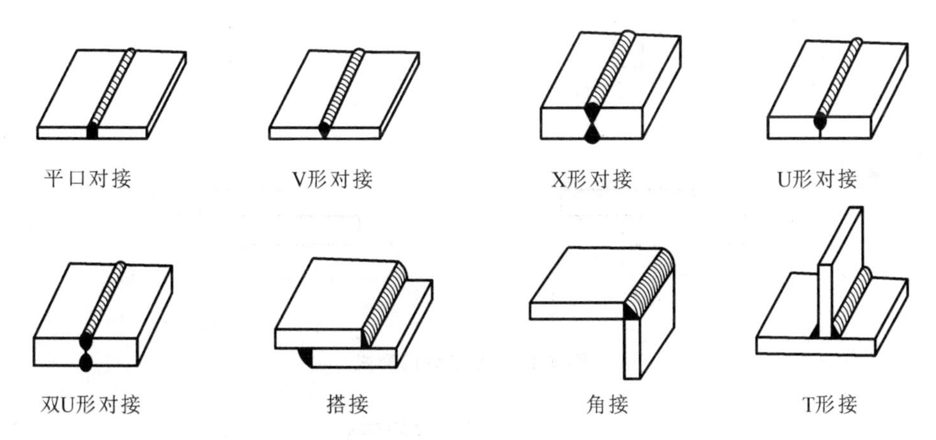

图4-9 焊接接头形式

(2) 焊接坡口形式如图4-10所示。

如果焊件较薄，厚度小于6 mm，则接头处只需留一定的间隙，即可焊透。但焊件较厚时，为了保证焊透，焊前一般要将焊件接头处的边缘加工成斜边或圆弧，这样的边缘称为坡口。坡口的形式主要根据母材的厚度而定，坡口的形状和尺寸在有关国家标准中有规定。

坡口常采用气割、碳弧气割、刨削、车削等方法加工。为防止烧穿，坡口根部应留有2～3 mm的钝边。

2. 焊接位置

焊接时焊缝在空间所处的位置，称为焊接位置。按焊接的易难程度，焊接位置依次可分为平焊、横焊、立焊、仰焊，如图4-11所示。

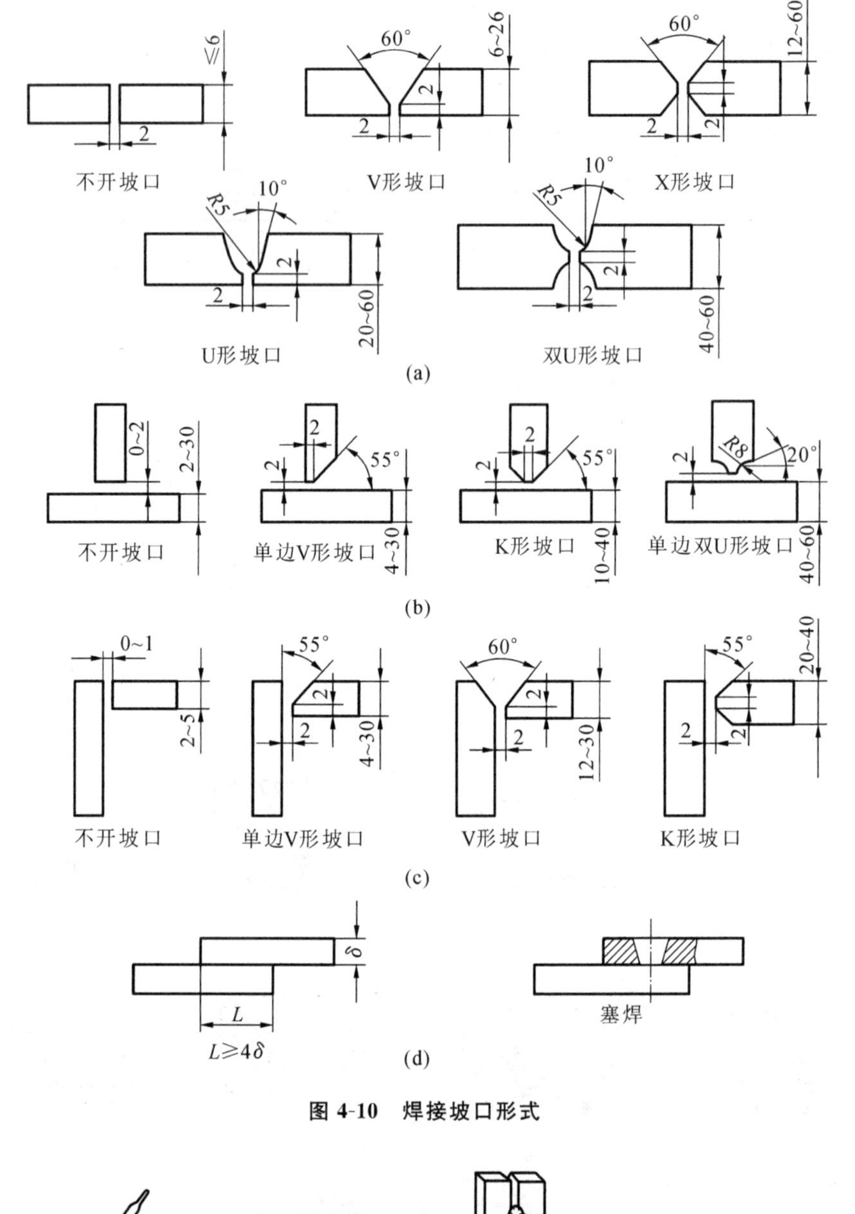

图 4-10　焊接坡口形式

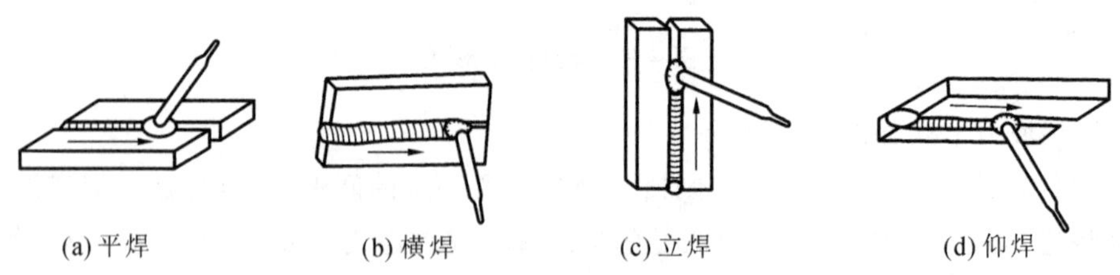

图 4-11　焊缝的空间位置

平焊时，焊条液滴在重力作用下垂直落向熔池，熔池中的熔渣易浮起，气体易排出，金属飞溅少，操作方便，焊透率高，因而焊缝质量易于保证。此外，劳动强度小，生产率高，故在可能的条件下应尽量将焊缝转动到平焊位置。对于角焊缝，焊件若允许翻转，也应放置为船形位置进行平焊。

立焊和横焊熔池金属有滴落趋势，操作难度加大，焊缝成形不好。仰焊难度更大。

3. 焊接工艺参数的选择

为了保证焊接接头质量，必须根据工件情况，选择合适的焊接参数。焊接参数主要指焊条直径、焊接电流和焊接速度等。

1）焊条直径

焊条直径主要根据焊件厚度来选取。其次，还要考虑接头形式和焊接位置等因素。如立焊时，焊条直径不超过 5 mm；仰焊、横焊时，焊条直径不超过 4 mm，以控制熔池大小，防止金属液下坠；对于角焊缝应选用较大的焊条直径，以利于提高生产率。对于多层焊，焊第一层时，应采用较小直径的焊条，以利于焊透。焊条直径的选择如表 4-2 所示。

表 4-2 焊条直径的选择

焊件厚度/mm	2	3	4～5	6～12	>12
焊条直径 d/mm	2	3.2	3.2～4	4～5	5～6

2）焊接电流

焊接电流主要依据焊条直径来确定：

$$I = K \cdot d$$

式中：I——焊接电流，A；

d——焊条直径，mm；

K——经验系数，如表 4-3 所示。

表 4-3 焊接电流经验系数 K 的选择

焊条直径 d/mm	1.6	2～2.5	3.2	4～6
系数 K	15～25	20～30	30～40	40～50

实际操作中，焊接电流应根据焊件厚度、接头形式、焊条种类、焊接位置等因素通过试焊来确定。如横焊和立焊时，焊接电流比平焊应减小 10%～15%；仰焊时，应减小 15%～20%。用直流电焊接时，焊接电流应比用交流电焊接小 10%。

焊接电流是影响焊接质量和速度的主要因素，增加焊接电流可增大熔深和熔宽，提高生产率。但电流过大，容易出现烧穿、咬边等缺陷，同时金属飞溅也较严重。电流太小则引弧困难，熔深、熔宽减小，容易产生未焊透、夹渣和气孔等缺陷。为此，应选择合适的焊接电流。

3）焊接速度

焊接速度指单位时间内完成的焊缝长度，焊接速度对焊接质量影响很大，焊接速度应均匀，太快或太慢都会造成焊接缺陷。焊接速度太快，焊缝高度增加，熔深和熔宽减小，焊厚板时，可能未焊透。焊接速度太慢，焊缝高度、熔深和熔宽都增加，焊薄板时，工件易烧穿。

4. 焊接的基本操作

1）焊接前的准备工作

焊接前要根据焊接对象选择好焊接电源和焊条，开好坡口，清理焊接区域的铁锈和油污，将工件可靠地固定，必要时可先用点焊的方法将工件固定。

2）引弧

引弧就是在焊条和焊件之间引燃稳定的电弧。常用的引弧方法有敲击法与划擦法，如图 4-12 所示。引弧时首先使焊条端部与工件轻敲或划擦，然后迅速提起焊条，使焊条与焊件间保持 2～4 mm 的距离，这样即可使电弧引燃。引弧时焊条提起不能太高，否则电弧会熄灭。

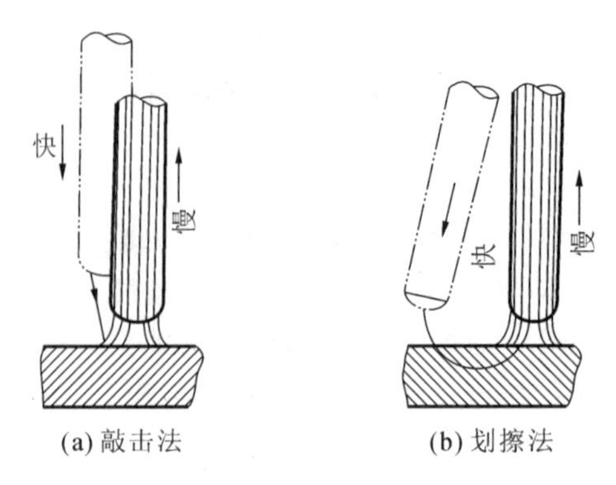

(a) 敲击法　(b) 划擦法

图 4-12　引弧方法

焊条提起速度要快，高度也不能过低，否则焊条会粘在工件上。一旦发生粘条，将焊条左右摇动，即可取下。焊条与工件接触而不产生电弧，往往是由于焊条端部药皮过长，可将其清除后再引弧。

3）运条

焊接时，焊条有三种运动：沿焊条轴向的送进运动、沿焊缝方向的纵向移动和垂直于焊缝方向的横向摆动。轴向送进运动影响焊接电弧的长度，纵向移动和横向摆动影响焊接速度和焊接宽度。根据接头形式及焊接位置，可选用不同的运条方法。图 4-13 为焊条横向摆动方式。

焊接时，焊道与焊道之间应正确地连接，连接方法如图 4-14 所示。

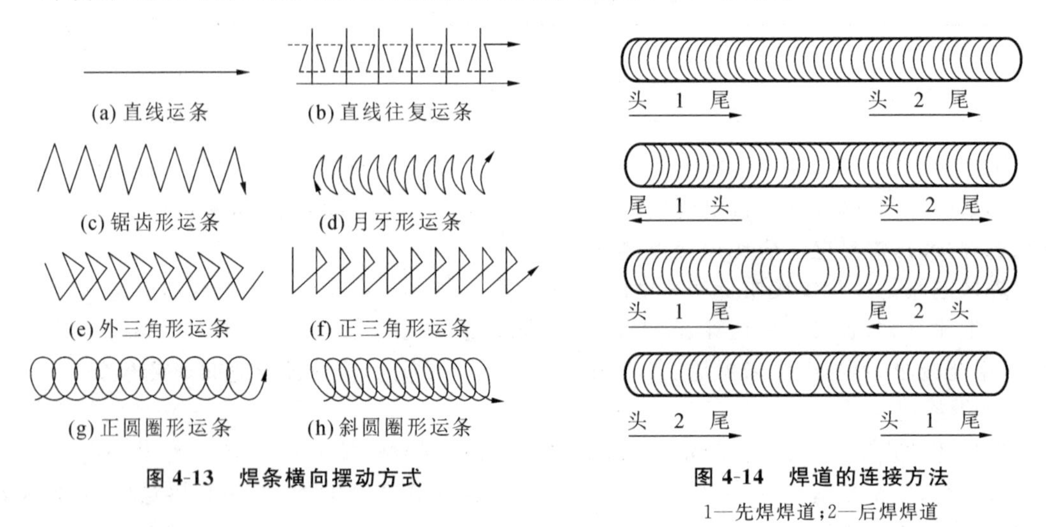

图 4-13　焊条横向摆动方式

图 4-14　焊道的连接方法

1—先焊焊道；2—后焊焊道

焊条与焊缝两侧焊件平面的夹角应相等，如对于平板对接焊缝，两边夹角均应等于 90°，在焊缝方向上，焊条应向焊条运动方向倾斜 10°～20°，以利于气流把熔渣吹向后面，防止焊缝中产生夹渣。

4）收弧

焊缝收尾时，为了填满弧坑，焊条要在熔池处短时间停留或环形摆动，直到填满弧坑，再慢慢拉断电弧。

5）焊后清理

焊后要用小榔头和钢丝刷将焊渣和飞溅物及时清理干净。

5. 焊接缺陷

在焊接生产中，常见的焊接缺陷有裂缝、未焊透、未熔合、气孔、变形、夹渣、咬边、烧穿等，如图 4-15 所示。其中未熔合、未焊透和裂缝的危害最大。

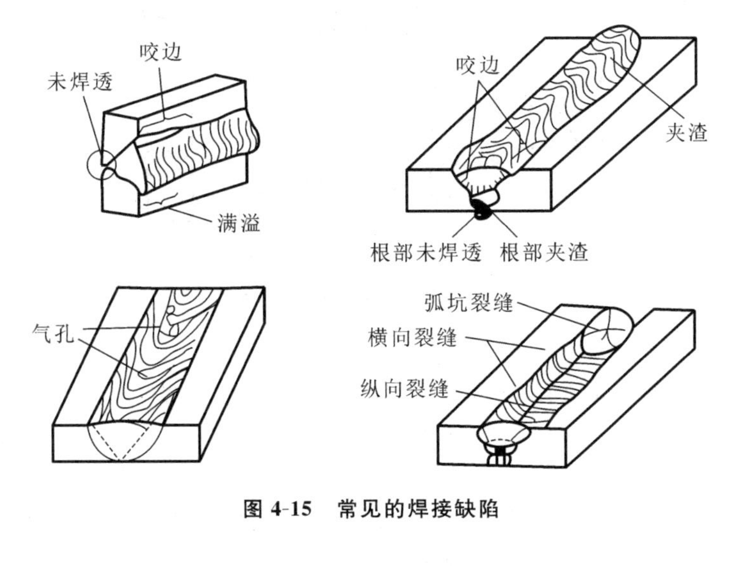

图 4-15 常见的焊接缺陷

4.3 气 焊

4.3.1 气焊原理

气焊是利用可燃性气体与氧混合燃烧产生的热量来熔化母材及填充材料(焊丝)而进行金属连接的一种熔化焊方法，如图 4-16 所示。

气焊设备简单，操作灵活方便，不需电源。但火焰温度较低(最高 3150 ℃)，生产率低，工件变形大。一般用于焊接厚度在 3 mm 以下的薄钢板、铜、铝等有色金属及合金。

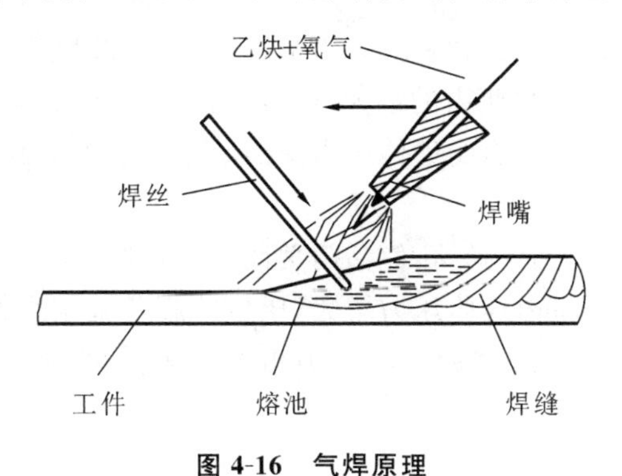

图 4-16 气焊原理

4.3.2 气焊设备

1. 气焊设备

气焊所用设备包括乙炔瓶、氧气瓶、减压器、回火防止器和焊炬等，气焊设备及其连接如图 4-17 所示。传统的乙炔发生器，因危险性大，一般已不在现场使用。焊接时，乙炔和氧气经减压器、回火防止器、橡胶管输送到焊炬，混合燃烧。

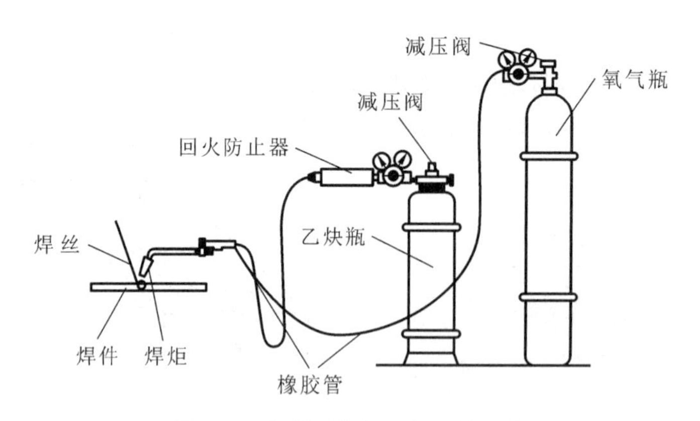

图 4-17　气焊设备与工具系统组成

1）氧气瓶

氧气瓶是储存氧气的高压容器，最高压力为 14.7 MPa，容量约为 40 L，漆成天蓝色。

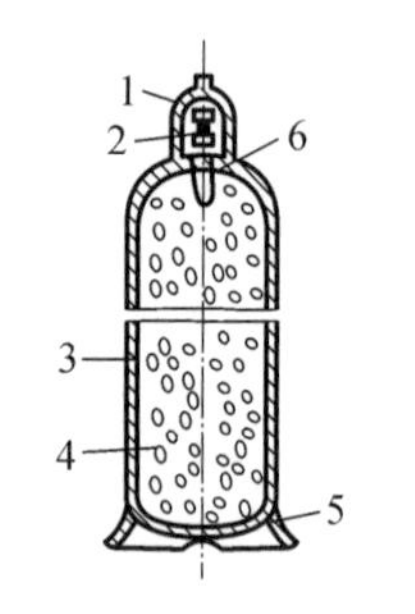

图 4-18　乙炔瓶

1—瓶帽；2—瓶阀；3—瓶体；4—多孔性填料；5—瓶座；6—石棉

2）乙炔瓶

乙炔瓶外形与氧气瓶相似，比氧气瓶矮，漆成乳白色，如图 4-18 所示。瓶内装有浸满丙酮的多孔性填料。乙炔以在丙酮中溶解的状态储存在瓶中，最高压力为 1.52 MPa。

乙炔瓶、氧气瓶均属易燃易爆危险品，应严格按照使用说明书使用。

3）回火防止器

气焊时，若乙炔供应不足，或管路、焊嘴阻塞，火焰会沿着乙炔管道向里燃烧，这种现象称为回火。为防止回流火焰蔓延到乙炔发生器或乙炔瓶而引起爆炸，在焊炬与乙炔瓶或乙炔发生器之间必须设有回火防止器。

4）减压器

气焊时，输往焊炬的氧气压力为 0.3～0.4 MPa，乙炔压力为 0.12～0.45 MPa。而氧气瓶内的最大压力约为 15 MPa，乙炔瓶内的最大压力约为 1.5 MPa。减压器如图 4-19 所示，其作用就是把从氧气瓶和乙炔瓶中输出的气体压力降到所需的工作压力，并使之稳定，以保证火焰稳定燃烧。

减压器不工作时，应放松调压弹簧，使活门关闭。工作时，应旋紧调压弹簧，顶开活门，使高压气体进入低压室。低压室内气体压力增大，压迫薄膜及调压弹簧，并带动活门下行，从而获得所需的稳定工作压力。低压室的氧气压力由低压表读出，瓶内的储气量由高压表的值反映。

5）焊炬

焊炬如图 4-20 所示，焊炬又称焊枪，它的作用是将乙炔和氧气按所需的比例均匀混合，焊炬有大号、中号、小号及微型四种规格，每种规格又配有 3～5 个孔径不同的喷嘴，以适应不同厚度焊件的焊接。

通过焊炬上的乙炔阀门和氧气阀门，可以调节火焰的性质及火力大小。

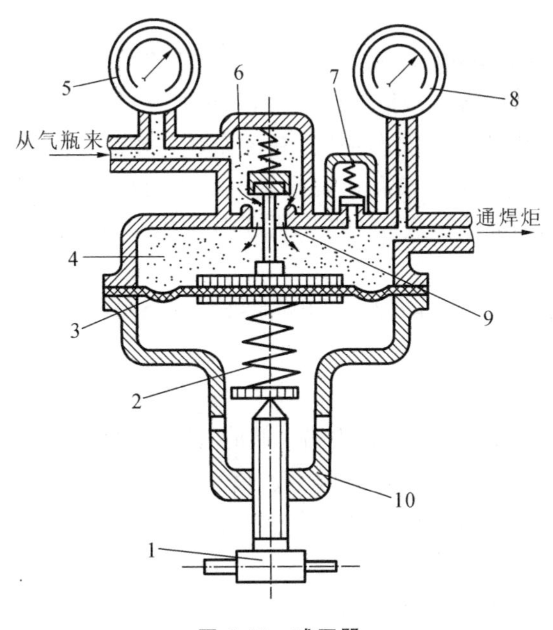

图 4-19　减压器

1—调压手柄；2—调压弹簧；3—薄膜；4—低压室；5—高压表；6—高压室；7—安全阀；8—低压表；9—通道；10—外壳

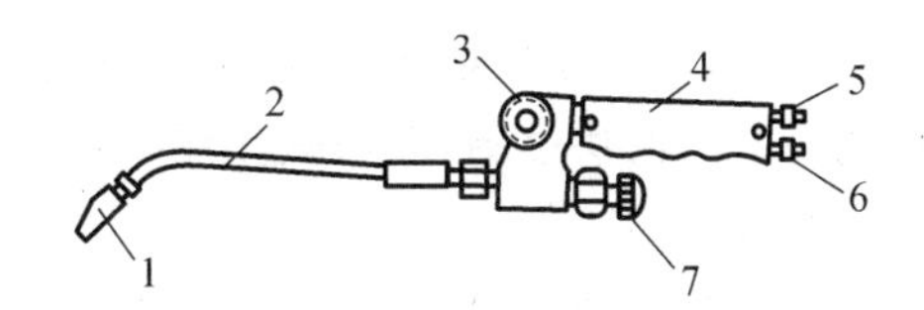

图 4-20　焊炬

1—焊嘴；2—混合管；3—乙炔阀门；4—把手；5—乙炔管；6—氧气管；7—氧气阀门

6）焊丝

焊丝是焊接时作为填充金属与熔化的母材形成焊缝金属的金属丝。一般情况下，焊丝成分应与被焊金属相近，以保证焊缝的力学性能。为防止产生气孔、夹渣等缺陷，焊丝上不能有油脂、锈斑及油漆等污物。

焊低碳钢时，焊丝大都和手工电弧焊的焊丝相同。

焊铸铁时，用含碳、硅较高的铸铁焊丝，以弥补气焊时铸铁中碳、硅的烧损。

焊铜和铜合金时，可用含有少量锡、锰、硅和磷等元素的焊丝，加入上述元素是为了改善熔化金属的流动性以利于气体逸出和增强焊缝金属的脱氧能力。

焊铝和铝合金时，应尽量选用与母材成分相似的焊丝。

2. 气焊火焰

根据氧气和乙炔混合时的体积比，可获得三种不同性质的气焊火焰，如图 4-21 所示。

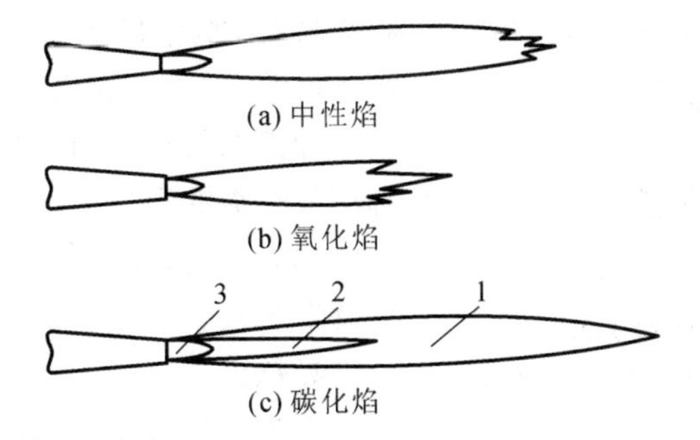

图 4-21　氧-乙炔气焊火焰的种类和构造

1—外焰；2—内焰；3—焰心

1）中性焰

氧气和乙炔的混合比在(1.1～1.2)∶1时，燃烧所形成的火焰称为中性焰，又称正常焰。它的焰心长2～4 mm，可发出耀眼的白炽光。内焰较暗，呈淡橘红色，长度在20 mm左右，温度可达3150 ℃，是氧气和乙炔燃烧生成一氧化碳的一次燃烧区，有还原性。外焰呈淡蓝色，火焰较长，是一氧化碳和氢气与大气中的氧燃烧生成二氧化碳和水蒸气的再次燃烧区。内焰和焰心间生成的CO和H_2有还原氧化作用，而外焰生成的CO_2与水蒸气可隔开空气，对熔池金属起保护作用。

焊接时应使熔池及焊丝端部处于焰心前2～4 mm的内焰区内，温度最高，且具有还原性。中性焰常用于焊接低碳钢、中碳钢、低合金钢、紫铜、铝合金及镁合金等。

2）碳化焰

氧气和乙炔的混合比小于1.1∶1时，形成的火焰称为碳化焰。此时，乙炔燃烧不完全，火焰吹力小，整个碳化焰比中性焰长，火焰失去明显轮廓，温度也较低，最高温度仅为3000 ℃。碳化焰中的乙炔过剩，有增碳作用，故只适用于焊接高碳钢、硬质合金等碳含量较高的材料。

3）氧化焰

氧气和乙炔的混合比大于1.2∶1时，形成的火焰称为氧化焰。氧化焰比中性焰燃烧剧烈，火焰吹力大，各部分长度均缩短，温度很高，可达3000～3300 ℃。由于过剩的氧对熔池有氧化作用，故仅适用于焊接黄铜和镀锌钢板。因为锌在高温下极易蒸发，采用氧化焰焊接时，熔池表面会形成氧化锌和氧化铜薄膜，以抑制锌的蒸发。

4.3.3　气焊操作

1. 焊接前准备工作

应按要求做好焊接前的准备工作。

2. 点火

先微开氧气瓶阀门，再打开乙炔瓶阀门，点燃火焰。再逐渐开大阀门，将氧气和乙炔调整至所需的比例，得到所需要的火焰。点火过程中如有放炮声，应立即切断气源。切断气源时要先关乙炔瓶阀门，后关氧气瓶阀门。

3. 气焊操作

气焊操作示意图如图4-22所示。

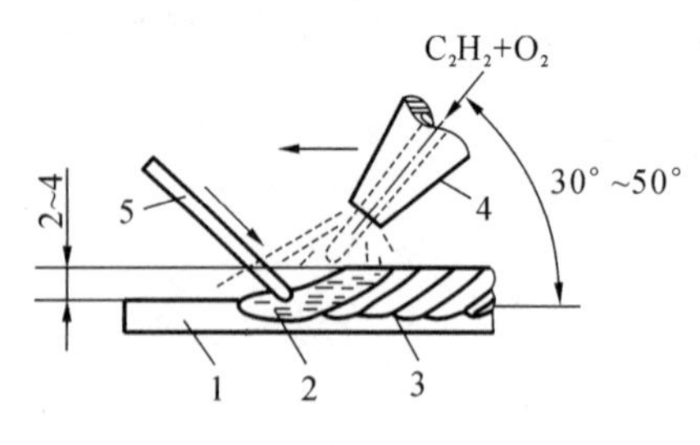

图4-22　气焊操作示意图

1—焊件；2—熔池；3—焊缝；4—焊嘴；5—焊丝

一般用左手拿焊丝，右手握焊炬。先用内焰将焊接处预热，形成熔池后，送入焊丝，向熔池内滴入熔滴，并沿着焊道向右或向左进行焊接。

焊件的材料不同，熔化焊丝所需的热量不同，选用的焊嘴的倾斜角也有差别。

焊炬向前移动的速度，应能保证焊件熔化，并保持熔池具有一定大小。

4. 熄火

先关乙炔瓶阀门，后关氧气瓶阀门。

4.4 气　割

1. 气割原理

利用火焰将金属预热到燃烧点后，打开压力氧气阀，使高温金属在纯氧中燃烧成熔渣，然后用高压氧将其从切口中吹走，从而分离金属的方法称为气割。利用乙炔气割时只需把焊炬换为割炬，其余设备与气焊相同。现在，随着液化石油气的普及，液化气气割的应用越来越多。气割示意图如图4-23所示。

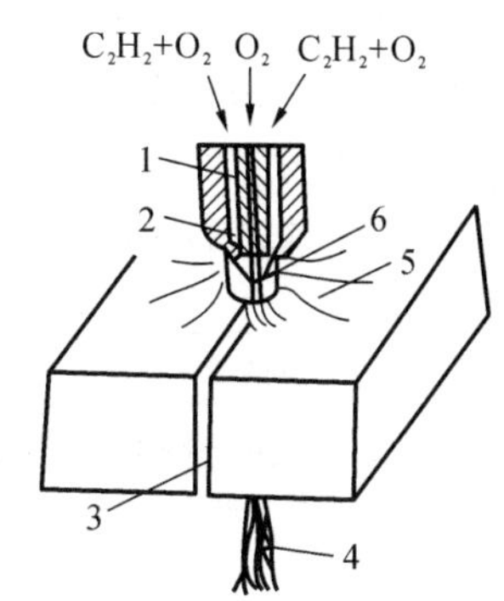

图4-23　气割示意图

1—割嘴；2—预热嘴；3—切口；4—氧化渣；5—预热火焰；6—切割氧

由于气割实质上是燃烧，而不是熔化，因此，气割的材料必须具有下列条件：燃点低于熔点；其氧化物的熔点低于燃点，燃烧时能放出大量的热，以供预热；导热性低，预热热量散失少，易达到燃点。

常用金属材料中，纯铁、中碳钢、低碳钢和低合金钢适宜气割。低碳钢的燃点约为1350 ℃，熔点约为1500 ℃，燃烧生成的氧化物熔点约为1370 ℃，燃烧时能放出大量的热，因此很容易进行气割。随着钢的碳含量增加，其熔点降低，燃点升高。例如对于碳含量为0.70%(质量分数)的碳钢，其熔点和燃点相当。

2. 割炬

气割的基本设备与气焊一样，只需把焊炬换成割炬。割炬结构如图4-24所示，它比焊炬多了一条切割氧(高压氧)通道，焊嘴变成了割嘴。氧气和乙炔的混合气体从周围环形或梅花形孔中喷出燃烧，预热切口，切割氧则从中间孔道中喷出。

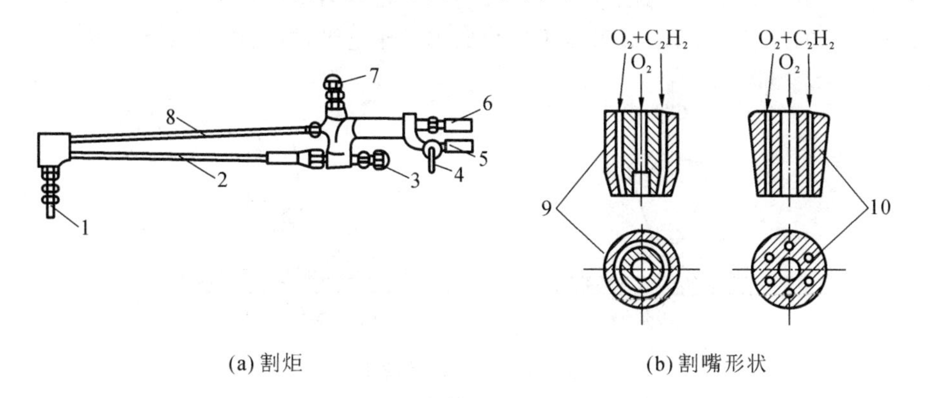

(a) 割炬　　(b) 割嘴形状

图4-24　射吸式割炬构造及割嘴形状

1—割嘴；2—混合气管；3—预热氧气阀；4—乙炔气阀；5—乙炔管接头；6—氧气管接头；7—切割氧气阀；8—切割氧气管；9—环形割嘴；10—梅花形割嘴

3. 气割基本操作

1）气割前的准备工作

气割前要清理工作场地的易燃物，将工件可靠地固定，气割部位最好水平放置，下面应有空隙，以便落下熔渣。调整好乙炔和氧气的压力，并检查有无漏气。

2）预热

气割前应对气割部位，特别是开始气割部位预热。

3）割嘴的前进方式

（1）割嘴对切口左右两边必须垂直。

（2）割嘴在切割方向上与工件之间的夹角随厚度而变化。切割薄钢板时，向切割方向后倾 20°～50°；切割厚度为 5～30 mm 的钢板时，割嘴可始终保持与工件垂直；切割厚钢板时，开始时割嘴朝切割方向前倾 5°～10°，收尾时后倾 5°～10°，中间保持与工件垂直。

（3）割嘴与工件表面的距离不是越近越好，一般可取 3～5 mm。

（4）割嘴前进的速度要均匀，不能太快，也不能太慢，太快了割不透，太慢了割缝金属熔化多，不整齐。

4）割后清理

气割后要及时分离气割部分，清除熔渣。

4.5　其他焊接方法

4.5.1　气体保护焊

气体保护焊是利用某种特定的气体作为保护介质的一种电弧焊方法。常用的有氩弧焊和 CO_2 气体保护焊。

1. 氩弧焊

氩弧焊示意图如图 4-25 所示，它是以氩气作为保护气体的一种电弧焊方法。它利用从焊枪喷嘴喷出的氩气流，在焊接区形成连续封闭的气层来保护电极和熔池金属，以免其受到空气的有害影响。按电极熔化与否，氩弧焊可分为熔化极氩弧焊和非熔化极氩弧焊两种。前者以与母材成分相近的焊丝作电极；后者以不熔化的钨棒作电极，故又称钨极氩弧焊。

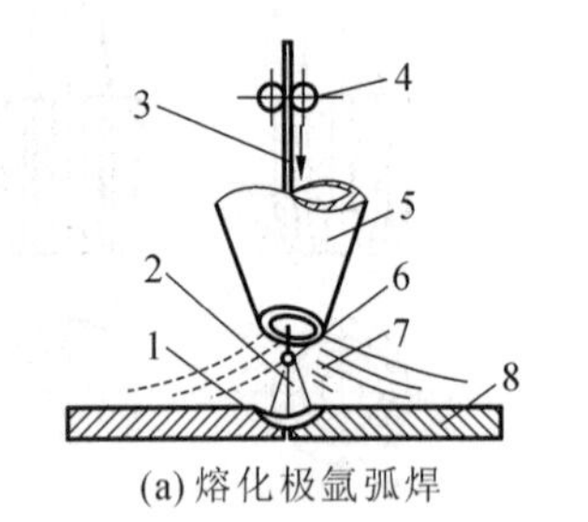

(a) 熔化极氩弧焊

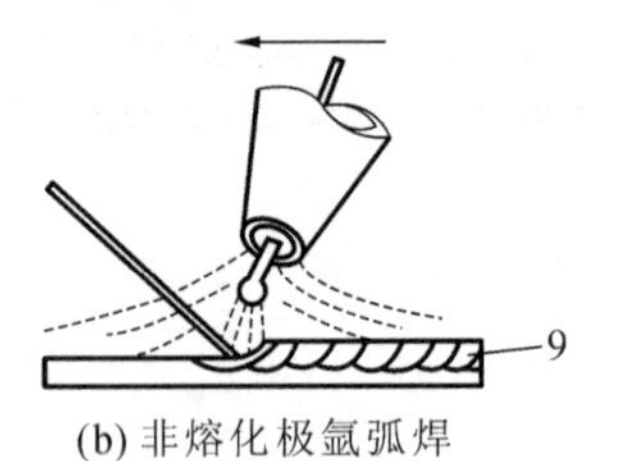

(b) 非熔化极氩弧焊

图 4-25　氩弧焊示意图

1—熔池；2—电弧；3—焊丝；4—送丝轮；5—喷嘴；6—钨极；7—氩气；8—焊件；9—焊缝

由于氩气价格高，因此氩弧焊主要用于不锈钢和易氧化的有色金属焊接，低碳钢和低合金钢主要用 CO_2 气体保护焊。

2. CO_2 气体保护焊

CO_2 气体保护焊是以 CO_2 作为保护气体的电弧焊方法，其焊接示意图如图 4-26 和图 4-27所示。CO_2 气体保护焊以焊丝作电极，焊丝由送丝机构连续地向熔池送进。CO_2 气体不断由喷嘴喷出，排开空气形成气体保护区。但 CO_2 毕竟不是完全的惰性气体，高温时会部分分解，产生氧化性，而且 CO_2 气体保护焊的表面成形质量较差，飞溅多。

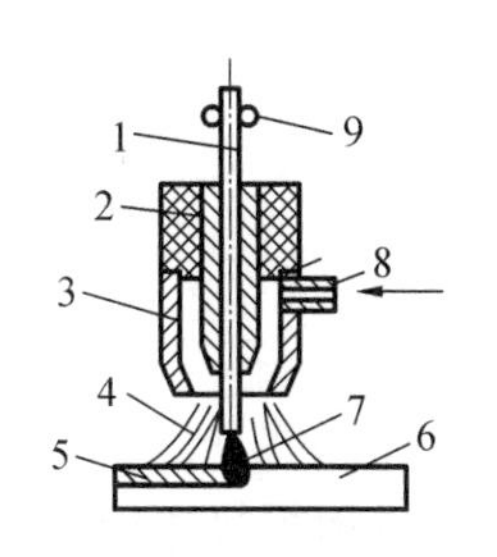

图 4-26　CO_2 气体保护焊的焊接示意图

1—焊丝；2—导电嘴；3—喷嘴；4—CO_2 气体；5—焊缝；6—焊件；7—电弧；8—CO_2 气体入口；9—送丝轮

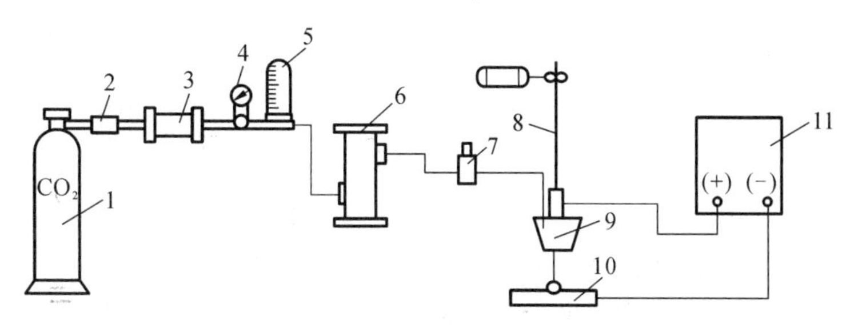

图 4-27　CO_2 气体保护焊的焊接设备示意图

1—CO_2 气瓶；2—预热器；3—高压干燥器；4—减压器；5—流量计；6—低压干燥器；7—气阀；8—焊丝；9—喷嘴；10—焊件；11—电源控制箱

4.5.2　电阻焊

电阻焊是直接利用电阻热，在焊接处把母材金属熔化，并在压力下使两工件熔合的焊接方法。因此，电阻焊的电流非常大。电阻焊有点焊、缝焊和对焊三种形式，如图 4-28 所示。

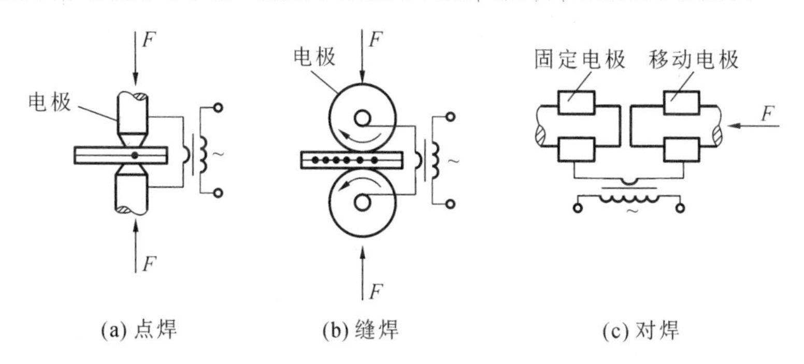

图 4-28　电阻焊类型示意图

1. 点焊

点焊在点焊机上完成。点焊机主要由机身、电源（焊接变压器）、上下柱状电极和加压机构组成。点焊时，将工件压紧在两电极之间，然后通电。两电极之间的工件接触面因电阻热而形成熔核，再断电，在压力下凝固结晶后形成一个焊点。点焊常用于薄板的非密封性焊接，如车厢、壳体等。

2. 缝焊

缝焊又称滚焊，其焊接原理与点焊相同。它利用旋转的盘状电极代替点焊机的柱状电极来压紧焊件，当盘状电极连续滚动时断续通电，使焊点互相重叠而形成连续致密的焊缝。

3. 对焊

按操作方法不同，对焊可分为电阻对焊和闪光对焊两种。

电阻对焊类似于点焊，将焊件装配成对接接头，先压紧，再接通电源，利用电阻热将焊件加热至塑性状态，然后施加顶锻力使焊件完全熔合。这种焊接方法操作简单，接头表面光洁，但接头内部易有残留夹杂物，因此焊接质量不高。

闪光对焊在对接接头接触前，先接通电源，然后使其端部逐渐移近，产生强大的局部接触点电流，使端面金属熔化，然后断电，在顶锻力的作用下将焊件焊接在一起。闪光对焊接头内部杂物少，接头质量高，应用广泛。

思　考　题

1. 焊接电弧由几部分组成？正接法和反接法应用于什么场合？

2. 电焊条由哪几部分组成？各起什么作用？

3. 焊件厚度分别为 3 mm、5 mm、12 mm 时，各应选用多大的焊条直径和焊接电流？焊接电流选择不当会造成哪些焊接缺陷？

4. 焊条电弧焊在引弧、运条和收尾操作时要注意什么？

5. 气焊的三种火焰各有什么特点？低碳钢、铸铁、黄铜各用哪种火焰进行焊接？

6. 焊条电弧焊的焊件厚度达到多少时才开坡口？坡口的作用是什么？

7. 金属材料要具备哪些条件才能满足氧气-乙炔切割要求？

8. 举例说明焊条型号和牌号的意义。

9. 为什么焊接接头之间要留有一定间隙或开出坡口？

10. 焊接电流和焊接速度如何选择？

11. 手工电弧焊和气焊各有哪些优缺点？

12. 气割时能不能用焊炬代替割炬？为什么？

第5章　车削加工

学习目标

1. 了解车床的用途。
2. 了解车工的基本知识。
3. 熟悉车床的组成。
4. 熟悉车刀的组成。
5. 了解车削加工方法的工艺特点及加工范围。

5.1　概　　述

车削加工指在车床上利用工件的旋转运动和刀具的进给运动来改变毛坯形状和尺寸，把它加工成符合图样要求的零件。

车削加工工艺范围广泛，包括车外圆、车端面、车锥面、切槽、切断、钻孔、镗孔、车螺纹、攻螺纹、车成形面、滚花等，如图5-1所示。因此，在机械制造工业中，车床是应用最广泛的金属切削加工机床之一。

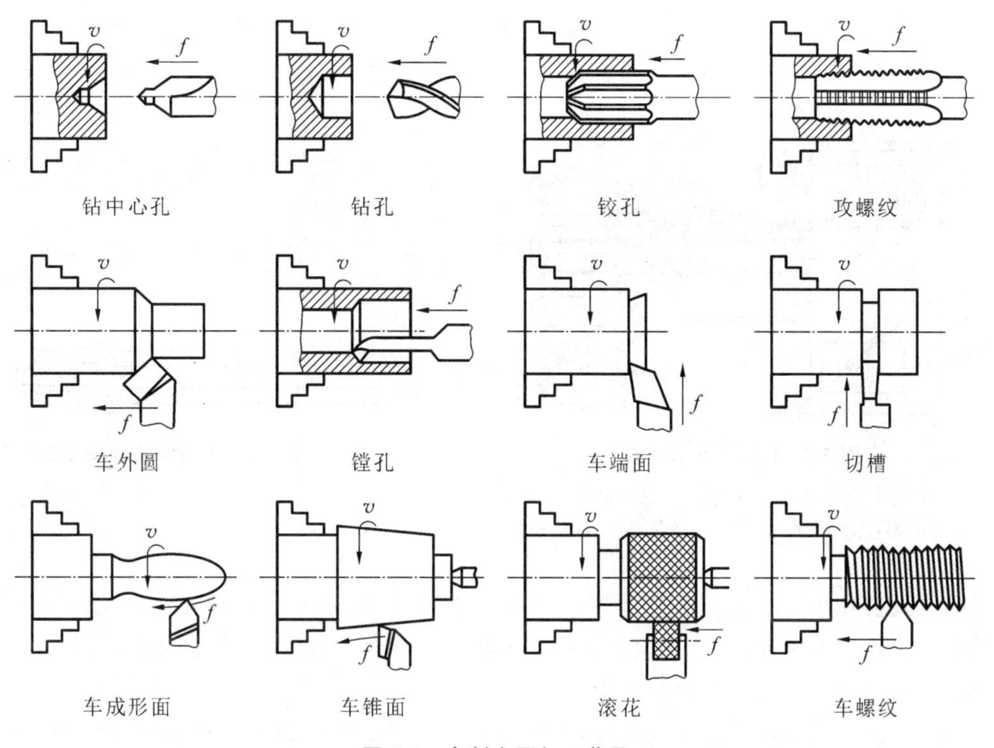

图5-1　车削主要加工范围

5.2 车　床

车床的种类很多，主要有卧式车床、立式车床、转塔车床、多刀车床、自动及半自动车床、仪表车床、数控车床等。一般车床加工的公差等级为 IT8～IT10，表面粗糙度 Ra 可达 0.8～6.3 μm。随着生产的发展，高效率、自动化和高精度的车床不断出现，为车削加工提供了广阔的前景，但卧式车床仍是各类车床的基础。

车床的编号采用 C×××× 表示，以 C6132 为例，其中：C 是机床分类号，表示车床类别，6 表示落地及卧式车床组，1 表示卧式车床，32 表示床身上最大回转直径的 1/10，即最大车削直径为 320 mm。

5.2.1 卧式车床

卧式车床的组成部分包括床身、床头箱（也叫主轴箱）、进给箱、光杠、丝杠、溜板箱、刀架、尾架及床腿等。图 5-2 是 C6132 卧式车床的示意图。

床身：车床的基础零件，用以连接各主要部件并保证各个部件之间有正确的相对位置。床身上的导轨用于引导刀架和尾架相对于床头箱进行正确的移动。床身由纵向的床壁组成，床壁间有横向筋条用以增加床身刚度。床身固定在左、右床腿上。

床头箱：内装主轴和主轴变速机构。电动机的运动经 V 带传动传给床头箱，通过变速机构使主轴得到不同的转速。主轴又通过传动齿轮带动挂轮旋转，将运动传给进给箱。

主轴：为空心结构，如图 5-3 所示。前部外锥面安装附件（如卡盘等）以夹持工件，前部内锥面用来安装顶尖，细长孔可穿入棒料。

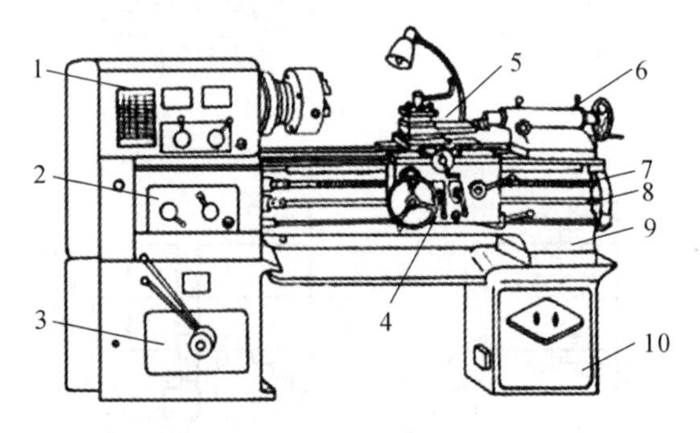

图 5-2　C6132 **卧式车床**

1—主轴箱；2—进给箱；3—变速箱；4—溜板箱；5—刀架；6—尾架；7—丝杠；8—光杠；9—床身；10—前后床脚

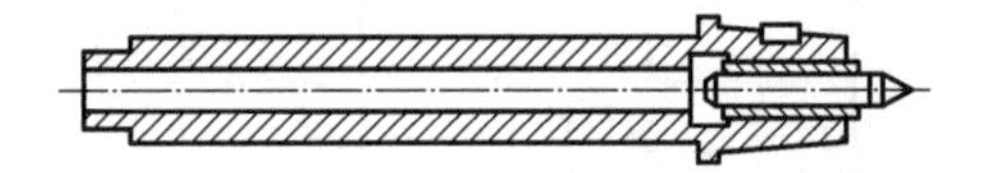

图 5-3　C6132 **车床主轴结构示意图**

挂轮箱：装在床身的左侧。其上装有变换齿轮（挂轮），它把主轴的旋转运动传递给进给箱，调整挂轮箱上的齿轮，并与进给箱内的变速机构相配合，可以车削出不同螺距的螺纹，并满足车削时对不同纵、横向进给量的需求。

进给箱：内装进给运动的变速机构，可按所需要的进给量或螺距调整其变速机构，改变进给速度。

光杠、丝杠：将进给箱的运动传给溜板箱。自动走刀用光杠，车削螺纹用丝杠。

操纵杆：车床控制机构的主要零件之一。在操纵杆的左端和溜板箱的右侧各装有一个操纵手柄，操作者可方便地操纵手柄以控制车床主轴的正转、反转或停车。

溜板箱：车床进给运动的操纵箱。它可将光杠传来的旋转运动变为车刀需要的纵向或横向直线运动，也可操纵对开螺母使刀架由丝杠直接带动从而车削螺纹。

刀架：用来夹持车刀，使其做纵向、横向或斜向进给运动，由大刀架、横刀架、转盘、小刀架和方刀架组成，如图5-4所示。

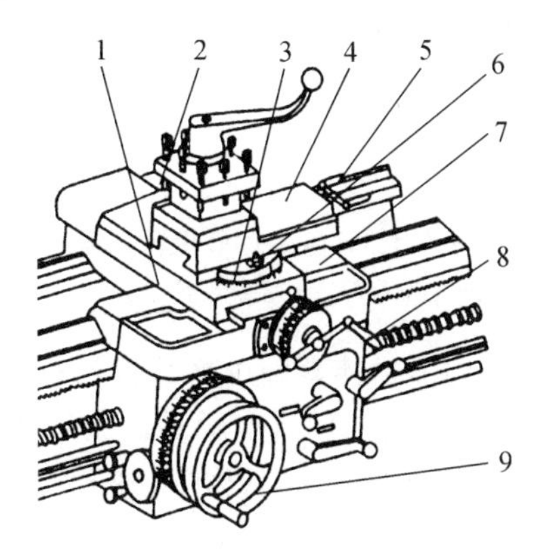

图5-4　C6132车床刀架结构

1—中滑板；2—方刀架；3—转盘；4—小滑板；5—小滑板手柄；
6—螺母；7—床鞍；8—中滑板手柄；9—床鞍手轮

大拖板：与溜板箱连接，带动车刀沿床身导轨做纵向移动。

中滑板：带动车刀沿大刀架上面的导轨做横向移动。

转盘：与横刀架用螺栓紧固。松开螺母，转盘便可在水平面内扳转任意角度。

小刀架（也叫小拖板）：可沿转盘上面的导轨做短距离移动。将转盘扳转一定角度后，小刀架可带动车刀做相应的斜向移动。

方刀架：用于装卡刀具，可同时安装四把车刀。

尾架：安装于床身导轨上。在尾架的套筒内装上顶尖可用来支承工件，也可装上钻头、铰刀在工件上钻孔、铰孔。

床脚：前、后两个床脚分别与床身前、后两端下部连为一体，用以支承安装在床身上的各个部件。同时，可通过地脚螺栓和调整垫块使整台车床固定在工作场地上，通过调整，能使床身保持水平状态。

5.2.2　车床附件及工件安装

车床主要用于加工回转表面。安装工件时，应该使要加工表面回转中心和车床主轴的中心线重合，以保证工件位置准确；同时还要把工件卡紧，以承受切削力，保证工作时安全。车床上常用的装卡附件有三爪卡盘、四爪卡盘、顶尖、中心架、跟刀架、心轴、花盘和弯板等。

1. 三爪卡盘

三爪卡盘是车床上最常用的附件，三爪自定心卡盘构造如图5-5所示。它主要由外壳体、三个卡爪、三个小锥齿轮、一个大锥齿轮等零件组成。

当转动小锥齿轮时，与它相啮合的大锥齿轮一起转动，大锥齿轮背面的平面螺纹就使三个卡爪同时缩向中心或张开，以夹紧不同直径的工件。由于三个卡爪同时移动并能自行对中（对中精度为0.05～0.15mm），故三爪卡盘适用于快速夹持截面为圆形、正三角形、正六边形的工

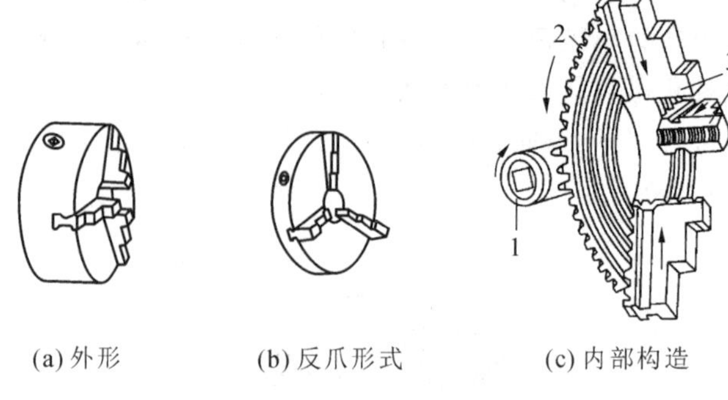

图 5-5 三爪自定心卡盘构造

1—小锥齿轮；2—大锥齿轮；3—卡爪

件。三爪卡盘还附带三个反爪，换到卡盘体上即可夹持直径较大的工件。

C6132 车床三爪卡盘和主轴的连接如图 5-6 所示。主轴前部的外锥面和卡盘的锥孔配合，起定心作用，键用来传递扭矩，螺母将卡盘锁紧在主轴上。安装时，要擦干净主轴的外锥面和卡盘的锥孔，在床面上垫以木板，防止卡盘掉下来砸坏床面。

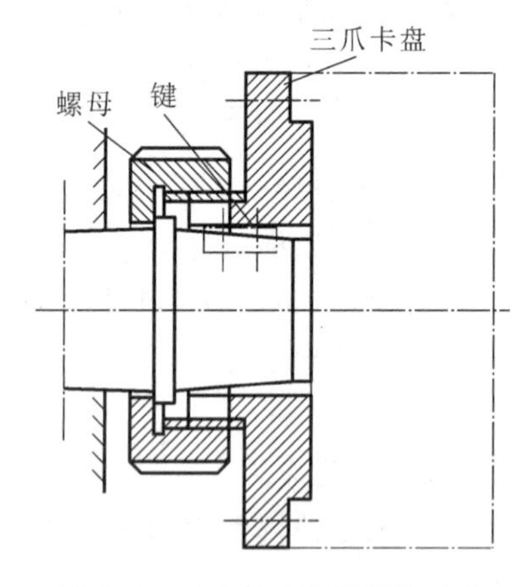

图 5-6 三爪卡盘和主轴的连接

2. 四爪卡盘

四爪卡盘外形如图 5-7(a)所示。它的四个卡爪通过四个调整螺杆独立移动，因此用途广泛。它不但可以安装截面是圆形的工件，还可以安装截面是方形、椭圆或其他不规则形状的工件，在圆盘上车偏心孔也常用四爪卡盘安装。此外，四爪卡盘较三爪卡盘的夹紧力大，所以可用来安装较重的圆形截面工件。如果把四个卡爪各自调头安装到卡盘体上，起到反爪作用，即可安装尺寸较大的工件。

四爪卡盘的四个卡爪是独立移动的，在安装工件时须进行仔细的找正工作。一般用划针盘按工件外圆表面或内孔表面找正，也常按预先在工件上划的线找正，如图 5-7(b)所示。若零件的安装精度要求很高，三爪卡盘不能满足安装精度要求，则可在四爪卡盘上安装。此时，须用百分表找正，如图 5-7(c)所示，安装精度可达 0.01 mm。

3. 顶尖

在车床上加工轴类工件时，往往用顶尖来安装工件，如图 5-8 所示。把轴架在前、后两个顶尖上，前顶尖装在主轴锥孔内，并和主轴一起旋转，后顶尖装在尾架套筒内，这样就可根据前后顶尖确定轴的位置。将卡箍卡紧在轴端，卡箍的尾部伸入拨盘的槽中，拨盘安装在主轴上(安装方式与三爪卡盘相同)并随主轴一起转动，通过拨盘带动卡箍即可使轴转动。

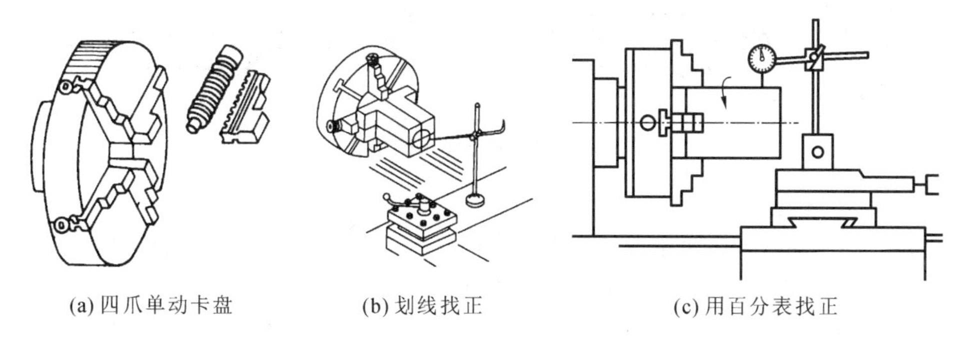

(a) 四爪单动卡盘　　(b) 划线找正　　(c) 用百分表找正

图 5-7　四爪单动卡盘及其找正

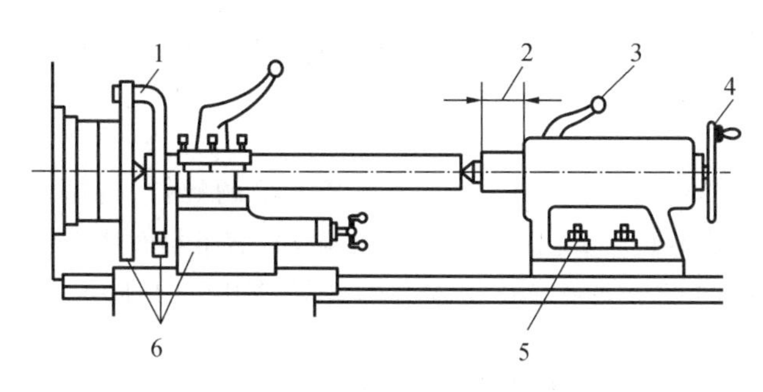

图 5-8　用双顶尖安装零件

1—拧紧卡箍；2—调整套筒伸出长度；3—锁紧套筒；4—调节工件与顶尖松紧程度；5—将尾架固定；6—刀架移至车削行程左端，用手转动拨盘，检查是否会碰撞

常用的顶尖有固定顶尖和活动顶尖两种，其形状如图 5-9 所示。前顶尖用固定顶尖。在高速切削时，为了防止后顶尖与中心孔由于摩擦发热过大而磨损或烧坏，常采用活动顶尖。由于活动顶尖的准确度不如固定顶尖高，故其一般用于轴的粗加工或半精加工。轴的精度要求比较高时，后顶尖也应使用固定顶尖，但要合理选择切削速度。

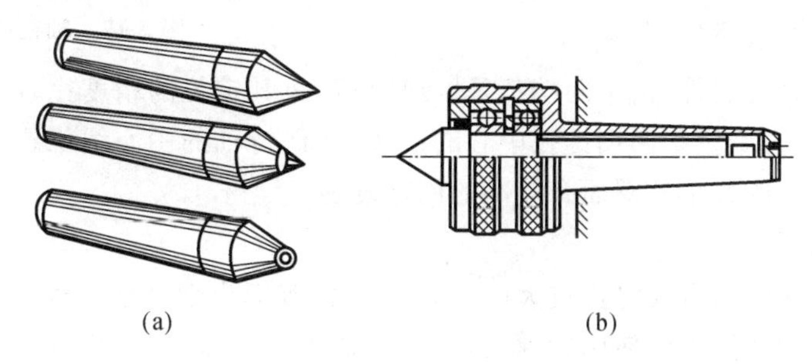

(a)　　(b)

图 5-9　顶尖

用顶尖安装轴类工件的步骤如下。

1）在轴的两端打中心孔

中心孔的形状如图 5-10 所示，有普通的和带保护锥面的两种。

中心孔的 60°锥面和顶尖 60°锥面相配合。前面的小圆孔是为了保证顶尖与锥面紧密地接触，此外还可以存留少量的润滑油。120°保护锥面是防止 60°锥面被碰坏而不能与顶尖紧密地接触，另外，也便于在顶尖上加工轴的端面。

中心孔多用中心钻在车床上或钻床上钻出，在加工之前一般先把轴的端面车平。

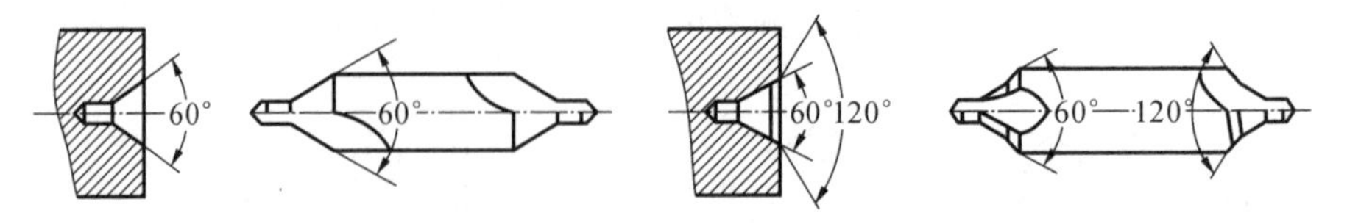

图 5-10　用中心钻钻出的中心孔

2）安装校正顶尖

顶尖是借助尾部锥面与主轴或尾架套筒锥孔的配合而装紧的，因此安装顶尖时，必须先擦净配合面，然后用力推紧，否则装不牢或装不正。

校正时，把尾架移向床头箱，检查前、后两个顶尖的轴线是否重合。如果发现不重合，则必须将尾架体做横向调节，使之符合要求。

对于精度要求较高的轴，加工前只凭眼睛观察来对准顶尖是不行的，要边加工、边度量、边调整，否则会出现轴被加工成锥体的情况。

3）安装工件

首先在轴的一端安装卡箍（图 5-11），稍微拧紧卡箍的螺钉，另一端的中心孔涂上黄油。但如果采用活动顶尖，就不必涂黄油。对于已加工表面，装卡箍时应该垫上一个开缝的小衬套或包上薄铁皮以免夹伤工件。轴在顶尖上安装的步骤如图 5-12 所示。

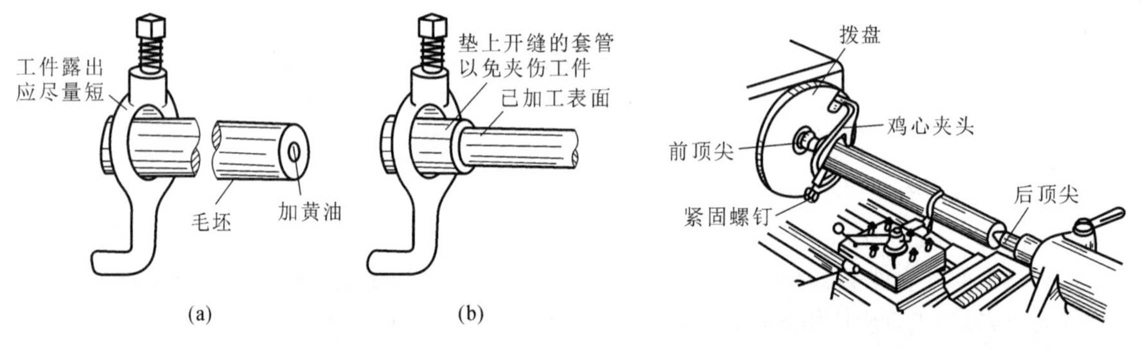

图 5-11　卡箍的安装　　**图 5-12　轴在顶尖上的安装**

在顶尖上安装轴类工件，由于两端都是锥面定位，故其定位的精度比较高，即使多次装卸与调头，零件的轴线也始终是两端锥孔中心的连线，即保持轴的中心线位置不变，因而能保证在多次安装中所加工的各个外圆面有较高的同轴度。

4. 中心架与跟刀架

当轴类零件的长度与直径之比较大（$L/d>10$）时，其即为细长轴。对于较长的轴类零件，在车端面、钻孔或车孔时，无法使用后顶尖，如果单独依靠卡盘安装，势必会因工件悬伸过长、安装刚性很差而导致弯曲变形，加工中产生振动，甚至无法加工，此时，必须用中心架（图5-13）或跟刀架（图 5-14）作为辅助支承。使用中心架或跟刀架作为辅助支承时，都要在工件的支承部位预先车削出定位用的光滑圆柱面，并在工件与支承爪的接触处加机油润滑。

跟刀架上一般有两个能单独伸缩的支承爪，而另外一个支承爪用车刀来代替。两支承爪分别安装在工件的上面和车刀的对面。加工时，跟刀架的底座用螺钉固定在床鞍的侧面，跟刀架安装在工件头部，与车刀一起随床鞍做纵向移动。每次走刀前应先调整支承爪的高度，使支承爪与预先车削出的用于定位的光滑圆柱面保持松紧适当的接触。配置了两个支承爪的跟刀架的安装刚性差，加工精度低，不适宜进行高速切削。另外还有一种具有三个支承爪的跟刀架，它的安装刚性较好，加工精度较高，并适宜进行高速切削。使用中心架或跟刀架时，必须先调整尾座套筒轴线与主轴轴线的同轴度。中心架适用于加工细长轴、阶梯轴、长轴端面、端部的孔，跟刀架则适合于车削不带台阶的细长轴。

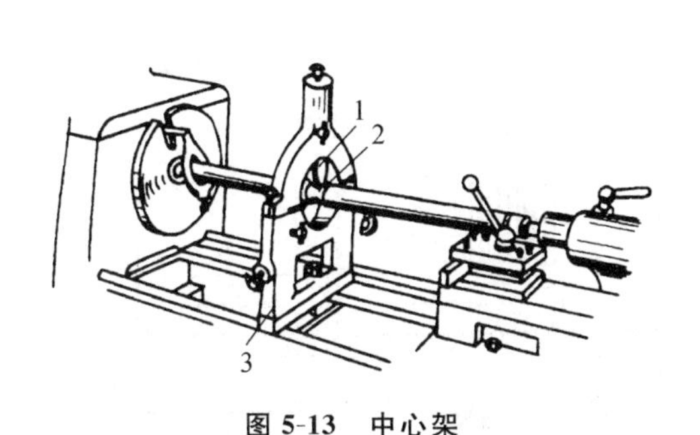

图 5-13　中心架

1—可调节支承爪；2—预先车出的外圆面；3—中心架

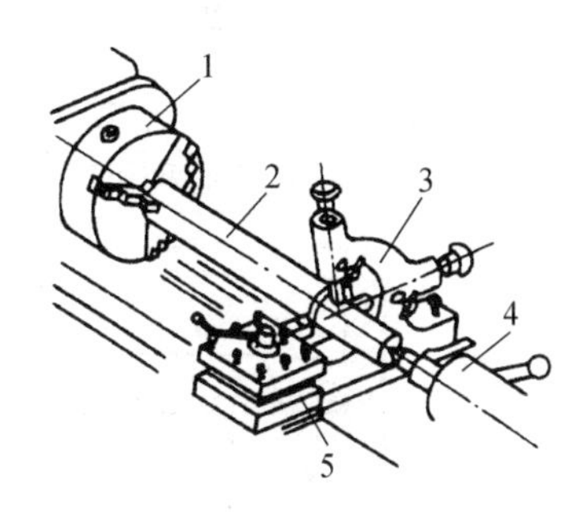

图 5-14　跟刀架

1—三爪自定心卡盘；2—零件；3—跟刀架；4—尾座；5—刀架

应用跟刀架或中心架时，工件被支承部分应是加工过的外圆表面，要加机油润滑。工件的转速不能很高，以免工件与支承爪之间摩擦过热而使支承爪烧坏或磨损。

5. 心轴

盘套类零件在卡盘上加工时，其外圆、孔和两个端面无法在一次安装中全部加工完。如果把零件调头安装再加工，则往往无法保证零件的径向跳动(外圆与孔)和端面跳动(端面与孔)的要求。因此需要利用已精加工过的孔把零件装在心轴上，再把心轴安装在前、后顶尖之间来加工外圆或端面。

心轴种类很多，常用的有圆柱体心轴(图 5-15)和锥度心轴(图 5-16)。

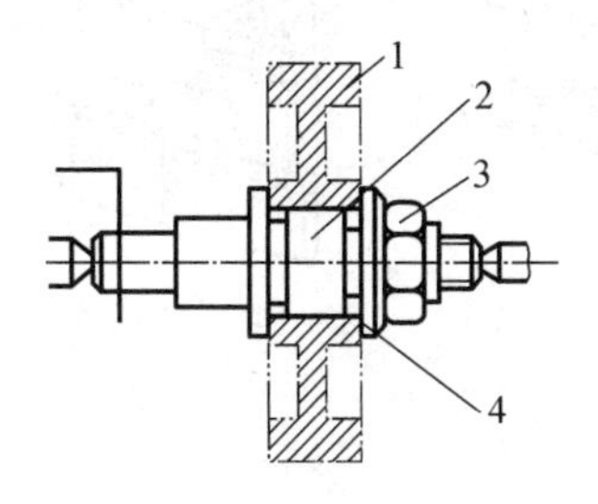

图 5-15　圆柱体心轴安装零件

1—零件；2—心轴；3—螺母；4—垫片

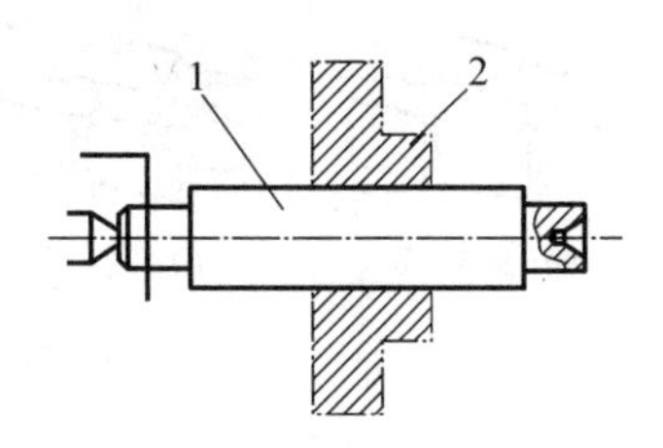

图 5-16　锥度心轴安装零件

1—心轴；2—零件

在图 5-15 中，2 为圆柱体心轴，其对中准确度较差。零件 1 装入后加上垫片 4，用螺母 3 锁紧。其夹紧力较大，多用于加工盘类零件。用这种心轴时，零件的两个端面都需要和孔垂直，以免当螺母拧紧时，心轴弯曲变形。

在图 5-16 中，1 为锥度心轴，锥度一般为 1∶2000～1∶5000。零件 2 压入后靠摩擦力与心轴固紧。这种心轴装卸方便，对中准确，但不能承受较大的切削力，多用于精加工盘套类零件。

盘套类零件用于安装心轴的孔，应有较高的精度，一般为 IT7～IT9，否则零件在心轴上无法准确定位。

5.3 车　　刀

5.3.1 车刀的种类

车刀按用途可分为外圆车刀、端面车刀、切断刀、成形车刀、螺纹车刀和车孔刀等，如图5-17所示。虽然车刀的种类及形状多种多样，但其组成、角度、刃磨方法基本相似。

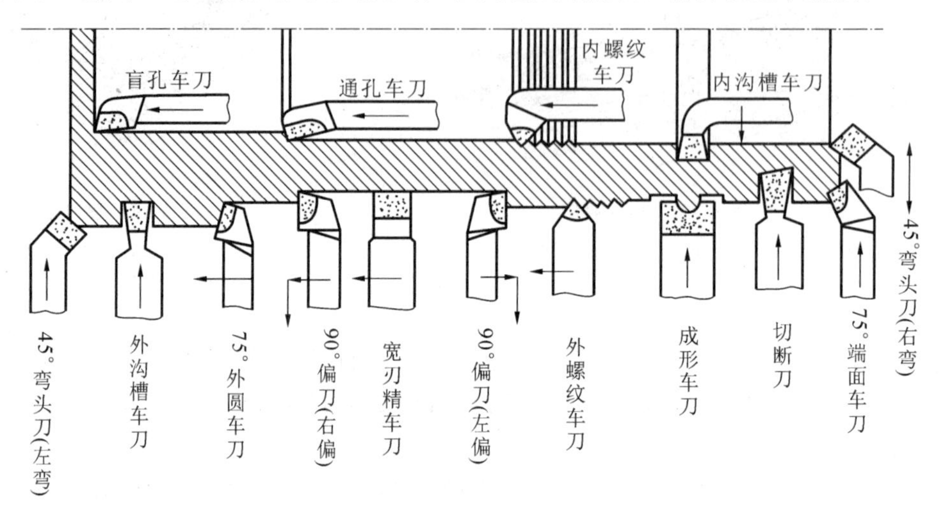

图 5-17　车刀种类

车刀按结构可分为整体式、焊接式、机夹式和可转位式四种形式，如图 5-18 所示。

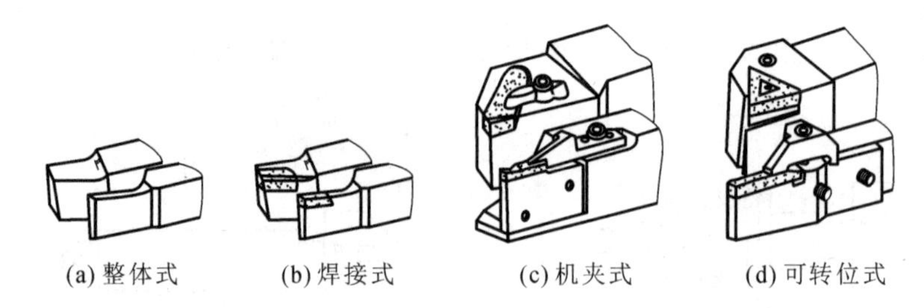

图 5-18　车刀的形式

各类车刀的结构类型、特点与用途如表 5-1 所示。

表 5-1　车刀结构类型、特点与用途

名称	简图	特点	适用场合
整体式	图 5-18(a)	用整体高速钢制造，刃口可磨得锋利	小型车床或车削有色金属
焊接式	图 5-18(b)	焊接硬质合金刀片，结构紧凑，使用灵活	各类车床
机夹式	图 5-18(c)	避免焊接产生裂纹、应力等缺陷，刀杆利用率高，刀片可集中刃磨	用于加工外圆、端面、螺纹及镗孔、切断等
可转位式	图 5-18(d)	避免焊接刀缺点，刀片可快速转位，断屑稳定，可使用涂层刀片	中型车床、数控机床，自动线加工外圆、端面、镗孔等

车刀主要由刀杆和刀片组成。刀杆的规格包含刀杆厚度 h、宽度 b 和长度 L 三个尺寸。刀杆厚度 h 有 16 mm、20 mm、25 mm、32 mm、40 mm 等；刀杆长度 L 有 125 mm、150 mm、170 mm、200 mm、250 mm 等。刀杆截面形状为矩形或方形，一般选用矩形。刀杆厚度 h 按机床中心高选择，常用车刀刀杆截面尺寸如表 5-2 所示。当刀杆厚度尺寸受到限制时，刀杆截面可加宽为方形，以提高其刚度。刀杆长度一般按刀杆厚度的 6 倍左右选择。

表 5-2　常用车刀刀杆截面尺寸

机床中心高/mm	150	180～200	260～300	350～400
方刀杆截面面积 h^2/mm²	16^2	20^2	25^2	30^2
矩形刀杆截面面积 $h\times b$/mm²	20×12	25×16	30×20	40×25

1. 焊接车刀

焊接车刀是刀片和刀杆通过镶焊连接成一体的车刀。一般刀片选用硬质合金，刀杆用 45 钢。根据被加工零件的材料、工序图、使用车床的型号和规格选用焊接车刀。选择时，应考虑车刀形式、刀片材料与型号、刀杆材料与规格及刀具几何参数等。硬质合金焊接刀片的形式和尺寸由一个字母和三位数字表示，字母和第一位数字代表刀片的形式，后两位数字表示刀片的主要尺寸。例如：

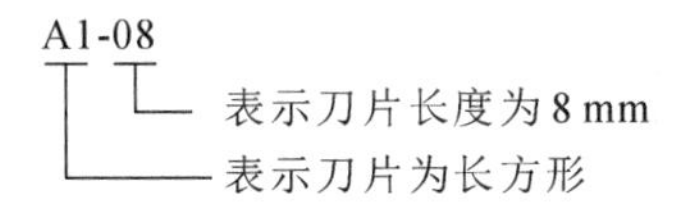

刀片形状相同，尺寸规格不同时，在硬质合金焊接刀片标记的数字后加字母 A；对于左切刀的形式，再加标字母 L。

标准 YS/T 253—1994、YS/T 79—2018 中规定了常用的刀片形状。选择刀片形状时主要依据车刀的用途及主、副偏角的大小。图 5-19 所示为常用的焊接刀片形状。

A1 型：直头车刀、弯头外圆车刀、内孔车刀、宽刃车刀。

A2 型：端面车刀、内孔（盲孔）车刀。

A3 型：90°偏刀、端面车刀。

A4 型：直头外圆车刀、端面车刀和内孔车刀。

A5 型：直头外圆车刀、内孔（通孔）车刀。

A6 型：内孔（通孔）车刀。

B1 型：燕尾槽刨刀。

B2 型：圆弧成形车刀。

C1 型：螺纹车刀。

C3 型：切断车刀、车槽车刀等。

C4 型：带轮车槽刀。

D1 型：直头外圆车刀、内孔车刀。

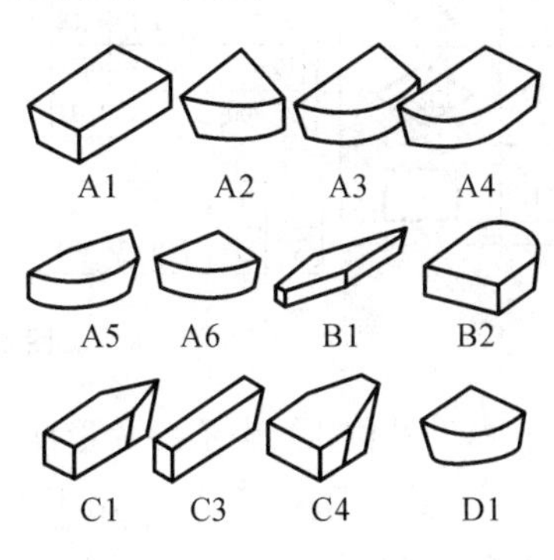

图 5-19　常用焊接刀片形状

选择焊接刀片尺寸时，主要考虑刀片长度，一般为切削宽度的 1.6～2 倍。车槽车刀的刃宽不应大于工件槽宽。切断车刀的宽度 B 可根据工件的直径 d 估算，经验公式为 $B=0.64\sqrt{d}$。

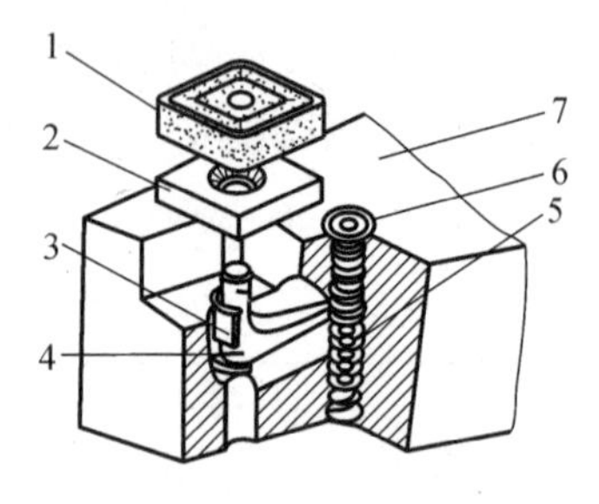

图 5-20　可转位车刀的组成

1—刀片；2—刀垫；3—卡簧；4—杠杆；5—弹簧；6—螺钉；7—刀杆

2. 可转位车刀

如图 5-20 所示，可转位车刀由刀片、刀垫、刀杆及杠杆、螺钉等组成，刀片上压制出断屑槽。周边经过精磨，刃口磨钝后可方便地转位换刃，不需重磨。

可转位车刀刀片形状、尺寸、精度、结构等在标准 GB/T 2076—2021、GB/T 2077—2023、GB/T 2078—2019、GB/T 2079—2015、GB/T 2081—2018 等中已有详细规定。可转位车刀的刀片型号用 10 个号位表示，其标记方法示例如图 5-21 所示。

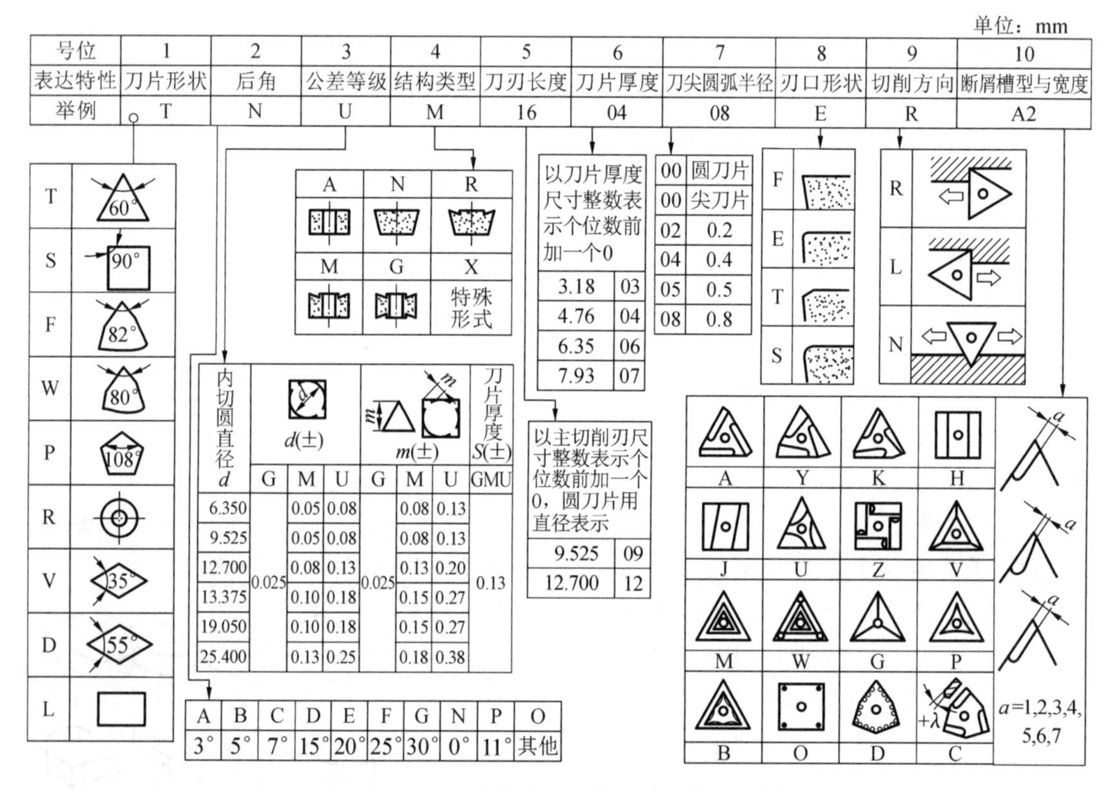

图 5-21　可转位车刀刀片标记方法示例

(1) 号位 1　表示刀片形状。常用的刀片形状及其使用特点如下。

① 正三角形(T)　多用于刀尖角小于 90°的外圆、端面车刀。其刀尖强度较差，只宜采用较小的切削用量。

② 正方形(S)　刀尖角等于 90°，通用性广，可用于外圆、端面、内孔、倒角车刀。

③ 有副偏角的三角形(F)　刀尖角等于 82°，多用于偏头车刀。

④ 凸三角形(W)　刀尖角等于 80°，刀尖强度、寿命比正三角形刀片好，应用面较广。

⑤ 菱形刀片(V、D)　适合用于仿形、数控车床刀具。

⑥ 圆刀片(R)　适合于加工成形曲面的刀具或精车刀具。

(2) 号位 2　表示刀片后角，其中 N 型刀片后角为 0°，使用最广泛。

(3) 号位 3　表示刀片尺寸精度等级，共有 11 级。其中 U 为普通级，M 为中级，其余 A、F、G……均为精密级。

(4) 号位 4　表示刀片结构类型，其中：

A——带孔无屑槽型，用于不需断屑的场合；

N——无孔平面型，用于不需断屑的上压式；

R——无孔单面槽型，用于需断屑的上压式；

M——带孔单面槽型，一般均使用此类，用途最广；

G——带孔双面槽型，可正反使用，提高刀片利用率。

(5) 号位 5、6　表示刀刃长度与刀片厚度，由刀杆尺寸标准选择。刀片轮廓形状的基本参数用内切圆直径 d 表示。d 的尺寸系列是：5.56 mm、6.35 mm、9.25 mm、12.7 mm、15.875 mm、19.05 mm、22.225 mm、25.4mm。切削刃长度由内切圆直径与刀尖角计算得到。

(6) 号位 7　表示刀尖圆弧半径，由刀具几何参数选定。

(7) 号位 8　表示刃口形状：F——锐刃，E——钝圆刃，T——倒棱刃，S——钝圆加倒棱刃。

(8) 号位 9　表示切削方向：R——右切，L——左切，N——左、右均能切。

(9) 号位 10　表示断屑槽型与宽度。

刀片型号举例：SNUM150612-V4，表示正方形、零后角、普通级精度、带孔单面 V 形槽型刀片，刃长 15.875 mm，厚度 6.35 mm，刀尖圆弧半径为 1.2 mm，断屑槽宽 4 mm。

可转位车刀形式有外圆、端面、内孔、螺纹车刀等，选用方法与焊接车刀相似，可参照标准 GB/T 5343.1—2007 或有关刀具样本选择；可按用途选择结构和刀片类型，按机床中心高或刀架尺寸选择相应刀杆尺寸规格。

5.3.2　车刀的安装

车刀安装在方刀架上，刀尖一般应与车床中心等高。此外，车刀在方刀架上伸出的长度要合适，垫刀片要放得平整，车刀与方刀架都要锁紧，如图 5-22 所示。

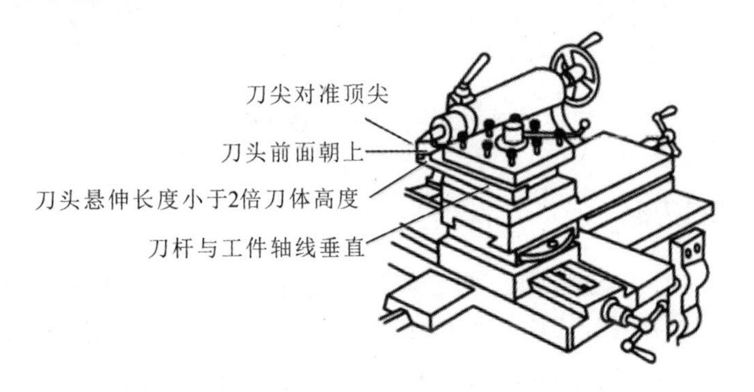

图 5-22　车刀的安装

车刀使用时必须正确安装。车刀安装的基本要求如下。

(1) 车刀的悬伸长度要尽量缩短，以增大其刚度。一般悬伸长度为车刀厚度的 1～1.5 倍，车刀下面的垫片要尽量少，以 1～3 片为宜，且与刀架边缘对齐，一般用两个螺钉交替锁紧车刀。

(2) 车刀一定要夹紧,至少用两个螺钉平整压紧,否则车刀易崩出,后果不堪设想。

(3) 车刀刀尖应与工件旋转轴线等高,否则,车刀工作时的前角和后角将发生改变,如图5-23所示。车外圆时,如果车刀刀尖高于工件旋转轴线,则前角增大,后角减小,这样加大了后刀面与工件之间的摩擦;如果车刀刀尖低于工件旋转轴线,则后角增大,前角减小,这样切削的阻力增大,切削不顺畅;刀尖不对中,当车削至端面中心时会留有凸头,当使用硬质合金车刀时,有可能导致刀尖崩碎。

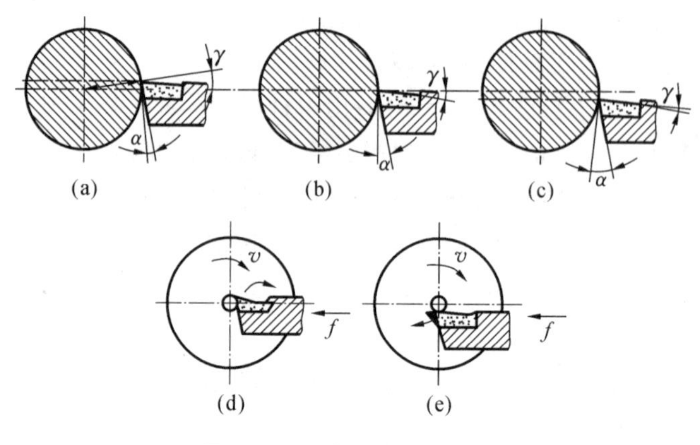

图 5-23　刀尖对中心线位置

(4) 车刀刀杆中心线应与进给运动方向垂直,如图5-24所示,否则将使车刀工作时的主偏角和副偏角发生改变。主偏角减小,进给力增大;副偏角减小,加剧摩擦。

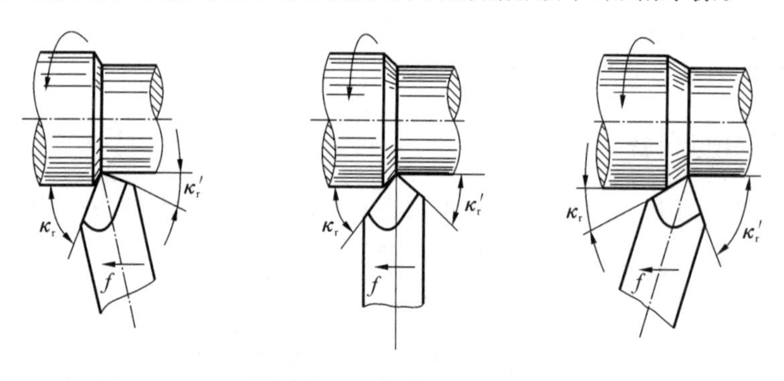

图 5-24　刀杆中心线位置

5.3.3　车刀的刃磨

一把车刀用钝后,必须重新刃磨(指整体车刀与焊接车刀),以恢复车刀原来的形状和角度。车刀是在砂轮机上刃磨的。磨高速钢车刀或磨硬质合金车刀的刀体部分用氧化铝砂轮(白色),磨硬质合金刀头用碳化硅砂轮(绿色)。车刀刃磨的步骤如图5-25所示。

(1) 磨前刀面:目的是磨出车刀的前角 γ_o 及刃倾角 λ_s。

(2) 磨主后刀面:目的是磨出车刀的主偏角 κ_r 和主后角 α_o。

(3) 磨副后刀面:目的是磨出车刀的副偏角 κ_r' 和副后角 α_o'。

(4) 磨刀尖圆弧:在主刀刃与副刀刃之间磨刀尖圆弧,以提高刀尖强度和改善散热条件。

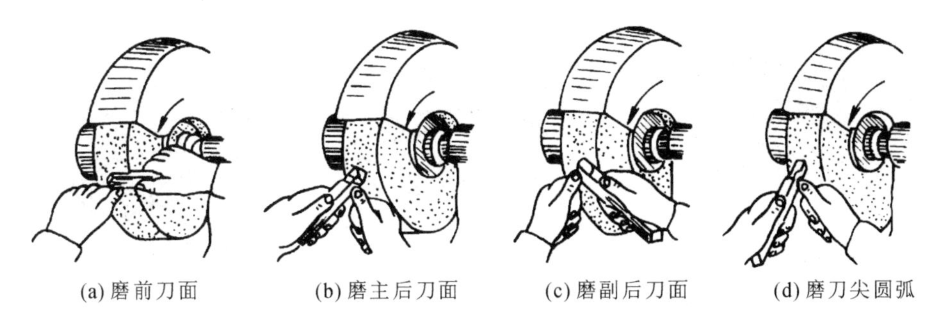

图 5-25　刃磨外圆车刀的一般步骤

刃磨车刀的姿势及方法如下。

(1) 人站立在砂轮机的侧面，以防砂轮碎裂时，碎片飞出伤人。

(2) 两手握刀，两肘夹紧腰部，以减小磨刀时的抖动。

(3) 磨刀时，车刀要放在砂轮的水平中心，刀尖略向上翘 3°～8°，车刀接触砂轮后应做左右方向水平移动，当车刀离开砂轮时，车刀需向上抬起，以防磨好的刀刃被砂轮碰伤。

(4) 磨主后刀面时，刀杆尾部向左偏过一个主偏角的角度；磨副后刀面时，刀杆尾部向右偏过一个副偏角的角度。

(5) 修磨刀尖圆弧时，通常以左手握车刀前端为支点，用右手转动车刀的尾部。

5.4　车床操作

5.4.1　刻度盘及刻度盘手柄的使用

在车削工件时，要准确、迅速地掌握切深，必须熟练地使用横刀架和小刀架的刻度盘。

横刀架的刻度盘紧固在丝杠轴头上，横刀架和丝杠螺母紧固在一起。当横刀架手柄带着刻度盘转一周时，丝杠也转一周，这时螺母带着横刀架移动一个螺距。所以横刀架移动的距离可根据刻度盘上的格数来计算：

刻度盘每转一格横刀架移动的距离(mm)＝丝杠螺距/刻度盘格数

例如：C6132 车床横刀架丝杠螺距为 4 mm，横刀架的刻度盘等分为 200 格，故每转 1 格横刀架移动的距离为(4÷200) mm＝0.02 mm。

刻度盘转一格，刀架带着车刀移动 0.02 mm。由于工件是旋转的，因此工件上被切下的部分是车刀切深的两倍，也就是工件直径改变了 0.04 mm。对于圆形截面的工件，其圆周加工余量都是相对直径而言的，测量工件尺寸也要体现其直径的变化，所以我们用横刀架刻度盘进刀切削时，通常将每格读作 0.04 mm。

加工外圆时，车刀向工件中心移动为进刀，远离工件中心为退刀，而加工内孔时，则刚好相反。

转动刻度盘时，如果刻度盘手柄转过了头，或试切后发现尺寸不对而需将车刀退回，则由于丝杠与螺母之间有间隙，刻度盘不能直接退回到所要的刻度，应按图 5-26 所示的方法纠正。

小刀架刻度盘的原理及其使用和横刀架相同。

小刀架刻度盘主要用于控制工件长度方向的尺寸。与加工圆柱面不同的是，小刀架移动

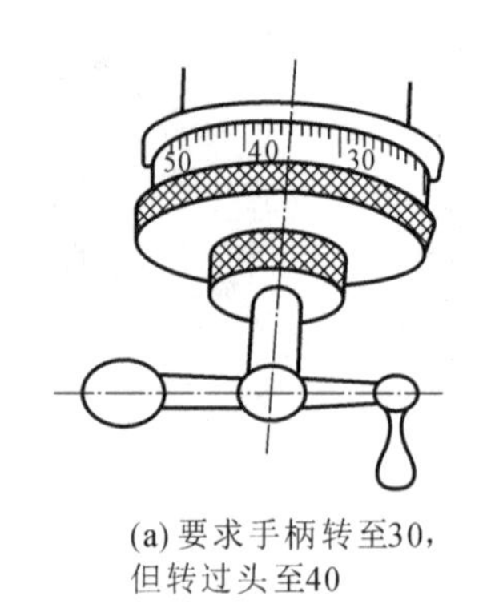

(a) 要求手柄转至30，但转过头至40

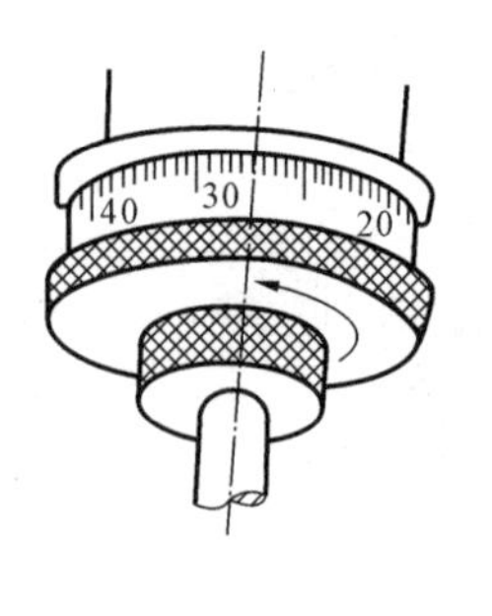

(b) 错误：直接退至30

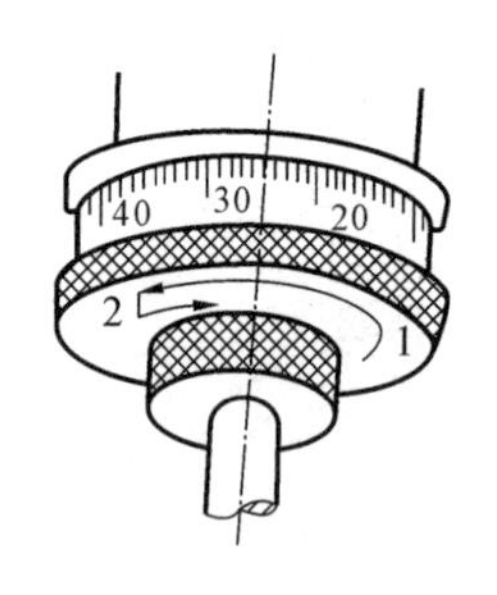

(c) 正确：反转约一圈后，再转至所需位置30

图 5-26　手柄转过头后的纠正方法

了多少，工件的长度尺寸就改变了多少。

5.4.2　粗车与精车的切削用量

粗车的目的是尽快地从工件上切去大部分加工余量，使工件接近最后的形状和尺寸。粗车要给精车留有合适的加工余量，而精度和表面质量要求都很低。在生产中，加大切深对提高生产率最有利，而对车刀寿命的影响又最小。因此，粗车时要优先选用较大的切深。另外根据可能情况，适当加大进给量，最后确定切削速度。切削速度一般采用中等或中等偏低的数值。

粗车的切削用量推荐为：背吃刀量 a_p 取 2～4 mm；进给量 f 取 0.15～0.4 mm/r；切削速度 v_c，对于硬质合金车刀切钢可取 50～70 m/min，对于切铸铁可取 40～60 m/min。

粗车铸件时，因工件表面有硬皮，如切深很小，刀尖反而容易被硬皮碰坏或磨损，因此，第一刀切深应大于硬皮厚度。

选择切削用量时，还要看工件安装是否牢靠。若工件夹持的部分长度较短或表面凹凸不平，则切削用量也不宜过大。

粗车给精车（或半精车）留的加工余量一般为 0.5～2 mm，加大切深对精车来说并不重要。精车的目的是要保证零件的尺寸精度和表面粗糙度符合要求。

精车的公差等级一般为 IT7～IT8，其尺寸精度主要是依靠准确的度量、准确的进刻度并加以试切来保证的。因此操作时要细心、认真。

精车时表面粗糙度 Ra 的数值一般为 1.6～3.2 μm，其保证措施主要有以下几点。

（1）选择的车刀几何形状要合适。当采用较小的主偏角 κ_r 或副偏角 κ_r'，或刀尖磨有小圆弧时，都会减小残留面积，使 Ra 值减小。

（2）选用较大的前角，并用油石把车刀的前刀面和后刀面打磨得光一些，亦可使 Ra 值减小。

（3）合理选择精车时的切削用量。生产实践证明，采用较高的切削速度（v_c＝100 m/min 以上）或较低的切削速度（v_c＝6 m/min 以下）都可以获得较小的 Ra 值。但采用低速切削时生产率低，一般只有在精车小直径的工件时才使用。选用较小的切深对减小 Ra 值较为有利，但背吃刀量过小，工件上原来凹凸不平的表面可能没有被完全切除掉，也达不到满意的效果。采用较小的进给量可使残留面积减小，因而有利于减小 Ra 值。

精车的切削用量推荐为：背吃刀量 a_p 取 0.3～0.5 mm（高速精车）或 0.05～0.10 mm（低

速精车)；进给量 f 取 0.05～0.2 mm/r；用硬质合金车刀高速精车时，切削速度 v_c 取 100～200 m/min(切钢)或 60～100 m/min(切铸铁)。

(4) 合理地使用切削液也有助于降低表面粗糙度。低速精车钢件时使用乳化液，低速精车铸铁件时常用煤油作为切削液。

为了提高工件表面加工质量，精车前应用油石仔细打磨车刀的前、后刀面。精车切削用量的选择应遵循如下原则：选用较小的切削深度和进给量，选用适当的切削速度，合理使用切削液。表 5-3 所示为精车切削用量的参考值。

表 5-3 精车切削用量

精车类别		切削深度/mm	进给量/(mm/r)	切削速度/(m/min)
车铸铁件		0.10～0.15	0.05～0.20	60～70
车钢件	高速	0.30～0.50		100～120
	低速	0.05～0.10		3～5

5.4.3 试切的方法与步骤

工件在车床上安装以后，要根据工件的加工余量确定走刀次数和每次走刀的切深。半精车和精车时，为了准确地确定切深，保证工件加工的尺寸精度，只靠刻度盘来进刀是不行的。因为刻度盘和丝杠都有误差，往往不能满足半精车和精车的要求，这就需采用试切的方法。试切的方法与步骤如图 5-27 所示。

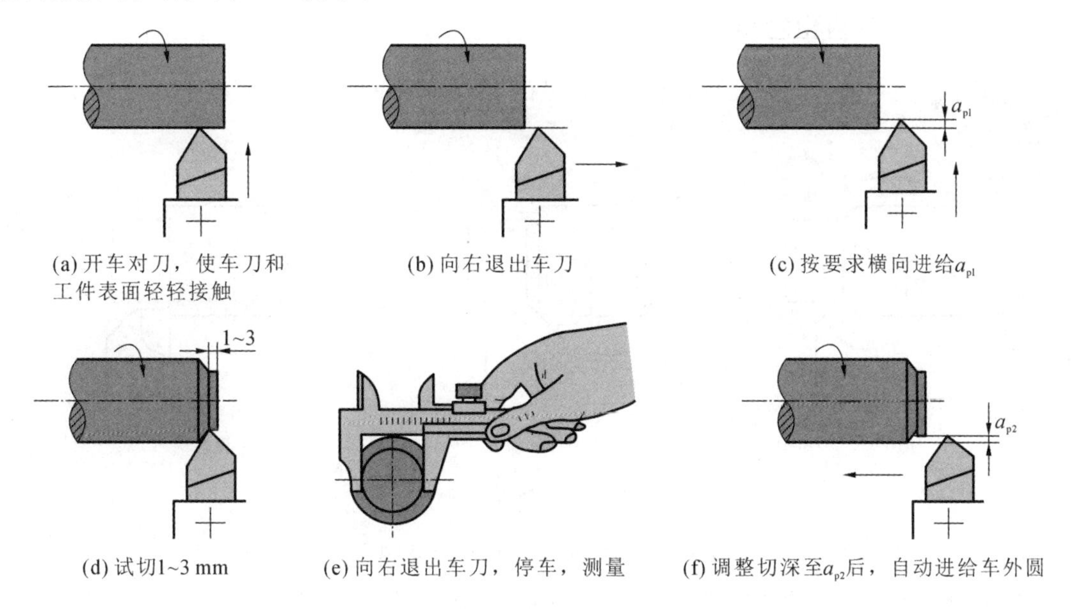

图 5-27 试切方法

1. 试切

试切是精车的关键，为了控制背吃刀量，保证零件径向的尺寸精度，开始车削时，应先进行试切。试切的方法与步骤如下。

第一步：如图 5-27(a)(b)所示，开车对刀，使刀尖与零件表面轻轻接触，确定刀具与零件的接触点，作为进切深的起点，然后向右纵向退刀，记下中滑板刻度盘上的数值。注意对刀时必须开车，因为这样可以找到刀具与零件最高处的接触点，也不容易损坏车刀。

第二步：如图 5-27(c)(d)所示，按背吃刀量或零件直径的要求，根据中滑板刻度盘上的数值进切深，并手动纵向切进 1～3 mm，然后向右纵向退刀。

第三步：如图 5-27(e)(f)所示，进行测量。如果尺寸合格了，就按该切深将整个表面加工完；如果尺寸偏大或偏小，就重新进行试切，直到尺寸合格。试切调整过程中，为了迅速而准确地控制尺寸，背吃刀量需用中滑板丝杠上的刻度盘来调整。

其中，第一、二步是试切的一个循环。如果尺寸合格了，就按这个切深将整个表面加工完毕。如果尺寸还大，就要重新进行试切，直到尺寸合格才能继续车下去。

2. 切削

经试切获得合格尺寸后，就可以扳动自动走刀手柄使之自动走刀。每当车刀纵向进给至距离末端 3～5 mm 时，应将自动进给改为手动进给，以避免行程走刀超长或车刀切削卡盘爪。如需再切削，可将车刀沿进给反方向移出，再进切深进行车削。如不再切削，则应先将车刀沿切深反方向退出，脱离零件已加工表面，再沿进给反方向退出车刀，然后停车。

3. 检验

零件加工完后要进行测量检验，以确保零件的质量。

5.5 车削加工

5.5.1 车外圆和台阶

外圆车削是车削加工中最基本也是最常见的工作。外圆车削主要有以下几种，如图 5-28 所示。

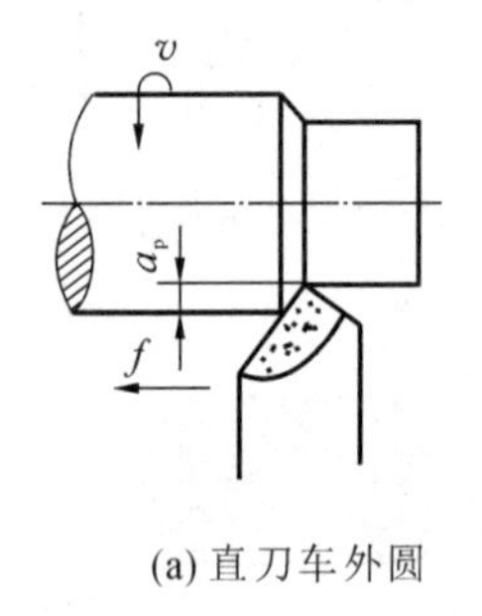

(a) 直刀车外圆

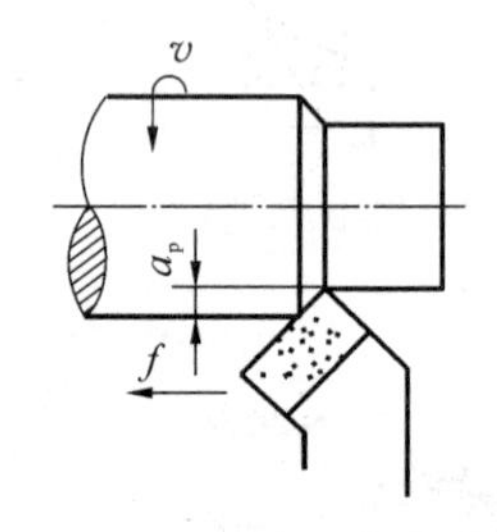

(b) 弯头刀车外圆

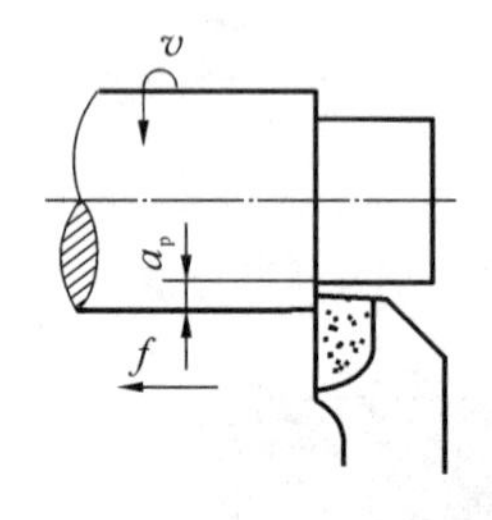

(c) 偏刀车外圆

图 5-28　外圆车削

尖刀主要用于粗车外圆和车没有台阶或台阶不大的外圆。

弯头刀用于车外圆、端面、倒角和有 45°斜面的外圆。

偏刀的主偏角为 90°，车外圆时径向力很小，常用来车有垂直台阶的外圆和车细长轴。

对于高度在 5 mm 以下的台阶，可在车外圆的同时车出，如图 5-29(a)所示。为了使车刀的主切削刃垂直于工件的轴线，可在先车好的端面上对刀，使主切削刃和端面贴平。

为使台阶长度符合要求，可用钢尺确定台阶长度。车削时先用刀尖刻出线痕，以此为加工界限。这种方法不是很准确，一般线痕的长度应比所需的长度略短，以留有余地。

对于高度在 5 mm 以上的台阶，应分层进行切削，如图 5-29(b)(c)所示。

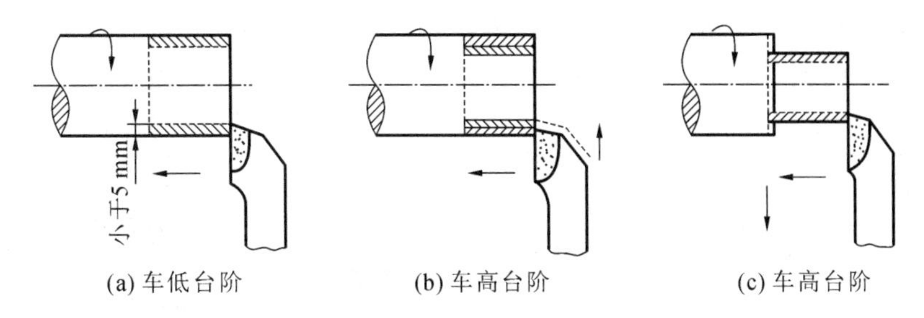

图 5-29　车台阶面

5.5.2　车端面

常用的车端面的方法如图 5-30 所示。

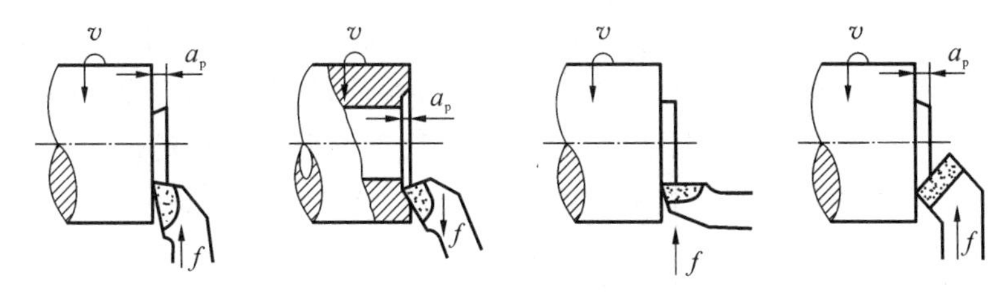

图 5-30　车端面

车端面时应注意以下几点。

(1) 车刀的刀尖应对准工件中心，以免车出的端面中心留有凸台，如图 5-31 所示。

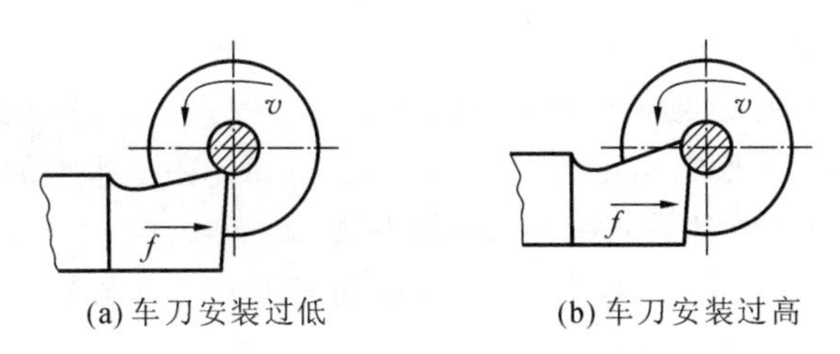

图 5-31　车端面时车刀的安装

(2) 用偏刀车端面，当切深较大时，容易扎刀，而且车到工件中心时凸台是一下子车掉的，容易损坏刀尖。用弯头刀车端面，凸台是逐渐车掉的，所以车端面用弯头刀较为有利。

(3) 端面的直径从外到中心是变化的，切削速度也在改变，不易得到较低的表面粗糙度，因此工件转速可比车外圆时选择得高一些。为降低表面粗糙度，可由中心向外切削。

(4) 车直径较大的端面时，若出现凹心或凸肚，应检查车刀和方刀架是否锁紧，以及大刀架的松紧程度。为使车刀准确地横向进给而无纵向松动，应将大刀锁紧在床面上，此时可用小刀架调整切深。

5.5.3　孔加工

车床上可以用钻头、镗刀、扩孔钻、铰刀进行镗孔、钻孔、扩孔和铰孔。

1. 镗孔

镗孔是对锻出、铸出或钻出的孔的进一步加工。镗孔可以较好地纠正原来孔轴线的偏斜，可作为粗加工、半精加工与精加工工序。在车床上镗孔如图 5-32 所示。

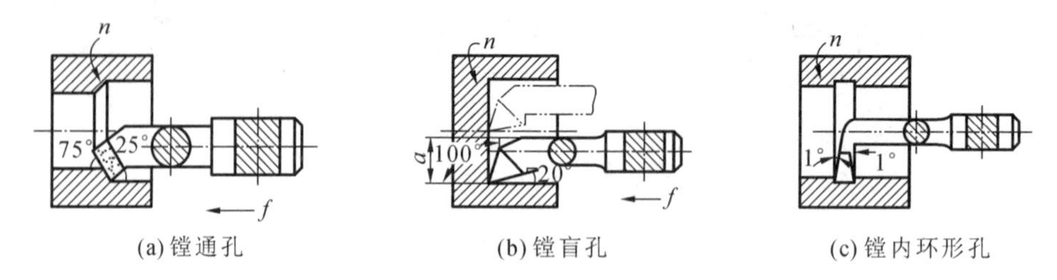

(a) 镗通孔　(b) 镗盲孔　(c) 镗内环形孔

图 5-32　在车床上镗孔

镗盲孔或台阶孔时，当镗刀纵向进给至末端时，需横向进给加工内端面，以保证内端面与孔轴线垂直。

镗刀杆应尽可能粗些。安装镗刀时，伸出刀架的长度应尽量小。刀尖装得要略高于主轴中心，以减少颤动和扎刀现象。此外，若刀尖低于工件中心，镗刀下部往往会碰坏孔壁。

镗刀刚度较小，容易产生变形与振动，镗孔时往往需要采用较小的进给量 f 和背吃刀量 a_p，进行多次走刀，因此生产率较低。但镗刀制造简单，大直径和非标准直径的孔加工都可使用，通用性强。

2. 钻孔、扩孔、铰孔

在车床上进行孔加工，若工件上无孔，则需用钻头钻出孔来。钻孔的公差等级为 IT10 以下，表面粗糙度为 Ra 12.5 μm，多用于孔的粗加工。

扩孔是用扩孔钻进行钻孔后的半精加工，公差等级可达 IT9～IT10，表面粗糙度为 Ra 6.3～3.2 μm。扩孔的余量与孔径大小有关，为 0.5～2 mm。

铰孔是用铰刀进行扩孔后或半精镗孔后的精加工。铰孔的余量一般为 0.1～0.2 mm，公差等级一般为 IT7～IT8，表面粗糙度为 Ra 0.8～1.6 μm。在车床上加工直径较小而精度和表面粗糙度要求较高的孔，通常采用钻、扩、铰的方法。

在车床上钻孔如图 5-33 所示（扩孔、铰孔与钻孔相似），工件旋转，钻头只做纵向进给，这一点与在钻床上钻孔是不同的。

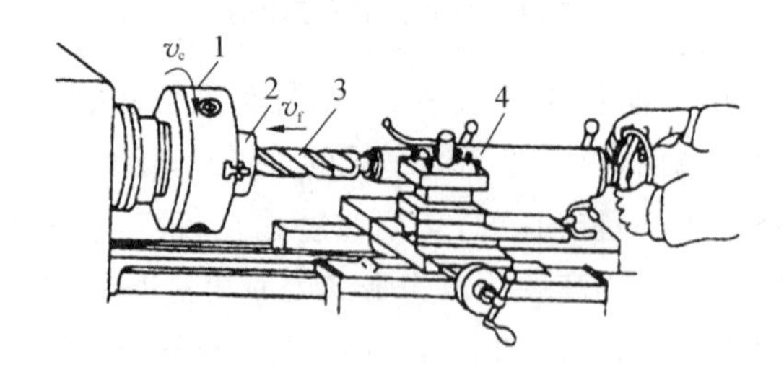

图 5-33　在车床上钻孔

1—三爪卡盘；2—工件；3—麻花钻；4—尾架

锥柄钻头装入尾架套筒内（用于安装顶尖），如果钻头的锥柄号数小，则可加过渡套筒。柱柄钻头则卡于钻卡头中，钻卡头再装入尾架套筒内。

在车床上钻孔、扩孔或铰孔时，要将尾架固定在合适的位置，用手摇尾架套筒进行进给。

钻孔时必须先车平端面。为了防止钻头偏斜，可先用车刀划一个坑或先用中心钻钻中心孔作为引导。钻孔时,应加冷却液。

5.5.4　切槽与切断

1. 切槽

切槽和车端面很相似。切槽使用切槽刀,切槽刀如同右偏刀和左偏刀并在一起同时车左、右两个端面,如图 5-34 所示。

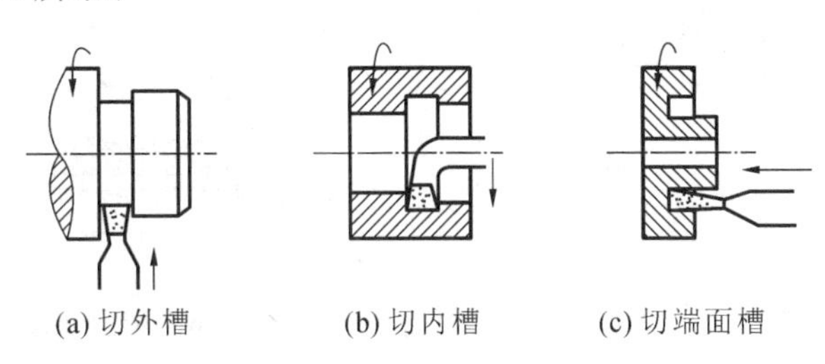

(a) 切外槽　(b) 切内槽　(c) 切端面槽

图 5-34　切槽刀及切断刀

(1) 切窄槽时,主切削刃宽度等于槽宽,在横向进刀中一次切出。

(2) 切宽槽时,主切削刃宽度可小于槽宽,在横向进刀中分多次切出,如图 5-35 所示。

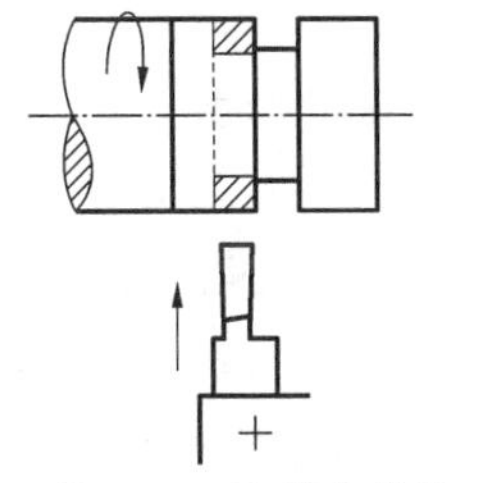

(a) 第一、二次横向进给

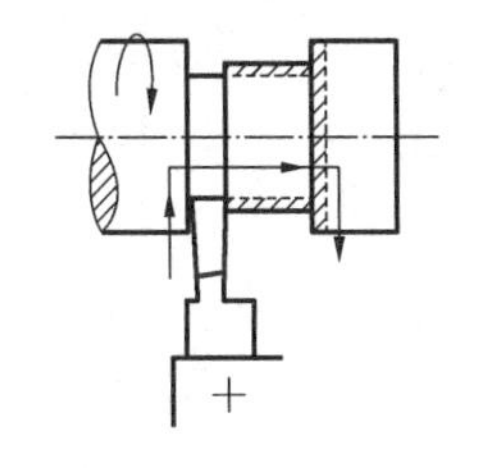

(b) 最后一次横向进给后,再纵向进给车槽底

图 5-35　切宽槽

2. 切断

切断要用切断刀。切断刀的形状与切槽刀相似,但刀头窄而长,很容易折断。切断时应注意以下几点:

(1) 切断一般在卡盘上进行,工件的切断处应距卡盘近些,避免在顶尖安装的工件上进行切断。

(2) 切断刀刀尖必须与工件中心等高,否则切断处将剩有凸台,且刀头也容易损坏。切断刀伸出刀架的长度不要过长。

(3) 要尽可能减小主轴以及刀架滑动部分的间隙,以免工件和车刀振动,使切削难以进行。

(4) 手动进给时一定要均匀,即将切断时,须放慢进给速度,以免刀头折断。

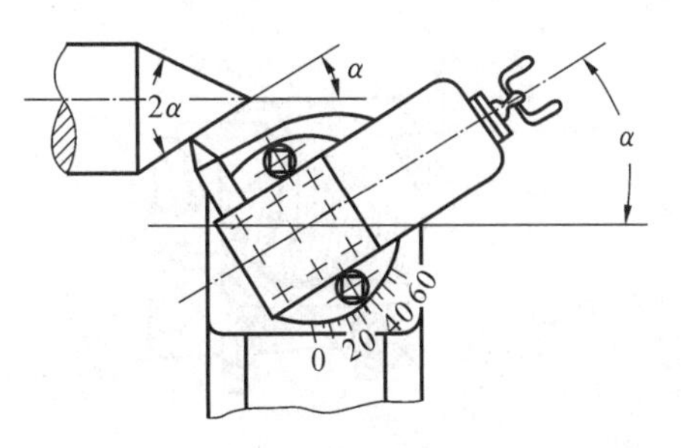

图 5-36　小刀架转位法

5.5.5　车锥度

车锥度的方法有四种:小刀架转位法(图 5-36)、锥尺加工法(也叫靠模法)、样板刀法(也叫宽刀法,如

图 5-37 所示）和尾座偏移法（图 5-38）。这里仅介绍小刀架转位法。

如图 5-36 所示，根据零件的锥角 2α，将小刀架扳转 α 角，即可加工。这种方法操作简单，能保证一定的加工精度，而且还能车内锥面和锥角很大的锥面，因此应用较广。但由于受小刀架行程的限制，并且不能自动走刀，因此该方法适用于加工短的圆锥工件。

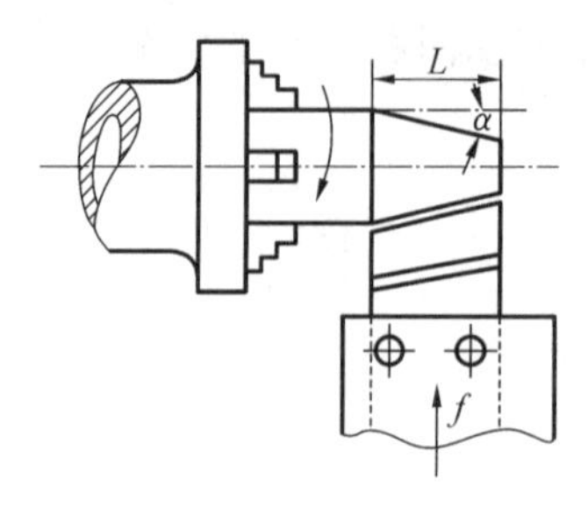

图 5-37　宽刀法

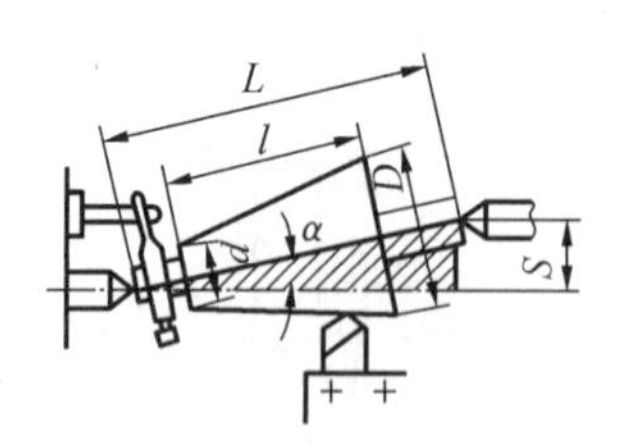

图 5-38　尾座偏移法

5.5.6　车成形面

有些零件如手柄、手轮、圆球等，它们的表面不是平直的，而是由曲面组成的，这类零件的表面称为成形面（也叫特形面）。下面介绍三种加工成形面的方法。

图 5-39　普通车刀车成形面

1. 用普通车刀车成形面

如图 5-39 所示，首先用外圆车刀把工件粗车出几个台阶，然后双手控制车刀以纵向和横向的综合进给车掉台阶的峰部，得到大致的成形轮廓，再用精车刀按同样的方法进行成形面的精加工，最后用样板检验成形面是否合格。一般需经多次反复度量修整，才能得到所需的精度及表面粗糙度。这种方法操作技术要求较高，但由于不要特殊的设备，生产中仍被普遍采用，多用于单件、小批生产。

2. 用成形刀车成形面

车成形面的成形刀的刀刃是曲线，与零件的表面轮廓一致，如图 5-40 所示。由于成形刀的刀刃不能太宽，刃磨出的曲线形状也不十分准确，因此常用于加工形状比较简单、形面不太复杂的成形面。

3. 用靠模车成形面

图 5-41 所示为用靠模加工手柄的成形面。此时刀架的横向滑板已经与丝杠脱开，其前端

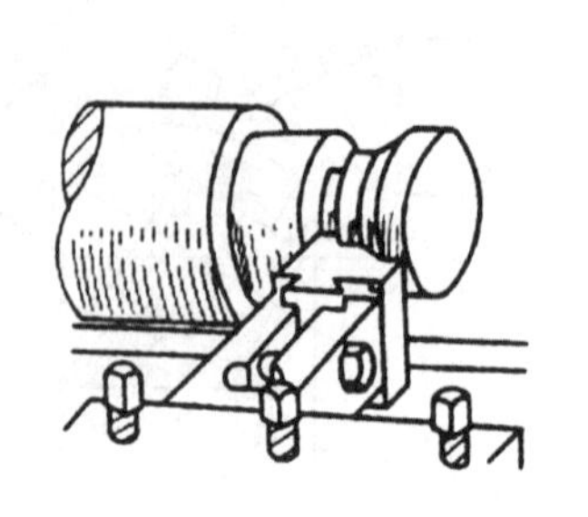

图 5-40　成形刀车成形面

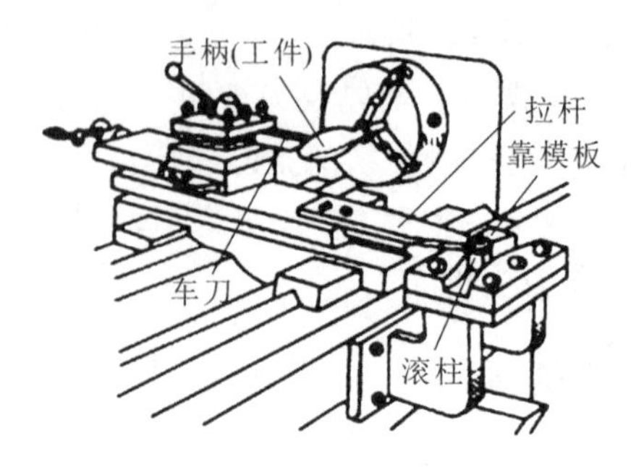

图 5-41　靠模法

的拉杆上装有滚柱。当大拖板纵向走刀时，滚柱即在靠模的曲线槽内移动，从而使车刀刀尖也随着做曲线移动，同时用小刀架控制切深，即可车出手柄的成形面。用这种方法加工成形面，操作简单，生产率较高，因此多用于成批生产。当靠模的槽为直槽时，将靠模扳转一定角度，即可用于车削锥度。

5.5.7　车螺纹

螺纹种类有很多，按牙型分三角形、梯形、方牙等数种，按标准分有公制螺纹和英制螺纹。公制三角形螺纹牙型角为60°，用螺距或导程来表示；英制三角形螺纹牙型角为55°，用每英寸牙数作为主要规格。各种螺纹都有左旋、右旋，单线、多线之分，其中以公制三角形螺纹即普通螺纹应用最广。普通螺纹以大径、中径、螺距、牙型角和旋向为基本要素，是螺纹加工时必须控制的部分。在车床上能车削各种螺纹，现以车削普通螺纹为例予以说明。

1. 螺纹车刀及安装

车刀的刀尖角度必须与螺纹牙型角（公制螺纹为60°）相等，车刀前角等于零度。车刀刃磨时按样板刃磨，刃磨后用油石修光。安装车刀时，刀尖必须与零件中心等高。调整时，用对刀样板对刀，保证刀尖角的等分线严格地垂直于零件的轴线。

2. 车削螺纹操作

在车床上车削单头螺纹的实质就是使车刀的纵向进给量等于零件的螺距。为保证螺距的精度，应使用丝杠与开合螺母的传动来完成刀架的进给运动。车螺纹要经过多次走刀才能完成，在多次走刀过程中，必须保证车刀每次都落入已切出的螺纹槽内，否则，就会发生“乱扣”现象。当丝杠的螺距 P_s 是零件螺距 P 的整数倍时，可任意打开、合上开合螺母，车刀总会落入原来已切出的螺纹槽内，不会发生“乱扣”；若不为整数倍，多次走刀和退刀时，均不能打开开合螺母，否则将发生“乱扣”。车外螺纹操作步骤如下：

(1) 开车对刀，使车刀与零件轻轻接触，记下刻度盘读数，向右退出车刀，如图5-42(a)所示。

(2) 合上开合螺母，在零件表面上车出一条螺旋线，横向退出车刀，停车，如图5-42(b)所示。

(3) 开反车使车刀退到零件右端，停车，用钢直尺检查螺距是否正确，如图5-42(c)所示。

(4) 利用刻度盘调整背吃刀量，开车切削，如图5-42(d)所示。

(5) 车至行程终了时，应做好退刀停车准备，先快速退出车刀，然后停车，开反车退回刀架，如图5-42(e)所示。

(6) 再次横向切入，继续切削，如图5-42(f)所示。

3. 车螺纹的进刀方法

(1) 直进刀法。用中滑板横向进刀，两切削刃和刀尖同时参加切削。直进刀法操作方便，能保证螺纹牙型精度，但车刀受力大，散热差，排屑难，刀尖易磨损。此法适用于车削脆性材料、小螺距螺纹或精车螺纹。

(2) 斜进刀法。用中滑板横向进刀和小滑板纵向进刀相配合，使车刀基本上只有一个切削刃参加切削，车刀受力小，散热、排屑有所改善，可提高生产率。但螺纹牙型的一侧表面粗糙度值较大，所以在最后一刀要留有余量，用直进刀法进刀修光牙型两侧。此法适用于塑性材料

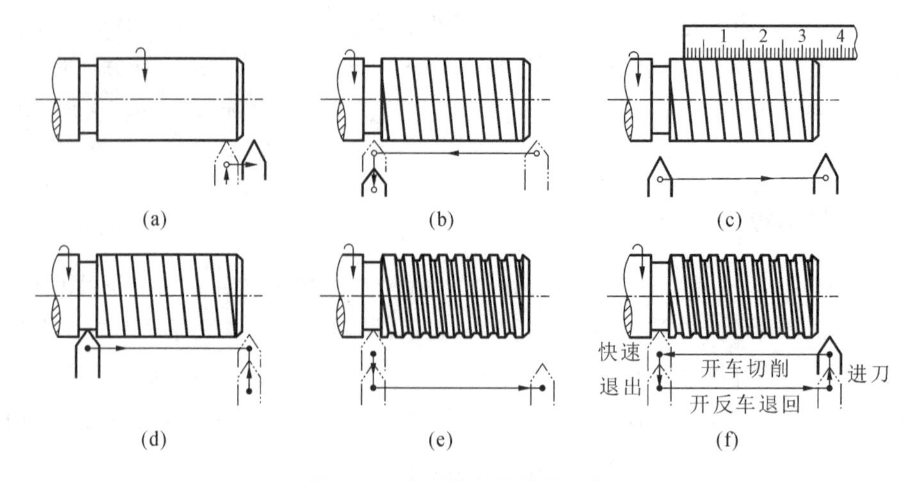

图 5-42 车削外螺纹操作步骤

和大螺距螺纹的粗车。

不论采用哪种进刀方法，每次的切深量要小，而总切深量由刻度盘控制，并借助螺纹量规测量。测量外螺纹用螺纹环规，测量内螺纹用螺纹塞规。

根据螺纹中径的公差，每种量规有通规、止规（塞规一般做在一根轴上，有通端、止端）。如果通规或通端能旋入螺纹，而止规或止端不能旋入，则说明所车的螺纹中径是合格的。螺纹精度不高或单件生产且没有合适的螺纹量规时，也可用其他配件进行检验。

4. 注意事项

（1）调整中、小滑板导轨上的斜铁，保证配合间隙合适，使刀架移动均匀、平稳。

（2）当在顶尖上取下零件测量时，不得松开卡箍。重新安装零件时，必须使卡箍与拨盘保持原来的相对位置，并且须对刀检查。

（3）若需在切削中途换刀，则应重新对刀。由于传动系统存在间隙，对刀时应先使车刀沿切削方向走一段距离，停车后再进行对刀，此时移动小滑板使车刀切削刃与螺纹槽相吻合即可。

（4）为保证每次走刀时，刀尖都能正确落在前次车削的螺纹槽内，当丝杠的螺距不是零件螺距的整数倍时，不能在车削过程中打开开合螺母，应采用正反车法。

（5）车削螺纹时严禁用手触摸零件或用棉纱擦拭旋转的螺纹。

5.5.8 滚花

滚花是用滚花刀挤压零件，使其表面产生塑性变形而形成花纹的工艺。花纹一般有直纹和网纹两种，滚花刀也分直纹滚花刀和网纹滚花刀，如图 5-43 所示。如图 5-44 所示，滚花前，应将滚花部分的直径车削得比零件所要求尺寸大些，然后将滚花刀的表面与零件平行接触，且使滚花刀中心线与零件中心线等高。在开始进刀时，需用较大压力，待进刀一定深度后，再纵向自动进给，这样往复滚压 1～2 次，直到滚好为止。此外，滚花时零件转速要低，通常还需充分供给冷却液。

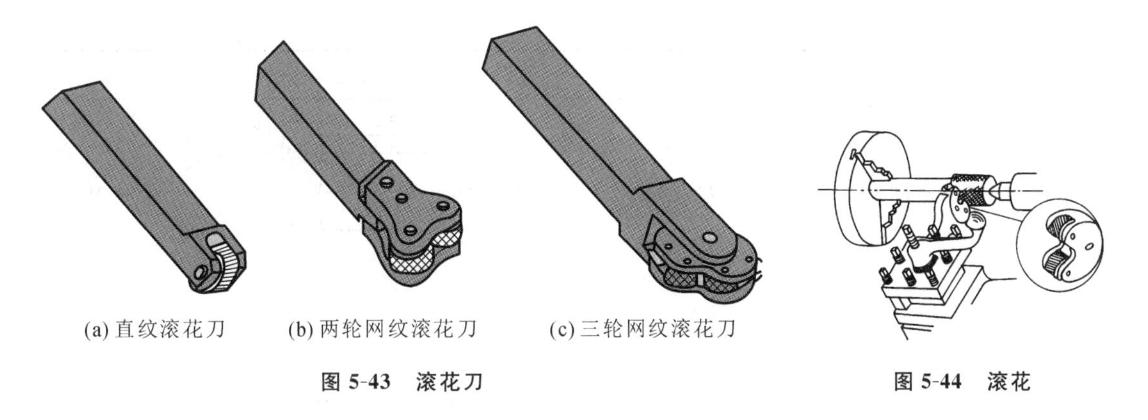

(a) 直纹滚花刀　(b) 两轮网纹滚花刀　(c) 三轮网纹滚花刀

图 5-43　滚花刀　　图 5-44　滚花

5.6　车削加工示例

5.6.1　轴销的车削加工

加工图 5-45 所示的轴销，材料为 45 钢，单件生产。

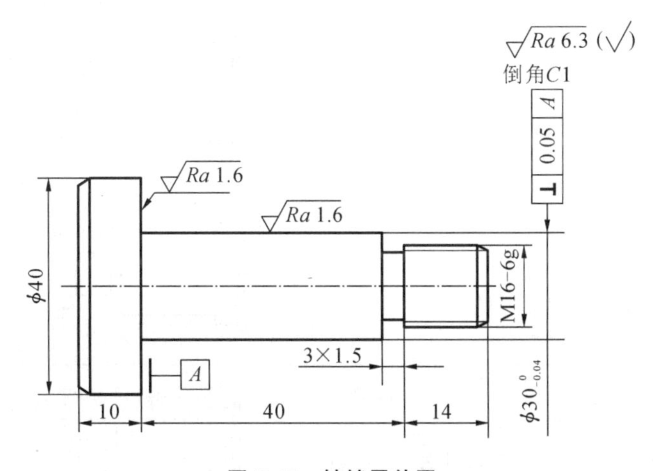

图 5-45　轴销零件图

车削步骤如表 5-4 所示。

表 5-4　轴销零件车削步骤

序号	加工内容	加工简图	刀具
1	用三爪自定心卡盘夹持工件车端面		45°弯头车刀
2	粗车外圆面至 ϕ40 mm，轴向尺寸为 67 mm	67 ϕ40	90°偏刀

续表

序号	加工内容	加工简图	刀具
3	粗车外圆至 ϕ31 mm，轴向尺寸为 54 mm	54 ϕ31	90°偏刀
4	车螺纹外圆至 ϕ16 mm，轴向尺寸为 14 mm	14 ϕ16	90°偏刀
5	车退刀槽，轴向尺寸为 14 mm	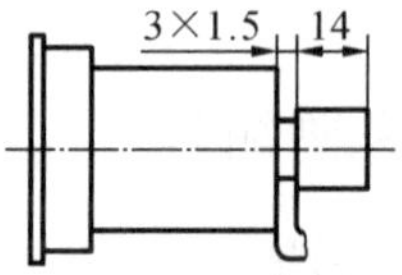 3×1.5 14	切槽刀
6	倒角 $C1$	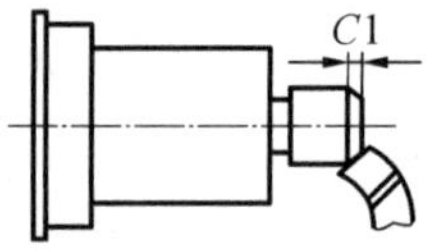 $C1$	45°弯头车刀
7	车 M16 螺纹	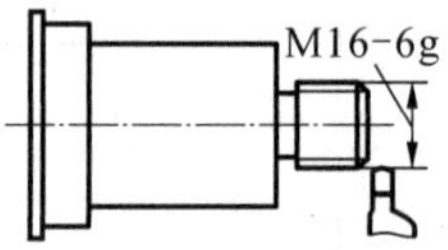 M16-6g	螺纹车刀
8	精车外圆至 $\phi30_{-0.04}^{\ 0}$ mm，轴向尺寸为 40 mm	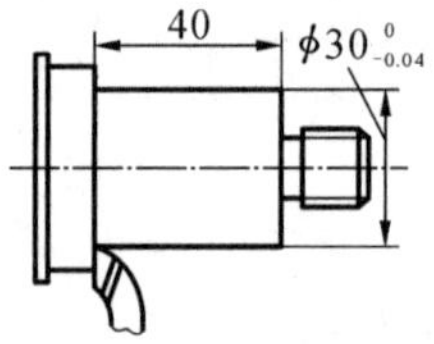 40 $\phi30_{-0.04}^{\ 0}$	90°偏刀
9	调头，用铜皮包在 $\phi30_{-0.04}^{\ 0}$ mm 外圆上，端面与三爪自定心卡盘靠平，夹紧后车另一端面，保证尺寸为 10 mm	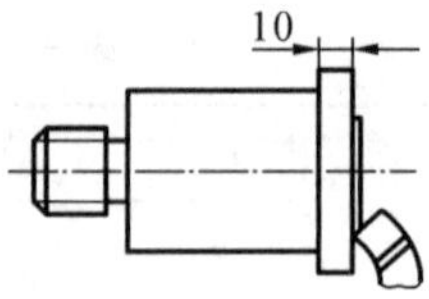 10	45°弯头车刀
10	倒角 $C1$	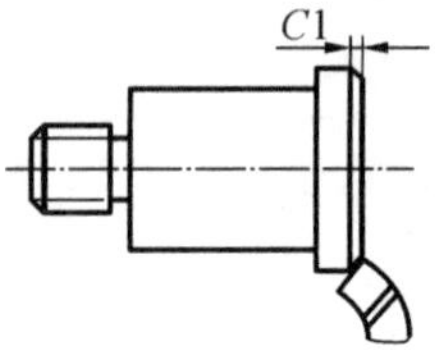 $C1$	45°弯头车刀
11	检验		

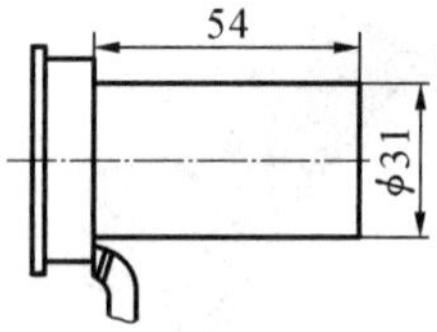

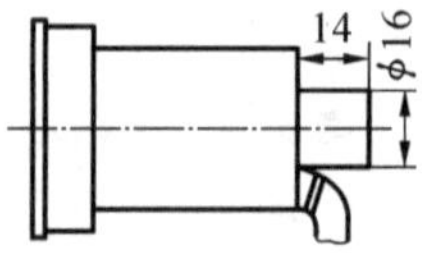

5.6.2　齿轮坯的车削加工

图 5-46 所示为齿轮坯零件图。

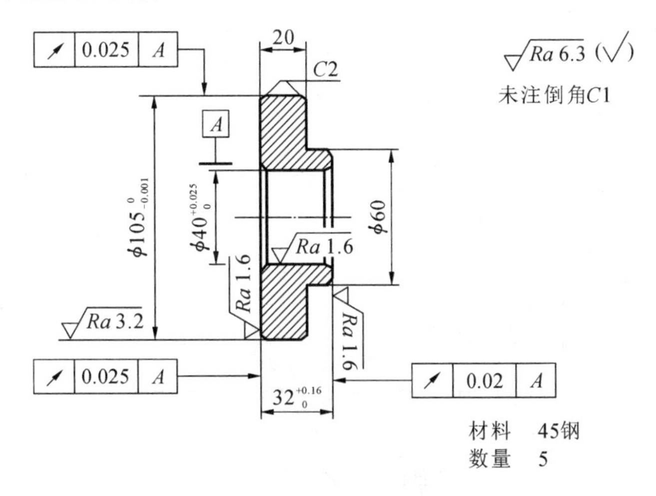

图 5-46　齿轮坯零件图

1. 技术要求分析

盘套类零件主要由孔、外圆与端面所组成。除对尺寸精度、表面粗糙度有要求外，其外圆对孔有径向圆跳动的要求，端面对孔有端面圆跳动的要求。保证径向圆跳动和端面圆跳动是制订盘套类零件工艺要重点考虑的问题。工艺一般分粗车和精车。精车时，尽可能把有位置精度要求的外圆、孔、端面在一次安装中全部加工完。当有位置精度要求的表面不可能在一次安装中完成时，通常先把孔制出，然后以孔定位上心轴加工外圆或端面（有条件也可在平面磨床上磨削端面）。其装夹方法常采用心轴装夹工件的方式。

2. 加工方法

齿轮坯工艺过程卡片如表 5-5 所示。

表 5-5　齿轮坯工艺过程卡片

序号	加工简图	加工内容	安装方法	备注
1		下料 ϕ110 mm×36.5 mm		
2		车 ϕ110 mm 外圆，长 20 mm； 车端面见平； 车外圆 ϕ53 mm×10 mm	三爪	
3		车 ϕ53 mm 外圆； 粗车端面见平，车外圆至 ϕ107 mm； 钻孔 ϕ36 mm； 粗、精镗孔 $\phi 40^{+0.025}_{0}$ mm 至尺寸	三爪	

序号	加工简图	加工内容	安装方法	备注
4		车 ϕ105 mm 外圆，垫铁皮，找正； 精车台肩面保证长度加 20 mm； 车小端面，总长 32.3 mm； 精车外圆 ϕ60 mm 至尺寸； 倒小内、外角 $C1$，大外角 $C2$	三爪	
5		精车小端面； 保证总长 $32^{+0.16}_{0}$ mm	顶尖 卡箍 锥度心轴	有条件可 平磨小端面
6		检验		

思　考　题

1. 车削加工的特点是什么？
2. 常用车刀有哪些种类？其用途分别是什么？
3. 车端面有哪几种方法？各有何特点？
4. 外圆表面常用的加工方法有哪些？如何选用？
5. 车削所能加工的典型表面有哪些？分别使用哪种刀具？
6. 普通车床由哪些部分组成？每部分的作用是什么？
7. 光杠和丝杠的作用是什么？
8. 车刀的结构有哪几种形式？
9. 车刀安装时应注意什么？
10. 车削外圆、车削端面和钻孔时，工件和刀具分别完成哪种运动？
11. 车削时为何要对刀？应如何操作？
12. 切槽车刀与切断车刀的区别是什么？
13. 在车床上车成形面有哪些方法？
14. 在车床上加工锥面有哪几种方法？
15. 在车床上加工孔的方法有哪些？分别使用哪种刀具？
16. 在车床上钻孔和在钻床上钻孔的区别有哪些？

第6章　铣削加工

学习目标

1. 了解铣削加工的基本知识。
2. 熟悉铣床的组成。
3. 熟悉铣刀的组成。
4. 了解铣削加工方法的工艺特点及加工范围。

6.1　概　　述

铣削加工是在铣床上利用铣刀对工件进行切削加工的方法。铣削加工使用旋转的多刃刀具切削工件，是高效率的加工方法，是机械制造中最常用的切削加工方法。

6.1.1　铣削加工范围

铣削的加工应用范围很广，可铣削平面、斜面、各种沟槽和成形面等，也可以进行分度工作(图 6-1)。铣削加工精度一般为 IT8～IT10，表面粗糙度为 Ra 1.6～6.3 μm。铣削的切削运动是刀具做快速的旋转运动(即主运动)和工件做缓慢的直线运动(即进给运动)，如图 6-2 所示。

(a) 圆柱铣刀铣平面

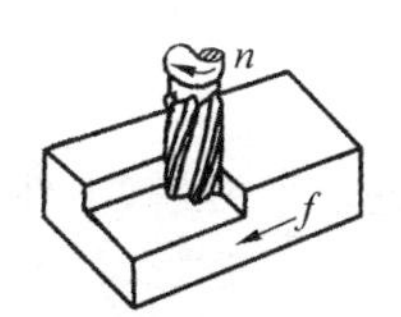

(b) 立铣刀铣台阶面

(c) 套式端面铣刀铣平面

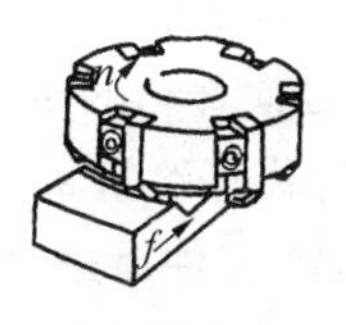

(d) 端铣刀铣大平面

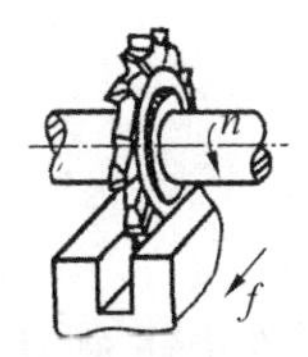

(e) 三面刃铣刀铣直槽

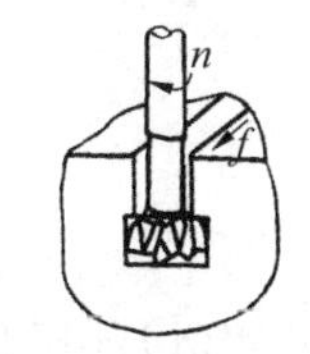

(f) T形铣刀铣T形槽

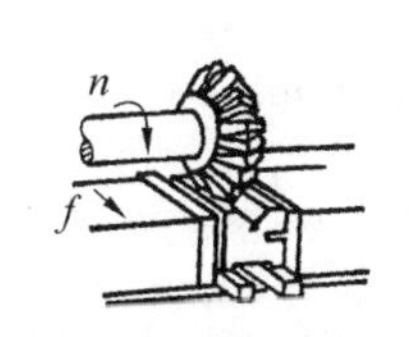

(g) 角度铣刀铣V形槽

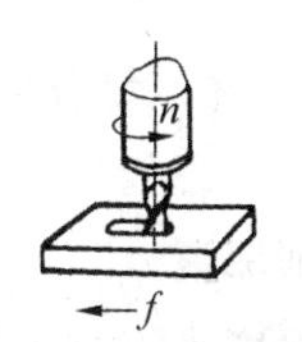

(h) 键槽铣刀铣键槽

(i) 带柄铣刀铣角度槽

(j) 成形铣刀铣凸圆弧

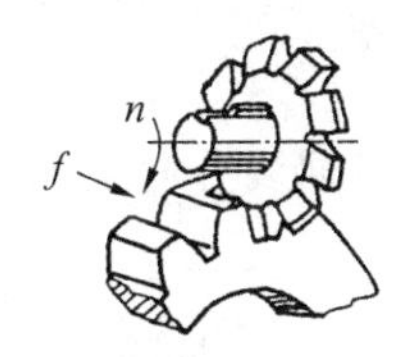

(k) 齿轮铣刀铣齿轮

(l) 螺旋铣刀铣螺旋槽

图 6-1　铣削加工范围

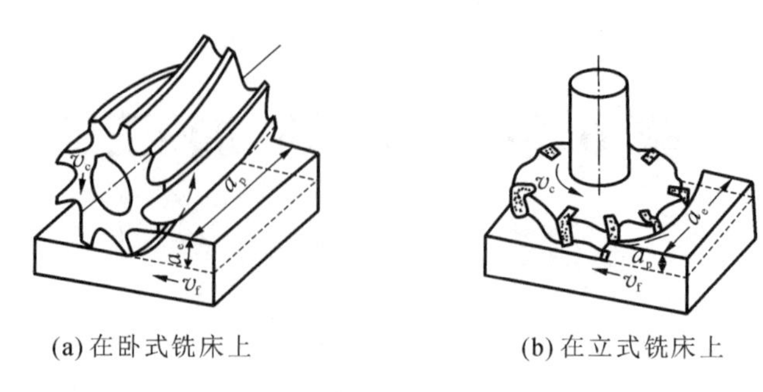

(a) 在卧式铣床上　(b) 在立式铣床上

图 6-2　铣削运动及铣削要素

6.1.2　铣削用量

1. 铣削速度 v_c

铣削速度为铣刀最大直径处的线速度，可用下式计算：

$$v_c = \pi d_t n_t / 1000 \ (\mathrm{m/min})$$

式中：d_t——铣刀直径(mm)；

n_t——铣刀每分钟转数(r/min)。

2. 进给量

铣削进给量有三种表示方式：

(1) 进给速度 v_f(mm/min)　指工件对铣刀的每分钟进给量(即每分钟工件沿进给方向移动的距离)。

(2) 每转进给量 f(mm/r)　指铣刀每转一转，工件对铣刀的进给量(即铣刀每转一转，工件沿进给方向移动的距离)。

(3) 每齿进给量 a_f(mm/齿)　指铣刀每转过一个刀齿，工件对铣刀的进给量(即铣刀每转过一个刀齿，工件沿进给方向移动的距离)。

它们三者之间的关系式为

$$v_f = f \cdot n_t = a_f \cdot z \cdot n_t$$

式中：n_t——铣刀每分钟转数(r/min)；

z——铣刀齿数。

3. 铣削深度 a_p

铣削深度为沿铣刀轴线方向上测量的切削层尺寸(切削层是指工件上正被刀刃切削着的那层金属)。

4. 铣削宽度 a_e

铣削宽度为沿垂直于铣刀轴线方向上测量的切削层尺寸。

6.2　铣　　床

6.2.1　铣床种类

铣床是用铣刀对工件进行铣削加工的机床。铣床的种类很多，有卧式铣床、立式铣床、工具铣床、龙门铣床、仿形铣床、仪表铣床、床身铣床等。

1. 卧式铣床

卧式铣床又可分为普通卧式铣床和万能卧式铣床，相比于普通卧式铣床，万能卧式铣床在纵向工作台下增加一个转台。万能卧式铣床是铣床中应用最多的一种，图 6-3 所示为 X6132 万能卧式铣床结构图，机床的主轴是水平的，工作台可沿纵向、横向和垂直三个方向运动。

X6132 万能卧式铣床的型号意义如下：X——类别，铣床类；6——组别，卧式铣床组；1——型别，万能升降台铣床型；32——主参数，工作台工作面宽度的 1/10，即工作台工作面宽度为 320 mm。

2. 立式升降台铣床

图 6-4 所示为 X5030 立式升降台铣床结构图，其规格、操纵机构、传动变速等与卧式铣床相似。主要区别如下：

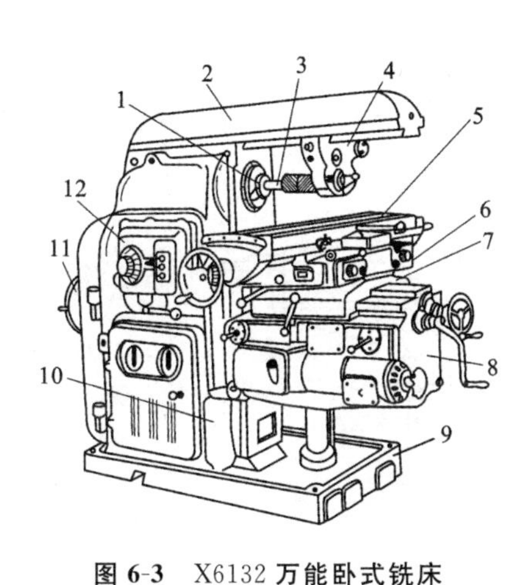

图 6-3　X6132 万能卧式铣床

1—主轴；2—悬梁；3—刀杆；4—刀轴支架；5—纵向工作台；6—回转台；7—横向工作台；8—升降台；9—底座；10—床身；11—电动机；12—主轴变速机构

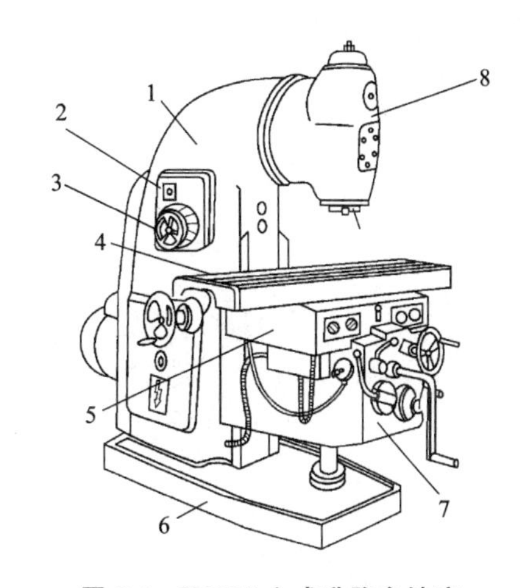

图 6-4　X5030 立式升降台铣床

1—床身；2—变速箱；3—主轴；4—纵向工作台；5—横向工作台；6—底座；7—升降台；8—立铣头

(1) X5030 立式铣床主轴与工作台面垂直，安装在可以偏转的铣头壳体内，根据加工需要，主轴可以在垂直面内左右摆动 45°；

(2) X5030 立式铣床的工作台与横向溜板连接处没有回转台，所以工作台在水平面内不能旋转任何角度。

6.2.2　铣床主要组成及作用

(1) 床身　用来固定和支承铣床各部件，其内部装有主轴、主轴变速箱、电器设备及润滑油泵等部件。

(2) 横梁　横梁上一端装有吊架，用来支承刀杆，以增大其刚度，减少振动；横梁可沿燕尾导轨移动，以调整其伸出的长度。

(3) 主轴　主轴为空心轴，用来安装铣刀或刀轴，并带动铣刀轴旋转。

(4) 升降台　升降台可以带动整个工作台沿床身的垂直导轨上下移动，以调整工件与铣刀的距离并实现垂直进给，其内部装有进给变速机构。

(5) 横向工作台　横向工作台位于升降台上面的水平导轨上，可沿升降台上的导轨做横向移动。

(6) 纵向工作台　纵向工作台用于安装工件和夹具,可沿转台上的导轨做纵向移动。

(7) 转台　转台可将纵向工作台在水平面内扳转一定的角度,以便铣削螺旋槽等。有无转台是万能卧式铣床与普通卧式铣床的主要区别。

(8) 底座　用于支承床身和升降台,其内盛切削液。

6.2.3　铣床附件及工件安装

在铣床上铣削零件时,工件由铣床附件固定和定位。铣床的主要附件有平口虎钳、万能铣头、回转工作台和分度头等。

1. 平口虎钳

平口虎钳结构如图 6-5 所示,是一种通用夹具。使用时,先校正平口虎钳在工作台上的位置,然后再夹紧工件。平口虎钳一般用于小型较规则的零件,如较方正的板块类零件、盘套类零件、轴类零件和小型支架等。用平口虎钳安装工件时应注意:应使工件被加工面高于钳口,否则应用垫铁垫高工件;应防止工件与垫铁间有间隙;为保护工件的已加工表面,可以在钳口与工件之间垫软金属片。

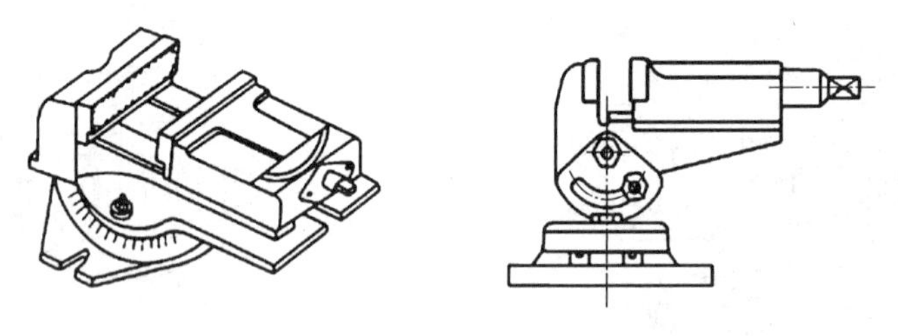

图 6-5　平口虎钳

2. 万能铣头

在卧式铣床上装上万能铣头,其不仅能完成各种立铣的工作,而且还可以根据铣削的需要,把铣头主轴扳转任意角度。

图 6-6(a)所示为万能铣头(将主轴旋转至垂直位置)的外形图。其底座用紧固螺钉固定在铣床的垂直导轨上。铣床主轴的运动通过铣头内的两对锥齿轮传到铣头主轴上。铣头壳体可绕铣床主轴轴线偏转任意角度(图 6-6(b))。主轴壳体能在铣头壳体上偏转任意角度(图 6-6(c))。因此,铣头主轴能在空间偏转所需要的任意角度。

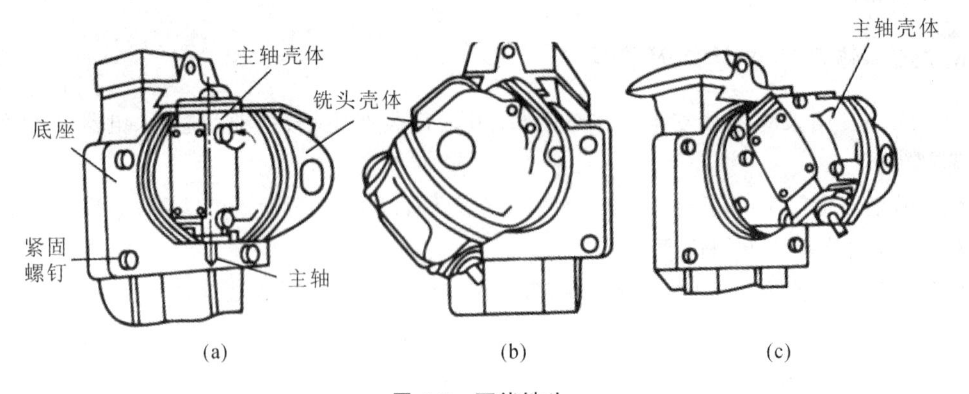

图 6-6　万能铣头

3. 回转工作台

回转工作台，又称为转盘、平分盘、圆形工作台等，如图 6-7 所示。它的内部有一套蜗轮蜗杆，摇动手轮 2，通过蜗杆轴 3，就能直接带动与转台 4 相连接的蜗轮转动。转台周围有刻度，可以用来观察和确定转台位置。拧紧螺钉 1，转台就固定不动。转台中央有一孔，利用它可以方便地确定工件的回转中心。底座 5 上的槽和铣床工作台上的 T 形槽对齐后，即可用螺栓把回转工作台固定在铣床工作台上。

铣削圆弧槽时，工件安装在回转工作台上，铣刀旋转，用手均匀缓慢地摇动回转工作台就可铣削出圆弧槽。

4. 分度头

在铣削加工中，常会遇到铣六方、齿轮、花键和刻线等工作，这时，工件每铣过一面或一个槽之后，就需要转过一个角度，再铣削第二个面、第二个槽等，这种工作称为分度。分度头就是根据加工需要，对工件在水平、垂直和倾斜位置进行分度的装置。其中最为常见的是万能分度头（图 6-8）。

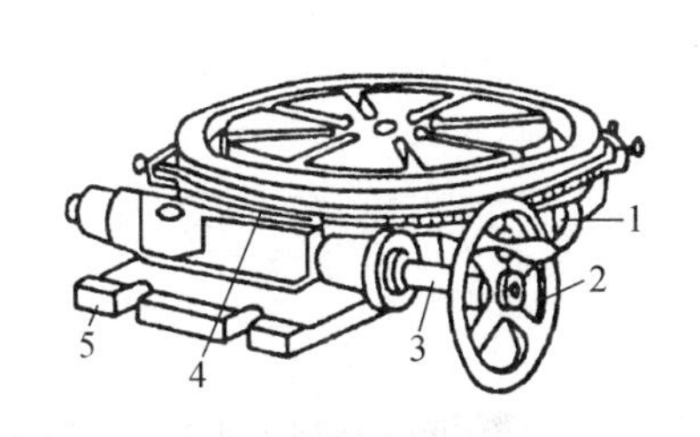

图 6-7　回转工作台

1—螺钉；2—手轮；3—蜗杆轴；4—转台；5—底座

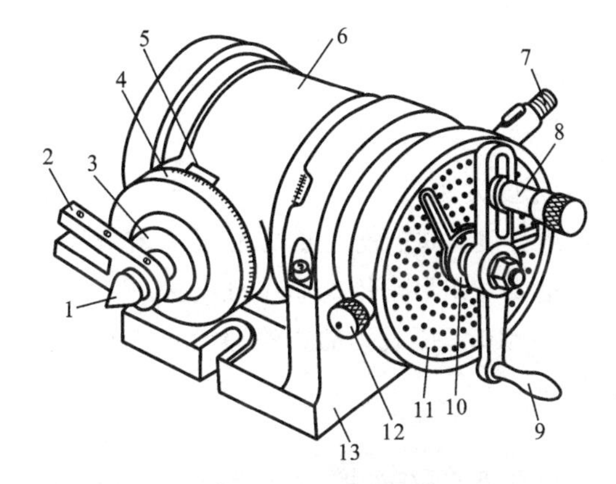

图 6-8　万能分度头

1—前顶尖；2—拨盘；3—主轴；4—刻度盘；5—游标；6—回转体；7—挂轮轴；8—定位销；9—手柄；10—分度叉；11—分度盘；12—锁紧螺钉；13—底座

1）万能分度头的构造

万能分度头的底座上装有回转体，分度头的主轴可以随回转体在垂直平面内转动，主轴的前端常装有三爪卡盘或顶尖。分度时可摇分度手柄，通过蜗杆蜗轮带动分度头主轴旋转进行分度，分度头的传动示意图如图 6-9 所示。

分度头中蜗杆和蜗轮的传动比 i＝蜗杆的头数/蜗轮的齿数＝1/40。也就是说，当手柄通过一对直齿轮（传动比为 1∶1）带动蜗杆转动一周时，蜗轮只能带动主轴转过 1/40 周。若工件在圆周上的分度数目 z 已知，则每分一个等分就要求分度头主轴转 $1/z$ 圈。这时，分度手柄所需转的圈数 n 可由下列比例关系推得

$$1:40 = 1/z:n$$

即

$$n = 40/z$$

式中：n——手柄转数；

z——工件的分度数；

40——分度头定数（速比）。

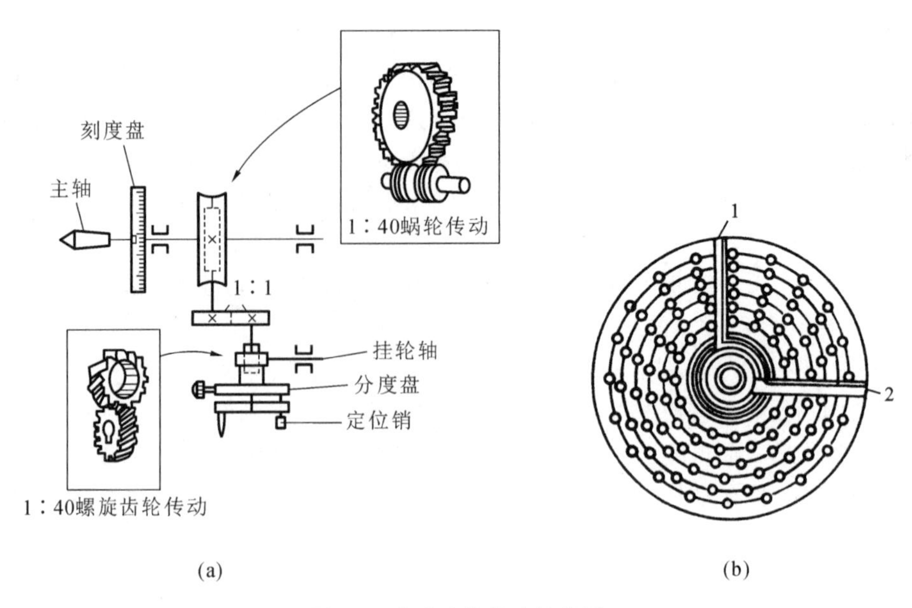

图 6-9　分度头的传动示意图

1,2—扇形夹

2）分度方法

使用分度头进行分度的方法很多,有直接分度法、简单分度法、角度分度法和差动分度法等。这里仅介绍最常用的简单分度法。

式 $n=40/z$ 所表示的方法即为简单分度法。例如铣齿数 $z=36$ 的齿轮,每一次分齿时手柄转数为

$$n=40/z=40/36=10/9(\text{圈})$$

也就是说,每分一齿,手柄需转过一整圈再多转过 1/9 圈。这 1/9 圈一般通过分度盘(图 6-9(a))来控制。国产分度头一般备有两块分度盘,分度盘的两面各钻有许多圈孔,各圈孔数均不相等,然而同一孔圈上的孔距是相等的。

第一块分度盘正面各圈孔数依次为 24、25、28、30、34、37;反面各圈孔数依次为 38、39、41、42、43。

第二块分度盘正面各圈孔数依次为 46、47、49、51、53、54;反面各圈孔数依次为 57、58、59、62、66。

运用简单分度法时,需将分度盘固定,再将分度手柄上的定位销调整到孔数为 9 的倍数的孔圈上,即在孔数为 54 的孔圈上。此时手柄转过一周后,再沿孔数为 54 的孔圈转过 6 个孔距($n=10/9=60/54$)。

为了确保手柄转过的孔距数准确可靠,可调整分度盘上的扇股(又称扇形夹)1、2 间的夹角(图 6-9(b)),使之正好等于 6 个孔距,这样依次进行分度时就可以准确无误。

5. 工件的安装

铣床上常用的工件安装方法有以下几种:

(1) 用平口虎钳安装工件;

(2) 用压板、螺栓安装工件;

(3) 用分度头安装工件。

用分度头安装工件一般用在等分工作中。它既可以将分度头卡盘(或顶尖)与尾架顶尖一起使用来安装轴类零件,也可以只使用分度头卡盘来安装工件。由于分度头的主轴可以在垂直平面内转动,因此也可以利用分度头在水平、垂直及倾斜位置安装工件,如图 6-10 至图 6-12 所示。

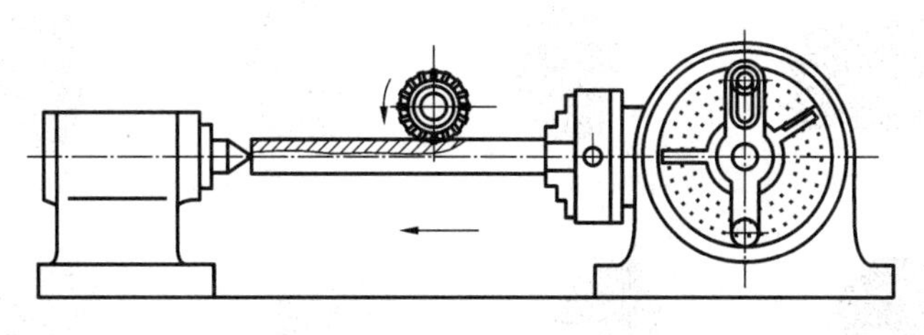

图 6-10　水平位置安装工件

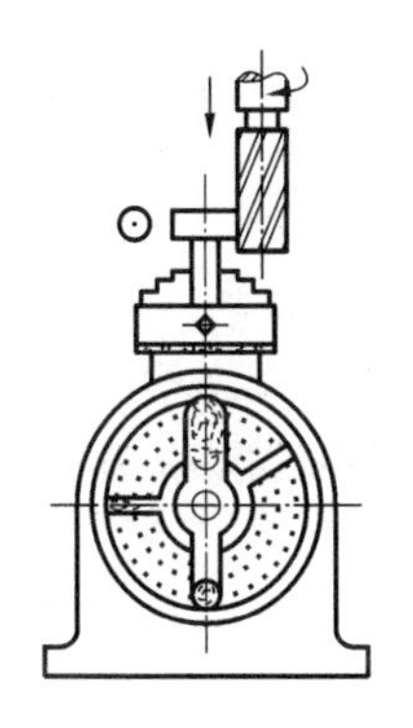

图 6-11　垂直位置安装工件

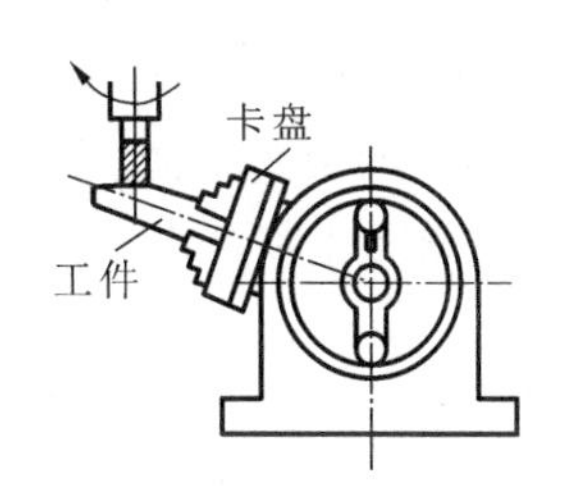

图 6-12　倾斜位置安装工件

当工件的生产批量较大时,可采用专用夹具和组合夹具安装工件,这样既能提高生产效率,又能保证产品质量。

6.2.4　铣床的运动

主运动是主轴(铣刀)的回转运动。主电动机回转经主轴变速机构传递到主轴使主轴回转。进给运动是工作台(工件)的纵向、横向和垂直方向的移动。进给电动机回转运动经进给变速机构分别传递给三个进给方向的进给丝杠,从而获得工作台的纵向运动、横向溜板的横向运动和升降台的垂直运动。

6.3　铣　　刀

铣刀是一种旋转使用的多齿刀具,在铣削时,铣刀每个刀齿不像车刀和钻头那样连续地进行切削,而是间歇地进行切削,因而刀刃的散热条件好,切削速度可选得高些。铣削时经常是多齿进行铣削,因此铣削的生产率较高。由于铣刀刀齿的不断切入、切出,铣削力不断变化,因而铣削容易产生振动。铣刀分为带孔铣刀和带柄铣刀,带孔铣刀多用在卧式铣床上,带柄铣刀多用在立式铣床上。

6.3.1　带孔铣刀

常用的带孔铣刀有圆柱铣刀、圆盘铣刀、角度铣刀、成形铣刀等,带孔铣刀的刀齿形状和尺寸可以适应所加工的零件形状和尺寸。

（1）圆柱铣刀　其刀齿分布在圆柱表面上，通常分为直齿和斜齿两种，如图 6-13(a)所示，主要用圆周刃铣削中小型平面。

(a) 圆柱铣刀　(b) 三面刃铣刀　(c) 锯片铣刀　(d) 模数铣刀

(e) 单角铣刀　(f) 双角铣刀　(g) 凸圆弧铣刀　(h) 凹圆弧铣刀

图 6-13　带孔铣刀

（2）圆盘铣刀　有三面刃铣刀(图 6-13(b))、锯片铣刀(图 6-13(c))等。三面刃铣刀主要用于加工不同宽度的沟槽及小平面、小台阶面等；锯片铣刀用于铣窄槽或切断材料。

（3）角度铣刀　如图 6-13(e)(f)所示，它们具有各种不同的角度，用于加工各种角度槽及斜面等。

（4）成形铣刀　如图 6-13(g)(h)所示，其切削刃呈凸圆弧、凹圆弧、齿槽形等形状，主要用于加工与切削刃形状相对应的成形面。

此外，还有模数铣刀，如图 6-13(d)所示，主要用来加工齿轮。

6.3.2　带柄铣刀

常用的带柄铣刀有立铣刀、键槽铣刀、T 形槽铣刀和镶齿端铣刀等，其共同特点是都有供夹持用的刀柄。

（1）立铣刀　多用于加工沟槽、小平面、台阶面等，如图 6-14(a)所示。立铣刀有直柄和锥柄两种，直柄立铣刀的直径较小，一般小于 20 mm，直径较大的为锥柄，大直径的锥柄铣刀多为镶齿式。

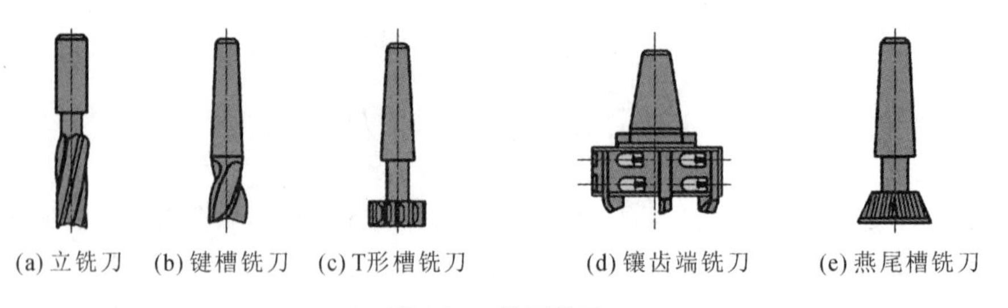

(a) 立铣刀　(b) 键槽铣刀　(c) T形槽铣刀　(d) 镶齿端铣刀　(e) 燕尾槽铣刀

图 6-14　带柄铣刀

（2）键槽铣刀　如图 6-14(b)所示，用于加工封闭式键槽。

（3）T 形槽铣刀　如图 6-14(c)所示，用于加工 T 形槽。

（4）镶齿端铣刀　用于加工较大的平面。如图 6-14(d)所示，刀齿主要分布在刀体端面上，还有部分分布在刀体周边，一般刀齿上装有硬质合金刀片，可以进行高速铣削，以提高效率。

（5）燕尾槽铣刀　如图 6-14(e)所示，用于加工燕尾槽。

铣刀还可以按刀齿与刀体的关系分为整体铣刀、镶齿铣刀和可转位铣刀；按铣刀的用途分为加工平面的铣刀、加工直角沟槽的铣刀、加工特种沟槽和特形表面的铣刀、切断铣刀等；按刀齿的构造分为尖齿铣刀和铲齿铣刀等。

6.3.3　铣刀的安装

1. 带孔铣刀的安装

（1）带孔铣刀多用短刀杆安装，但带孔铣刀中的圆柱形、圆盘形铣刀多用长刀杆安装，如图 6-15 所示。刀杆 6 一端有 7∶24 锥度，与铣床主轴孔配合，并用拉杆 1 穿过主轴 2 将刀杆 6 拉紧，以保证刀杆 6 与主轴锥孔紧密配合。安装铣刀 5 的刀杆部分，根据刀孔的大小分几种型号，常用的有 $\phi16$、$\phi22$、$\phi27$、$\phi32$ 等。

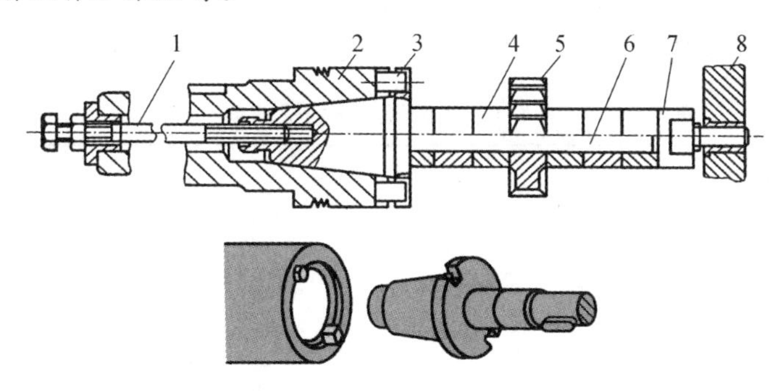

图 6-15　圆盘铣刀的安装

1—拉杆；2—主轴；3—端面；4—套筒；5—铣刀；6—刀杆；7—压紧螺母；8—吊架

用长刀杆安装带孔铣刀时需注意：

① 铣刀应尽可能地靠近主轴或吊架，以保证铣刀有足够刚度；

② 套筒的端面与铣刀的端面必须擦干净，以减小铣刀的端跳；

③ 拧紧刀杆的压紧螺母时，必须先装上吊架，以防刀杆受力变弯。

（2）带孔铣刀中的端铣刀多用短刀杆安装，如图 6-16 所示。

2. 带柄铣刀的安装

（1）锥柄立铣刀的安装　这类铣刀的安装如图 6-17(a)所示。根据铣刀锥柄的大小，选择合适的变锥套，将各配合表面擦净，然后用拉杆把铣刀及变锥套一起拉紧在主轴上。

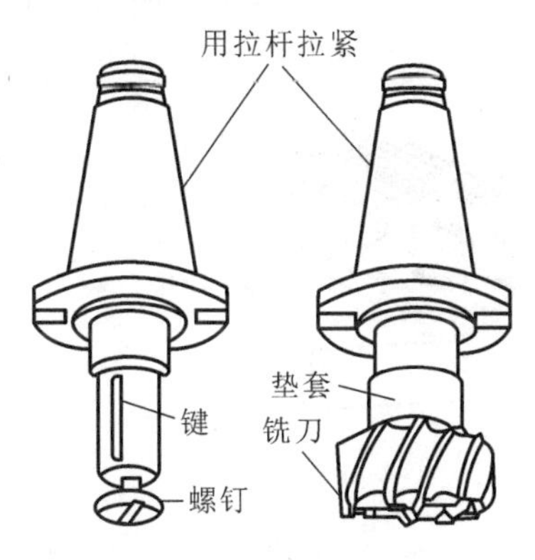

图 6-16　端铣刀的安装

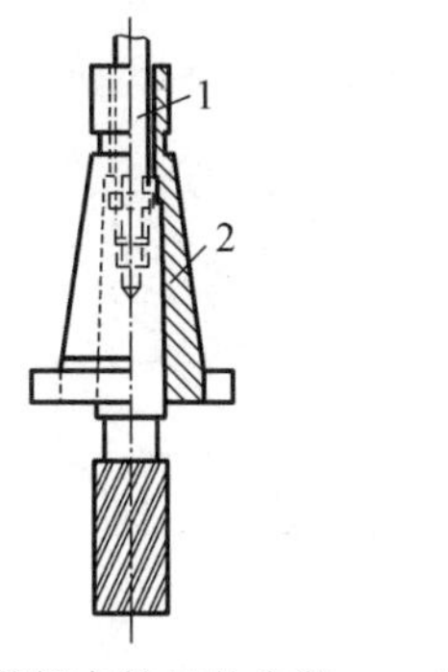

(a) 锥柄立铣刀的安装

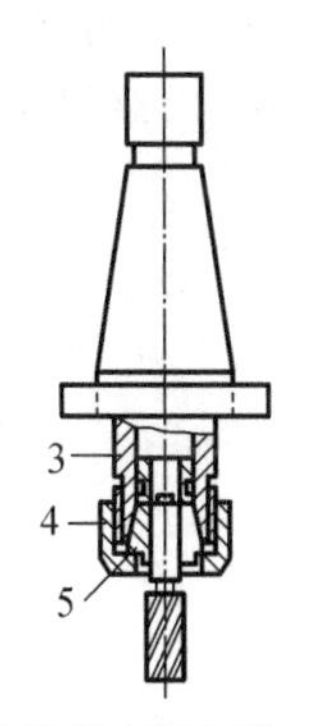

(b) 直柄立铣刀的安装

图 6-17　带柄铣刀的安装

1—拉杆；2—变锥套；3—弹簧夹头体；4—螺母；5—弹簧套

(2) 直柄立铣刀的安装　这类铣刀多为小直径铣刀,直径一般不超过 $\phi20$,多用弹簧夹头进行安装,如图 6-17(b)所示。铣刀的柱柄插入弹簧套的孔中,用螺母压弹簧套的端面,使弹簧套的外锥面受压而孔径缩小,即可将铣刀抱紧。弹簧套上有三个开口,故受力时能收缩。弹簧套有多种孔径,以适应各种尺寸的铣刀。

6.4　铣削加工

6.4.1　铣削加工方式

1. 周铣与端铣

用圆柱铣刀进行铣削的方式称为周铣,用端铣刀进行铣削的方式称为端铣。周铣与端铣各有其优缺点,如表 6-1 所示。

表 6-1　周铣与端铣的优缺点

项目	周铣	端铣
有无修光刃	无	有
工件表面质量	差	好
刀杆刚度	小	大
切削振动	大	小
同时参加切削的刀齿	少	多
是否容易镶嵌硬质合金刀片	难	易
刀具耐用度	低	高
生产效率	低	高
加工范围	广	较窄

2. 顺铣和逆铣

用圆柱铣刀进行铣削时,铣削方式可分为顺铣和逆铣。当工件的进给方向与铣削的方向相同时为顺铣,反之则为逆铣,如图 6-18 所示。

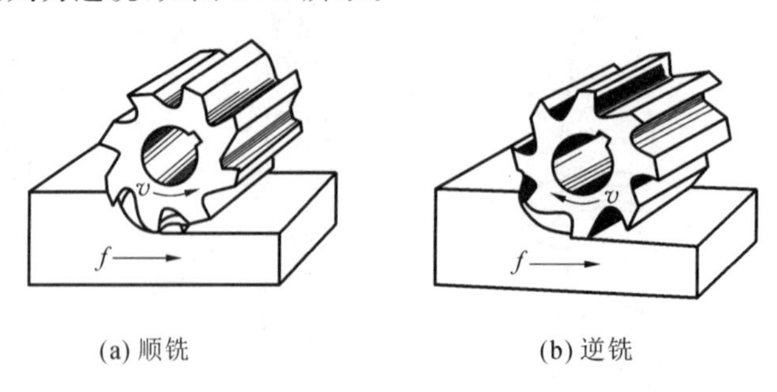

(a) 顺铣　(b) 逆铣

图 6-18　顺铣和逆铣

顺铣时,丝杠和螺母之间存在一定的间隙,导致加工过程中出现无规则的窜动现象,甚至会“打刀”。为避免此现象的出现，在生产中广泛采用逆铣。顺铣和逆铣特点对照如表 6-2 所示。

表 6-2　顺铣和逆铣特点对照

项目	顺铣	逆铣
铣削平稳性	好	差
刀具磨损	小	大
工作台丝杠和螺母有无间隙	有	无
由工作台传动引起的质量事故	多	少
加工工序	精加工	粗加工
表面粗糙度值	小	大
生产效率	低	高
加工范围	无硬皮的工件	有硬皮的工件

3. 对称铣和不对称铣

用端铣刀加工平面时，根据工件对铣刀的位置是否对称，铣削方式可分为对称铣和不对称铣，如图 6-19 所示。对称铣时铣削宽度对称于铣刀轴线，一般只应用于铣削宽度接近铣刀直径的工件。非对称铣时铣削宽度不对称于铣刀轴线，依据切入边和切出边所占铣削宽度比例不同，非对称铣可以分为非对称顺铣和非对称逆铣，在切入时可以调节切入和切出时的切削厚度。

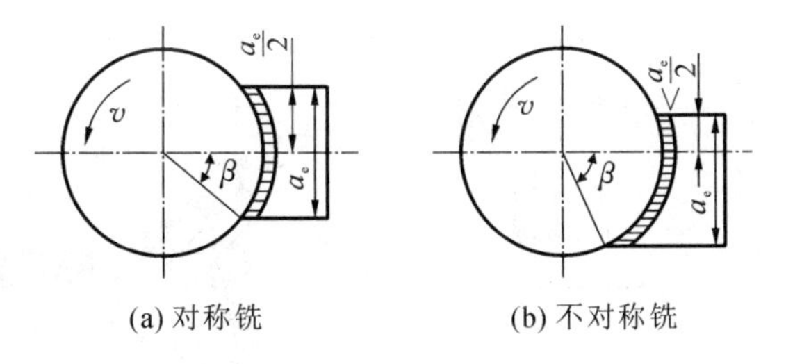

(a) 对称铣　(b) 不对称铣

图 6-19　对称铣和不对称铣

6.4.2　铣削基本操作过程

1. 铣平面

铣平面可用周铣法和端铣法，并应优先采用端铣法。但在很多场合，例如在卧式铣床上铣平面，也常用周铣法。铣削平面的步骤如下：

(1) 开车使铣刀旋转，升高工作台，使零件和铣刀稍微接触，记下刻度盘读数，如图 6-20(a)所示。

(2) 纵向退出零件，停车，如图 6-20(b)所示。

(3) 利用刻度盘调整侧吃刀量(即垂直于铣刀轴线方向测量的切削层尺寸)，使工作台升高到规定的位置，如图 6-20(c)所示。

(4) 开车后先手动进给，在零件被稍微切入后，可改为自动进给，如图 6-20(d)所示。

(5) 铣完一刀后停车，如图 6-20(e)所示。

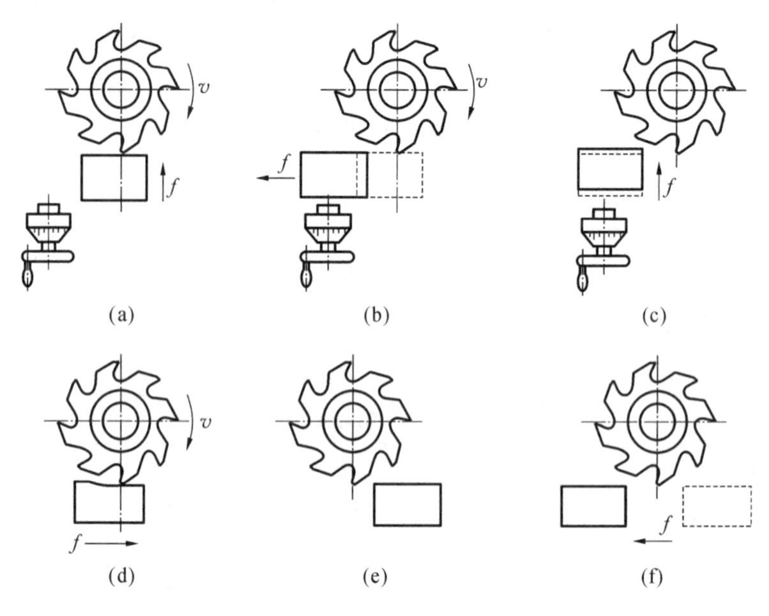

图 6-20　铣平面步骤

(6) 退回工作台，测量零件尺寸，并观察表面粗糙度，重复铣削直到符合规定要求，如图6-20(f)所示。

2. 铣斜面

工件上具有斜面的结构很常见，铣削斜面的方法也很多，下面介绍常用的几种。

1) 使用倾斜垫铁铣斜面

在零件设计基准的下面垫一块倾斜的垫铁，则铣出来的平面就与设计基准面成倾斜位置。改变倾斜垫铁的角度，即可加工不同角度的斜面，如图 6-21 所示。

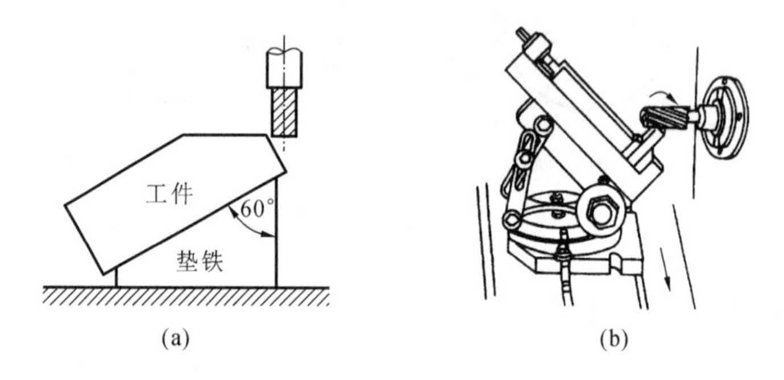

图 6-21　用倾斜垫铁铣斜面

2) 利用分度头铣斜面

在一些圆柱形和特殊形状的零件上加工斜面时，可利用分度头将工件转至所需位置而铣出斜面。

3) 用万能铣头铣斜面

由于万能铣头能方便地改变刀轴的空间位置，因此可以转动万能铣头以使刀具相对工件倾斜一个角度来铣斜面，如图 6-22 所示。

4) 用角度铣刀铣斜面

如图 6-23 所示，较小的斜面可用合适的单角度铣刀加工。当加工零件批量较大时，则常

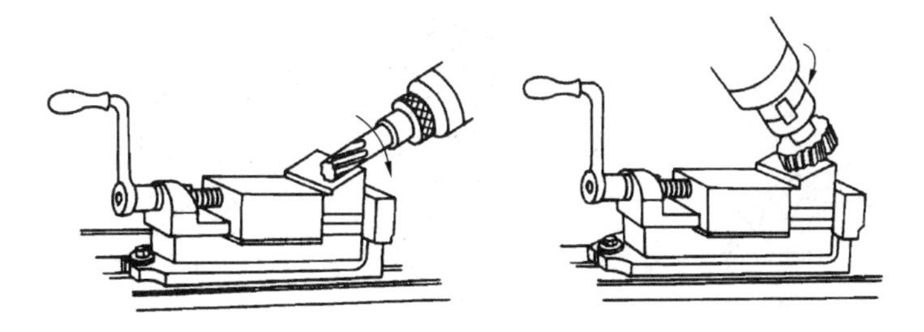

图 6-22 万能铣头倾斜一个角度铣斜面

采用专用夹具铣斜面。

3. 铣沟槽

在铣床上能加工的沟槽种类很多，如直槽、角度槽、V 形槽、T 形槽、燕尾槽和键槽等。这里着重介绍键槽及 T 形槽的加工。

(1) 铣键槽 常见的键槽有封闭式和敞开式两种。对于封闭式键槽，单件生产一般在立式铣床上完成，当批量较大时，则常在键槽铣床上加工。在键槽铣床上加工时，利用抱钳把工件卡紧后，再用键槽铣刀一薄层一薄层地铣削，直到符合要求为止，如图 6-24 所示。

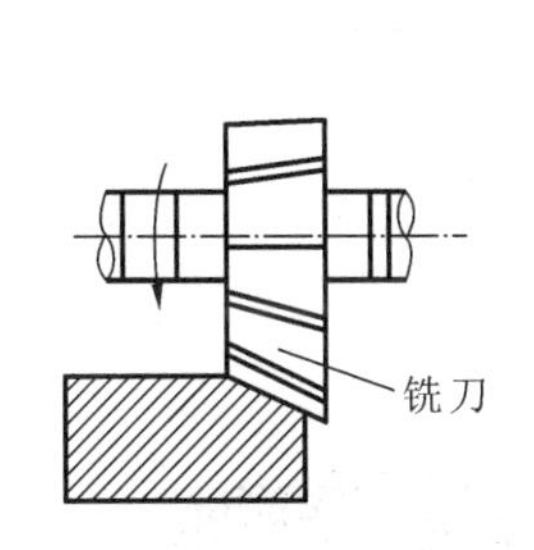

图 6-23 用角度铣刀铣斜面

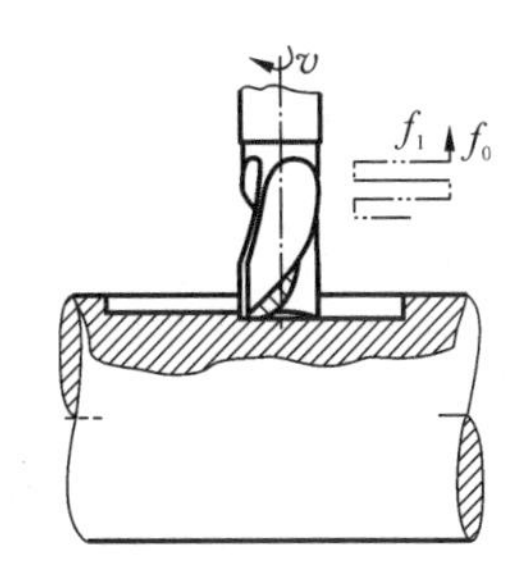

图 6-24 铣键槽

由于立铣刀中央无切削刃，不能向下进刀，因此必须预先在槽的一端钻一个下刀孔，才能用立铣刀铣键槽。

敞开式键槽可在卧式铣床上加工，一般采用三面刃铣刀加工。

(2) 铣 T 形槽 T 形槽应用很多，如铣床和刨床的工作台上用来安放紧固螺栓的槽就是 T 形槽。要加工 T 形槽，首先必须用立铣刀或三面刃铣刀铣出直角槽(图 6-25(b))，然后在立式铣床上用 T 形槽铣刀铣削 T 形槽(图 6-25(c))。但由于 T 形槽铣刀工作时排屑困难，因此切削用量应选得小些，同时应多加冷却液。最后，再用角度铣刀铣出倒角(图 6-25(d))。

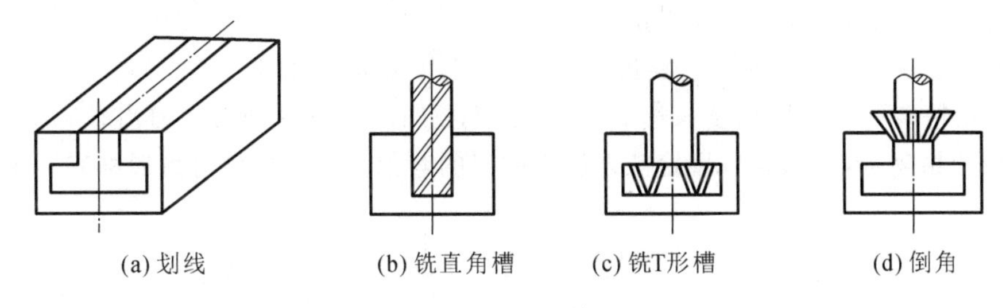

图 6-25 铣 T 形槽步骤

4. 铣成形面

在铣床上常用成形铣刀加工成形面，如图 6-26 所示。

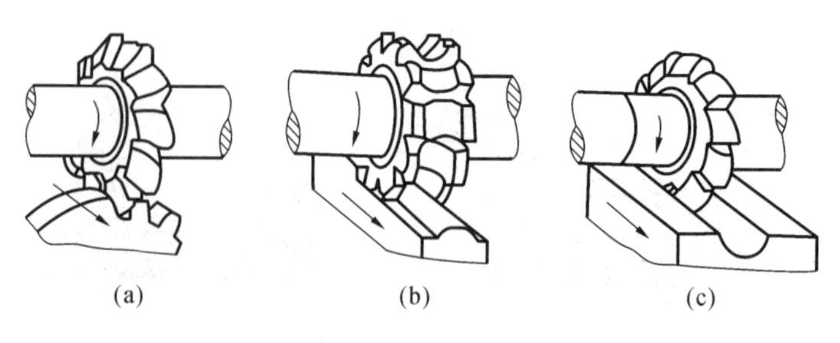

图 6-26　成形面的铣削

图 6-26(a)所示为用成形法加工齿轮，所用刀具为与被切齿轮齿槽相符的模数铣刀。

1）模数铣刀的选择

应选择与被加工齿轮模数、压力角相等的铣刀，同时应按齿轮的齿数根据表 6-3 选择合适号数的铣刀。

表 6-3　模数铣刀刀号的选择

刀号	1	2	3	4	5	6	7	8
加工齿数范围	12～13	14～16	17～20	21～25	26～34	35～54	55～134	135 以上及齿条

2）铣削方法

在卧式铣床上，将齿坯套在心轴上安装于分度头和尾架顶尖中，对刀并调好铣削深度后开始铣第一个齿槽，铣完一齿退出进行分度，依次逐个完成全部齿数的铣削，如图 6-27 所示。

图 6-27　卧式铣床铣削齿轮

3）铣齿加工特点

(1) 用普通的铣床设备，且刀具成本低。

(2) 生产效率低。每切完一齿要进行分度，占用较多辅助时间。

(3) 齿轮精度低。齿形精度只达 9～11 级，主要原因是每号铣刀的刀齿轮廓只与该范围最少齿数齿槽相吻合，而用此号齿轮铣刀加工同组的其他齿数的齿轮时齿形都有一定误差。

思　考　题

1. X6132 卧式万能升降台铣床主要由哪几部分组成，各部分的主要作用是什么？
2. 铣床的主运动是什么？进给运动是什么？
3. 试叙述铣床主要附件的名称和用途。

4. 拟铣一与水平面成 20°的斜面，试叙述分别有哪几种方法？

5. 铣削加工有什么特点？

6. 标出表 6-4 中铣削基本方法所用的刀具。

表 6-4　铣削基本方法和刀具

铣削基本方法	刀具	铣削基本方法	刀具
铣平面		铣螺旋槽	
铣台阶面		切断	
铣斜面		铣成形面	
铣沟槽		铣曲面	

第7章 刨削加工

学习目标

1. 了解刨削加工的基本知识。
2. 熟悉刨床的组成。
3. 熟悉刨刀的组成。
4. 了解刨削加工方法的工艺特点及加工范围。

7.1 概　　述

在刨床上用刨刀加工工件称为刨削。刨床主要用来加工平面(水平面、垂直面、斜面)、槽(直槽、T形槽、V形槽、燕尾槽)及一些成形面。刨床加工范围如图7-1所示,刨床上能加工的典型工件如图7-2所示。

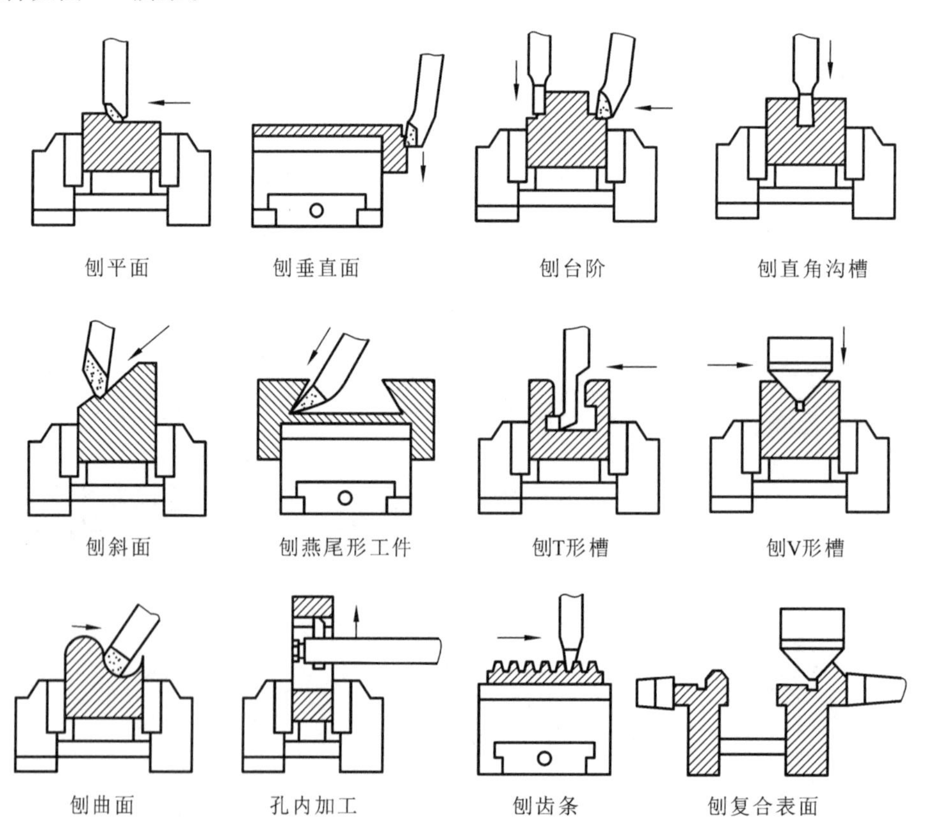

图7-1　刨床加工范围

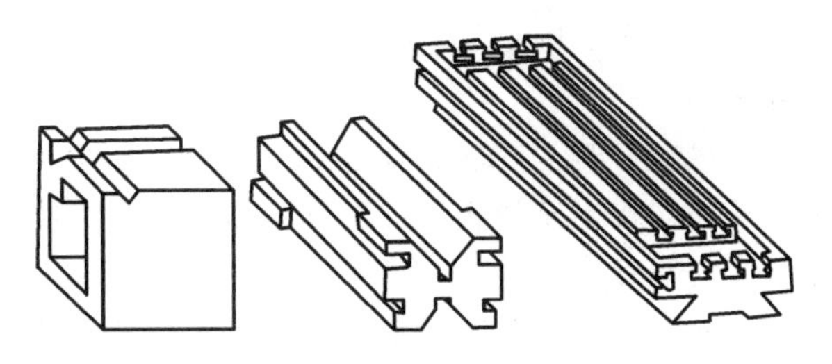

图 7-2　刨床上加工的典型工件

刨削加工有以下特点：

(1) 刨削的进给运动是间歇运动，工件或刀具进行主运动时无进给运动，故刀具的角度不因切削运动变化而变化。

(2) 刨削加工的切削过程是断续的，刀具在空行程中能得到自然冷却。

(3) 刨削加工的主运动是往复运动，因而限制了切削速度的提高。

(4) 刨削过程中有冲击，冲击力的大小与切削用量、工件材料、切削速度等有关。

在牛头刨床上加工水平面时，刀具的直线往复运动为主运动，工件的间歇移动为进给运动。

牛头刨床的切削用量如图 7-3 所示。

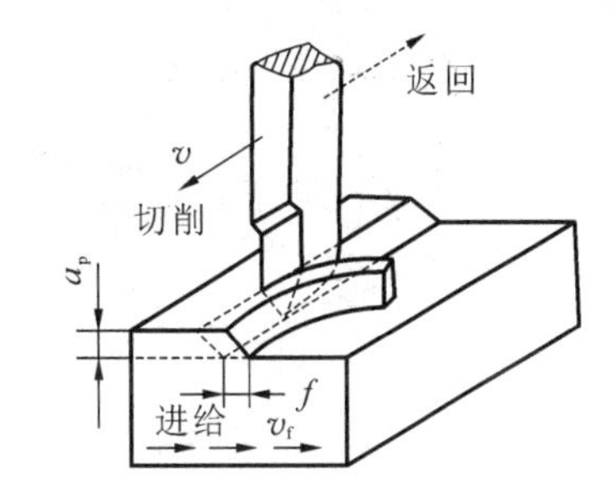

图 7-3　牛头刨床的刨削运动和切削用量

1. 刨削速度 v_c

刨削速度是工件和刨刀在切削时的相对速度，可用下式计算：

$$v_c \approx 2Ln_r/1000 \text{ (m/min)}$$

式中：L——行程长度(mm)；

n_r——滑枕每分钟的往复行程次数。

2. 进给量 f

进给量是刨刀每往复一次，工件移动的距离。B6065 牛头刨床的进给量可用下式计算：

$$f = z/3 \text{ (mm/str)}$$

式中：z——滑枕每往复一次棘轮被拨过的齿数。

3. 刨削深度 a_p

刨削深度是工件已加工面和待加工面之间的垂直距离(mm)。

刨削时由于一般只用一把刀具切削，返回行程不工作，切削速度较低，因此刨削的生产率较低。但加工狭而长的表面时生产率较高。同时由于刨削刀具简单，加工调整灵活方便，故在单件生产及修配工作中，刨削较广泛应用。

刨削加工的公差等级一般为 IT8～IT9，表面粗糙度一般为 Ra 1.6～6.3 μm。

7.2 刨　　床

牛头刨床是刨削类机床中应用较广的一种。它适用于刨削长度不超过 1000 mm 的中、小型工件。下面以 B6065(旧编号 B665)牛头刨床为例进行介绍。

1. 牛头刨床的编号

按照 GB/T 15375—2008《金属切削机床　型号编制方法》的规定，B6065 中字母和数字的含义如下：B——“刨床”汉语拼音的第一个字母，为刨削类机床的代号；60——牛头刨床；

65——最大刨削长度的 1/10，即最大刨削长度为 650mm。

2. 牛头刨床的组成部分

牛头刨床主要由床身、滑枕、刀架、工作台、横梁、底座等部分组成，如图 7-4 所示。

（1）床身　它用来支承和连接刨床的各部件。其顶面导轨供滑枕做往复运动用，侧面导轨供工作台升降用。床身的内部有传动机构。

（2）滑枕　滑枕主要用来带动刨刀做直线往复运动（即主运动），其前端有刀架。

（3）刀架　刀架用以夹持刨刀（图 7-5），扳转刀架手柄时，滑板便可沿转盘上的导轨带动刨刀做上下移动。松开转盘上的螺母，将转盘扳转一定角度后，就可使刀架斜向进给。滑板上还装有可偏转的刀座（又称刀盒、刀箱）。抬刀板可以绕刀座的 A 轴向上转动。刨刀安装在刀夹上，在返回行程时，其可绕 A 轴自由上抬，减少了与工件的摩擦。

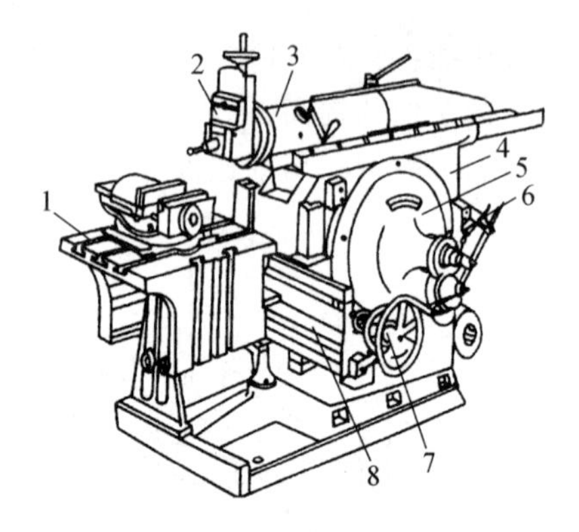

图 7-4　B6065 牛头刨床外形

1—工作台；2—刀架；3—滑枕；4—床身；
5—摆杆机构；6—变速机构；7—进给机构；8—横梁

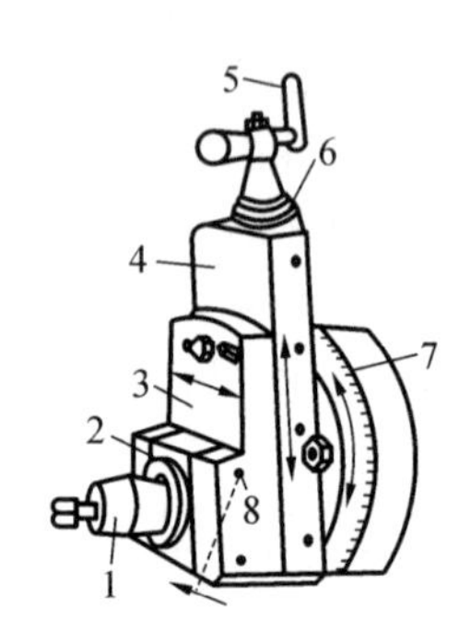

图 7-5　刀架

1—刀夹；2—抬刀板；3—刀座；4—滑板；
5—手柄；6—刻度环；7—刻度转盘；8—销轴

（4）工作台　工作台是用来安装工件的，它可随横梁做上下调整，并可沿横梁做水平方向移动或做进给运动。

3. 牛头刨床的传动系统

牛头刨床摆杆机构如图 7-6 所示。摆杆机构的作用是将电动机传来的旋转运动变为滑枕的往复直线运动，摆杆 7 上端与滑枕内的螺母 2 相连，下端与支架 5 相连。摆杆齿轮 3 上的偏心滑块 6 与摆杆 7 上的导槽相连。当摆杆齿轮 3 由小齿轮 4 带动旋转时，偏心滑块就在摆杆 7 的导槽内上下滑动，从而带动摆杆 7 绕支架 5 中心左右摆动，于是滑枕便做往复直线运动。摆杆齿轮转动一周，滑枕带动刨刀往复运动一次。

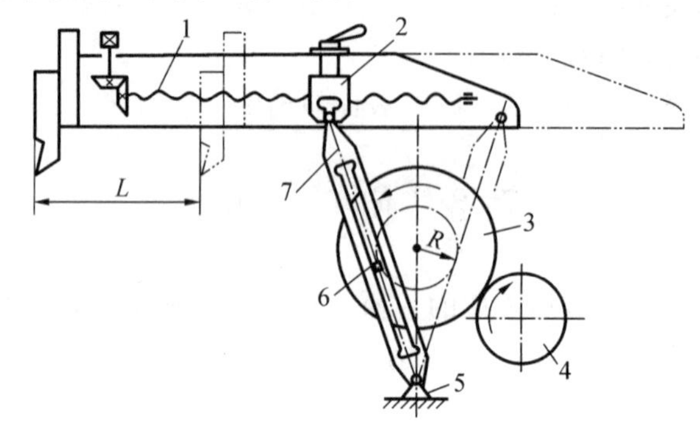

图 7-6　摆杆机构

1—丝杠；2—螺母；3—摆杆齿轮；4—小齿轮；5—支架；6—偏心滑块；7—摆杆

7.3 刨　　刀

1. 刨刀的特点

刨刀往往做成弯头的，这是刨刀的一个明显特点。弯头刨刀在受到较大的切削力时，刀杆所产生的弯曲变形，是围绕 O 点向上方弹起的，因此刀尖不会扎入工件，如图 7-7(a)所示，而直头刨刀受力变形后会扎入工件，损坏刀刃及加工表面，如图 7-7(b)所示。

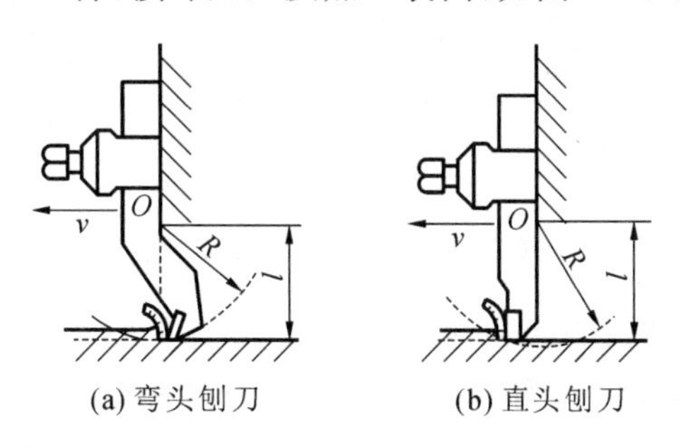

(a) 弯头刨刀　(b) 直头刨刀

图 7-7　弯头刨刀和直头刨刀

刨刀切削部分最常用的材料有高速钢和硬质合金。

2. 刨刀的种类及其应用

刨刀的种类很多，按加工形式和用途不同，有各种不同的刨刀，一般有平面刨刀、偏刀、切刀、角度刀及成形刀等。平面刨刀用来加工水平表面；偏刀用来加工垂直表面或斜面；切刀用来加工槽或切断工件；角度刀用来加工具有一定角度的表面；成形刀用来加工成形表面。常见刨刀的形状及应用如图 7-8 所示。

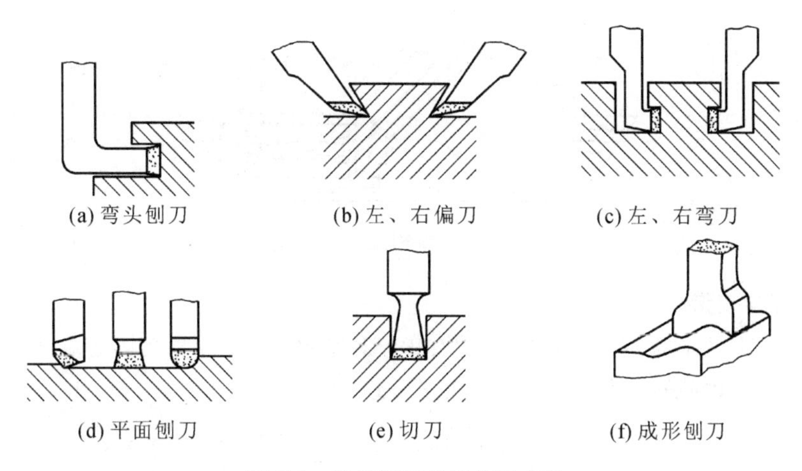
(a) 弯头刨刀　(b) 左、右偏刀　(c) 左、右弯刀

(d) 平面刨刀　(e) 切刀　(f) 成形刨刀

图 7-8　常见刨刀的形状及应用

7.4 工件的安装方法

在刨床上安装工件的方法主要有三种：平口虎钳安装、压板与螺栓安装及专用夹具安装。

1. 平口虎钳安装

平口虎钳是一种通用夹具,经常用其安装小型工件。使用时先把平口虎钳钳口找正并固定在工作台上,然后再安装工件。常用的按划线找正的安装方法如图 7-9(a)所示。

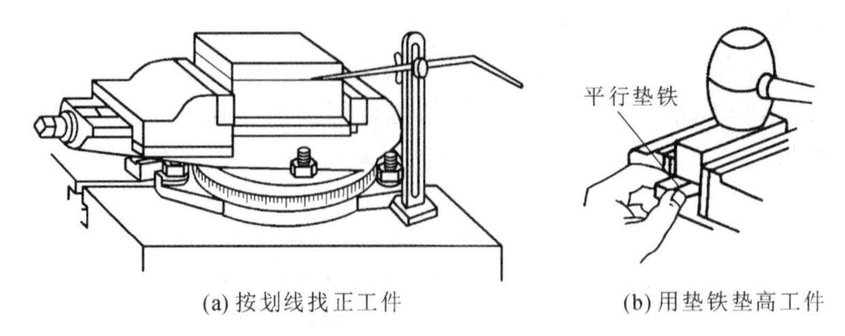

(a) 按划线找正工件　　(b) 用垫铁垫高工件

图 7-9　用平口虎钳安装工件

用平口虎钳安装工件的注意事项如下。

(1) 工件的被加工面必须高出钳口,否则就要用平行垫铁垫高工件,如图 7-9(b)所示。

(2) 为了能安装固定,防止刨削时工件移动,必须将平整的平面贴紧在垫铁和钳口上。要使工件贴紧在垫铁上,应该一面夹紧,一面用手锤轻击工件的上平面。要注意光洁的上平面要用铜棒敲击,防止敲伤光洁表面。

(3) 为了不使钳口损坏和保护已加工表面,安装工件时往往在钳口处垫上铜皮。

(4) 用手挪动垫铁检查贴紧的程度,若有松动,则说明工件与垫铁贴合不好,应该松开平口虎钳重新夹紧。

(5) 刚度不足的工件需要增加支撑,以免夹紧力使工件变形(图 7-10)。

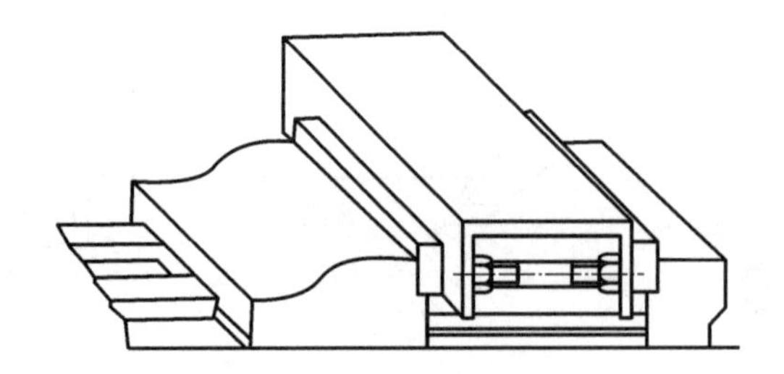

图 7-10　框形工件的安装

2. 压板、螺栓安装

有些工件较大或形状特殊,需要用压板、螺栓和垫铁,把工件直接固定在工作台上进行刨削。安装时先对工件找正,具体安装方法如图 7-11 所示。

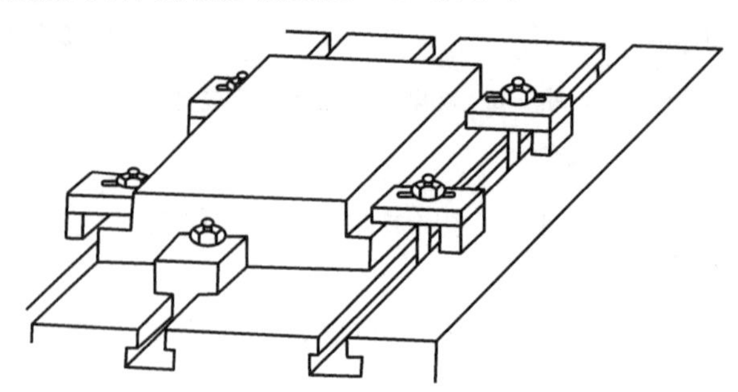

图 7-11　用压板、螺栓安装工件

用压板、螺栓安装工件的注意事项如下。

(1) 压板的位置要安排得当，压点要靠近切削面，压力大小要合适。粗加工时，压紧力要大，以防止切削中工件移动；精加工时，压紧力要合适，注意防止工件变形。

(2) 工件如果放在垫铁上，要检查工件与垫铁是否贴紧，若没有贴紧，则必须垫上纸或铜皮，直到贴紧为止。

(3) 压板必须压在垫铁处，以免工件因受夹紧力而变形。

(4) 安装薄壁工件时，在其空心位置处可用活动支撑(千斤顶等)增加刚度，防止工件因受切削力而产生振动和变形。薄壁件安装如图7-12所示。

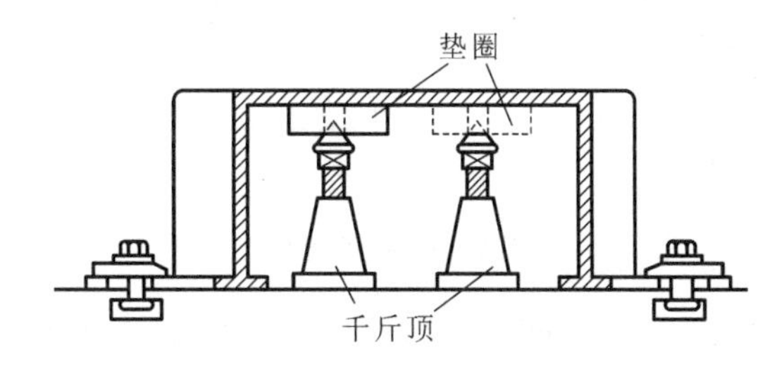

图7-12　薄壁件的安装

(5) 工件夹紧后，要用划针复查加工线是否仍然与工作台平行，避免工件在安装过程中变形或移动。

3. 专用夹具安装

这种方法是较完善的安装方法，它既可以保证工件加工后的准确性，又可以保证工件安装迅速，无须花费时间校正，但要预先制造专用夹具，所以多用于成批生产。

7.5　刨削的基本操作过程

1. 刨平面

粗刨时，用普通平面刨刀。精刨时，可用窄的精刨刀(切削刃为半径为6～15 mm的圆弧)，背吃刀量 $a_p=0.5$～2 mm，进给量 $f=0.1$～0.3 mm/str。

2. 刨垂直面

刨垂直面是指刀架垂直进给来加工平面的方法。此法适用于不能用刨水平面法加工，或者用刨垂直面法加工比较容易的情况。例如加工长工件的两端面，用刨垂直面的方法较为方便。

加工前，检查刀架转盘的刻线是否对准零线，如未对准零线，则应调到零线。如果刻度不准确，则可按图7-13(a)所示的方法来找正刀架，以使刨出的平面和工作台平面垂直。刀座须按一定方向(即刀座上端偏离加工面的方向)偏转一合适角度，一般为10°～15°，如图7-13(b)所示。转动刀座的目的，是使在抬刀板回程时，刀具抬离工件的垂直面，以减少刨刀的磨损，并避免划伤加工表面。

精刨时，为降低表面粗糙度，可在副切削刃上接近刀尖处磨出1～2 mm的修光刃。装刀时，应使修光刃平行于加工表面。

3. 刨斜面

与水平面倾斜的平面称为斜面。机器零件上的斜面，可分为内斜面与外斜面两种类型。

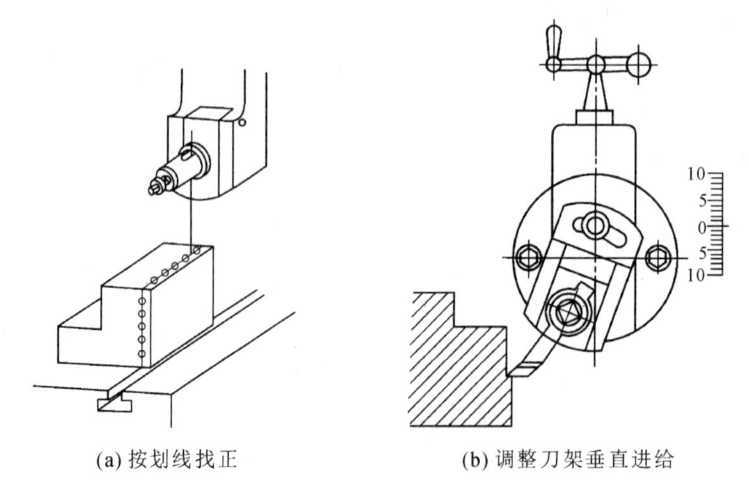

(a) 按划线找正　　(b) 调整刀架垂直进给

图 7-13　刨垂直面

刨斜面的方法很多,最常用的方法是正夹斜刨,亦称倾斜刀架法,如图 7-14 所示。该方法将刀架和刀座分别倾斜一定的角度,从上向下倾斜进给刨削,与刨垂直面的进给方法相似。

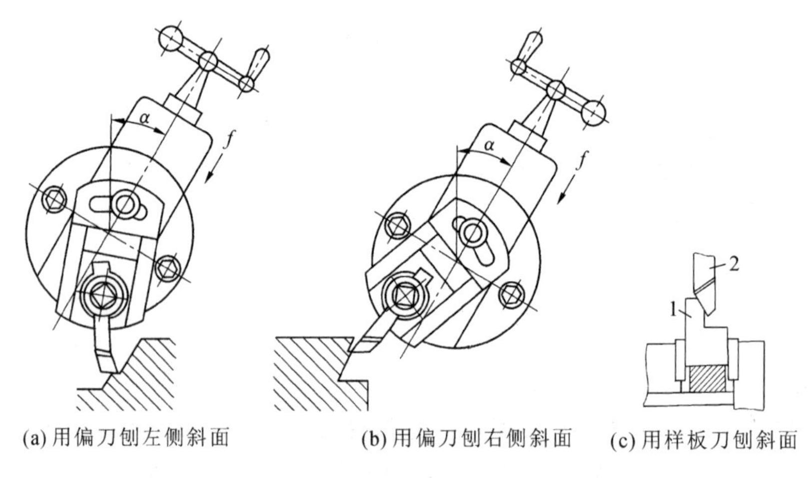

(a) 用偏刀刨左侧斜面　　(b) 用偏刀刨右侧斜面　　(c) 用样板刀刨斜面

图 7-14　刨斜面

1—零件;2—样板刀

刀架倾斜的角度必须是工件待加工斜面与机床纵向竖直面的夹角。刀座倾斜的方向与刨垂直面时相同,即刀座上端偏离被加工斜面。

4. 刨正六面体零件

正六面体零件要求对面平行,还要求相邻面成直角。这类零件可以铣削加工,也可刨削加工。刨削六面体一般采用图 7-15 所示的加工程序。

(1) 一般先刨出大面 1,作为精基准面(图 7-15(a))。

(2) 将已加工的大面 1 作为基准面贴紧固定钳口,在活动钳口与工件之间的中部垫一个圆棒后夹紧,然后加工相邻的面 2(图 7-15(b))。面 2 对面 1 的垂直度取决于固定钳口与水平走刀的垂直度。在活动钳口与工件之间垫一个圆棒,目的是使夹紧力集中在钳口中部,以利于面 1 与固定钳口可靠地贴紧。

(3) 把加工过的面 2 朝下,同样按上述方法,使大面 1 紧贴固定钳口。夹紧时,用手锤轻轻敲打工件，使面2贴紧平口虎钳，然后加工面4(图7-15(c))。

(4) 加工面3，如图7-15(d)所示。把面1放在平行垫铁上，工件直接夹在两个钳口之间。夹紧时要求用手锤轻轻敲打，使面1与垫铁贴实。

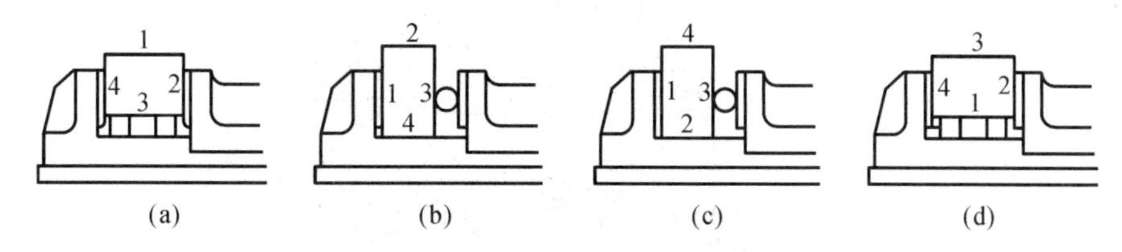

(a)　(b)　(c)　(d)

图7-15　刨正六面体零件步骤

5. 刨燕尾槽

燕尾槽常用在各种机床的工作台上。在燕尾槽中放入方头螺栓，可用来安装工件或夹具。

刨燕尾槽前，应先刨出各关联平面，并在工件端面和上平面划出加工线，如图7-16所示，然后按以下步骤加工。

(1) 安装工件，并正确地在纵、横方向上进行找正。用切槽刀刨出直角槽，使其宽度等于T形槽槽口的宽度，深度等于T形槽的深度，如图7-17(b)所示。

(2) 用弯切刀刨削一侧的凹槽，如图7-17(c)所示。当凹槽的高度较大，不能一刀刨完时，可分几次刨完。但凹槽的垂直面要垂直走刀精刨一次，这样才能使槽壁平整。

(3) 换上方向相反的弯切刀，刨削另一侧的凹槽，如图7-17(d)所示。

(4) 换上45°刨刀倒角。

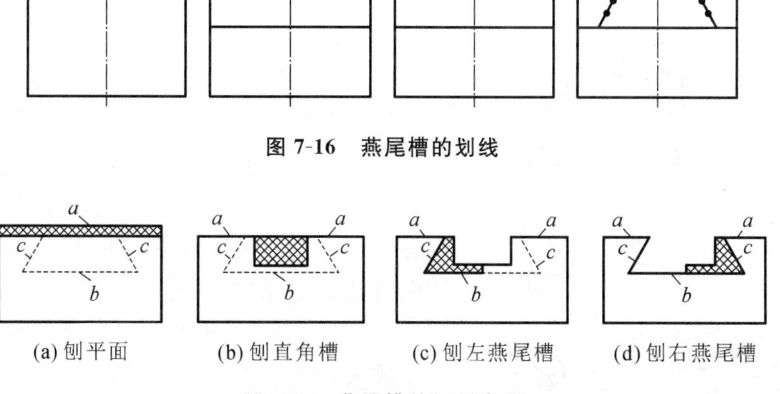

图7-16　燕尾槽的划线

(a) 刨平面　(b) 刨直角槽　(c) 刨左燕尾槽　(d) 刨右燕尾槽

图7-17　燕尾槽的刨削步骤

7.6　刨削类其他机床

在刨削类机床中，除了牛头刨床外，还有龙门刨床和插床等。

1. 龙门刨床

龙门刨床(图7-18)和牛头刨床不同，它的主要特点是：加工时的主运动是工件的往复直线运动。它因有一个“龙门”式的框架结构而得名。

编号B2010A中：B是刨削类机床的代号；20表示龙门刨床；10是最大刨削宽度的1/100，即最大刨削宽度为1000 mm；A表示经过一次重大改进。

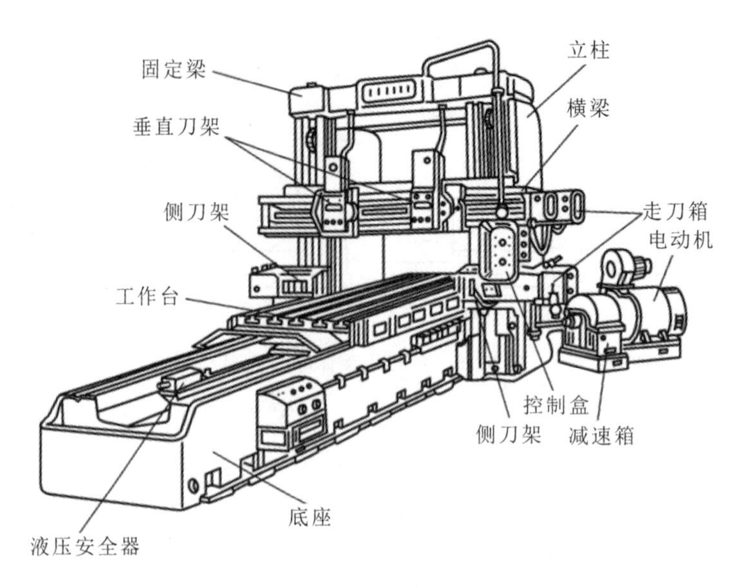

图 7-18　龙门刨床

刨削时，工件安装在工作台上做主运动，横梁上的刀架可在横梁导轨上移动做进给运动以刨削工件的水平面；在立柱上的侧刀架可沿立柱导轨垂直移动以加工工件的垂直面；刀架还能转动一定角度来刨削斜面。横梁还可以沿立柱导轨上、下升降，以调整刀具和工件的相对位置。

龙门刨床主要用来加工大型零件上长而窄的平面、大平面或同时加工多个小型零件的平面。

2. 插床

插床(图 7-19)实际上是一种立式刨床，它的结构原理与牛头刨床相同，只是在结构形式上略有区别。插床的滑枕在垂直方向上下往复移动(主运动)。工作台由下拖板、上拖板及圆工作台等三部分组成。下拖板可做横向进给运动，上拖板可做纵向进给运动，圆工作台可带动工件回转。

编号 B5020 中，B 是刨削类机床的代号；50 表示插床；20 是最大插削长度的 1/10，即最大插削长度为 200 mm。

插床的主要用途是加工工件的内部表面，如方孔、长方孔、各种多边形孔和孔内键槽等。在插床上插削方孔如图 7-20 所示，插削孔内键槽如图 7-21所示。

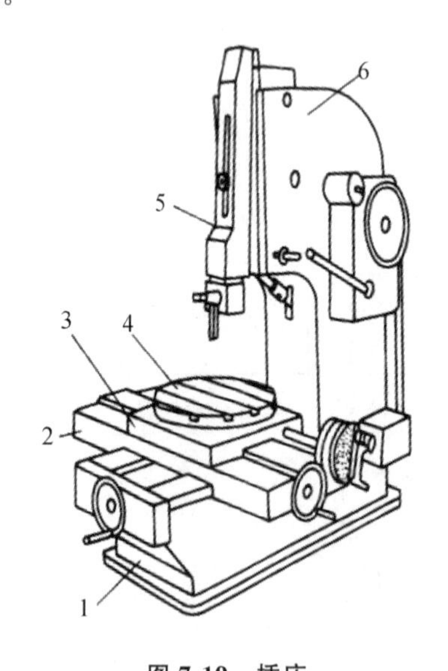

图 7-19　插床

1—床身；2—床鞍；3—溜板；4—工作台；5—滑枕；6—导轨滑枕座

插床与刨床一样，生产效率低，而且只有较熟练的技术工人，才能加工出要求较高的零件，所以，插床一般多用于工具车间、修理车间及单件和小批生产的车间。

插床上使用的装夹工具，除牛头刨床上的常用装夹工具外，还有三爪卡盘、四爪卡盘和插床分度头等。

图 7-20　插削方孔

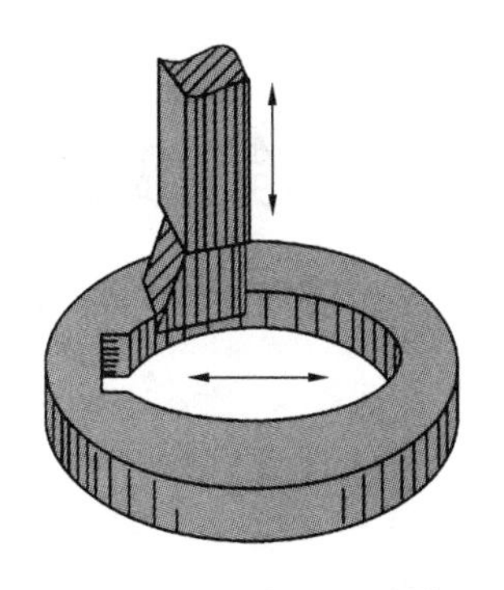

图 7-21　插削孔内键槽

在插床上加工孔内表面时，刀具要穿入工件的孔内进行插削，因此工件的加工部分必须先有一个孔，如果工件上原来没有孔，就必须先钻一个足够大的孔，才能进行插削加工。

插床精度、加工面的平直度、侧面对基面的垂直度及加工面间的垂直度均为 0.025 mm/300 mm，表面粗糙度一般为 Ra 1.6～6.3 μm。

思　考　题

1. 画简图说明刨垂直面和刨斜面时刀架各部分的位置。
2. 简述牛头刨床的主要组成部分及作用。
3. 刨削垂直面和斜面时，如何调整刀架的各个部分？
4. 简述刨削正六面体零件的操作步骤。
5. 插床主要用来加工什么表面？
6. 为什么刨刀往往做成弯头的？

第 8 章　磨削加工

学习目标

1. 了解磨削加工的基本知识。
2. 熟悉磨床的组成。
3. 熟悉砂轮的组成。
4. 了解磨削加工方法的工艺特点及加工范围。

8.1　概　　述

磨削就是用砂轮对工件表面进行切削加工的工艺，是机器零件精密加工的主要方法之一。

磨削用的砂轮是由许多细小但极硬的磨粒用结合剂黏结而成的。将砂轮表面放大，可以看到砂轮表面上杂乱地布满尖棱形多角的颗粒。这些锋利的磨粒就像车刀的刀刃一样，磨削就是靠这些小颗粒，在砂轮高速旋转下，切入工件表面完成的。所以磨削的实质是多刀多刃的超高速切削过程。

在磨削过程中，由于磨削速度很高，会产生大量的切削热，其温度高达 1000 ℃以上。同时过热的磨屑在空气中发生氧化作用，产生火花，在这样的高温下工件材料的性能会改变从而影响质量。因此，为了减少摩擦和散热，降低磨削温度，及时冲走磨屑，以保证工件质量，在磨削时需要大量的冷却液。由于砂轮磨粒的硬度极高，因此磨削不仅可以加工一般硬度的材料（如碳钢、铸铁及有色金属等），还可以加工用一般金属刀具难以加工的硬材料（如淬火钢、硬质合金等）。

磨削主要用于零件的内外圆柱面、内外圆锥面、平面及成形表面（花键、螺纹、齿轮等）的精加工，以获得较高的尺寸精度和极低的表面粗糙度。

8.2　磨　　床

磨床的种类很多，常用的有外圆磨床、内圆磨床、平面磨床等。

磨削精度一般可达 IT5～IT6，表面粗糙度一般为 Ra 0.08～0.8 μm。

8.2.1　外圆磨床

外圆磨床分为普通外圆磨床和万能外圆磨床。在普通外圆磨床上可以磨削工件的外圆柱面和外圆锥面；在万能外圆磨床上不仅能磨削外圆柱面和外圆锥面，而且能磨削内圆柱面、内圆锥面及端面。

下面以 M1432A 万能外圆磨床（图 8-1）为例来进行介绍。

（1）外圆磨床的编号　在编号 M1432A 中，M 为“磨床”汉语拼音的第一个字母，为磨床的代号；1 为外圆磨床的组别代号；4 为万能外圆磨床的系别代号；32 为最大磨削直径的 1/10，即最大磨削直径为 320 mm；A 表示在性能和机构上做过一次重大改进。

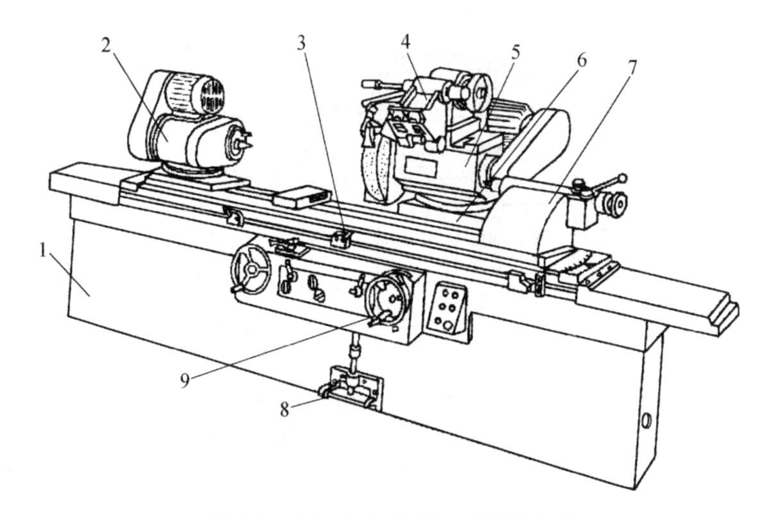

图 8-1 M1432A **万能外圆磨床外形**

1—床身；2—头架；3—工作台；4—内圆磨具；5—砂轮架；
6—滑鞍；7—尾座；8—脚踏操纵板；9—横向进给手轮

(2) 外圆磨床的组成　M1432A 万能外圆磨床是由床身、工作台、头架、尾架和砂轮架等部件组成的，如图 8-1 所示。

头架上有主轴，可用顶尖或卡盘夹持工件并带动工件旋转。头架可以使工件获得不同的转速。

砂轮装在砂轮架的主轴上，由单独的电动机经三角胶带直接带动旋转。砂轮架可沿着床身后部的横向导轨前后移动，移动的方法有自动周期进给、快速引进和退出、手动三种，前两种是由液压传动实现的。

工作台有两层，下工作台做纵向往复运动，上工作台相对下工作台能做一定角度的回转调整，以便磨削圆锥面。

万能外圆磨床与普通外圆磨床基本相同，所不同的是它的砂轮架上和头架上都装有转盘，能扳转一定角度，并增加了内圆磨具等附件，因此在它上面还可以磨削内圆柱面及锥度较大的内、外圆锥面。

(3) 外圆磨床的液压传动系统　在磨床中，广泛采用液压传动方式。这是因为液压传动具有可在较大范围内无级调速，机床传动平稳，操作简单、方便等优点。但是液压传动机构复杂、不易制造，所以液压设备成本较高。

8.2.2 内圆磨床

内圆磨床主要用于磨削内圆柱面、内圆锥面及端面等。

图 8-2 所示为 M2120 内圆磨床。在编号 M2120 中，M 是磨床的代号；2 表示内圆磨床的组别代号；1 表示内圆磨床的系别代号；20 表示最大磨削孔径的 1/10，即最大磨削孔径为 200 mm。

内圆磨床由床身、工作台、头架、磨具架、砂轮修整器等部件组成。内圆磨床的液压传动系统与外圆磨床相似。

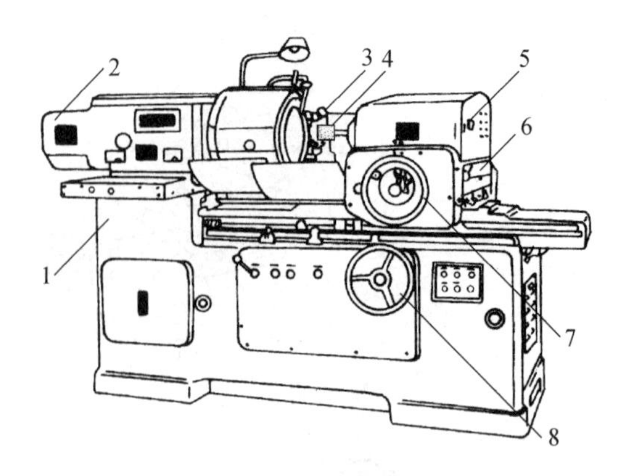

图 8-2　M2120 **内圆磨床外形**

1—床身；2—头架；3—砂轮修整器；4—砂轮；5—磨具架；
6—工作台；7—操纵磨具架手轮；8—操纵工作台手轮

8.2.3　平面磨床

平面磨床主要用于磨削工件上的平面。

图 8-3 所示为 M7120A 平面磨床。在编号 M7120A 中，M 是磨床的代号；7 表示平面及端面磨床的组别代号；1 表示卧轴矩台平面磨床的系别代号；20 表示工作台宽度的1/10，即工作台宽度为 200 mm；A 表示在性能和结构上做过一次重大改进。

M7120A 平面磨床由床身、工作台、立柱、磨头及砂轮修整器等部件组成。

长方形工作台装在床身的导轨上，由液压系统驱动做往复运动，也可用手轮 1 操纵，进行必要的调整。工作台上装有电磁吸盘或其他夹具，用来装夹工件。

磨头可沿拖板的水平导轨做横向进给运动，这可由液压系统驱动或由手轮 4 操纵。拖板可沿立柱的导轨垂直移动，以调整磨头的高低位置及完成垂直进给运动，这一运动也可通过转动手轮 9 来实现。砂轮由装在磨头壳体内的电动机直接驱动旋转。

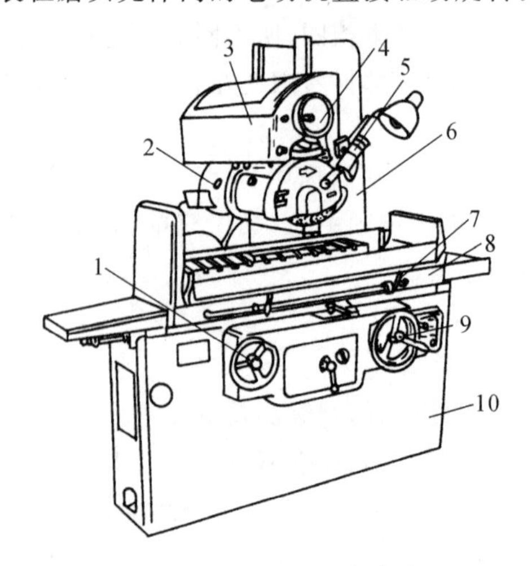

图 8-3　M7120A **平面磨床外形**

1—驱动工作台手轮；2—磨头；3—滑板；4—横向进给手轮；5—砂轮修整器；
6—立柱；7—行程挡块；8—工作台；9—垂直进给手轮；10—床身

8.2.4　无心磨床

无心磨床主要用于磨削大批量生产的细长轴及无中心孔的轴、套、销等零件，无心磨床主要有无心内圆磨床、无心螺纹磨床和无心外圆磨床。图 8-4 所示为 M1080B 无心磨床。在编号 M1080B 中，M 表示磨床；10 表示无心系列；80 表示最大磨削直径为 80 mm；B 表示在性能和结构上做过两次重大改进。

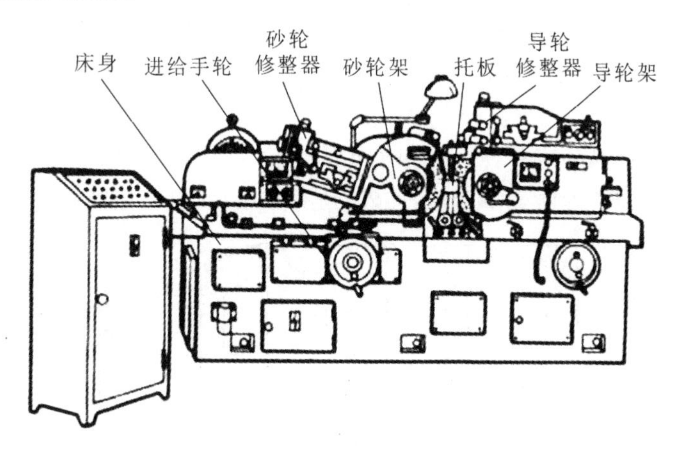

图 8-4　M1080B 无心磨床外形

无心磨床也称自定心磨床，由一个砂轮、导轮和托板与工件三点接触就可以自动定心。磨削砂轮实际担任磨削的工作，调整轮控制工件的旋转，并控制工件进刀速度，工件支架的作用是在磨削时支承工件。砂轮高速旋转进行磨削，导轮以较慢速度同向旋转，带动工件旋转做圆周进给运动。无心磨床贯穿磨削时，可通过调整导轮轴线的微小倾斜角来实现轴向进给。

8.3　砂　　轮

8.3.1　砂轮的特性

砂轮是磨削的切削工具。它是由磨粒和结合剂构成的多孔物体。磨粒、结合剂和空隙是构成砂轮的三要素，如图 8-5 所示。

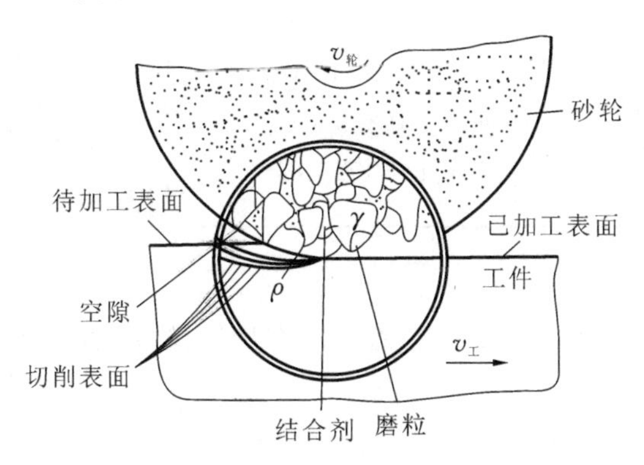

图 8-5　砂轮

1）磨粒

磨粒直接担负切削工作，必须锋利和坚韧。常见的磨粒有两类：刚玉和碳化硅。刚玉（Al_2O_3）适用于磨削钢料及一般刀具；碳化硅适用于磨削铸铁、青铜等脆性材料及硬质合金刀具。

磨粒的大小用粒度表示，一般用筛分法来确定。筛网规格用一英寸长度内孔眼的数目来表示，例如粒度为60的磨粒，表示刚能通过每英寸长度内有60个孔眼的筛网的磨粒。粒度号越大，则磨料的颗粒越细。一般精磨时采用16＃～24＃粒度，普通磨削采用30＃～60＃粒度，精磨时采用80＃～100＃粒度。粗颗粒用于粗加工及磨软料，细颗粒则用于精加工。

2）结合剂

磨粒可以用结合剂黏结成各种形状和尺寸的砂轮，如图8-6所示，以适应不同表面形状与尺寸精度。工厂中常用的为陶瓷结合剂，此外，还有树脂结合剂、橡胶结合剂和金属结合剂等。

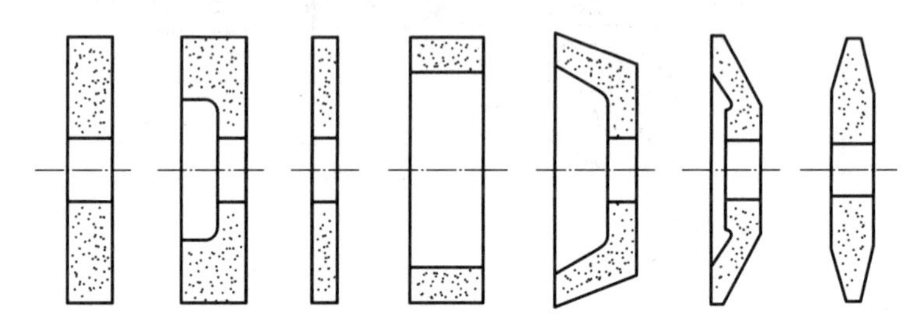

图8-6 砂轮的形状

磨粒黏结愈牢，砂轮的硬度愈高。砂轮的硬度是指砂轮表面上的磨粒在外力作用下脱落的难易程度，它与磨粒本身的硬度是两个完全不同的概念，同一种磨粒可以做成不同硬度的砂轮。

3）空隙

在砂轮的组织中，磨粒、结合剂和空隙三者体积的比例关系如表8-1所示。

表8-1 磨粒、结合剂和空隙三者体积的比例关系

组织号	0	1	2	3	4	5	6	7	8	9	10	11	12	13	14
磨粒率（%）	62	60	58	56	54	52	50	48	46	44	42	38	36	34	
疏密程度	紧密				中等				疏松					大气孔	
适用范围	重负荷、成形、精密磨削，间断及自由磨削，或加工硬脆材料				外圆、内圆、无心磨及工具磨，淬火钢工件及刀具刃磨等				粗磨及磨削韧性大、硬度低的工件，适合磨削壁、细长工件，或砂轮与工件接触面积大以及平面磨削等					有色金属及塑料橡胶等非金属以及热敏性大的合金	

4）砂轮选用

为便于选用砂轮，在砂轮的非工作表面上印有特性代号，如GB60ZR1AP400×50×203，其含义如下：

GB → 磨粒；60 → 粒度；ZR1 → 硬度；A → 结合剂；P → 形状；400×50×203 → 尺寸（外径×宽度×孔径）

8.3.2 砂轮的检查、安装、平衡和修整

砂轮因在高速下工作，因此安装前必须进行外观检查，不应有裂纹。

安装砂轮时，要求将砂轮不松不紧地套在轴上。在砂轮和法兰盘之间垫上 1～2 mm 厚的弹性垫板(由皮革或橡胶制成)，如图 8-7 所示。

为了使砂轮平稳地工作，砂轮须经平衡，如图 8-8 所示。砂轮的平衡过程是：将砂轮装在心轴上，放在平衡架轨道的刀口上。如果不平衡，则较重的部分总是转到下面。这时可移动法兰盘端面环槽内的平衡铁，然后进行平衡。这样反复进行，直到砂轮可以在刀口任意位置静止，这说明砂轮各部重量均匀。这种方法称为静平衡。一般直径大于 125 mm 的砂轮都应进行静平衡。

砂轮工作一定时间以后，磨粒逐渐变钝，砂轮工作表面空隙被堵塞，这时须进行修整，使已磨钝的磨粒脱落，以恢复砂轮的切削能力和外形精度。砂轮常用金刚石进行修整，如图 8-9 所示。修整时要用大量冷却液，以避免金刚石因温度剧升而破裂。

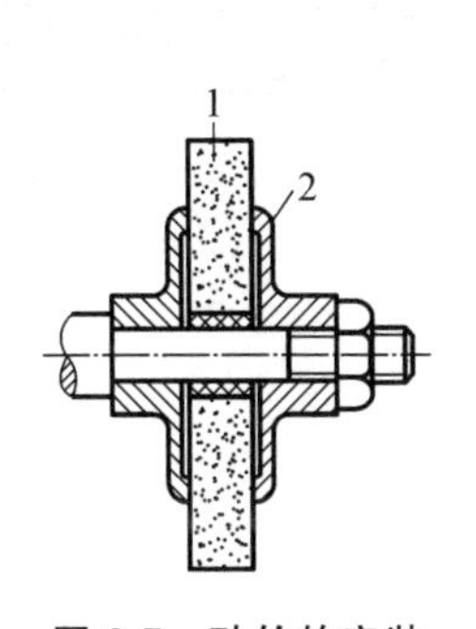

图 8-7　砂轮的安装

1—砂轮；2—弹性垫板

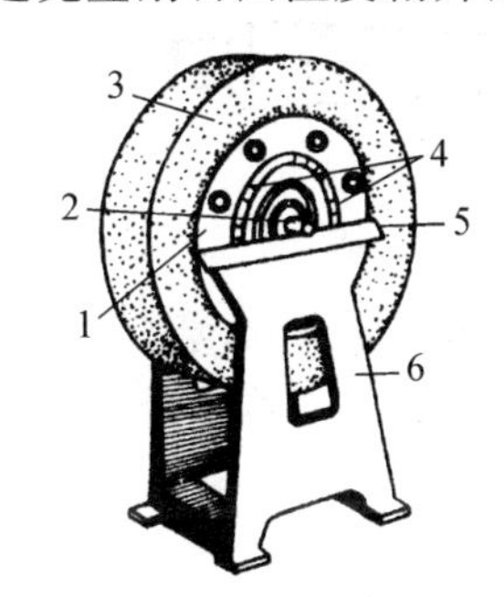

图 8-8　砂轮的平衡

1—砂轮套筒；2—心轴；3—砂轮；4—平衡铁；5—平衡轨道；6—平衡架

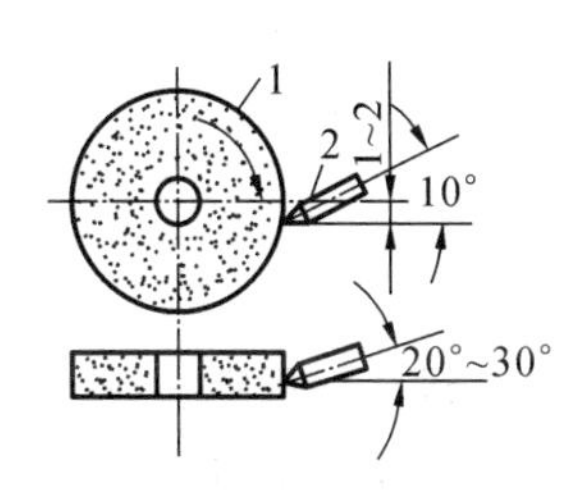

图 8-9　砂轮的修整

1—砂轮；2—金刚石笔

8.4 磨削加工

8.4.1 外圆磨削

1. 工件的安装

(1) 顶尖安装　轴类工件常用顶尖安装方式。安装时，工件支承在两顶尖之间，如图 8-10 所示。其安装方法与车削中所用方法基本相同。但磨床所用的顶尖都是不随工件一起转动的，这样可以提高加工精度，避免由顶尖转动带来的误差。尾顶尖是靠弹簧推力顶紧工件的，这样可以自动控制松紧程度。

磨削前，工件的中心孔均要进行修研，以提高其几何形状精度和降低表面粗糙度。在一般情况下，修研是用四棱硬质合金顶尖在车床或钻床上进行挤研、研亮；当中心孔较大、修研精度较高时，必须选用油石顶尖或铸铁顶尖做前顶尖，一般顶尖做后顶尖。修研时，头架旋转，工件不旋转(用手握住)，研好一端再研另一端。

(2) 卡盘安装　磨削短工件的外圆时可用三爪或四爪卡盘安装工件。安装方法与车床上的方法基本相同，用四爪卡盘安装工件时，要用百分表找正。形状不规则的工件还可采用花盘安装。

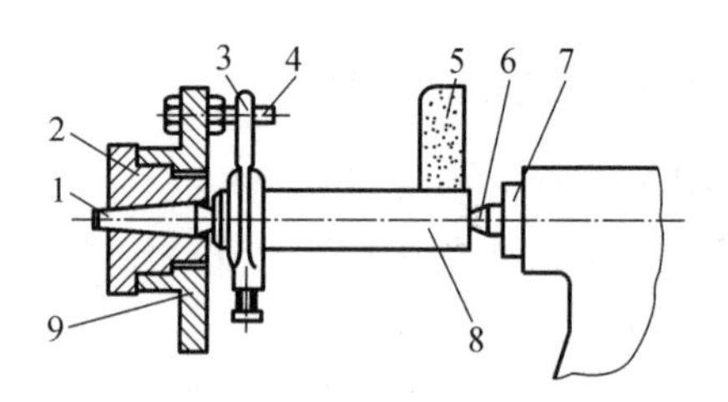

图 8-10 顶尖安装

1—前顶尖；2—头架主轴；3—鸡心夹头；4—拨杆；5—砂轮；6—后顶尖；7—尾座套筒；8—零件；9—拨盘

(3) 心轴安装 盘套类空心工件常用内孔定位来磨削外圆，此时，常用心轴安装工件。常用的心轴种类与车床上使用的种类相同，但磨削用的心轴的精度要求更高。心轴在磨床上的安装方法与顶尖安装相同，如图 8-11 所示。

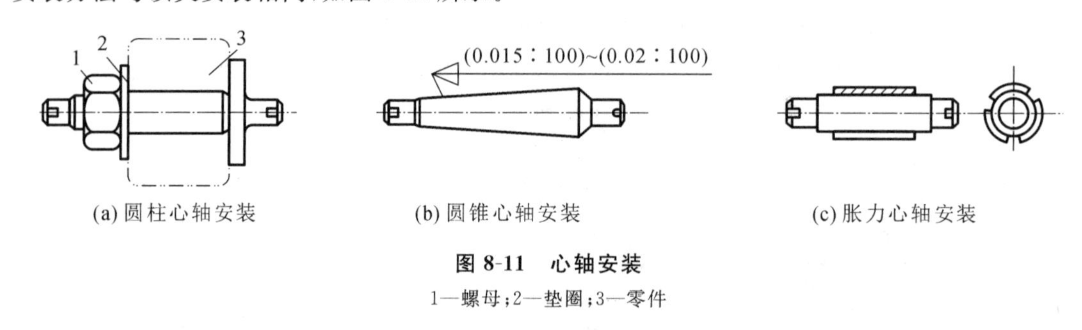

(a) 圆柱心轴安装　(b) 圆锥心轴安装　(c) 胀力心轴安装

图 8-11 心轴安装

1—螺母；2—垫圈；3—零件

2. 磨削运动和磨削要素

在外圆磨床上磨削外圆，需要下列几种运动。

(1) 主运动 即砂轮高速旋转运动。砂轮圆周速度 v 按下式计算：

$$v = \pi dn/(1000 \times 60)$$

式中：d——砂轮直径(mm)；

n——砂轮旋转速度(r/min)；

一般外圆磨削时，v=30～35 m/s。

(2) 圆周进给运动 即工件绕本身轴线的旋转运动。工件圆周速度 v_w 一般为 13～26 m/min。粗磨时 v_w 取大值，精磨时 v_w 取小值。

(3) 纵向进给运动 即工件沿着本身的轴线做往复运动。工件每转一转，工件相对于砂轮的轴向移动距离就是纵向进给量 f_1，单位为 mm/r。一般 f_1=(0.2～0.8)B。B 为砂轮宽度，粗磨时取大值，精磨时取小值。

(4) 横向进给运动 即砂轮径向切入工件的运动，在行程中一般是不进给的，而是在行程终了时周期性地进给。横向进给量 f_c 也就是磨削深度，指工作台每单行程或每双行程工件相对砂轮横向移动的距离，一般 f_c=0.005～0.05 mm。

3. 磨削方法

在外圆磨床上磨削外圆常用的方法有纵磨法和横磨法两种，其中纵磨法的应用最多。

(1) 纵磨法 如图 8-12 所示，磨削时工件转动(圆周进给)并与工作台一起做直线往复运动(纵向进给)，当每一纵向行程或往复行程终了时，砂轮按规定的吃刀深度做一次横向进给运动，每次磨削深度很小。当工件加工到接近最终尺寸(留下 0.005～0.01 mm)时，砂轮无横向进给地走几次至火花消失即可。纵磨法的特点是具有万能性，可用同一砂轮磨削长度不同的各种工件，且加工质量好，但磨削效率较低。目前在生产中应用最广，特别是在单件、小批生产以及精磨时均采用这种方法。

（2）横磨法　如图 8-13 所示，又称径向磨削法或切入磨削法。磨削时工件无纵向进给运动，而砂轮以很慢的速度连续地或断续地向工件做横向进给运动，直至把磨削余量全部磨掉为止。横磨法的特点是生产率高，但精度较低，所得表面粗糙度值较大。在大批量生产中，特别是对于一些短外圆表面及两侧有台阶的轴颈，多采用这种横磨法。磨削轴肩端面时采用横磨法：外圆磨到所需尺寸后，将砂轮稍微退出一些（0.05～0.10 mm），用手摇动工作台的纵向移动手柄，使工件的轴肩端面靠向砂轮，磨平即可。

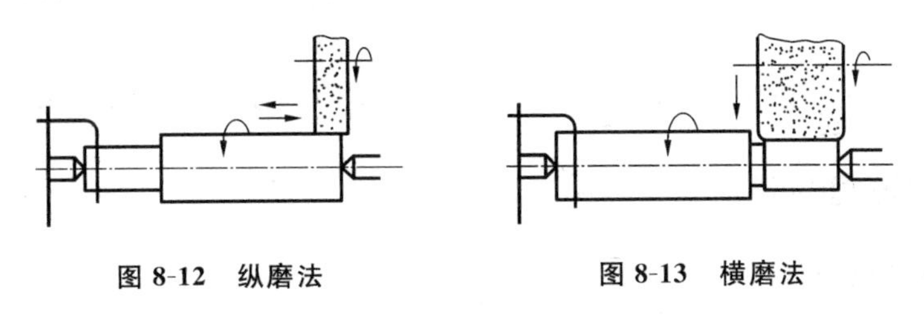

图 8-12　纵磨法　　图 8-13　横磨法

8.4.2　内圆磨削

内圆磨削与外圆磨削相比，由于砂轮直径受工件孔径的限制，一般较小，而悬伸长度又较大，刚度小，磨削用量不能高，所以生产率较低；又由于砂轮直径较小，砂轮的圆周速度较低，加上冷却排屑条件不好，因此表面粗糙度值不易降低。因此，磨削内圆时，为了提高生产率和加工精度，砂轮和砂轮轴应尽可能选用较大直径，砂轮轴伸出长度应尽可能缩短。

成批生产中常用铰孔，大量生产中常用拉孔，作为孔的精加工工艺。由于磨孔具有万能性，不需要成套的刀具，故在小批及单件生产中应用较多，特别是对于淬硬工件，磨孔仍是精加工孔的主要方法。

1. 工件的安装

磨削内圆时，工件大多数是以外圆和端面作为定位基准的。通常采用三爪卡盘、四爪卡盘、花盘及弯板等夹具安装工件。其中最常用的是用四爪卡盘通过找正安装工件，如图 8-14 所示。

2. 磨削运动和磨削要素

磨削内圆的运动与磨削外圆的基本相同，但砂轮的旋转方向与磨削外圆相反。

磨削内圆时，由于砂轮直径较小，但又要求磨削速度较高，一般砂轮圆周速度 $v=15\sim25$ m/s。因此，内圆磨头转速一般都很高，为 20000 r/min 左右。工件圆周速度一般为 $v_w=15\sim25$ m/min。表面粗糙度值 Ra 要求小时应取较小值，粗磨或砂轮与工件的接触面积大时取较大值。粗磨时，纵向和横向进给量一般分别为 $f_1=1.5\sim2.5$ m/min，$f_c=0.01\sim0.03$ mm/str；精磨时 $f_1=0.5\sim1.5$ m/min，$f_c=0.002\sim0.01$ mm/str。

3. 磨削工作

磨削内圆通常是在内圆磨床或万能外圆磨床上进行的。磨削时，砂轮与工件的接触方式有两种：一种是后面接触，另一种是前面接触。在内圆磨床上采用后面接触，在万能外圆磨床上采用前面接触，如图 8-15 所示。

内圆磨削的方法有纵磨法和横磨法，其操作方法和特点与外圆磨削相似。纵磨法应用最为广泛。

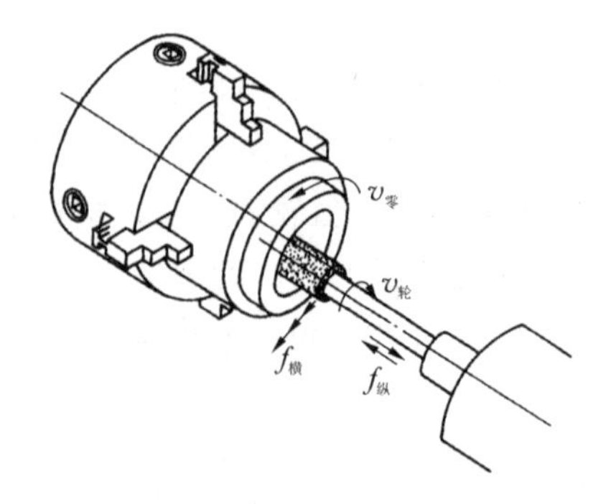

图 8-14　四爪单动卡盘安装零件

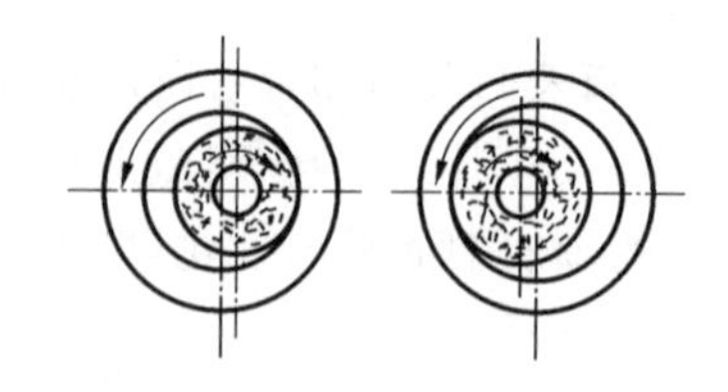

图 8-15　砂轮与零件的接触形式

8.4.3　圆锥面的磨削

1. 圆锥面的磨削方法

磨削圆锥面通常用下列两种方法。

（1）转动工作台法。这种方法大多用于锥度较小、锥面较长的工件，如图 8-16 和图 8-17 所示。

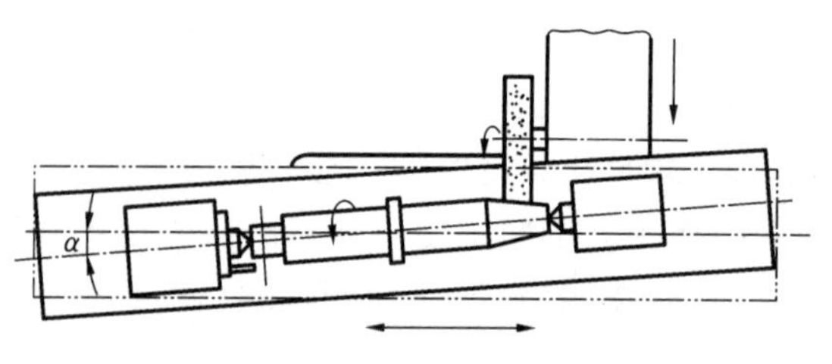

图 8-16　转动工作台磨外圆锥面

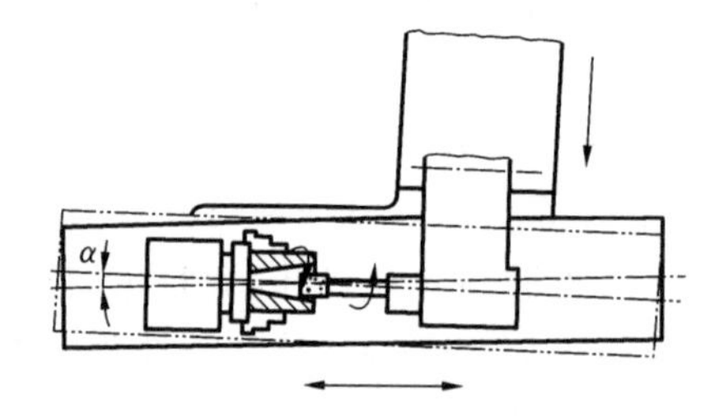

图 8-17　转动工作台磨内圆锥面

（2）转动头架法。这种方法常用于锥度较大的工件，如图 8-18 所示。

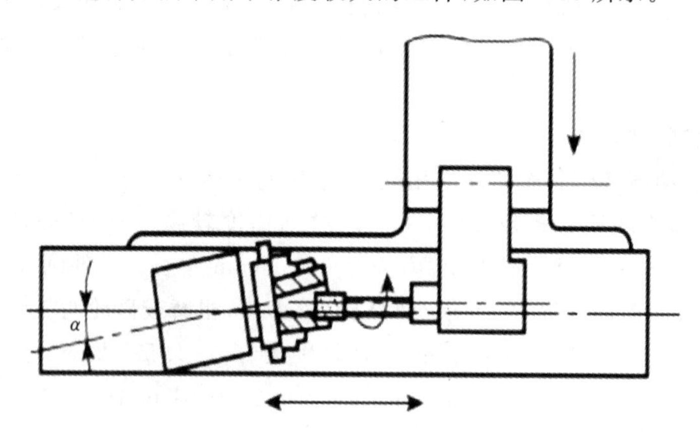

图 8-18　转动头架法磨内圆锥面

2. 圆锥面的检验

（1）锥度的检验　圆锥量规是检验锥度最常用的量具。圆锥量规分圆锥塞规和圆锥套规两种。圆锥塞规用于检验内锥孔，圆锥套规用于检验外锥体。

用圆锥塞规检验内锥孔的锥度时，可以先在塞规的整个圆锥表面上或顺着锥体的三条母线均匀地涂上极薄的显示剂(红丹粉调机油或蓝油),接着把塞规放在锥孔中使锥面相互贴合,并在30°～60°范围内轻轻来回转动几次,然后取出塞规察看。如果整个圆锥表面上摩擦痕迹均匀,则说明工件锥度准确,否则不准确,需继续调整机床使锥度准确为止。

用圆锥套规检验外锥体锥度的方法与上述相同,只不过显示剂应涂在工件上。

(2) 尺寸的检验　圆锥面的尺寸一般也用圆锥量规进行检验。对于外锥体,通常通过检验小端直径来控制锥体的尺寸,对于内锥孔,通过检验大端直径来控制锥孔的尺寸。根据圆锥的尺寸公差,在圆锥量规的大端或小端处,刻有两条圆周线或有小台阶,表示量规的止端和通端,分别控制圆锥的最大极限尺寸和最小极限尺寸。

用圆锥套规检验外锥体尺寸的方法与上述类似。

8.4.4 平面磨削

1. 工件的安装

磨平面时,一般以一个平面为基准磨削另一个平面。若两个平面都要磨削且要求平行,则可互为基准,反复磨削。

磨削中小型工件的平面,常采用电磁吸盘工作台吸住工件。电磁吸盘工作台为钢制吸盘体,其工作原理如图8-19所示,在它中部凸起的芯体上绕有线圈,钢制盖板被绝磁层隔成一些小块。当线圈中通过直流电时,芯体被磁化,磁力线由芯体经过盖板—工件—盖板—吸盘体—芯体而闭合,工件被吸住。绝磁层由铅、铜或巴氏合金等非磁性材料制成。它的作用是使绝大部分磁力线都能通过工件再回到吸盘体,而不能通过盖板直接回去,这样才能保证工件被牢固地吸在工作台上。

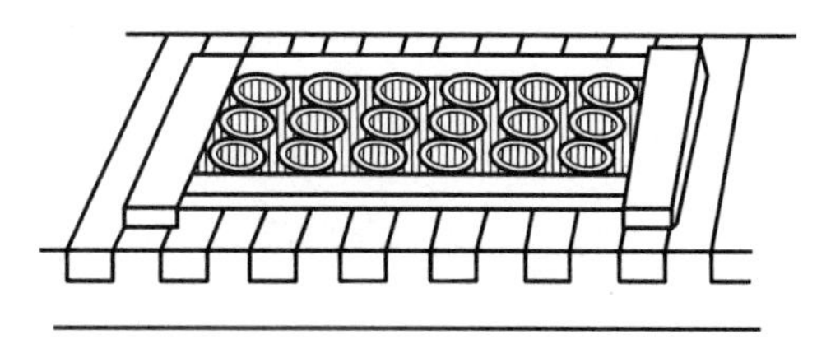

图8-19　挡铁围住的电磁吸盘

当磨削键、垫圈、薄壁套等尺寸小而壁较薄的零件时,因零件与工作台接触面积小,吸力弱,零件容易被磨削力弹出去而造成事故。因此安装这类零件时,须在工件四周或左右两端用挡铁围住,以免工件移动。

2. 磨削方法

当采用砂轮周边磨削方式时,磨床主轴按卧式布局;当采用砂轮端面磨削方式时,磨床主轴按立式布局。平面磨削时,工件可安装在做往复直线运动的矩形工作台上,也可安装在做圆周运动的圆形工作台上。

当台面为矩形工作台时,磨削工作由砂轮的旋转运动(主运动)和砂轮的垂直进给、工件的纵向进给运动、砂轮的横向进给运动等运动来完成。当台面为圆形工作台时,磨削工作由砂轮的旋转运动(主运动)和砂轮的垂直进给运动、工作台的旋转运动来完成。

用砂轮端面磨削的平面磨床与用轮缘磨削的平面磨床相比,由于端面磨削的砂轮直径往往比较大,能同时磨出工件的全宽,磨削面积较大,所以生产率较高。但是,端面磨削时,砂轮和工件表面呈弧形线或面接触,接触面积大,冷却困难,切屑也不易排出,所以,加工精度和表面粗糙度值稍大。与矩台式平面磨床相比,圆台式平面磨床的生产率稍高些,这是由于圆台式平面磨床是连续进给的,而矩台式平面磨床有换向时间损失。但是,圆台式平面磨床只适用于磨削小零件和大直径的环形零件端面,不能磨削长零件。而矩台式平面磨床可方便地磨削各种常用零件,包括直径小于矩台宽度的环形零件。

思 考 题

1.磨削加工的特点是什么?

2.磨削可以加工哪些表面?

3.万能外圆磨床由哪几部分组成?

4.磨削外圆和平面时,零件的安装各用什么方法?

5.为什么软砂轮适用于磨削硬材料?

6.平面磨削常用的方法有哪几种? 各有何特点? 如何选用?

第9章 钳工与装配

学习目标

1. 掌握钳工工作的主要内容。
2. 了解安全操作规程,做到安全文明生产。
3. 掌握钳工操作的方式,了解钳工在机械装配及维修中的作用。
4. 熟悉钳工使用的工具、量具。
5. 了解钳工适用范围、钳工的类别。
6. 掌握钳工常用设备及附件的使用特点。

9.1 概 述

钳工是手持工具对金属进行加工的方法。钳工的基本操作包括划线、锉削、錾削、锯削、钻孔、扩孔、锪孔、铰孔、攻螺纹、套螺纹、刮削、研磨、装配及设备维修等。

钳工工具简单,操纵灵活,可以完成用机械加工不方便或难以完成的工作。因此,尽管钳工大部分是手工操作,劳动强度大,对工人的技术要求较高,但在机械制造和修配工作中,仍是不可缺少的重要工种。钳工的工作地主要由工作台和台虎钳组成。

9.2 钳工常用设备

1. 钳工台

钳工台的高度为 800～900 mm,装上台虎钳正好适合操作者工作,一般钳口高度以与人手肘平齐为宜。钳工台主要用于安装台虎钳和存放钳工常用工具、量具和工件等,如图 9-1 所示。钳工台一般是用坚实木材制成的,也有用铸铁件制成的,要求牢固和平稳,台面上装有防护网。

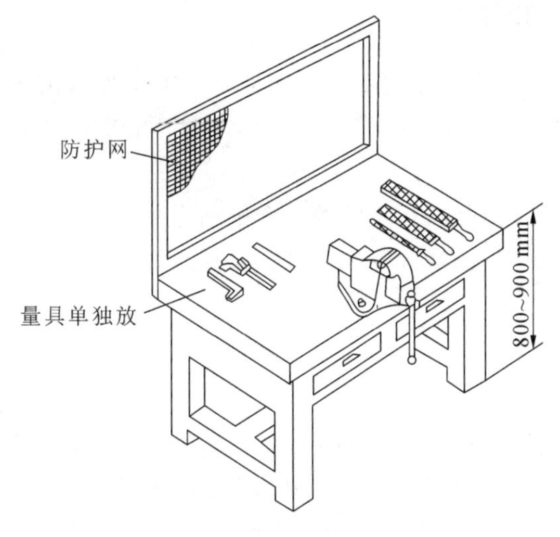

图 9-1 钳工台

2. 台虎钳

台虎钳是用来夹持工件的通用夹具，其规格用钳口宽度来表示，常用规格有 100 mm、125 mm和 150 mm 等几种。台虎钳有固定式(图 9-2(a))和回转式(图 9-2(b))两种，松开回转式台虎钳的夹紧手柄，台虎钳便可在底盘上转动，以变更钳口方向，便于操作。

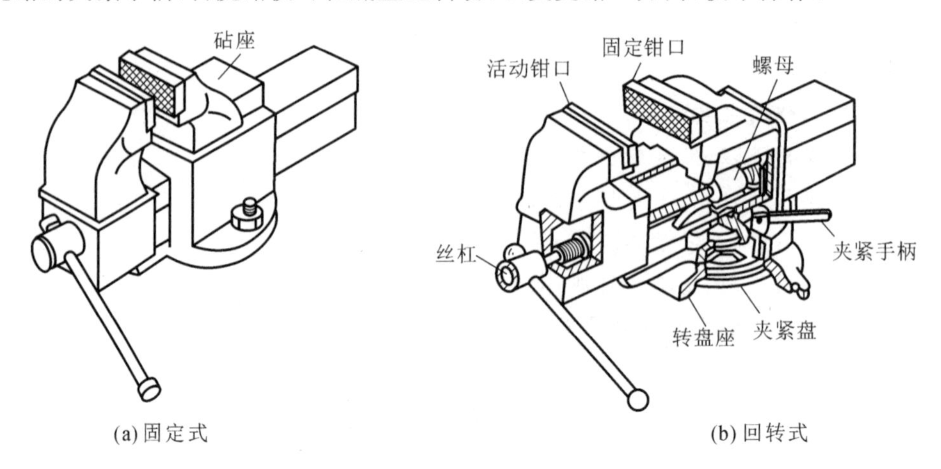

图 9-2　台虎钳

使用台虎钳时，应注意下列事项。

(1) 夹紧工件时只允许依靠手上的力量，以免损坏丝杠、螺母和钳身部位。

(2) 锤击工件只能在砧台上进行，不能在活动钳口上敲击。

(3) 强力作业时应尽量使力朝向固定钳身，否则螺母会因受力较大而损坏。

(4) 不能在活动钳身的光滑平面上敲击工件，以免降低它与固定钳身的配合性。工件应尽量装夹在钳口的中部使钳口均匀受力。

(5) 丝杠、螺母和各运动表面应经常润滑，并保持清洁。

9.3　划　　线

9.3.1　划线基础知识

根据图纸要求，在毛坯或半成品的工件表面上划出加工界线的一种操作称为划线。其作用是：① 作为加工的依据；② 检查毛坯形状、尺寸，剔除不合格毛坯；③ 合理分配工件的加工余量。

划线分为以下两种：平面划线，在工件的一个平面上划线，如图 9-3(a)所示；立体划线，在工件的几个表面上划线，即在长、宽、高三个方向上划线，如图 9-3(b)所示。

9.3.2　划线工具

1. 划线平板

划线的基准工具是划线平板，如图 9-4 所示，其是经过精刨和刮削、研磨等精加工的铸铁平板，其上平面是划线用的基准平面，所以要求非常平整和光洁。平板要安放牢固，上平面应保持水平，以便稳定地支承工件。平板不准碰撞和用锤敲击，以免使其精度降低。平板长期不用时，应涂油防锈并用木板护盖。

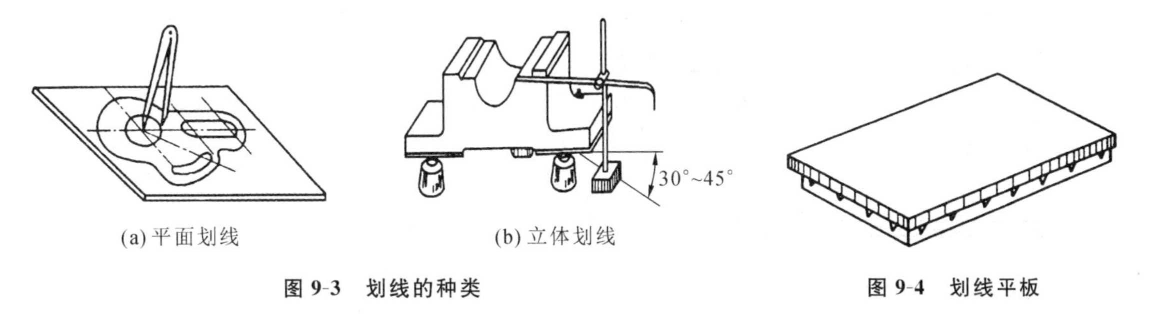

图 9-3　划线的种类

图 9-4　划线平板

2. 千斤顶

千斤顶是在平板上支承较大及不规则工件用的，其高度可以调整，以便找正工件。通常用三个千斤顶支承工件，如图 9-5 所示。

3. V 形铁

V 形铁用于支承圆柱形工件，使工件轴线与平板平行，如图 9-6 所示。

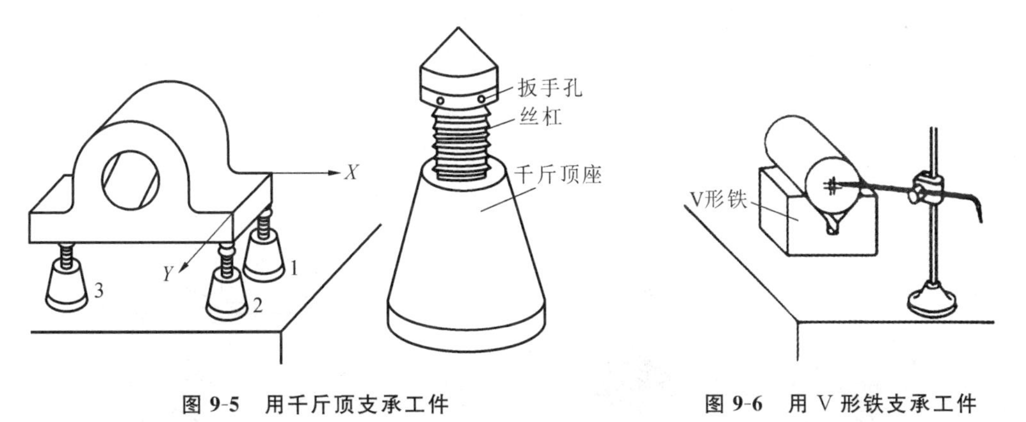

图 9-5　用千斤顶支承工件

图 9-6　用 V 形铁支承工件

4. 方箱

划线方箱是一个由铸铁制成的空心立方体，每个面均经过精加工，相邻平面互相垂直，相对平面互相平行。用夹紧装置把小型工件固定在方箱上，划线时只要把方箱翻 90°，就可把工件上互相垂直的线在一次安装中划出，如图 9-7 所示。

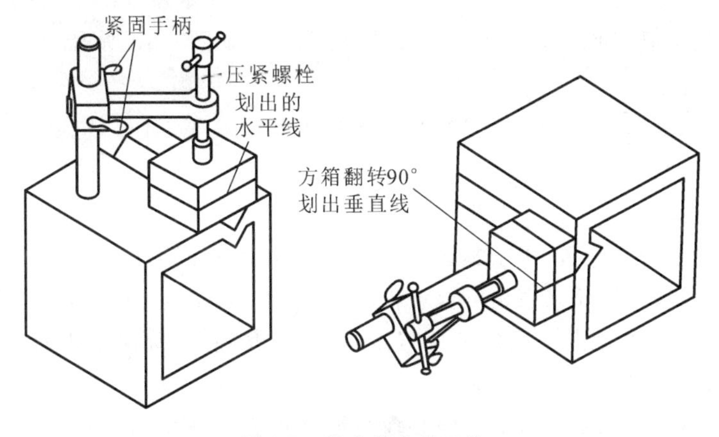

图 9-7　用方箱支承工件

5. 划针和划线盘

划针由直径为 3～5 mm 的弹簧钢丝或碳素工具钢刃磨后经淬火制成，尖端磨成 15°～20°。用划针划线时，针尖要紧靠钢尺，向钢尺外侧倾斜 15°～20°，并应向划线方向倾斜 45°～75°，如图 9-8 所示。划线要尽量做到一次划成，若重复划同一条线，则线条会变粗或不重合、模糊不清，影响划线质量。

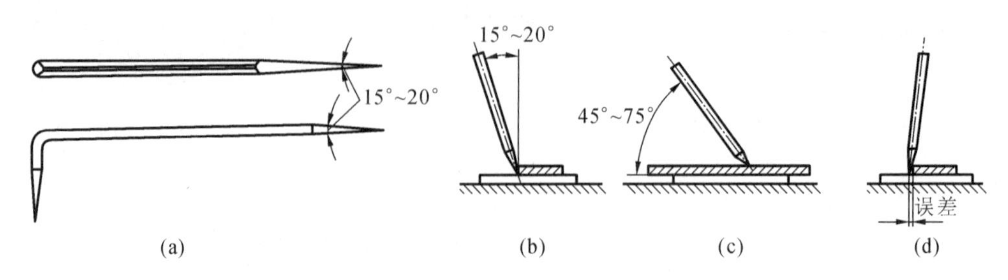

图 9-8　划针及其用法

划线盘（图 9-9）是用来进行立体划线和找正工件位置的工具。它分为普通式和可调式两种。使用划线盘时，划针的直头端用来划线，弯头端用来找正工件的划线位置。划针伸出部分应尽量短，在拖动底座划线时，应使它与平板平面贴紧。划线时，划线盘朝划线（移动）方向倾斜 30°～60°。

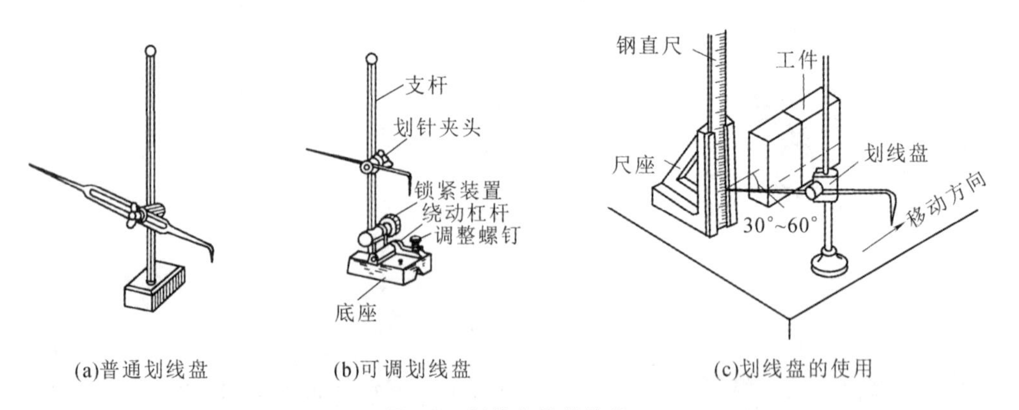

图 9-9　划线盘及其使用

6. 划卡

划卡主要是用来确定轴和孔的中心位置的，使用方法如图 9-10 所示。

7. 划规

划规用于划圆、划圆弧、划出角度、量取尺寸和等分线段等工作。划规是用工具钢锻造加工制成的，脚尖经淬火硬化，如图 9-11 所示。

8. 高度游标卡尺

高度游标卡尺是精密量具，用于半成品（光坯）划线，不允许用它划毛坯。高度游标卡尺除了用于测量高度外，还可以用来划精度要求较高的线，所以有时也将其称为高度划线尺。高度游标卡尺精度高，应该掌握其正确的使用方法，保护好其划爪，确保划线的精度和使用寿命。高度游标卡尺及其使用如图 9-12 所示。

注意：用高度游标卡尺划线时划爪中心线与运动正方向夹角成锐角。高度划线尺的刀刃在划线结束时不能与其他物件碰撞。

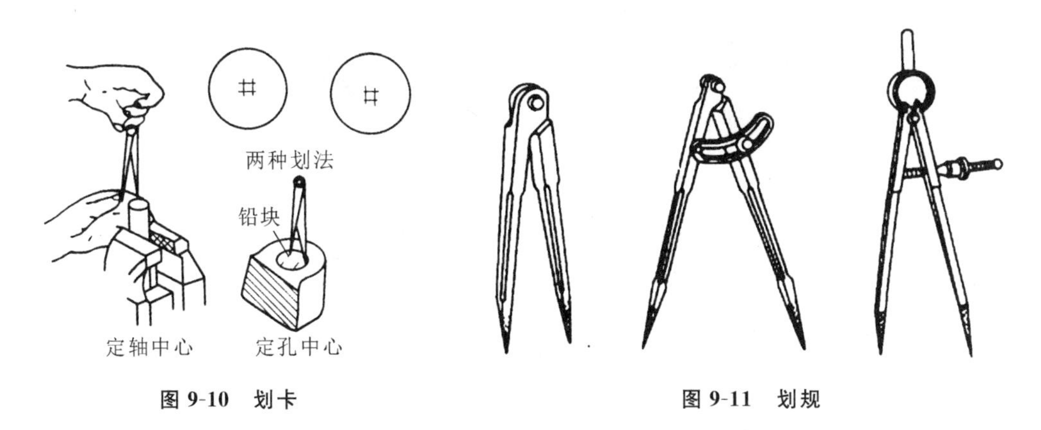

图 9-10　划卡

图 9-11　划规

9. 样冲

样冲主要用来在工件表面划好的线条上冲出小而均匀的冲眼，以免划出的线条被擦掉。样冲用工具钢或弹簧钢制成，尖端磨成 45°～60°，经淬火硬化。用样冲冲眼时，开始时样冲向外倾斜，使冲尖对正划线的中心或所划孔的中心，然后把样冲立直，用手锤击打样冲顶端。图 9-13 所示为样冲的用法。

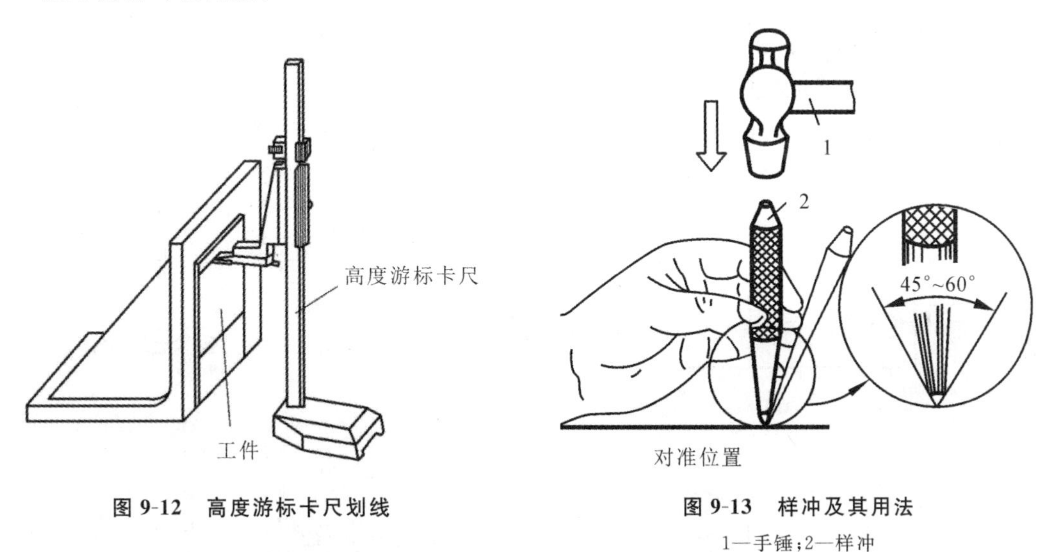

图 9-12　高度游标卡尺划线

图 9-13　样冲及其用法

1—手锤；2—样冲

9.3.3　划线的基本操作

1. 划线基准的选择

“基准”是用来确定生产对象几何要素间的几何关系所依据的点、线、面。在零件图上用来确定其他点、线、面位置的基准，称为设计基准。划线基准，是指在划线时选择工件上的某个点、线、面作为依据，用它来确定工件的各部分尺寸、几何形状及工件上各要素的相对位置。

选择划线基准的原则是：若工件上有重要的孔需要加工，则一般选择该孔的轴线为划线基准，如图 9-14(a)所示；若工件上有已加工表面，则应该以该平面为划线基准，如图 9-14(b)所示。

2. 划线步骤

(1) 根据图纸的要求，初步检查毛坯是否合格，确定划线基准。

(2) 清理毛坯上的疤痕和毛刺等，在划线部分涂上涂料(铸、锻件用大白浆，已加工面用紫

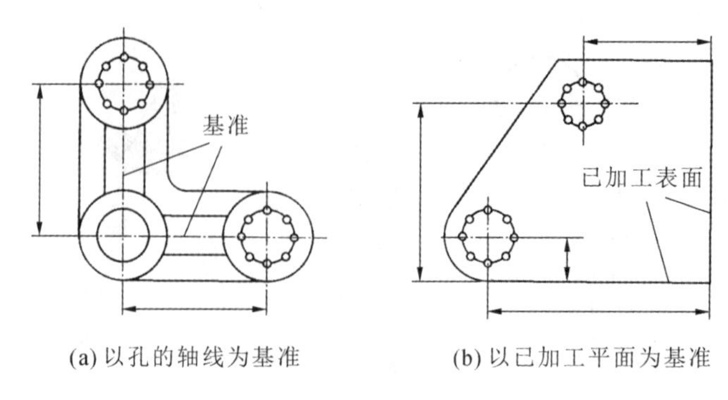

(a) 以孔的轴线为基准　　(b) 以已加工平面为基准

图 9-14　划线基准

色(甲紫加虫胶和酒精)、绿色(孔雀绿加虫胶和酒精)),用铅块或木块堵孔,以便确定孔的中心位置。

(3) 支承及找正工件,如图 9-15(a)所示。

(4) 划出划线基准,再划出其他水平线,如图 9-15(b)所示。

(5) 翻转工件,找正,划出互相垂直的线,如图 9-15(c)(d)所示。

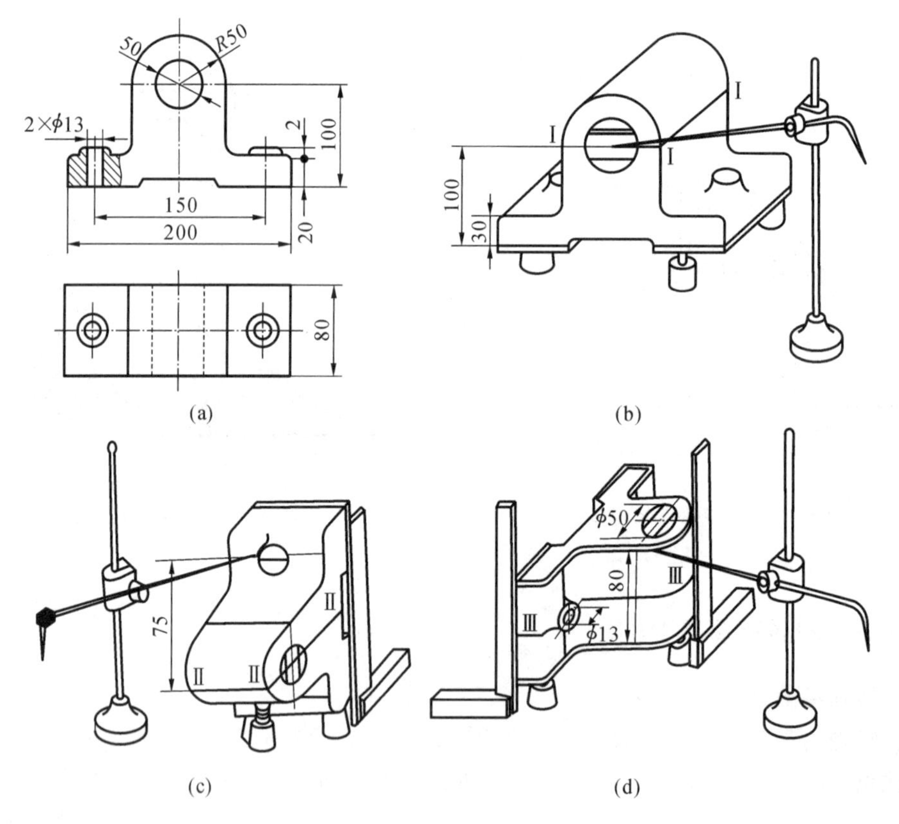

图 9-15　立体划线示例

(6) 检查划出的线是否正确,最后打样冲眼。

3. 划线操作注意事项

(1) 工件支承要平稳,以防滑倒或移动。

(2) 在一次支承中,应把需要划出的平行线划全,以免再次支承补划,造成误差。

(3) 应准确使用划针、划线盘、高度游标卡尺以及直角尺等划线工具，以免产生误差。

9.4 锯 削

锯削是用锯来分割材料或在工件上进行切槽的加工方法。它分为机械锯削和手工锯削，手工锯削是钳工需掌握的基本功之一，具有操作方便、简单和灵活的特点，适用于单件小批量生产、临时工地及切割异形工件等场合。

9.4.1 锯削工具

锯削的常用工具是手锯，由锯弓和锯条组成，如图 9-16 所示。锯弓用来安装锯条，锯条是锯切用的工具。

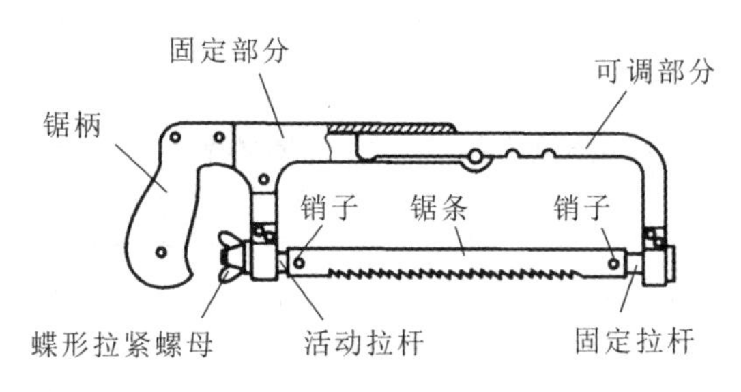

图 9-16 手锯

1. 锯弓

锯弓是用来夹持和拉紧锯条的工具，有固定式和可调式两种，如图 9-17 所示。固定式锯弓只能安装固定长度锯条，可调式锯弓通过调整可以安装不同长度的锯条，并且可调式锯弓的手柄便于用力，所以被广泛运用。

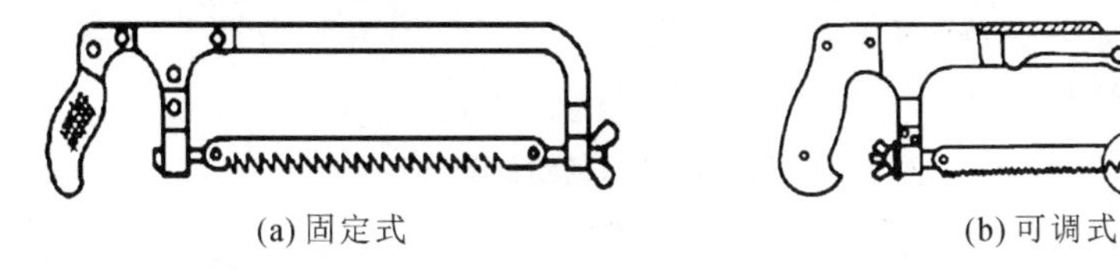

(a) 固定式 (b) 可调式

图 9-17 锯弓

2. 锯条

锯条是直接对材料或工件进行加工的工具，由碳素工具钢制成，并经淬火和低温退火处理。常用的锯条长约 300 mm，宽约 12 mm，厚约 0.8 mm。

1) 锯条的参数

锯齿的形状如图 9-18 所示。锯齿的角度包括前角、后角和楔角，常用的锯条后角 $\alpha_0=40°$，楔角 $\beta_0=50°$，前角 $\gamma_0=0°$，锯齿按齿距 s 大小可分为粗齿($s=1.6$ mm)、中齿($s=1.2$ mm)及细齿($s=0.8$ mm)三种。

2) 锯条的选择

粗齿锯条适用于锯铜、铝等软金属及厚的工件。细齿锯条适用于锯硬钢、板料及薄壁管子等。加工软钢、铸铁及中等厚度的工件多用中齿锯条。图 9-19 所示为锯齿粗细对锯切的影响。

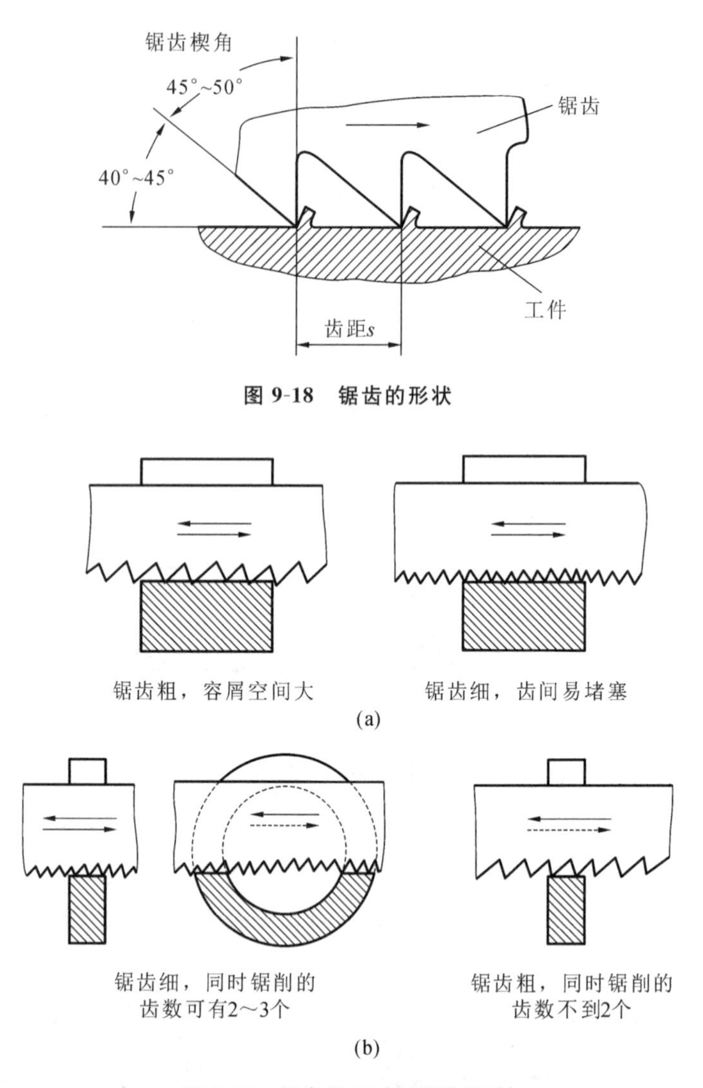

图 9-18　锯齿的形状

图 9-19　锯齿粗细对锯切的影响

3）锯条的安装

根据工件材料及厚度选择合适的锯条，按正确的方向安装在锯弓上，即锯齿的齿尖方向应朝向前方，因为锯削是向前推进切削的。锯条安装时松紧应适当，一般以用两个手指的力能旋紧为宜，太紧太松都可能导致锯条折断。锯条安装好后，不能有歪斜和扭曲，否则锯削时易折断。

9.4.2　锯削操作

(1) 根据工件材料及厚度选择合适的锯条，正确安装锯条。

(2) 工件应尽可能夹在台虎钳左边，以免操作时碰伤左手。工件伸出要短，否则锯削时易颤动。

(3) 起锯时左手拇指靠住锯条，右手稳推手柄，起锯角度稍小于 15°，如图 9-20 所示。

锯弓往复行程应短，压力要小，锯条要与工件表面垂直。锯出锯口后，逐渐将锯弓改至水平方向。

(4) 锯削时锯弓握法如图 9-21 所示。锯弓应直线往复，不可摆动；前推时加压切削，用力

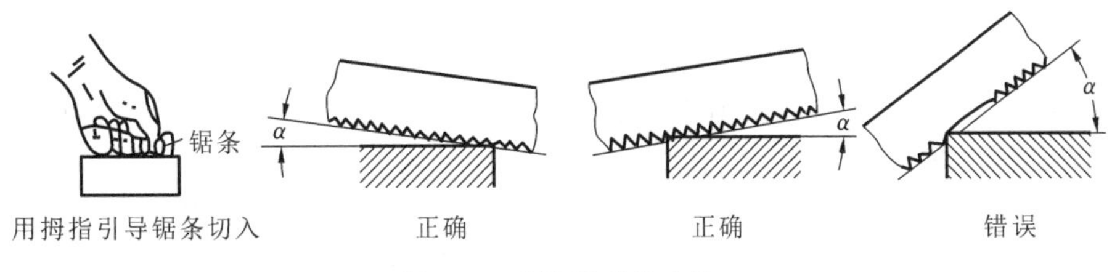

图 9-20　锯切的操作方法

均匀，返回时应轻轻从工件上滑过。锯削速度不宜过快，通常每分钟往复 30～40 次。锯削时用锯条全长工作，一般锯弓的往复长度应不小于锯条长度的 2/3，以免锯条中间部分迅速磨钝。锯钢料时应加机油润滑，快锯断时，用力要轻，以免碰伤手臂。

(5) 锯切圆钢时，为了得到整齐的锯缝，应从起锯开始以一个方向锯到结束，如图 9-22(a) 所示；锯切圆管时，应只锯到管子的内壁处，然后工件向推锯方向转一定角度，再继续锯切，如图 9-22(b)所示；锯切薄板时，为防止工件产生振动和变形，可用木板夹住薄板两侧进行锯切，如图 9-22(c)所示。

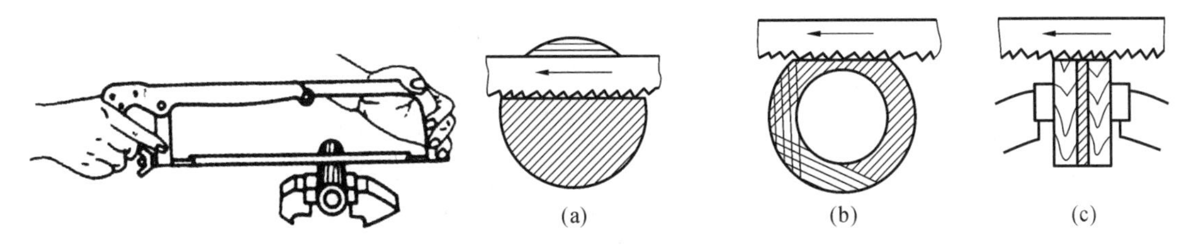

图 9-21　锯弓握法　　图 9-22　锯切圆钢、圆管、薄板的方法

9.4.3　锯削的问题及处理方法

1. 锯缝歪斜

产生原因：锯条安装得过松，目测不及时。

解决措施：调整锯条到适当的松紧状态；安装工件时使锯缝的划线与钳口的外侧平行，锯削过程中经常进行目测，扶正锯弓按线锯削。若已经歪斜则要用借锯的方法纠正：对于图 9-23 中的情况 1，应将锯弓轻轻往右摆动，慢慢锯缝就会远离所划的线，避免缺陷；对于情况 2，则应将锯弓往左摆动，避免所留余料太多；情况 3 为锯削加工的理想情况。

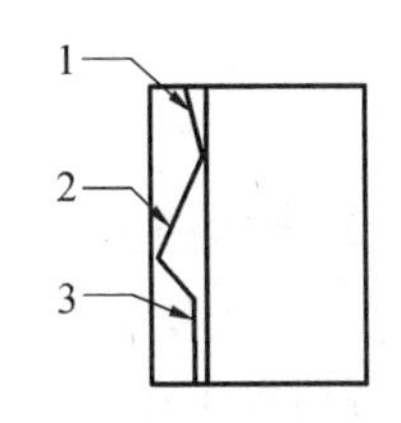

图 9-23　锯缝歪斜

2. 尺寸过小

产生原因：划线不正确，锯削线偏离划线。

解决措施：按照图样正确划线，起锯和锯削过程中始终使锯缝与划线平行并保持一定距离。

3. 起锯时工件表面被拉毛

产生原因：起锯的方法不对。

解决措施：起锯时左手拇指要挡好锯条，起锯角度要适当，待有一定的深度后再正常锯削以免锯条弹出。

4. 锯条折断和崩齿、过早磨损

产生原因：锯条折断、崩齿、过早磨损的原因分别如下。

(1) 锯条折断：锯条安装得过紧或过松；工件装夹不准确，产生抖动或松动；锯缝歪斜强行借锯；压力太大，起锯较猛；在旧锯缝处使用新锯条；工件锯断时没有减速等。

(2) 锯齿崩齿：锯条粗细选择不当；起锯角度和方向不对；突然碰到砂眼、杂质；锯削时突然加大压力，锯齿被棱边钩住等。

(3) 锯齿过早磨损：锯削的速度太快；锯削硬材料时未进行冷却、润滑等。

解决措施：规范操作，掌握正确的操作方法，在操作过程中应避免用力过猛或突然改变锯切方向等行为；按照规定的方法正确安装锯条，避免安装过紧或过松的情况发生。

9.5 锉　　削

锉削是用锉刀对工件表面进行切削加工的方法，主要用于在单件小批量生产中加工形状复杂的零件、样板、模具，以及在装配时对零件进行修整。锉削多用于锯切或錾削之后，所加工出的表面粗糙度可达 Ra 0.8～1.6 μm，尺寸精度可达 0.01 mm。锉削加工范围包括平面、曲面、内孔、台阶面及沟槽等。在模具制造中，锉削加工可实现对某些零件的加工、装配调整和修理。锉削是钳工中最基本的操作。

9.5.1 锉刀

1. 锉刀的构造

锉刀常用碳素工具钢 T12、T13 或 T12A、T13A 制成，经热处理后切削部分硬度达 62～68 HRC。锉刀有无数个锉齿同时对材料进行切削。锉刀的结构由锉身和锉柄组成，如图9-24所示，其大小以工作部分的长度表示。

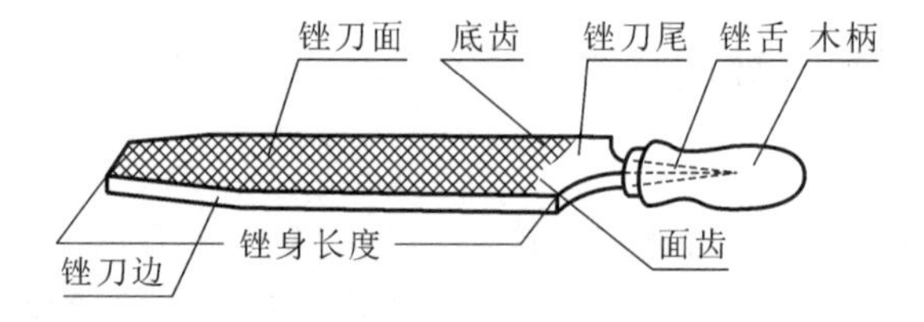

图 9-24 锉刀的各个部分

2. 锉刀分类

锉刀按齿纹可分为单齿纹锉刀和双齿纹锉刀，按齿形加工方法可分为铣齿锉刀和剁齿锉刀，按用途可分为普通锉、特种锉和整形锉。

普通锉根据形状不同可分为平锉(亦称板锉)、半圆锉、方锉、三角锉及圆锉等，如图 9-25(a)所示。其中以平锉用得最多。

特种锉用于加工零件的特殊表面，按锉削工件表面的特殊性有刀口锉、菱形锉、扁三角锉、椭圆锉、圆肚锉等，也有直锉和弯脖锉之分，如图 9-25(b)所示。

整形锉又称什锦锉，主要用于细小零件、窄小表面的加工及冲模、样板的精细加工和修整工件上的细小部分，整形锉是按各种断面形状分组配备的小锉，其截面形状有圆形、不等边三角形、矩形、半圆形等，通常以每组 5 把、6 把、8 把、10 把或 12 把为一套，如图 9-25(c)所示。

3. 锉刀的规格与选择

锉刀规格有尺寸规格和锉齿的粗细规格。对于尺寸规格，圆锉刀用直径表示，方锉刀用方形尺寸表示，其余锉刀都用长度表示，常用的有 100 mm、125 mm、150 mm、200 mm、250 mm、

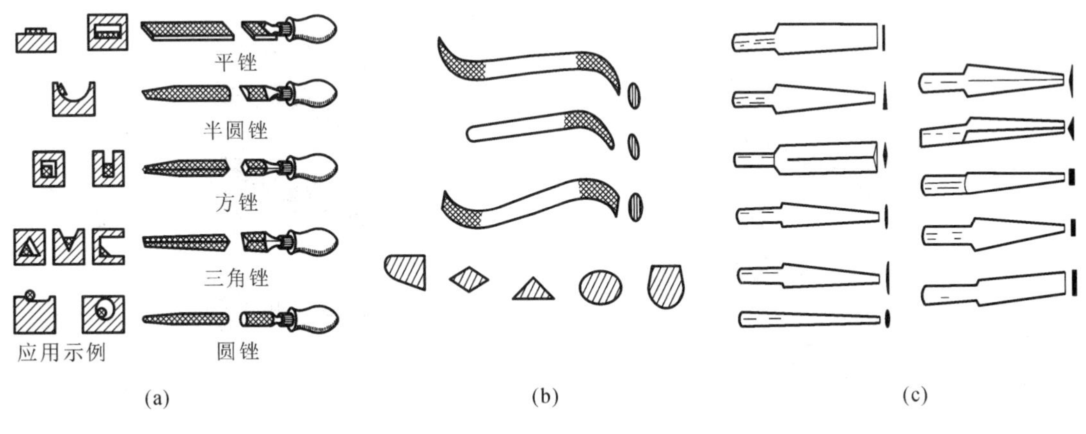

图 9-25　锉刀的种类

300 mm、350 mm、400 mm 等。锉齿的粗细规格为锉纹号，分别有 1～5 号 5 种，锉纹号越小锉齿越粗。

锉刀的粗细，是以每 10 mm 长的锉面上锉齿齿数来划分的。粗锉刀(4～12 齿)的齿间大，不易堵塞，适用于粗加工或锉铜和铝等软金属；细锉刀(13～24 齿)适用于锉钢和铸铁等；光锉刀(30～40 齿)又称油光锉，只用于最后修光表面。锉刀愈细，锉出的工件表面愈光滑，但生产率也愈低。

合理选择锉刀对提高锉削效率、保证锉削质量、延长锉刀使用寿命有很大作用。锉刀选择依据如下。

(1) 锉刀的截面形状要和工件形状相适应。

(2) 粗加工选用粗锉刀，精加工选用细锉刀。粗锉刀适用于锉削加工余量大、加工精度低和表面粗糙度值大的工件；细锉刀适用于锉削加工余量小、加工精度高和表面粗糙度值小的工件；单齿纹锉刀适用于加工软材料。

(3) 锉刀的长度一般应比锉削面长 150～200 mm。锉刀尺寸规格的大小取决于工件加工面尺寸的大小和加工余量的大小。加工面尺寸较大，加工余量也较大时，宜选用较长锉刀；反之，则选用较短的锉刀。

9.5.2　锉削操作

1. 锉刀握法

锉削时必须正确掌握握持锉刀的方法以及施力的变化规律。

正确握持锉刀对于锉削质量的提高、锉削力的运用和发挥以及对操作时的疲劳程度都有一定的影响。锉刀的大小和形状不同，锉刀的握持方法也有所不同，如图 9-26 所示。

使用大的平锉时，应右手握锉柄，左手压在锉端上，使锉刀保持水平。使用中型平锉时，因用力较小，左手的大拇指和食指捏着锉端，引导锉刀水平移动。锉削时施力的变化如图 9-27 所示。锉刀前推时加压，切削并保持水平，返回时，不应紧压工件，以免磨钝锉齿和损伤已加工表面。

2. 锉削姿势

两腿自然站立，身体正前方与台虎钳中心线成大约 45°夹角，且略向前倾；左脚跨前半步，脚掌与台虎钳成 30°角，膝盖处稍弯曲，右脚要站稳伸直，脚掌与台虎钳成 75°角；视线要落在工件的切削部位上，如图 9-28 所示。

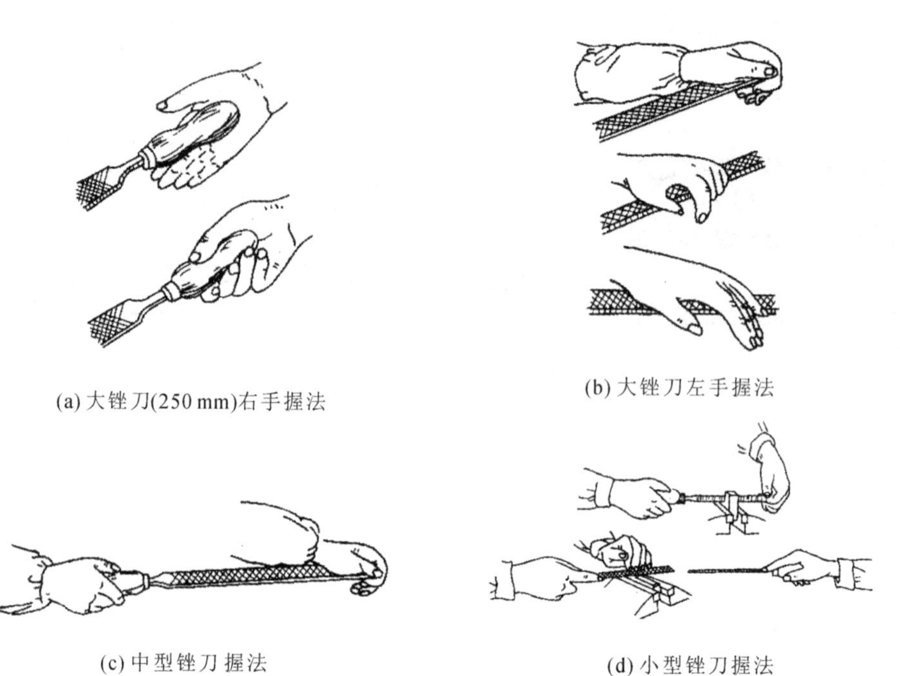

图 9-26 握持锉刀的方法

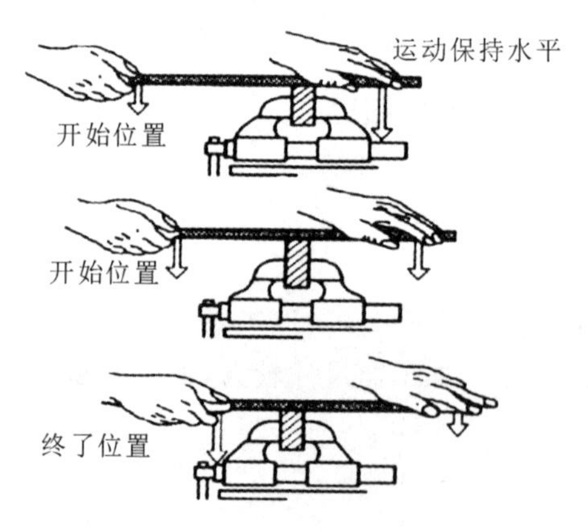

图 9-27 锉削时施力的变化

图 9-28 锉削姿势

3. 锉平面

平面锉削是锉削中最基本的操作。要锉出平直的面,必须使锉刀的运动保持水平。平直是靠在锉削过程中逐渐调整两手的压力来达到的。平面锉削方法有顺锉、交叉锉和推锉，如图 9-29 所示。

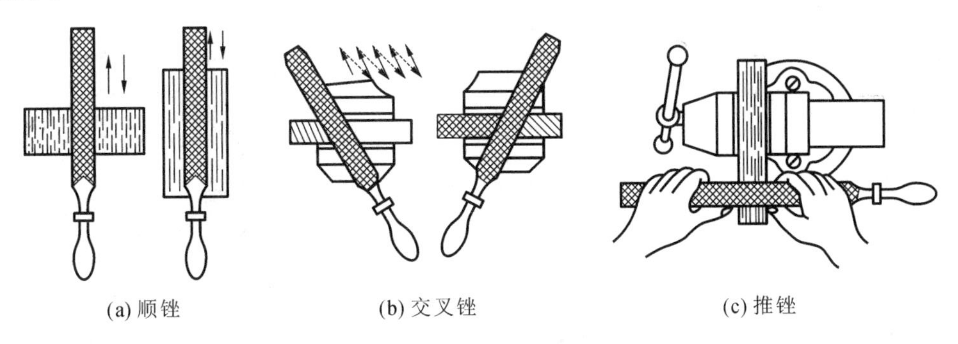
(a) 顺锉　(b) 交叉锉　(c) 推锉

图 9-29　平面锉削的方法

4. 锉圆弧面

(1) 外圆弧面锉削方法有顺锉法和滚锉法，如图 9-30 所示。顺锉法锉削效率高，适用于粗加工；滚锉法在锉削外圆弧面时，锉刀除向前推进外，还要沿外圆弧面摆动。锉削时，锉刀向前，右手下压，左手随着上提。滚锉能使圆弧面锉削光且圆滑，但锉削位置不易掌握且效率不高，故适用于精锉圆弧面。

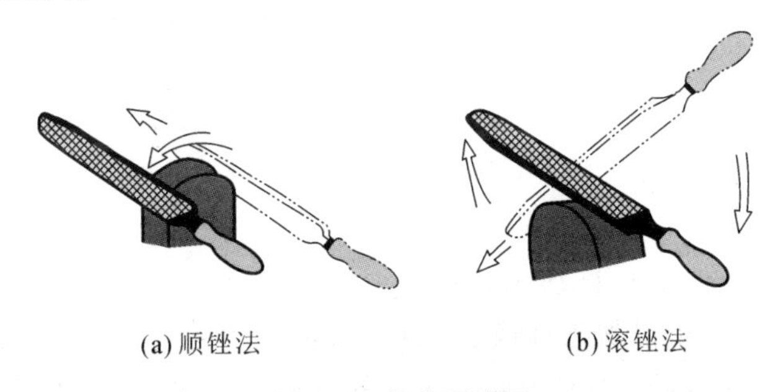
(a) 顺锉法　(b) 滚锉法

图 9-30　锉外圆弧面

(2) 内圆弧面锉削只能采用圆锉刀或半圆锉刀等成形锉刀，且锉刀的半径应小于或等于加工内圆弧的半径。锉削时锉刀要同时且应协调完成前进运动、顺圆弧面的向左或向右的移动和绕锉刀中心线的转动三个运动，如图 9-31 所示。

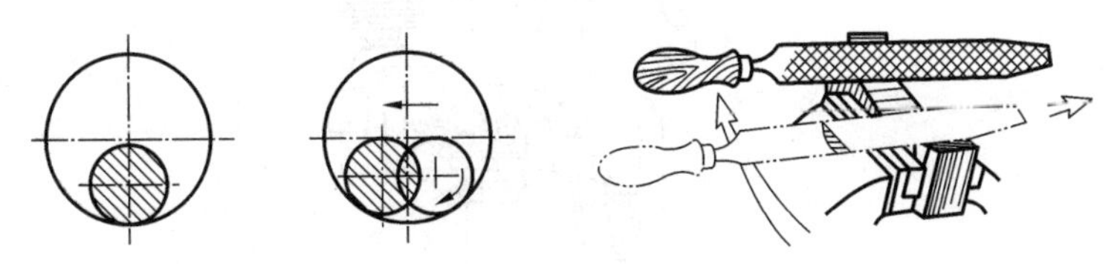

图 9-31　锉内圆弧面

5. 检验

平面锉削时，工件的尺寸可用钢尺和卡钳(或用卡尺)检查。工件的平直度及直角可用直角尺根据是否能透过光线来检查，如图 9-32 所示。

曲面锉削精度的检测使用半径样板，检测时观察半径样板与被测面间的间隙大小，据此估计误差大小，检测时若半径样板与工件圆弧面间的缝隙均匀、透光微弱，则圆弧面轮廓尺寸、形状精度合格，如图 9-33 所示。

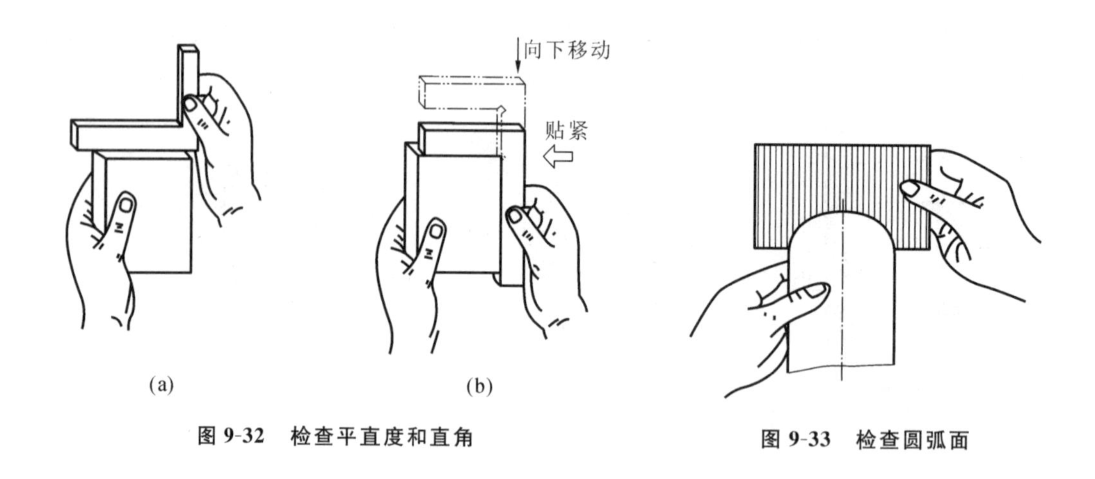

图 9-32　检查平直度和直角　　图 9-33　检查圆弧面

9.6 孔　加　工

9.6.1 钻床

机器零件上分布着很多大小不同的孔，其中那些数量多、直径小、精度不是很高的孔，都是在钻床上加工出来的。

钻床的种类很多，常用的有台式钻床、立式钻床和摇臂钻床等。

在钻床上可以完成的孔加工任务很多，如钻孔、扩孔、铰孔、锪端面、攻螺纹等。

1. 台式钻床

台式钻床简称台钻，如图 9-34 所示。它是一种放在台桌上使用的小型钻床，其钻孔直径一般在 12 mm 以下，最小可以加工直径小于 1 mm 的孔。由于加工的孔径较小，台钻的主轴转速一般较高，最高转速接近每分钟万转。主轴的转速可用改变三角胶带在带轮上的位置来调节。台钻主轴的进给是手动的。台钻小巧灵活，使用方便，主要用于加工小型零件上的各种小孔，在仪表制造、钳工和装配中用得最多。

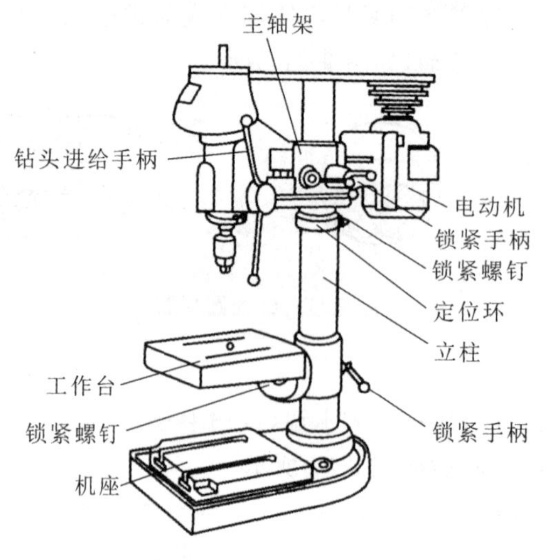

图 9-34　台式钻床

2. 立式钻床

立式钻床简称立钻,如图 9-35 所示。立钻一般用来钻中型工件上的孔,这类钻床的最大钻孔直径有 25 mm、35 mm、40 mm 和 50 mm 等几种。

立钻主要由主轴、主轴变速箱、进给箱、立柱、工作台和机座组成。它的功率较大,可实现机动进给,因此可获得较高的生产效率和加工精度。另外,它的主轴转速和机动进给量都有较大的变动范围,因而可适应不同材料的加工和进行钻孔、扩孔及攻螺纹等多种工作。

3. 摇臂钻床

图 9-36 所示为摇臂钻床外形。它有一个能绕立柱回转 360°的摇臂,主轴变速箱能沿摇臂左右移动,并可随摇臂沿立柱上下做调整运动。由于摇臂钻床结构上的这些特点,操作时能很方便地调整刀具的位置,以对准被加工孔的中心,而不需移动工件来进行加工,因此,用于笨重的大工件以及多孔工件的加工。它广泛地应用于单件和成批生产。

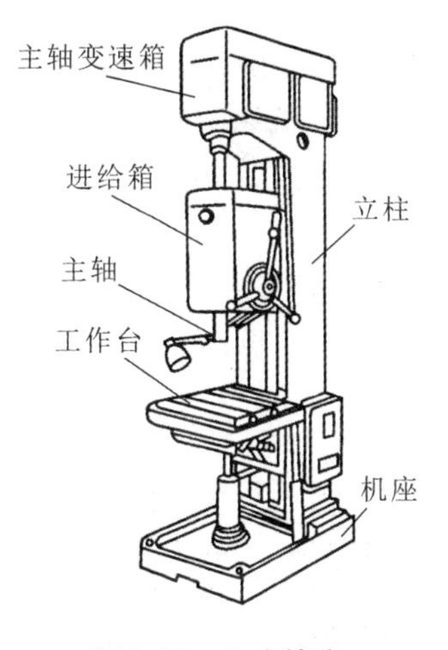

图 9-35　立式钻床

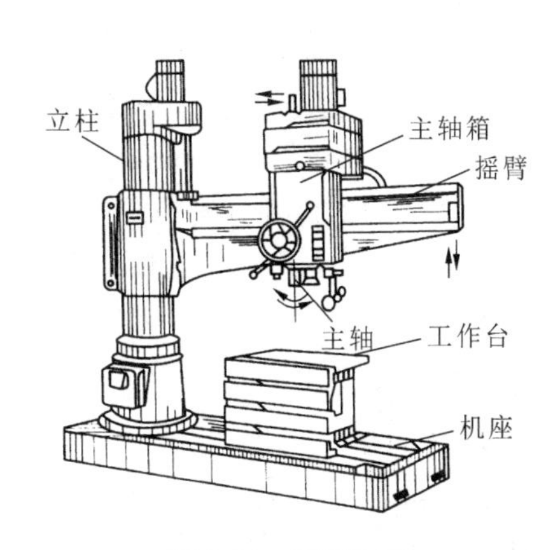

图 9-36　摇臂钻床

9.6.2　钻孔

用钻头在实体材料上加工孔称为钻孔。在钻床上钻孔时,工件固定不动,钻头旋转(主运动)并做轴向移动(进给运动),如图 9-37 所示。钻孔加工的公差等级一般为 IT12 左右,表面粗糙度为 Ra 12.5 μm 左右。

1. 麻花钻

钻孔用的刀具主要是麻花钻,它由柄部、颈部和工作部分(切削部分和导向部分)组成,如图 9-38 所示。柄部是麻花钻的夹持部分,用于传递扭矩。钻头直径小于 12 mm 时一般为直柄钻头,钻头直径大于或等于 12 mm 时为锥柄钻头。锥柄扁尾的作用是防止麻花钻与钻头套或主轴锥孔之间打滑,而且便于麻花钻的拆卸。

颈部在磨削麻花钻时可作为退刀槽使用,钻头的规格、材料及商标常打印在颈部。

导向部分在切削过程中能保持钻头正确的钻削方向且具有修光孔壁的作用。导向部分有两条窄的螺旋形棱边,它的直径向柄部逐渐减小略有倒锥,能保证钻头切削时的导向作用,又可减少钻头与孔壁的摩擦。

钻头有两条螺旋槽,它的作用是构成切削刃,且有利于排屑和切削液流动。钻头最外缘螺旋线的切线与钻头轴线的夹角形成螺旋角。

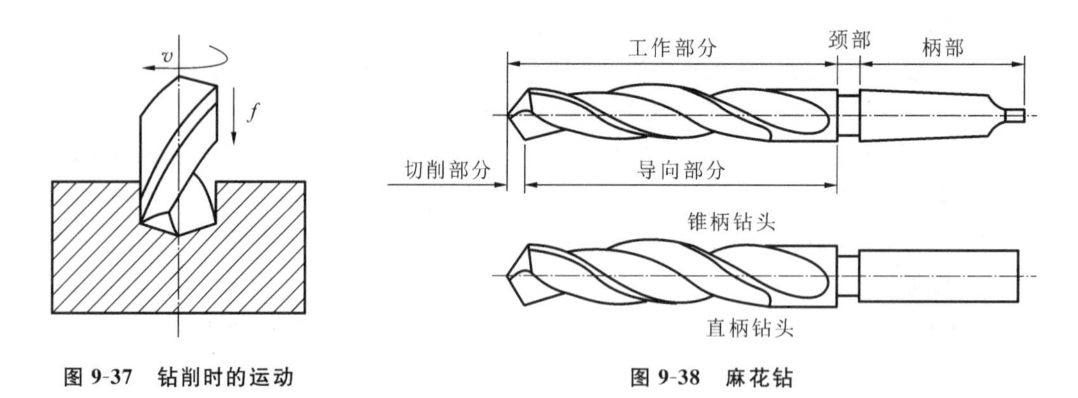

图 9-37　钻削时的运动　　图 9-38　麻花钻

2. 钻孔操作

1）钻头的装夹

麻花钻按尾部形状的不同，有不同的安装方法。直柄钻头一般用钻夹头安装（图 9-39），锥柄钻头可以直接装入机床主轴的锥孔内。当钻头的锥柄尺寸小于机床主轴锥孔尺寸时，需用过渡套筒（图 9-40）。因为过渡套筒要和各种规格的麻花钻安装在一起，所以套筒一般需要数只。

钻夹头或过渡套筒的拆卸方法是：将楔铁带圆弧的边向上插入钻床主轴侧边的锥形孔内，左手握住钻夹头，右手用锤子敲击楔铁卸下钻夹头或过渡套筒（图 9-40）。

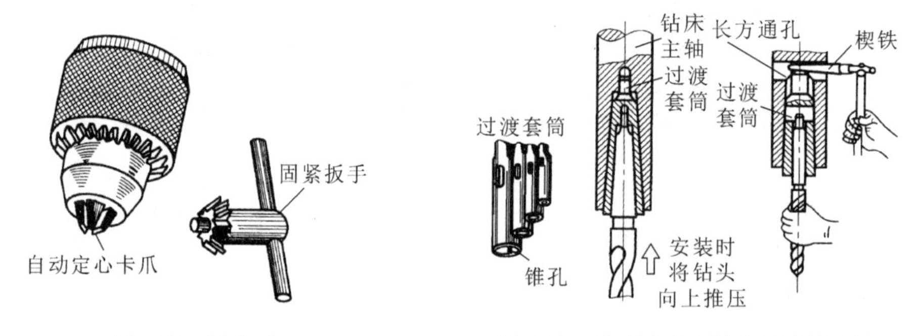

图 9-39　钻夹头　　图 9-40　锥套及锥柄钻头的装卸方法

2）按划线钻孔

钻孔前应在孔中心处打好样冲眼，划出检查圆，以便找正中心，便于引钻，然后钻一浅坑，检查判断是否对中。若偏离较大，则可用样冲在应钻掉的位置錾出几条槽，以把钻偏的中心纠正过来，如图 9-41 所示。

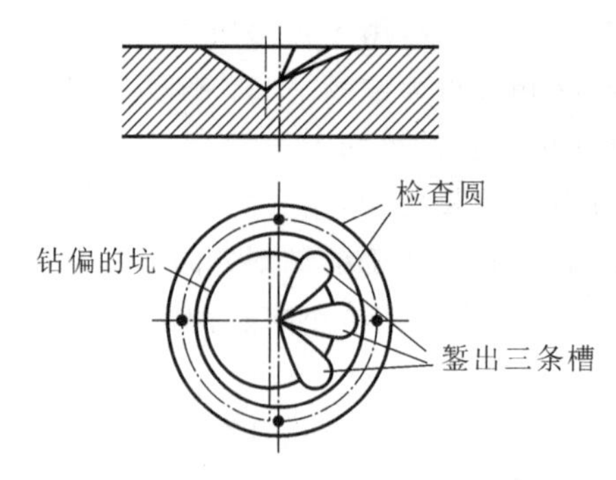

图 9-41　钻偏时的纠正方法

用麻花钻钻较深的孔时，要经常退出钻头以排出切屑和进行冷却，否则切屑可能堵塞在孔内卡断钻头或由于过热而增加钻头的磨损。

钻孔时为了降低切削温度，提高钻头的耐用度，要加冷却润滑液。

直径大于 30 mm 的孔，由于有较大的轴向抗力，很难一次钻出。这时可先钻出一个直径较小的孔(为加工孔径的 0.2～0.4 倍)，然后用第二把钻头将孔扩大到所要求的直径。

9.6.3 扩孔

扩孔是用扩孔钻对已钻出的孔做进一步加工，以扩大孔径并提高精度和降低表面粗糙度值。扩孔可达到的尺寸公差等级为 IT9～IT10，表面粗糙度值为 Ra 3.2～12.5 μm，属于孔的半精加工方法，常作为铰削、磨孔前的预加工工序，也可作为精度不高的孔的终加工工序。

1. 扩孔钻特点

扩孔钻的形状与麻花钻相似，不同的是：扩孔钻有三至四个切削刃，且没有横刃。扩孔钻的钻心大，刚度较大，导向性好，切削平稳。扩孔钻如图 9-42 所示。

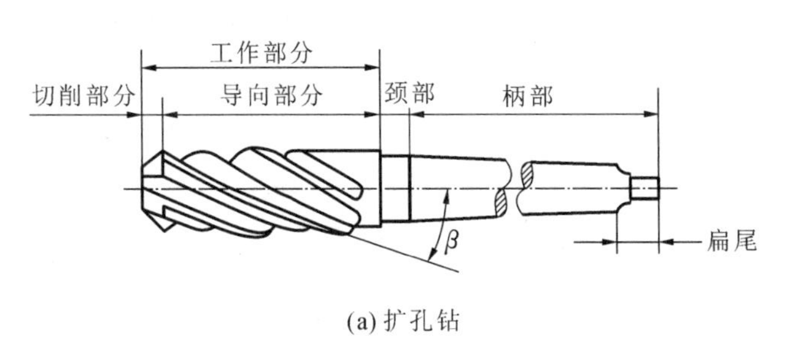

(a) 扩孔钻

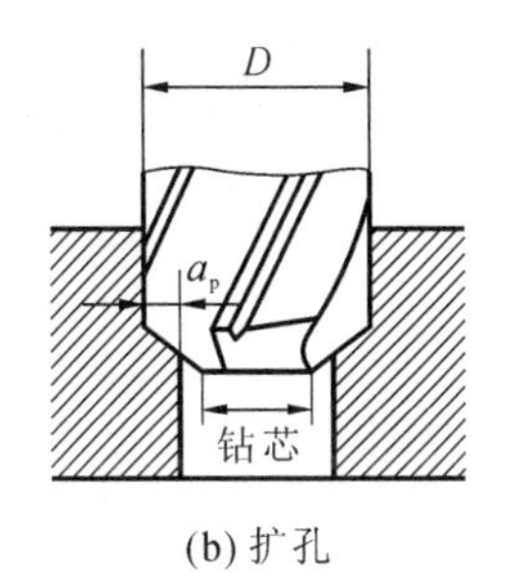

(b) 扩孔

图 9-42　扩孔钻及扩孔

2. 扩孔切削参数选择

(1) 扩孔时的切削深度计算公式为

$$a_p = (D - d)/2$$

式中：D——扩孔后的直径；

d——工件上已有孔的直径。

a_p 一般为 0.5～4 mm，扩孔前应先钻底孔，其直径 $d=(0.5～0.7)D$，加工时最好钻完孔后不改变位置立即扩孔，如图 9-43 所示。

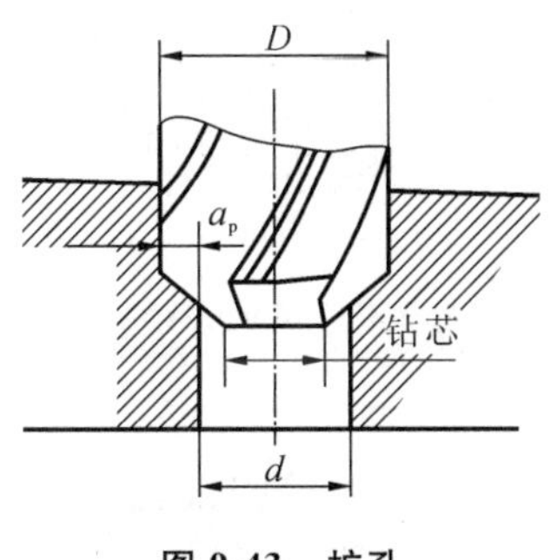

图 9-43　扩孔

(2) 扩孔的切削速度 v_c 以钻孔的切削速度为参考，大约是钻孔切削速度 1/2。

(3) 扩孔的进给量 f 为钻孔的 1.5～2 倍。

9.6.4 铰孔

铰孔是用铰刀从工件孔壁上切除微量金属层，以提高其尺寸精度并减小表面粗糙度值的方法。铰孔是用铰刀对孔进行最后精加工，图 9-44(a)所示为机铰刀和手铰刀结构。铰孔的公差等级为 IT6～IT7，表面粗糙度为 *Ra* 0.8～1.6 μm。铰孔时加工余量很小（粗铰为 0.15～0.5 mm，精铰为 0.05～0.25 mm)，如图 9-44(b)所示。

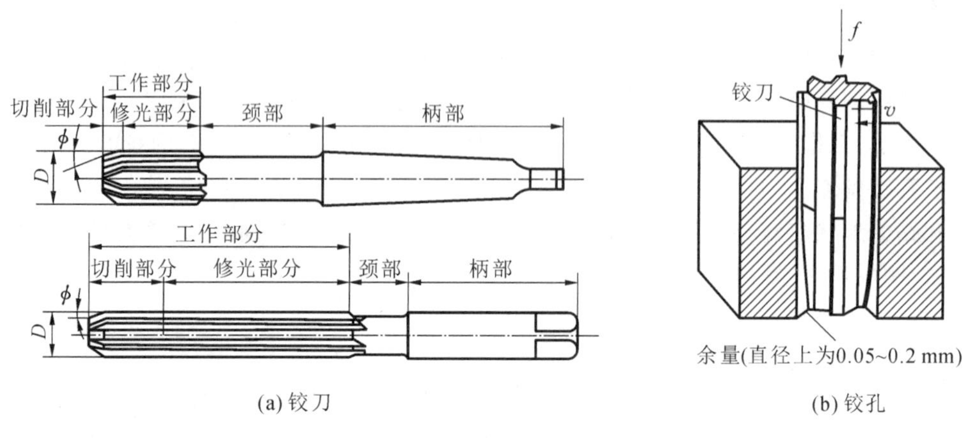

(a) 铰刀　　(b) 铰孔

图 9-44　铰刀和铰孔

铰刀的形状类似扩孔钻，不过它有着更多的切削刃(6～12 个）和较小的顶角，铰刀每个切削刃上的负荷明显小于扩孔钻，这些因素都使铰出的孔的公差等级大为提高，表面粗糙度 *Ra* 值明显降低。

铰刀的刀刃多为偶数，并成对地位于通过直径的平面内，目的是便于测量直径的尺寸。

机铰刀多为锥柄，装在钻床或车床上进行铰孔，铰孔时选较低的切削速度，并选用合适的冷却液，以降低孔的表面粗糙度。

手铰刀切削部分较长，导向作用好，易于实现铰削时垂直下切，表面粗糙度 *Ra* 值较机铰刀低。

1. 铰圆柱孔

铰孔前要用千分尺检查铰刀直径是否合适，铰孔时，铰刀应垂直放入孔中，然后用铰杠，如图 9-45 所示，转动调节手柄，即可调节方孔大小，转动铰刀并轻压进给即可进行铰孔。铰孔时，铰刀不可倒转，以免崩刃。铰钢件时应加机油润滑，铰削带槽孔时，应选螺旋刃铰刀。

图 9-45　可调式铰杠

2. 铰圆锥孔

下面以钳工常铰削的锥销孔为例来说明铰圆锥孔。圆锥形铰刀（图 9-46）是用来铰圆锥孔的，其切削部分的锥度是 1/50，与圆锥销相符。尺寸较小的圆锥孔，可先按小头直径钻出圆柱孔，然后用圆锥铰刀铰削。对于尺寸和深度较大的孔，铰孔前首先钻出阶梯孔，然后再用铰刀铰削。铰削过程中，要经常用相配的锥销来检查尺寸，如图 9-47 所示。

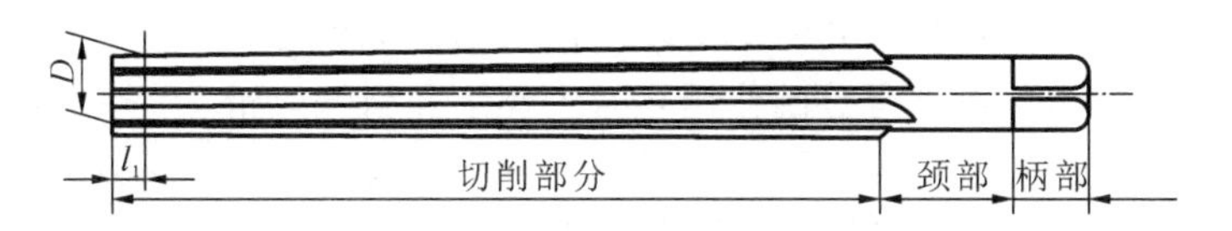

图 9-46　圆锥形铰刀

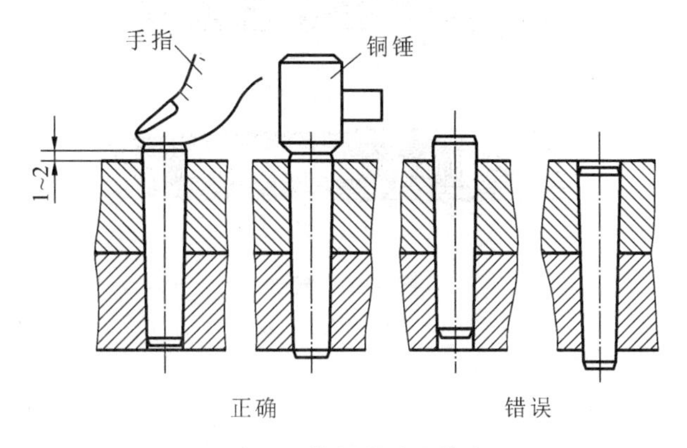

图 9-47　铰圆锥孔及检查

9.7　螺纹加工

用丝锥加工内螺纹的方法称为攻螺纹，如图 9-48 所示。用板牙加工外螺纹的方法称为套螺纹，如图 9-49 所示。

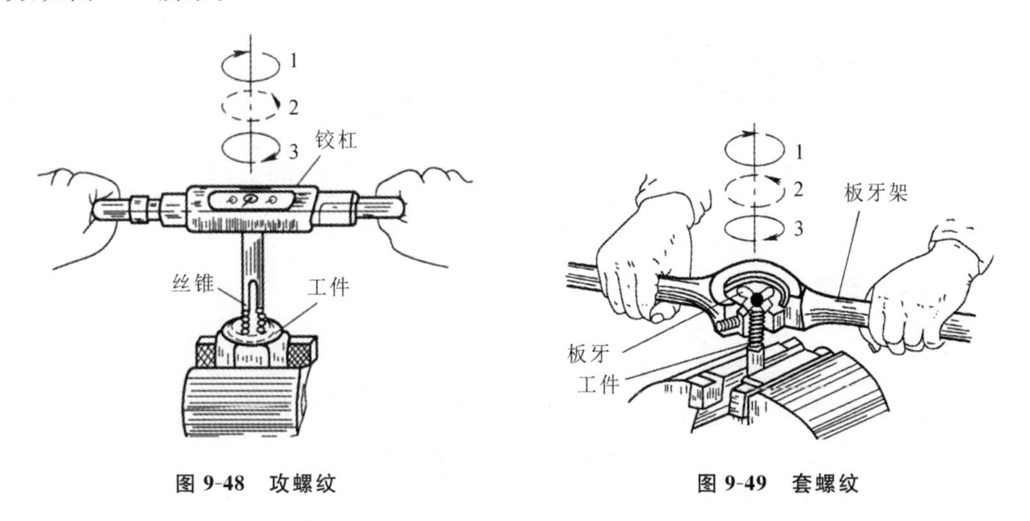

图 9-48　攻螺纹　　图 9-49　套螺纹

9.7.1　攻螺纹

1. 丝锥

丝锥是加工内螺纹的工具，有手用和机用之分。其切削用量分为锥形分配(等径)和柱形分配(不等径)。手用丝锥在 M6～M24 范围内由两支组成一套，分为头锥和二锥，如图 9-50 所示。两支丝锥的外径、中径和内径均相等，只是切削部分的长短和锥角不同。

每个丝锥的工作部分由切削部分和校准部分组成。切削部分(即不完整的牙齿部分)是切削螺纹的主要部分,其作用是切去孔内螺纹牙间的金属。头锥有5～7个不完整的牙齿,二锥有1～2个不完整的牙齿。校准部分的作用是修光螺纹和引导丝锥。

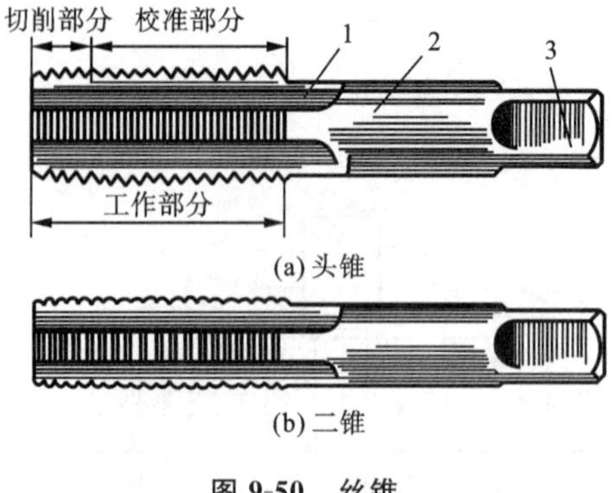

图 9-50　丝锥

1—槽;2—柄;3—方头

2. 铰杠

铰杠是手工攻螺纹的辅助工具,用来夹持丝锥,分普通铰杠和丁字铰杠,又分为固定式和活络式,如图9-51所示。常用的是活络式的,其可以调节,便于夹持各种不同尺寸的丝锥。

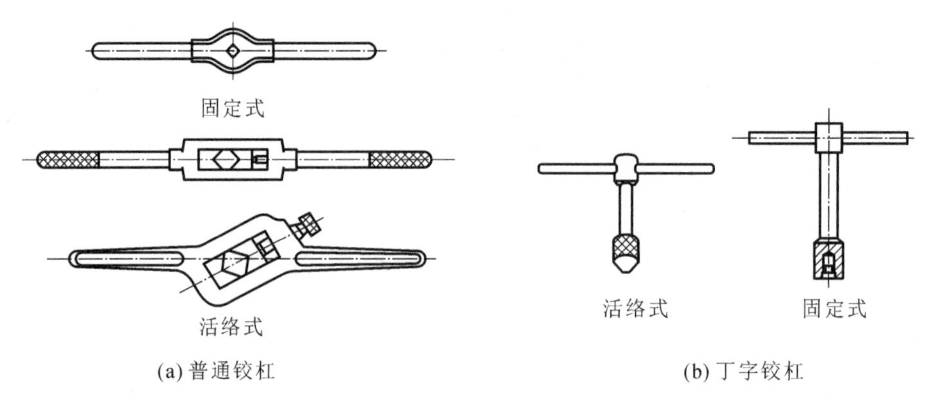

图 9-51　铰杠

3. 攻螺纹的步骤

1）钻螺纹底孔

底孔的直径可查手册或按下面的经验公式计算。

对于脆性材料(铸铁、青铜等):

$$D_0=D-(1.05\sim1.1)P$$

对于韧性材料(钢、紫铜等):

$$D_0=D-P$$

式中:D_0——钻孔直径;

D——螺纹大径;

P——螺距。

对于钻孔深度:

$$H=l+0.7D$$

式中:H——钻孔深度;

l——要求的螺纹长度；

D——螺纹大径。

2）攻螺纹

攻螺纹时，将丝锥垂直放在工件孔内，两手握住铰杠中部，均匀用力，使铰杠保持水平转动，并在转动过程中对丝锥施加垂直压力，使丝锥切入孔内 1～2 圈。用 90°角尺检查丝锥与工件表面是否垂直。若不垂直，则丝锥要重新切入，直至垂直。当丝锥切入 3～4 圈后，即可只转动，不加压，每转 1～2 圈应反转 1/4 圈，以使切屑断裂。攻钢料螺纹时应加机油润滑，攻铸铁件时可加煤油。攻通孔螺纹时，只用头锥攻穿即可；攻盲孔或较硬材料的螺纹时，可将头锥、二锥交替使用。攻螺纹结束后将丝锥轻轻倒转，退出丝锥，注意退出丝锥时不能让丝锥掉下。

9.7.2　套螺纹

用板牙在圆杆上加工出外螺纹的加工方法称为套螺纹。

1. 板牙和板牙架

套螺纹用的工具是板牙和板牙架。板牙有固定式的和开缝式的两种。图 9-52 为常用的固定式圆板牙，圆板牙螺孔的两端有 40°锥度部分，是板牙的切削部分。套螺纹用的板牙架如图 9-53所示。

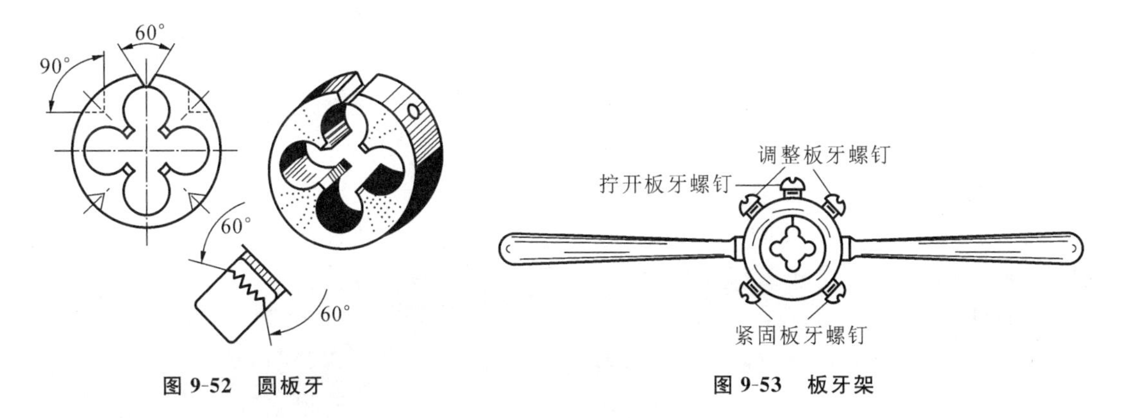

图 9-52　圆板牙　　图 9-53　板牙架

2. 套螺纹的操作方法

套螺纹前应检查圆杆直径，直径太大难以套入，直径太小套出的螺纹牙齿不完整。圆杆直径可用经验公式计算：

$$d = D-(0.13 \sim 0.2)P$$

式中：d——圆杆直径；

D——螺纹大径；

P——螺距。

要套螺纹的圆杆顶端倒角 15°～20°，如图 9-54 所示。

套螺纹时板牙端面与圆杆应严格保持垂直，然后适当加压按顺时针方向扳动板牙架，套入几圈螺纹后，即可只转动，不加压。同攻螺纹一样要经常反转，使切屑断裂，及时排屑，套螺纹时应加机油润滑。

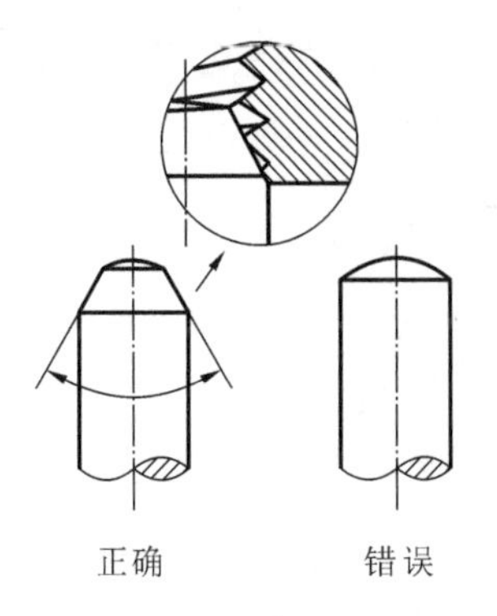

图 9-54　圆杆的倒角

9.8 装　　配

任何一台机器都是由多个零件组成的,将零件按装配工艺过程组装起来,并经过调整、试验使之成为合格产品的过程,称为装配。

装配又有组件装配、部件装配和总装配之分。

(1) 组件装配　将若干个零件安装在一个基础零件上面构成组件,例如减速箱的一根轴的装配。

(2) 部件装配　将若干个零件、组件安装在另一个基础零件上面构成部件(或独立机构),例如减速箱的装配。

(3) 总装配　将若干个零件、组件、部件安装在一个较大、较重的基础零件上而构成产品。例如车床就是由几个箱体等部件安装在床身上而构成的。

9.8.1　装配过程

1. 装配前的准备

(1) 研究和熟悉装配图的技术条件,了解产品的结构和零件的作用,以及相互连接的关系。

(2) 确定装配的方法、程序和所需的工具。

(3) 领取和清洗零件。清洗时,可用柴油、煤油去掉零件上的锈蚀、切屑末、油污及其他脏物,然后涂上一层润滑油。有毛刺应及时修去。

2. 装配流程

按照组件装配—部件装配—总装配的次序进行装配,并经调整、试验、检验、喷漆、装箱等步骤。

3. 组件装配举例

图 9-55 所示为减速箱大轴组件,它的装配顺序如下:

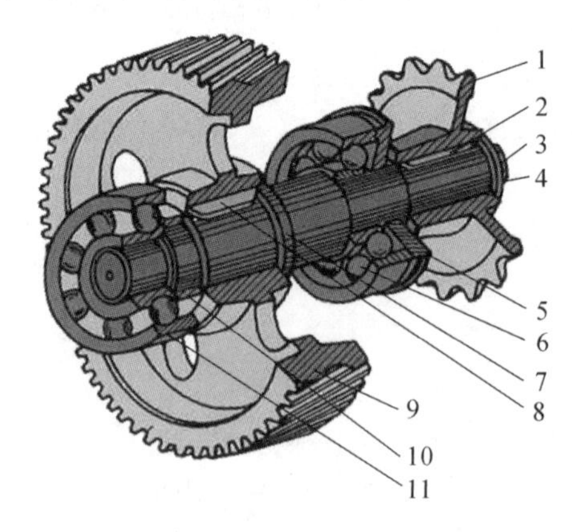

图 9-55　大轴组件结构

1—链轮;2—键;3—轴承端盖;4—轴;5—轴承;6—滚动体;7—套筒;8—键;9—齿轮;10—套筒;11—轴承

(1) 将键配好,轻打装在轴上;

(2) 压装齿轮;

(3) 放上垫套,压装右轴承;

(4) 压装左轴承;

(5) 在透盖槽中放入毡圈,并套在轴上。

4. 对装配工作的要求

(1) 装配时,应检查零件与装配有关的形状和尺寸精度是否合格,检查有无变形、损坏等。应注意零件上的各种标记,防止装错。

(2) 固定连接的零、部件不允许有间隙;活动的零件应能在正常的间隙下,灵活均匀地按规定方向运动。

(3) 各种运动部件的接触表面,必须保证有足够的润滑,油路必须畅通。

(4) 各种管道和密封部件,装配后不得有渗漏现象。

(5) 高速运动机构的外面,不得有凸出的螺钉头、销钉头等。

(6) 试车前,应检查各部件连接的可靠性和运动的灵活性,检查各种变速和变向机构的操纵是否灵活,手柄是否在合适的位置。试车时,从低速到高速逐步进行,并且根据试车情况,进行必要的调整,以满足运转的要求,但是要注意不能在运转中进行调整。

9.8.2　常用零件的装配

1. 轴承的装配

滚珠轴承的配合多数为较小的过盈配合,常用手锤或压力机压装,为了使轴承受到均匀压力,采用垫套加压。轴承压到轴上时,应通过垫套施力于内圈端面,如图 9-56(a)所示;轴承压到机体孔中时,则应施力于外圈端面,如图 9-56(b)所示;若轴承同时压到轴上和机体孔中,则内外圈端面应同时加压,如图 9-56(c)所示。

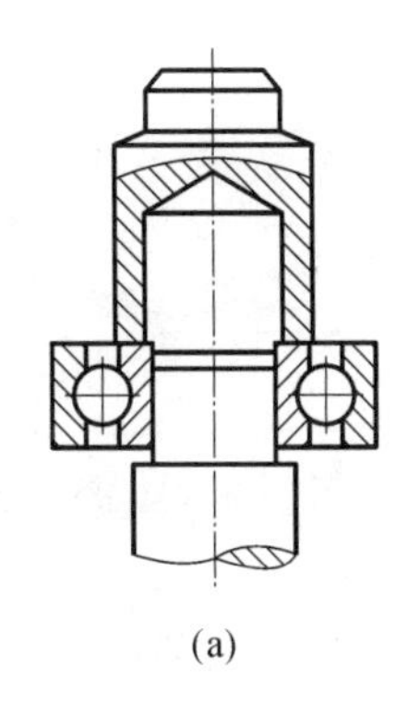

(a)

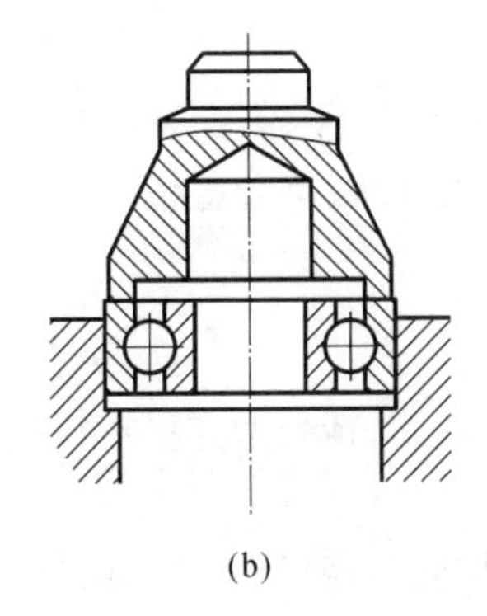

(b)

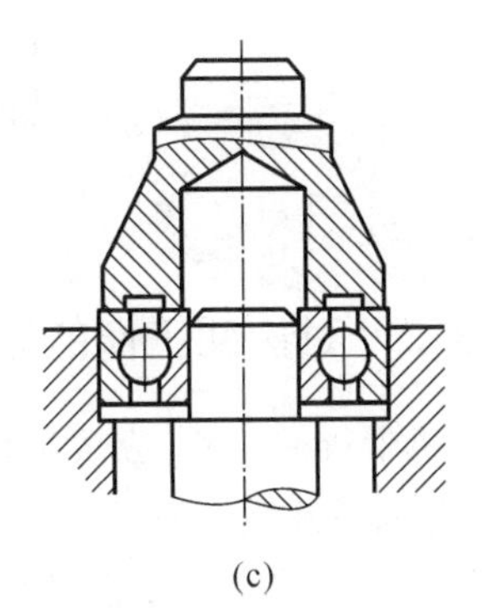

(c)

图 9-56　用垫套压滚珠轴承

若轴承与轴采用较大的过盈配合,则最好将轴承吊在 80～90 ℃的热油中加热,然后趁热装入。

2. 螺钉、螺母的装配

在装配工作中螺钉、螺母的装配很常见,应特别注意以下事项。

(1) 螺纹配合应实现用手能自由旋入,过紧会咬坏螺纹,过松则受力后螺纹会断裂。

(2) 螺钉、螺母的端面应与螺纹轴线垂直,以受力均匀。

(3) 装配成组螺钉、螺母时,为了保证零件贴合面受力均匀,应按一定顺序来旋紧,如图 9-57所示;并且不要一次完全旋紧,应按顺序分为两次或三次旋紧,即第一次先旋紧到一半的程度,然后再完全旋紧。

(4) 零件与螺钉、螺母的贴合应平整光洁,否则螺纹容易松动。为了提高贴合质量可加垫圈。为了防止螺纹连接在工作中松动,很多情况下需要采取放松措施,常用的有双螺母、弹簧垫圈、开口销、止动垫圈等,如图 9-58 所示。

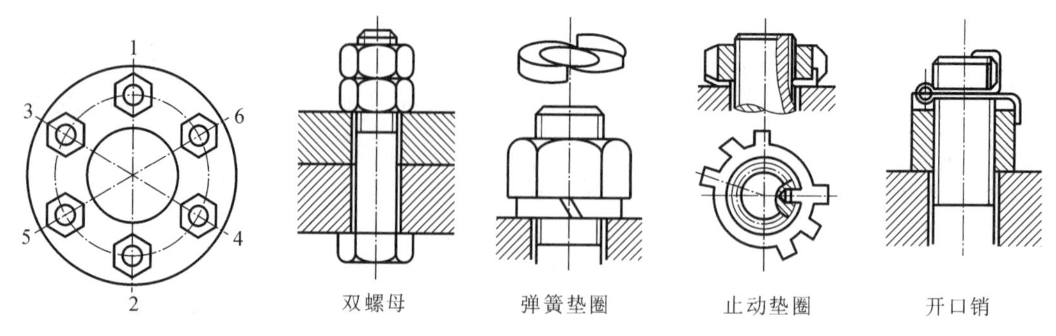

图 9-57　螺母的旋紧顺序

图 9-58　螺纹连接的放松措施

3. 键连接的装配

键连接装配是用来连接轴上零件并对它们起周向固定作用,以达到传递扭矩的作用。常用的有平键、半圆键、花键等。图 9-59 为平键连接的装配,装配时应使键长与键槽相适应,键宽方向使用过渡配合,键底面与键槽底面接触。

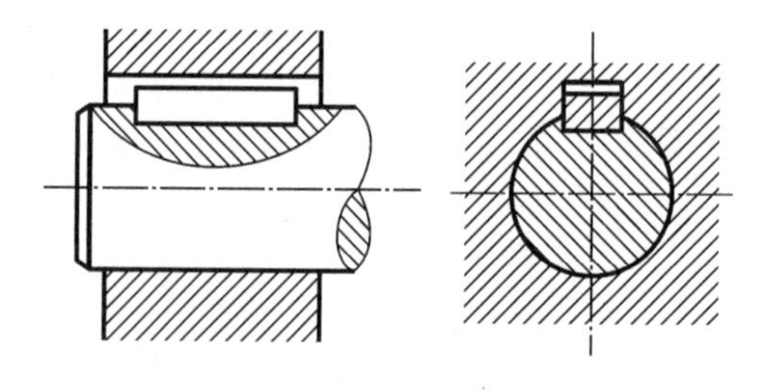

图 9-59　平键连接

9.8.3　对拆卸工作的要求

(1) 机器拆卸工作,应按其结构的不同,预先考虑操作程序,以免先后倒置,或贪图省事猛拆猛敲,造成零件损伤或变形。

(2) 拆卸的顺序应与装配的顺序相反,一般先拆外部附件,然后按照总成、部件进行拆卸。在拆卸部件或组件时,应按从外部到内部、从上部拆到下部的顺序,依次拆卸组件或零件。

(3) 拆卸时,使用的工具必须保证不会对合格零件产生损伤(尽可能使用专用工具,如各种拉出器、固定扳手等),严禁用硬手锤直接在零件的工作表面上敲击。

(4) 拆卸时,零件的旋松方向(左、右螺纹)必须辨别清楚。

(5) 拆下的部件和零件必须有次序、有规则地放好,并按原来结构套在一起,配合件上做记号,以免搞乱。丝杠、长轴类零件必须用绳索标记好,并且用布包好,以防弯曲变形和碰伤。

9.8.4　钳工综合训练项目

手锤是一种常见的手工工具,钳工做手锤的工艺流程非常重要,需要经过多个环节的加工和处理,才能制作出质量优良、外观精美的手锤。

图 9-60 所示为手锤的零件图。

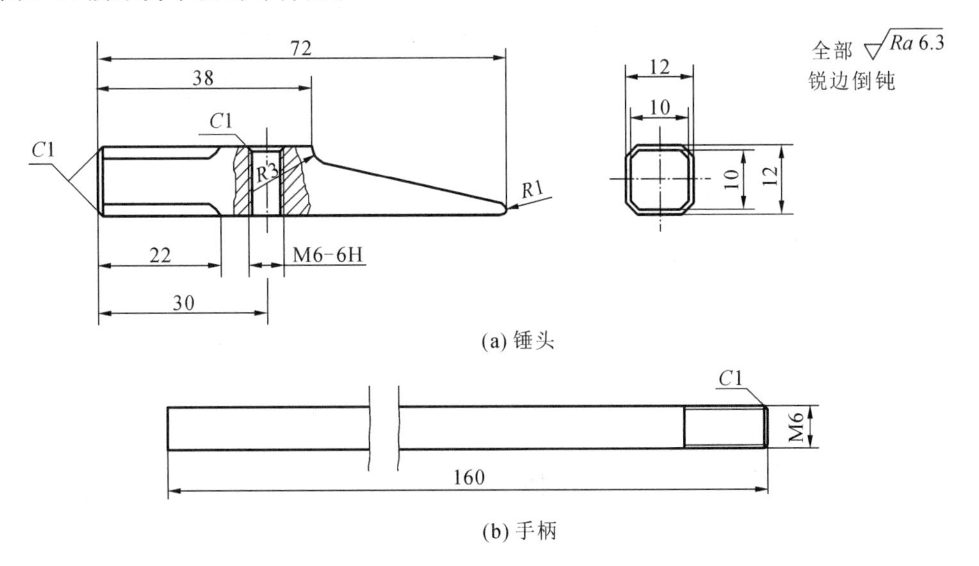

(a) 锤头

(b) 手柄

图 9-60　手锤零件图

手锤的具体加工工艺如表 9-1 所示。

表 9-1　手锤的具体加工工艺

序号	加工内容	加工简图
1	下料：选择 14 mm×14 mm 的方钢及 ϕ6 mm 的圆棒料，长度分别锯切为 74 mm 及 160 mm	74；14；14；160；ϕ6
2	粗锉四周平面及端面尺寸至 12. 8 mm × 12. 8 mm × 73 mm，注意平面度、垂直度及平行度	73；12.8；12.8
3	精锉四周平面及端面尺寸至 12 mm×12 mm×72 mm，保证平面度、垂直度及平面度	72；12；12
4	划出各加工线，打样冲眼	

续表

序号	加工内容	加工简图
5	锉削圆弧面 $R3$	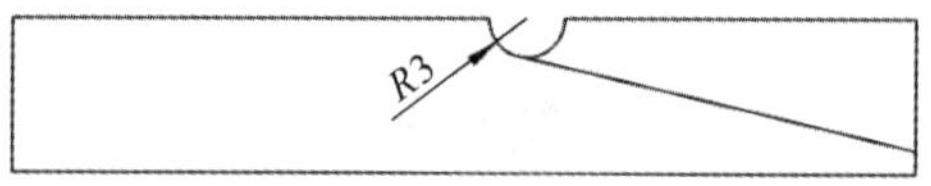 R3
6	锯斜面	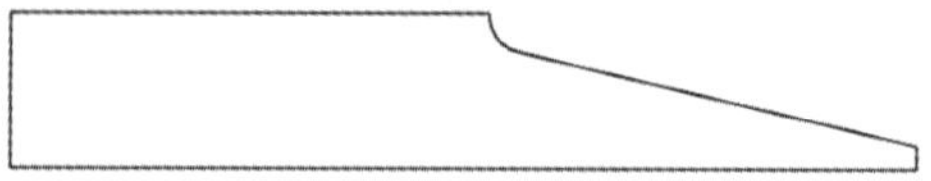
7	锉削斜面及圆弧面 $R1$	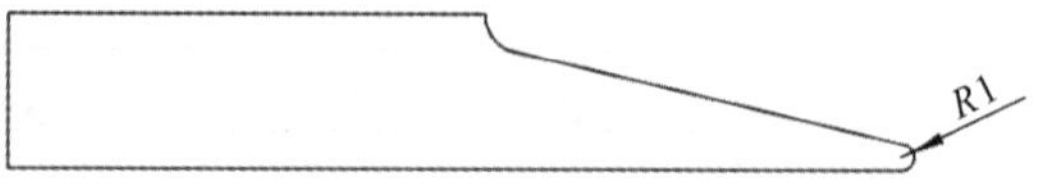 R1
8	锉削四边倒角 $C1$ 及端面倒角 $C1$	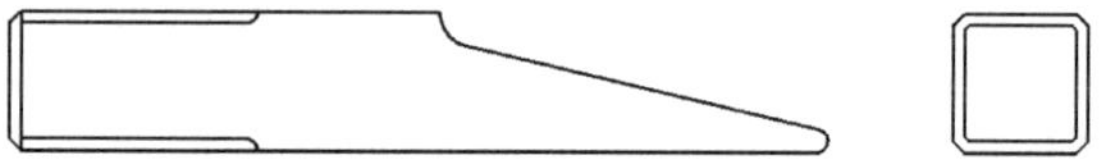
9	钻 $\phi5$ mm 通孔及在孔端倒角 $C1$	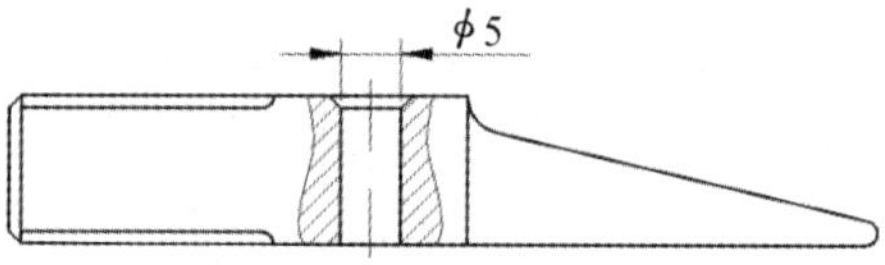 $\phi5$
10	用 M6 丝锥攻螺纹	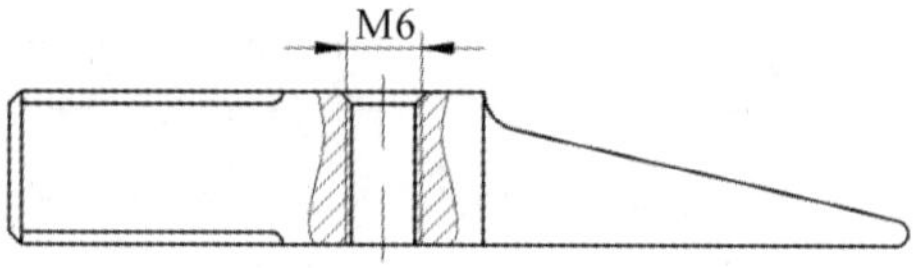 M6
11	圆棒料端面倒角，用 M6 板牙在圆棒料上套螺纹	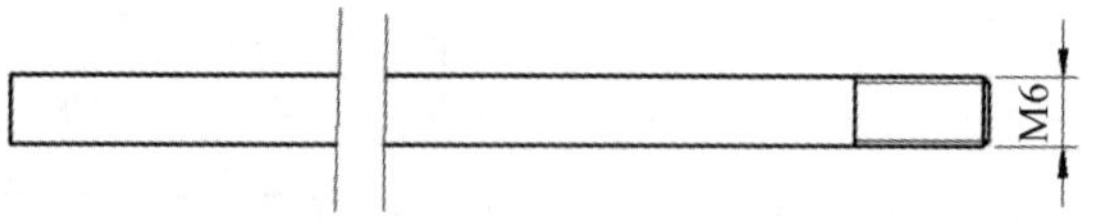 M6
12	将锤头和手柄进行装配	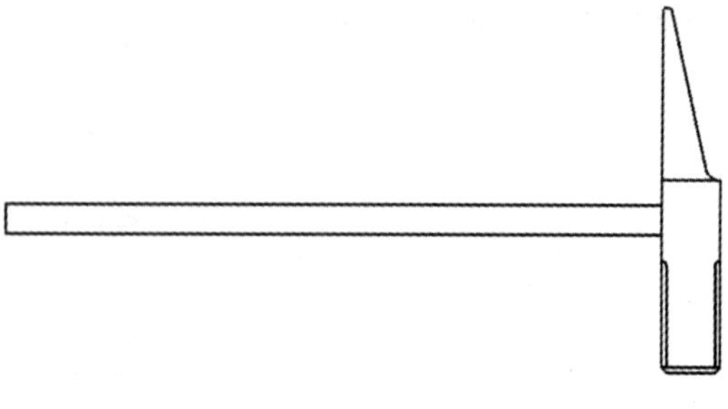

思　考　题

1. 钳工的基本操作有哪些？
2. 钳工常用的设备有哪些？
3. 划线的作用是什么？
4. 什么是划线基准？选择划线基准的原则是什么？
5. 锯削的基本操作有哪些？
6. 安装锯条应注意什么？
7. 常用锉刀的截面形状有哪些？
8. 推锉法应用在什么场合？
9. 如何锉削曲面？
10. 钳工加工中使用的钻床有几种类型？
11. 麻花钻由哪几部分组成？
12. 攻螺纹时应如何保证螺孔质量？
13. 划线工具有几类？如何正确使用？
14. 有哪几种起锯方式？起锯时应注意哪些问题？
15. 怎样正确采用顺向锉法、交叉锉法和推锉法？
16. 钻孔、扩孔与铰孔各有什么区别？
17. 什么是攻螺纹？什么是套螺纹？
18. 什么是装配？装配方法有几种？

第 10 章　数控加工基础知识

学习目标

1. 了解数控加工的基本知识。
2. 熟悉数控机床的组成。
3. 熟悉数控编程的内容和步骤。

自从第一台数控铣床诞生后，数控加工技术在全世界各国得到迅速发展，对现代机械制造加工技术的发展起到重大推动作用。数控加工技术不仅涉及数控加工设备，还涉及数控加工工艺、工装和加工过程的自动控制等。数控技术已成为制造业实现自动化、柔性化、集成化生产的基础技术，随着计算机、自动化、精密机械与测量技术的发展，数控技术也在发生着日新月异的变化。

10.1　数控加工的基本原理

10.1.1　数控加工的原理

在数控机床上加工零件时，首先要根据被加工零件的图样，将工件的形状、尺寸及技术要求数字化，编成程序代码输入机床控制系统，再由其进行运算处理后转换成驱动伺服机构的指令信号，从而控制机床各部件协调动作，自动地加工出零件。当更换加工对象时，只需要重新编写程序代码，输入机床，即可由数控装置代替人的大脑和双手的大部分功能，控制加工的全过程，制造出复杂的零件。

数控机床加工原理如图 10-1 所示，图 10-2 为数控系统的功能结构。

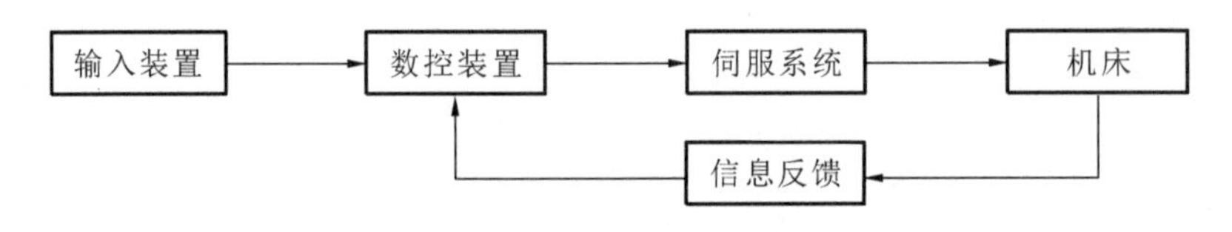

图 10-1　数控机床加工原理

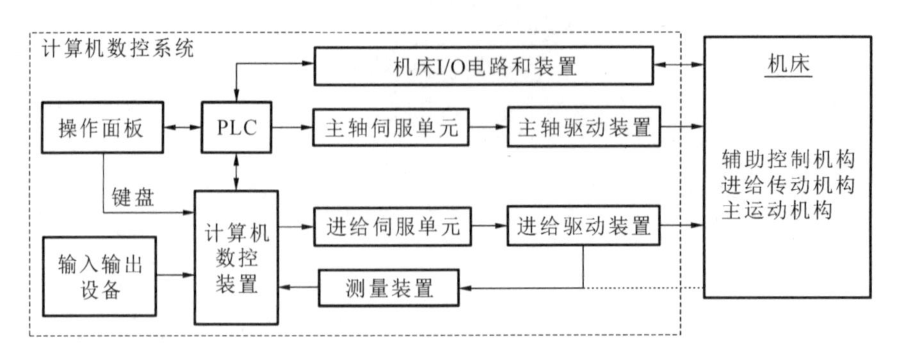

图 10-2　数控系统功能结构

10.1.2　数控加工的特点

数控加工的主要特点如下。

1. 加工精度高，质量稳定

数控机床是根据以数字形式给出的指令脉冲进行加工的。目前精度达到了 0.1～1 μm，此外，工件的加工尺寸是按预先编好的程序由数控机床自动保证的，不受零件复杂程度及操作者水平的影响，故同一批加工的零件质量稳定。

2. 生产率高

数控机床在加工时，能选择最有利的切削用量，可有效地节省加工时间，且数控机床具有自动换刀、不停车变速及快速空行程等功能，又使辅助时间大为缩短，故生产率可比普通机床提高 2～3 倍，在某些条件下，甚至可提高十几到几十倍。

3. 适应性强

当工件或加工内容改变时，不需像其他自动机床那样重新制造模板或凸轮，只要改变加工程序即可，为单件、小批量产品生产及新产品试制提供了极大的方便。

4. 改善劳动条件

操作者除了操作键盘、装卸零件、调整机床、测量中间关键工序及观察机床运行外，不必进行重复性、繁重的手工操作。劳动强度与紧张程度均可大大减轻，劳动条件也得到相应改善。

5. 经济效益好

数控机床，特别是可自动换刀的数控机床，在一次装夹下，几乎可以完成工件上全部所需加工部位的加工。因此，一台这样的数控机床可以代替 5～7 台普通机床，除了节省厂房面积外，还节省了劳动力，以及工序间运输、测量和装卸等辅助费用。另外，由于废品率低，生产成本也进一步下降。

6. 有利于实现生产管理现代化

数控机床的切削条件、切削时间等都是由预先编好的程序决定的，易实现数据化。这就便于准确地编制生产计划，为计算机管理生产创造了有利条件。此外，数控机床适合与计算机连接，实现计算机辅助设计、制造和管理一体化。

7. 要求条件高

目前，数控机床价格昂贵、技术复杂、维修困难，对管理及操作人员的素质要求较高。

10.1.3　数控机床分类

1. 按加工工艺用途分类

数控机床按加工工艺用途可分为普通数控机床和数控加工中心机床。普通数控机床主要有数控车床、数控铣床、数控镗床、数控磨床、数控钻床、数控冲床、数控齿轮加工机床、数控电火花加工机床等。数控加工中心机床是指带有刀库和自动换刀装置的数控机床。

2. 按运动方式分类

1）点位控制数控机床

点位控制是指数控系统只控制刀具或机床工作台从一点准确地移动到另一点，而点与点之间的运动轨迹不需要严格控制，如图 10-3 所示。为了缩短移动部件的运动与定位时间，一般移动部件先快速移动到终点附近位置，然后低速准确移动到终点定位位置，移动过程中刀具不进行切削。这类数控机床主要有数控钻床、数控坐标镗床、数控冲床等。

2）直线控制数控机床

直线控制是指数控系统除控制直线轨迹的起点和终点的准确定位外，还要保证两点间的移动轨迹为一直线，并且要控制数控机床在这两点之间以指定的进给速度进行直线切削，如图10-4所示。采用这类控制方式的有数控铣床、数控车床和数控磨床等。

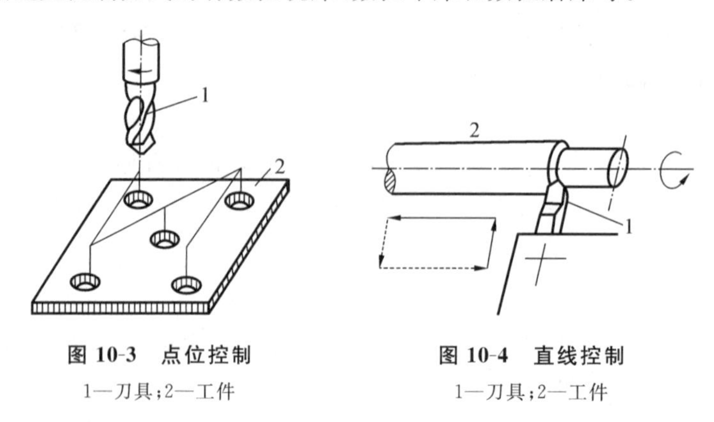

图 10-3　点位控制

1—刀具；2—工件

图 10-4　直线控制

1—刀具；2—工件

3）轮廓控制数控机床

轮廓控制能够连续控制两个或两个以上坐标方向的联合运动，如图10-5所示。轮廓控制数控机床不仅要控制机床移动部件的起点与终点坐标，而且要控制整个加工过程中每一点的速度、方向和位移量，也称为连续控制数控机床。这类数控机床主要有数控车床、数控铣床、数控线切割机床、数控磨床和加工中心等。

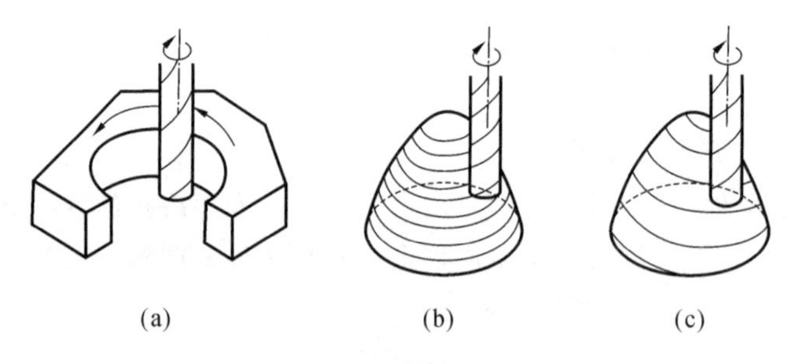

(a)　　(b)　　(c)

图 10-5　轮廓控制

3. 按伺服控制方式分类

1）开环控制数控机床

开环伺服系统不设检测反馈装置，不构成运动反馈控制回路，电动机按数控装置发出的指令脉冲工作，对运动误差没有检测反馈和处理修正过程。

图10-6所示为数控机床开环控制框图，由于系统中没有检测和反馈装置，机床的位置精度完全取决于步进电动机步距角的精度、齿轮的传动间隙、丝杠螺母的精度等，因此其精度较低，但其结构简单、易于调整、价格低廉，多用于对精度和速度要求不高的经济型数控机床。

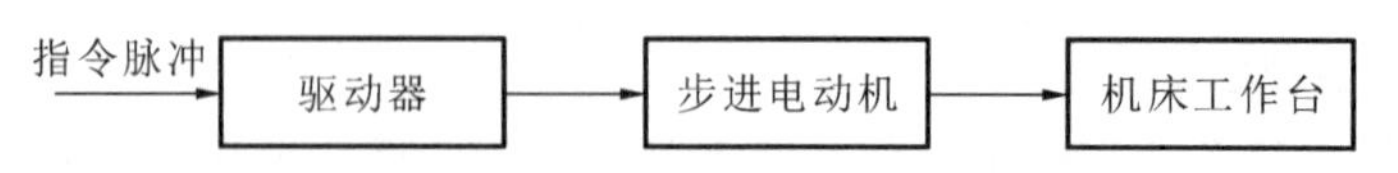

图 10-6　数控机床开环控制框图

2）半闭环控制数控机床

反馈信号不是从机床的工作台取出，而是从传动链的中间部位取出，并按照反馈控制原理构成的位置伺服系统，称作半闭环控制系统，这种系统在本质上仍属于闭环伺服系统，只是反馈信号取出点不同而已。图 10-7 所示为半闭环控制框图。

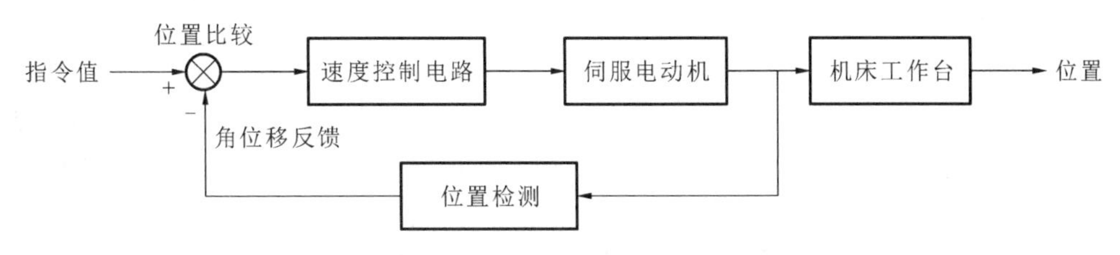

图 10-7　数控机床半闭环控制框图

半闭环伺服系统的角位移检测装置直接安装在电动机轴上，或者安装在丝杠末端。半闭环伺服系统的反馈信号取自电动机轴（或丝杠），工作时将所测得的转角折算成工作台的位移，再与指令值进行比较，从而控制机床运动。这种系统被广泛用在中小型数控机床上。

3）闭环控制数控机床

闭环伺服系统主要由比较环节、伺服驱动放大器、进给伺服电动机、机械传动装置和直线位移检测装置组成。图 10-8 为闭环控制框图。

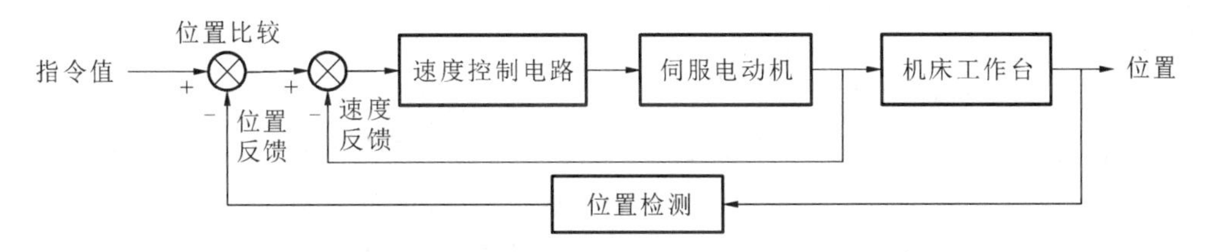

图 10-8　数控机床闭环控制框图

在闭环控制系统中，数控装置发出的位移指令脉冲，通过伺服电动机和机械传动装置驱动运动部件运动，运动部件的位移用位置检测装置进行检测，测量的实际位置被反馈到输入端与指令位置进行比较，其差值用于控制伺服电动机带动工作台移动，直至两者的差值为零为止。

10.2　数控编程

10.2.1　数控编程的基本概念

在普通机床上加工零件时，由工艺人员事先制订好零件加工工艺规程（工艺卡）。在工艺规程中给出零件的加工路线、切削参数、使用机床的规格及刀夹量具等内容。操作人员按工艺规程手工操作机床，加工零件。

为了能在数控机床上加工出不同形状、尺寸和精度的零件，需要编程人员编制不同的加工程序，数控机床按编制好的程序自动加工出合格的零件。

所谓编程，就是把零件的图形尺寸、工艺过程、工艺参数、机床的运动以及刀具位移等内容，按照数控机床的编程格式和能识别的语言记录在程序单上的全过程。

数控编程的主要内容包括：分析零件图样，确定加工工艺过程；确定走刀轨迹，计算刀位数据；编写零件加工程序；制作控制介质；校对程序及首件试切加工等。

10.2.2　数控编程的方法

数控编程一般分为手工编程和自动编程。

1. 手工编程

从零件图样分析、工艺处理、数值计算、程序单编写、程序输入至程序校验等各步骤均由人工完成，称为手工编程(manual programming)。对于形状简单的零件，计算比较简单，程序不多，采用手工编程较容易完成，而且经济、及时，因此在点定位加工及由直线与圆弧组成的轮廓加工中，手工编程仍广泛应用。但对于形状复杂的零件，特别是具有非圆曲线、列表曲线及曲面的零件，手工编程有一定的困难，出错的概率增大，有的甚至无法编出程序，必须采用自动编程的方法编制程序。

2. 自动编程

自动编程(automatic programming)是利用计算机专用软件编制数控加工程序的过程。它包括数控语言编程和图形交互式编程。

数控语言编程是指编程人员只需根据图样的要求，使用数控语言编写出零件加工源程序，输入计算机，由计算机自动进行编译、数值计算、后置处理，编写出零件加工程序，将加工程序通过直接通信的方式送入数控机床，指挥机床工作。

图形交互式自动编程是利用计算机辅助设计(CAD)软件的图形编程功能，在计算机上绘制零件的几何图形，形成零件的图形文件，或者直接调用由CAD系统生成的产品设计文件中的零件图形文件，然后再直接调用计算机内相应的数控编程模块，进行刀具轨迹处理，由计算机自动对零件加工轨迹的每一个节点进行运算和数学处理，从而生成刀位文件。之后，再经相应的后置处理，自动生成数控加工程序，并同时在计算机上动态地显示其刀具的加工轨迹图形。

10.2.3　程序的编制

每种数控系统，根据系统本身的特点及编程的需要，都有一定的程序格式。对于不同的机床，其程序格式也不尽相同。编程人员必须严格按照机床说明书的规定格式进行编程。

1. 程序结构

一个完整的程序由程序号、程序内容和程序结束三部分组成。例如：

```
O0001                              程序号
N10 G92 X40 Y30;                  ┐
N20 G90 G00 X28 T01 S800 M03;     │
N30 G01 X-8 Y8 F200;              │
N40 X0 Y0;                        ├ 程序内容
N50 X28 Y30;                      │
N60 G00 X40;                      ┘
N70 M02;                           程序结束
```

1) 程序号

在程序的开头要有程序号，以便进行程序检索。程序号就是零件加工程序的一个编号，并说明该零件加工程序开始。如在 FANUC 数控系统中,程序号一般用英文字母 O 及其后 4 位十进制数表示("O××××"),4 位数中前面的 0 可以省略,如"O0101"等效于"O101"。其他系统有时也采用符号"%"或"P"及其后 4 位十进制数表示程序号的方式。

2) 程序内容

程序内容部分是整个程序的核心,它由许多程序段组成,每个程序段由一个或多个指令构成,它表示数控机床要完成的全部动作。

3) 程序结束

程序结束是以程序结束指令 M02、M30 或 M99(子程序结束)为程序结束的符号,用来结束零件加工。

2. 程序段格式

零件的加工程序是由许多程序段组成的,每个程序段由程序段序号、若干个数据字和程序段结束字符组成,数据字是控制系统的具体指令,它由地址符、特殊文字和数字组成,它代表机床的一个位置或一个动作。

程序段格式是指一个程序段中字、字符和数据的书写规则。目前国内外广泛采用字-地址可变程序段格式。所谓字-地址可变程序段格式,就是在一个程序段内数据字的数目以及字的长度(位数)都是可以变化的。不需要的字以及与上一程序段相同的续效字可以不写。一般情况下按表 10-1 所示从左往右进行书写,其中不用的功能应省略。

该格式的优点是程序简短、直观以及容易检验、修改。

表 10-1 程序段书写顺序格式

<table>
<tr><td>1</td><td>2</td><td>3</td><td>4</td><td>5</td><td>6</td><td>7</td><td>8</td><td>9</td><td>10</td><td>11</td></tr>
<tr><td>N-</td><td>G-</td><td>X-
U-
P-
A-
D-</td><td>Y-
V-
Q-
B-
E-</td><td>Z-
W-
R-
C-</td><td>I-J-K-
R-</td><td>F-</td><td>S-</td><td>T-</td><td>M-</td><td>LF
(或 CR)</td></tr>
<tr><td rowspan="2">程序段序号</td><td>准备功能</td><td colspan="4">坐标字</td><td>进给功能</td><td>主轴功能</td><td>刀具功能</td><td>辅助功能</td><td rowspan="2">结束字符</td></tr>
<tr><td colspan="9">数据字</td></tr>
</table>

例如:N20 G01 X25 Z-36 F100 S300 T02 M03;

3. 程序段内各字的说明

(1) 程序段序号(简称顺序号):用以识别程序段的编号。用地址码 N 和后面的若干位数字来表示。如 N20 表示该语句的顺序号为 20。

(2) 准备功能 G 指令:使数控机床做某种动作的指令,由地址 G 和两位数字组成,G00~G99 共 100 种。G 功能的代号已标准化,常用的 G 指令如表 10-2 所示。

表 10-2 常用 G 指令

指令	功能	指令	功能
G00	快速定位	G53	直线偏移，注销
G01	直线插补	G54	直线偏移 *X*
G02	顺时针圆弧插补	G55	直线偏移 *Y*
G03	逆时针圆弧插补	G56	直线偏移 *Z*
G04	暂停	G57	直线偏移 *XY*
G17	*XY* 平面选择	G58	直线偏移 *XZ*
G18	*ZX* 平面选择	G59	直线偏移 *YZ*
G19	*YZ* 平面选择	G90	绝对尺寸
G33	螺纹切削，等螺距	G91	增量尺寸
G34	螺纹切削，增螺距	G94	每分钟进给
G35	螺纹切削，减螺距	G95	主轴每转进给
G40	刀具补偿/刀具偏置注销	G96	恒线速度
G41	刀具补偿-左	G97	每分钟转数（主轴）
G42	刀具补偿-右		

（3）坐标字：由坐标地址符及数字组成，且按一定的顺序排列，各组数字必须由作为地址代码的字母（如 X、Y 等）开头，且按一定的顺序排列。

各坐标轴的地址符按下列顺序排列：X、Y、Z、U、V、W、P、Q、R、A、B、C、D、E。

其中坐标字的地址符含义如表 10-3 所示。

表 10-3 地址符含义

地址符	意义
X- Y- Z-	基本直线坐标轴尺寸
U- V- W-	第一组附加直线坐标轴尺寸
P- Q- R-	第二组附加直线坐标轴尺寸
A- B- C-	绕 *X*、*Y*、*Z* 旋转坐标轴尺寸
I- J- K-	圆弧圆心的坐标尺寸
D- E-	附加旋转坐标轴尺寸
R-	圆弧半径值

（4）进给功能 F 指令：用来指定各运动坐标轴及其任意组合的进给量或螺纹导程。该指令是续效代码，有两种表示方法。

① 代码法：F 后跟两位数字，这些数字不直接表示进给速度的大小，而是机床进给速度数列的序号，进给速度数列可以是算术级数，也可以是几何级数，F00～F99 共 100 个等级。

② 直接指定法：F 后面跟的数字就是进给速度的大小。按数控机床的进给功能，有两种

速度表示法。一是以每分钟进给距离的形式指定刀具切削进给速度(每分钟进给量),用 F 字母和它后继的数值表示,单位为“mm/min”,如 F100 表示进给速度为 100 mm/min。对于回转轴如 F12,则表示每分钟进给速度为 12°。二是以主轴每转进给量规定速度(每转进给量),单位为“mm/r”。直接指定法较为直观,现在大多数机床均采用这一指定方法。

(5) 主轴转速功能字 S 指令:用来指定主轴的转速,由地址码 S 和其后的若干位数字组成,有恒转速(单位 r/min)和表面恒线速(单位 m/min)两种运转方式。如 S800 表示主轴转速为 800 r/min;对于有恒线速控制功能的机床,还要用 G96 或 G97 指令配合 S 代码来指定主轴的速度。如 G96S200 表示切削速度为 200 m/min,G96 为恒线速控制指令;G97S2000 表示注销 G96,主轴转速为 2000 r/min。

(6) 刀具功能字 T 指令:主要用来选择刀具,也可用来选择刀具偏置和补偿,由地址码 T 和若干位数字组成。如 T18 表示换刀时选择 18 号刀具,如用于刀具补偿时,T18 是指按 18 号刀具事先所设定的数据进行补偿。若用四位数码指令,例如 T0102,则前两位数字表示刀号,后两位数字表示刀补号。由于不同的数控系统有不同的指定方法和含义,具体应用时应参照所用数控机床说明书中的有关规定。

(7) 辅助功能字 M 指令:辅助功能指令表示一些机床辅助动作及状态的指令,由地址码 M 和后面的两位数字表示,M00～M99 共 100 种。常用的 M 指令及功能如表 10-4 所示。

表 10-4　常用的 M 指令

指令	指令功能
M00	程序停止
M01	程序选择性停止
M02	程序结束
M03	主轴正转
M04	主轴反转
M05	主轴停止
M06	自动刀具交换
M07	主轴吹气启动
M08	切削液启动
M09	切削液停止
M10	主轴吹气停止
M30	程序结束,返回程序开头
M98	调用子程序
M99	返回主程序

(8) 程序段结束:写在每个程序段之后,表示程序结束。当用 EIA 标准代码时,结束符为“CR”,用 ISO 标准代码时为“NL”或“LF”,有的用符号“;”或“*”表示。

4. 常用指令的含义

1) 快速点定位指令 G00

刀具从当前位置快速移动到切削开始前的位置,在切削完之后,快速离开工件。一般在刀具非加工状态的快速移动时使用。用 G00 指令编程时，此程序段不必给出进给速度指令，进给速度 F 对 G00 指令无效，其快速进给速度是由制造厂确定的，刀具与工件的相对运动轨迹也是由制造厂定的。

格式：G00 X＿ Y＿＿

例：G00 X50.0 Z 6.0(图 10-9)。

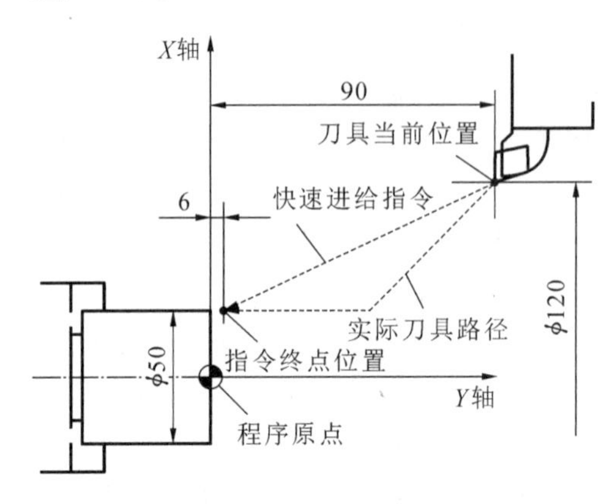

图 10-9　G00 快速进刀

2）直线插补指令 G01

G01 指令用于产生直线或斜线运动，在运动过程中进行切削加工。G01 指令表示刀具从当前位置开始以给定的进给速度(由 F 指令指定)，沿直线移动到规定位置。

格式：G01 X＿ Y＿ Z＿ F＿

例：外圆柱切削　G01 X60.0 Z−80.0 F0.3 或 G01 U0W−80.0 F0.3(图 10-10)。

外圆锥切削　G01 X80.0 Z−80.0 F0.3 或 G01 U20.0W−80.0 F0.3(图 10-11)。

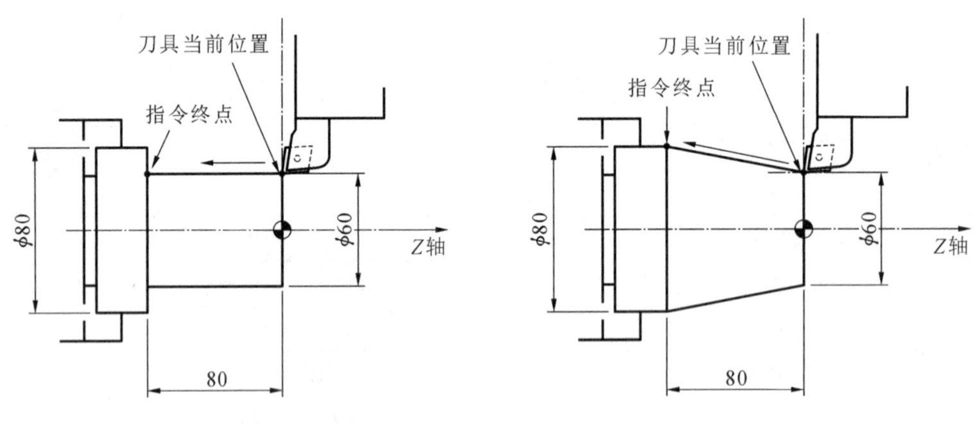

图 10-10　G01 指令(外圆柱切削)　　**图 10-11　G01 指令(外圆锥切削)**

3）圆弧插补指令 G02 和 G03

G02 或 G03 指令用于使机床在各坐标平面内执行圆弧运动，切削出圆弧轮廓。刀具进行圆弧插补时必须规定所在平面，然后再确定回转方向。判断圆弧的顺逆方向(图 10-12)的方法是：在圆弧插补中，沿垂直于圆弧所在平面的坐标轴的负方向看，刀具相对于工件的转动方向是顺时针方向，则采用 G02 指令，若转动方向是逆时针方向，则采用 G03 指令。

格式：G17 $\begin{Bmatrix}G02\\G03\end{Bmatrix}$ X_ Y_ $\begin{Bmatrix}R\_\\I\_J\_\end{Bmatrix}$ F_

格式：G18 $\begin{Bmatrix}G02\\G03\end{Bmatrix}$ X_ Z_ $\begin{Bmatrix}R\_\\I\_K\_\end{Bmatrix}$ F_

格式：G19 $\begin{Bmatrix}G02\\G03\end{Bmatrix}$ Y_ Z_ $\begin{Bmatrix}R\_\\J\_K\_\end{Bmatrix}$ F_

其中：X、Y、Z 表示圆弧终点坐标，可以用绝对值，也可以用增量值；I、J、K 分别为圆弧的起点到圆心的 X、Y、Z 轴方向的增量，如图 10-13 所示。

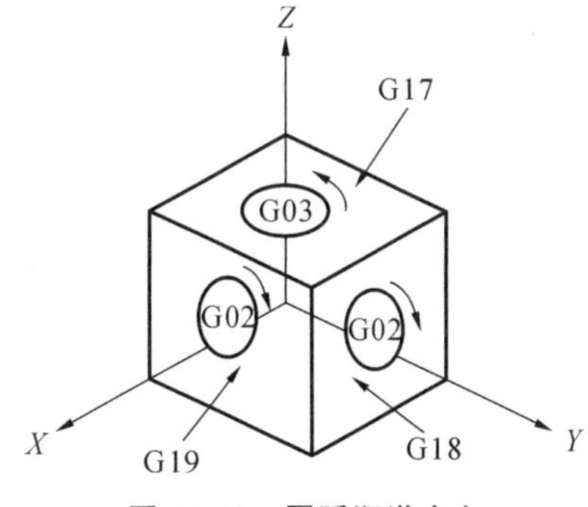

图 10-12　圆弧顺逆方向

顺时针圆弧插补：G02　X50.0　Z－10.0　I20.　K17.　F0.4(图 10-14)。

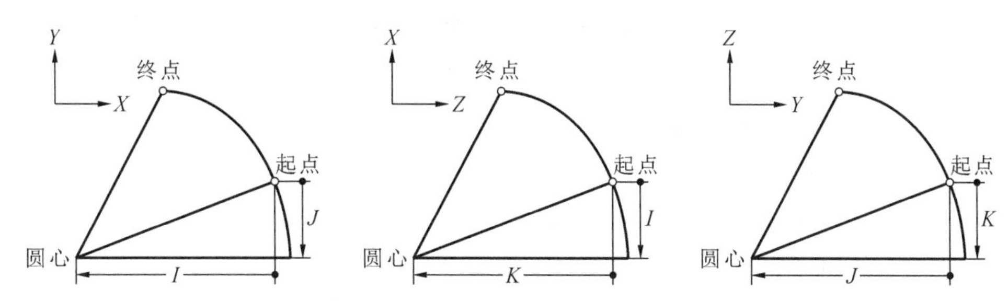

图 10-13　程序中 I、J、K 的确定方法

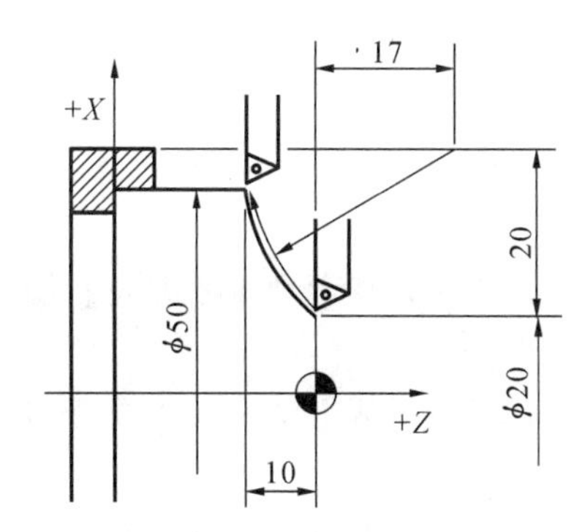

图 10-14　G02 **指令运用**

4）刀具半径补偿指令 G40、G41、G42

在程序中可用刀具半径补偿指令实现刀具半径补偿。

G41——刀具左补偿。沿刀具运动方向看(假设工件不动)，刀具位于零件左侧时的刀具半径补偿(图 10-15(a))。

G42——刀具右补偿。沿刀具运动方向看(假设工件不动)，刀具位于零件右侧时的刀具半径补偿(图 10-15(b))。

G40——刀具补偿注销。

5）工件坐标系设定指令 G92

使用绝对坐标指令编程时，预先要确定工件坐标系，G92 指令的功能就是确定工件坐标系原点距对刀点(刀具所在位置)的距离，即确定刀具起始点在工件坐标系中的坐标值，并把这个设定值储存于程序存储器，这个设定值在机床重开机时消失。

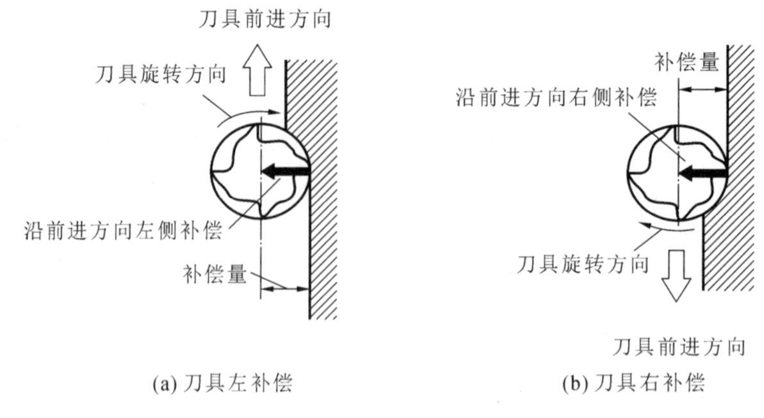

图 10-15　刀具的补偿方向

格式:G92 X __ Y __ Z __

6）绝对尺寸及增量尺寸编程指令 G90、G91

G90 表示程序段的坐标字按绝对坐标编程。

G91 表示程序段的坐标字按增量坐标编程。

7）辅助功能 M 指令

(1) 程序停止指令 M00　执行 M00 指令后,机床所有动作均被切断,以便进行手工操作。重新按动程序启动按钮,再继续执行后续的程序段。

(2) 程序选择性停止指令 M01　执行 M01 指令后,机床暂时停止,但该指令只有在机床控制盘上的"选择停止"键处于"ON"状态时才有效,否则该指令无效。

(3) 程序结束指令 M02　该指令表明主程序结束,机床的数控单元复位,但该指令并不返回程序起始位置。

(4) 主轴正转指令 M03　主轴正转是从主轴＋Z 方向看(从主轴头向工作台方向看),主轴顺时针方向旋转。

(5) 主轴反转指令 M04　主轴反转是从主轴＋Z 方向看(从主轴头向工作台方向看),主轴逆时针方向旋转。

(6) 主轴停止指令 M05　主轴停止是在该程序段其他指令执行完成后才停止。

(7) 程序结束指令 M30　同 M02 指令一样,表示主程序结束,区别是 M30 指令执行后,程序返回开始状态。

10.2.4　数控机床的坐标系统

1. 坐标系

为了确定数控机床的运动方向和移动距离,需要在机床上建立一个坐标系,这个坐标系就称为机床坐标系。数控机床的坐标系采用右手笛卡儿直角坐标系,其基本坐标轴为 X、Y、Z。如图 10-16 所示,大拇指的方向为 X 轴正方向,食指为 Y 轴正方向,中指为 Z 轴正方向。

2. 坐标轴及其运动方向

无论机床的具体结构是工件静止、刀具运动,还是工件运动、刀具静止,数控机床的坐标运动都是指刀具相对静止的工件坐标系的运动。

按照有关标准规定,机床某一部件运动的正方向,是增大工件和刀具之间距离的方向。

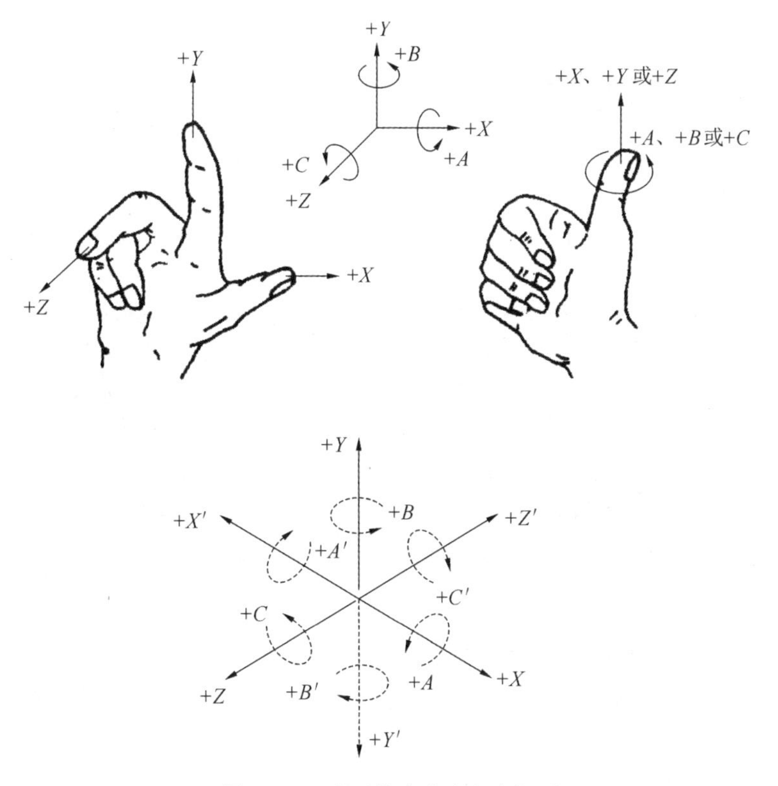

图 10-16　右手笛卡儿直角坐标系

1）Z 轴

平行于机床主轴方向的为 Z 轴，对于工件旋转的机床，如车床、外圆磨床等，平行于工件轴线的为 Z 轴(图 10-17)；而对于刀具旋转的机床，如铣床、钻床、镗床等，平行于旋转刀具轴线的为 Z 轴(图 10-18、图 10-19)；当机床有几个主轴或没有主轴(如牛头刨床)时，Z 轴垂直于工件的装夹面(图 10-20)。

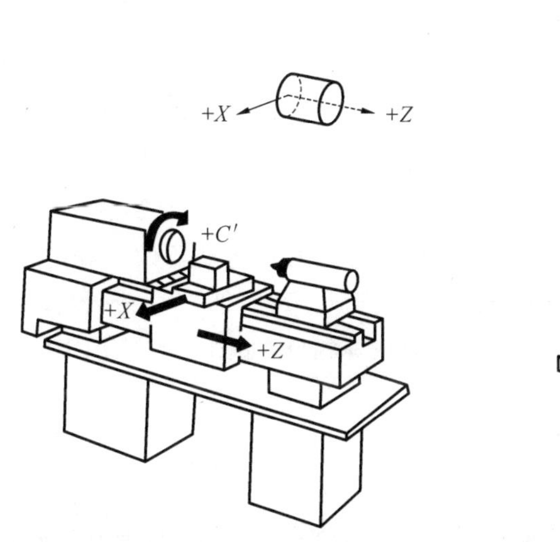

图 10-17　卧式车床的坐标系

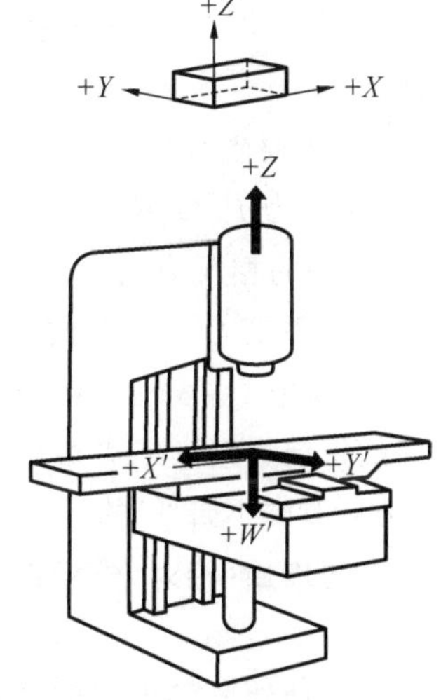

图 10-18　立式升降台铣床的坐标系

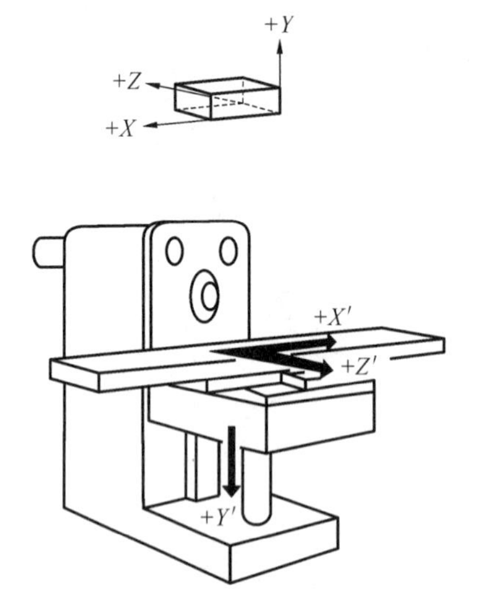

图 10-19 卧式升降台铣床的坐标系

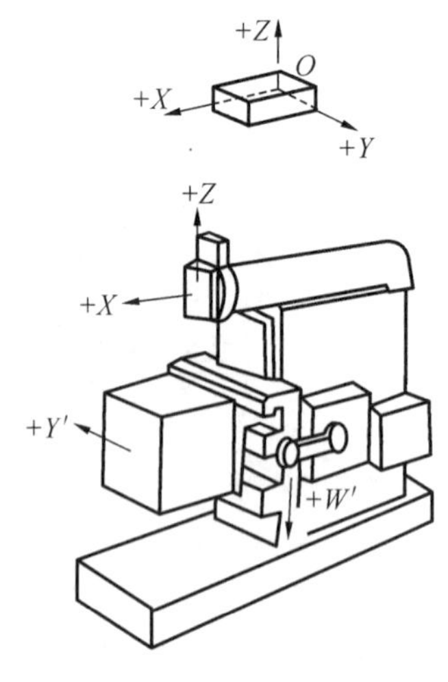

图 10-20 牛头刨床的坐标系

2）X 轴

X 轴为水平方向，且垂直于 Z 轴并平行于工件的装夹面。对于工件旋转的机床（如车床、磨床等），X 轴的方向在工件的径向上，且平行于横滑台。刀具离开工件旋转中心的方向为 X 轴正方向，如图 10-17 所示。对于刀具旋转的机床（如铣床、镗床、钻床等），如果 Z 轴是垂直的，则从刀具主轴向立柱看，X 轴运动的正方向指向右，如图 10-18 所示。如果 Z 轴（主轴）是水平的，则从主轴向工件方向看，X 轴运动的正方向指向右，如图 10-19 所示。

3）Y 轴

Y 轴垂直于 X、Z 轴，其运动的正方向根据 X 和 Z 坐标的正方向，按照右手笛卡儿直角坐标系来判断。

4）旋转运动 A、B、C

如图 10-16 所示，A、B、C 表示其轴线平行于 X、Y、Z 的旋转运动。A、B、C 正方向为在 X、Y 和 Z 坐标正方向上，右旋螺纹前进的方向。

5）附加坐标

如果在 X、Y、Z 主要坐标以外，还有平行于它们的坐标，则可分别指定 U、V、W，如还有第三组运动，则分别指定为 P、Q、R。

6）对于工件运动的相反方向

对于工件运动而不是刀具运动的机床，必须将前述为刀具运动所做的规定，做相反的安排，用带“′”的字母，如 $+X'$，表示工件相对于刀具正向运动，而不带“′”的字母，如 $+X$，则表示刀具相对于工件的正向运动。二者表示的运动方向正好相反，如图 10-18、图 10-19 所示。编程人员、工艺人员只考虑不带“′”的运动方向即可。

3. 绝对坐标系与增量（相对）坐标系

1）绝对坐标系

刀具（或机床）运动轨迹的坐标值是相对固定的坐标原点 O 给出的，则该坐标称为绝对坐标，该坐标系为绝对坐标系。如图 10-21(a) 所示，A、B 两点的坐标均以固定的坐标原点 O 计算，其值为：$X_A=10$，$Y_A=20$，$X_B=30$，$Y_B=50$。

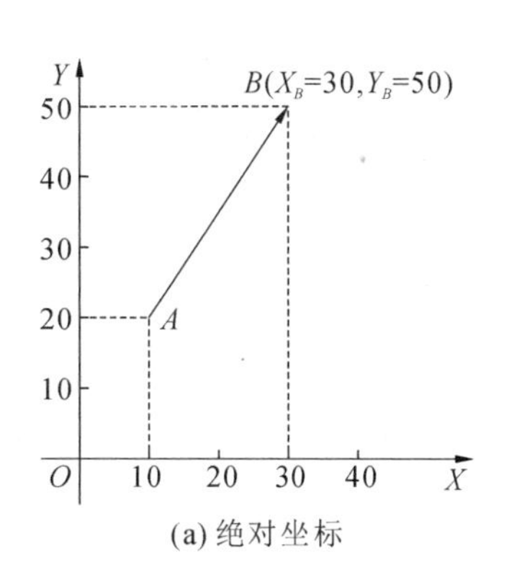

(a) 绝对坐标

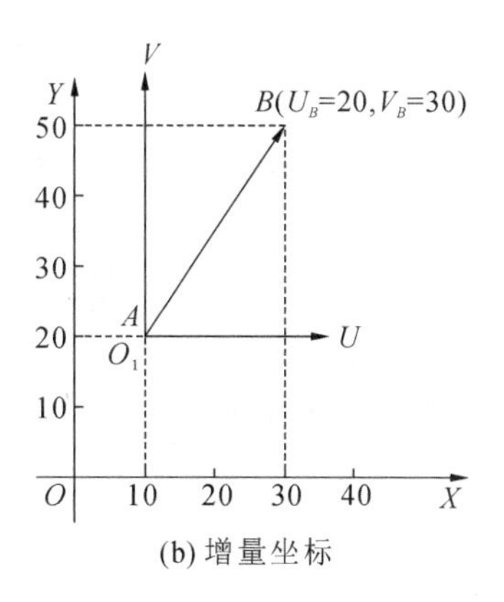

(b) 增量坐标

图 10-21　绝对坐标与增量坐标

2）增量(相对)坐标系

刀具(或机床)运动轨迹的坐标值是相对前一位置(起点)来计算的，则该坐标称为增量(或相对)坐标，该坐标系称为增量坐标系。增量坐标系常用 U、V、W 来表示。如图 10-21(b)所示，B 点相对于 A 点的坐标(即增量坐标)为 $U_B=20$，$V_B=30$。

10.2.5　数控程序的编制

生成用数控机床进行零件加工的数控程序的过程，称为数控编程。数控加工程序编制的步骤如下。

1. 分析零件图和工艺处理

主要对零件图进行分析以明确加工内容及要求，通过分析确定该零件是否适合采用数控机床进行加工，从而确定加工方案，包括选择合适的数控机床、设计夹具、选择刀具、确定合理的走刀路线以及选择合理的切削用量等。编程的基本原则是充分发挥数控机床的效能，加工路线要尽量短，要正确选择对刀点、换刀点，以减少换刀次数。

2. 数学处理

在完成了工艺处理工作之后，就要根据零件图样的几何尺寸、加工路线、设定的坐标系，计算刀具中心运动轨迹，以获得刀位数据。计算的复杂程度取决于零件的复杂程度和所用数控系统的功能。一般的数控系统都具有直线插补和圆弧插补的功能，当加工由圆弧和直线组成的简单零件时，只需计算出零件轮廓的相邻几何元素的交点或切点的坐标值，得出各几何元素的起点、终点，圆弧的圆心坐标值。对于具有特殊曲线的复杂零件，往往要利用计算机进行辅助计算。

3. 编写零件加工程序单

根据计算出的加工路线数据和已确定的工艺参数、刀位数据，结合数控系统对输入信息的要求，编程人员就可按数控系统的指令代码和程序段格式，逐段编写加工程序单。编程人员应对数控机床的性能、程序指令及代码非常熟悉，才能编写出正确的加工程序。

4. 程序输入

程序的输入有手动数据输入、介质输入、通信输入等方式，具体采用何种方式，主要取决于数控系统的性能及零件的复杂程度。对于不太复杂的零件常采用手动数据输入(MDI)方式，介质输入方式是将加工程序记录在穿孔带、磁盘、磁带等介质上，用输入装置一次性输入。由于网络技术的发展，现代 CNC 系统可通过网络将数控程序输入数控系统。

5. 校验

程序输入数控系统后，通过试运行，校验程序语法是否有错误，加工轨迹是否正确。

思　考　题

1. 数控机床由哪几部分组成？
2. 数控编程要经过哪几个步骤？
3. 按运动方式分类，数控机床分哪几类？
4. 数控机床的坐标轴是如何规定的？
5. 什么是增量坐标和绝对坐标？
6. 半径补偿值指令有哪些？

第 11 章　数控车床加工

学习目标

1. 了解数控车床的基本知识。
2. 熟悉数控车床的应用范围。
3. 熟悉数控车床常用指令、编程的内容和步骤。

11.1　数控车床加工概述

数控车床是现今国内外使用量较大的一种数控机床，主要用于回转体零件的自动加工，可完成内、外圆柱面，内、外圆锥面，复杂旋转曲面，圆柱圆锥螺纹等型面的车削和车槽、钻孔、铰孔、攻螺纹等加工。

数控车床由机床本体、数据装置、伺服单元、驱动机构及电气控制装置、辅助装置、测量反馈装置等部分组成。除机床本体外，其他部分统称为计算机数控（CNC）系统。

数控车床加工效率高，精度稳定性好，劳动强度低，特别适用于复杂形状的零件或中、小批零件的加工。数控车床是按所编程序自动进行零件加工的，大大减少了操作者的人为误差，并且可以自动进行检测及补偿，达到非常高的加工精度。

与普通车床相比，数控车床仍由主轴箱、进给传动机构、刀架、床身等部件组成，但结构功能与普通车床比较，具有本质上的区别。数控车床分别由两台电动机驱动滚珠丝杠旋转，带动刀架做纵向和横向进给运动，不再使用挂轮、光杠等传动部件，传动链短、结构简单、传动精度高，刀架也可自动回转。数控车床有较完善的刀具自动交换和管理系统，零件在车床上一次安装后，数控车床能自动完成或接近完成零件各个表面的加工工序。

11.2　数控车床操作

不同的数控车床的操作不尽相同，图 11-1 所示是 C2-6136HK 数控车床，配置广州数控 GSK980TD 系统。本章以该数控车床为例介绍数控车床基本操作方法。

图 11-1　C2-6136HK **数控车床**

11.2.1 数控车床常用加工指令

(1) GSK980TD 系统常用 M 指令及功能如表 11-1 所示。

表 11-1 GSK980TD **系统常用** M **指令**

M 指令	功能	备注
M00	程序停止	
M02	程序结束	
M03	主轴正转	功能互锁，状态保持
M04	主轴反转	
M05	主轴停止	
M08	切削液启动	功能互锁，状态保持
M09	切削液停止	
M30	程序结束，返回程序开头	
M98	调用子程序	
M99	返回主程序	

(2) GSK980TD 系统常用 G 指令及功能如表 11-2 所示。

表 11-2 GSK980TD **系统常用** G **指令**

G 指令	功能	G 指令	功能
G00	快速定位	G70	精加工循环
G01	直线插补	G71	轴向粗车循环
G02	顺时针圆弧插补	G72	径向粗车循环
G03	逆时针圆弧插补	G73	封闭切削循环
G04	暂停、准停	G74	轴向切槽循环
G28	自动返回机械零点	G75	径向切槽循环
G32	等螺距螺纹切削	G76	多重螺纹切削循环
G33	*Z* 轴攻螺纹循环	G90	轴向切削循环
G34	变螺距螺纹切削	G92	螺纹切削循环
G40	取消刀尖半径补偿	G94	径向切削循环
G41	刀尖半径左补偿	G96	恒线速控制
G42	刀尖半径右补偿	G97	取消恒线速控制
G50	设置工件坐标系	G98	每分钟进给
G65	宏指令	G99	每转进给

11. 2. 2　数控车床控制面板

(1) GSK980TD 系统控制面板如图 11-2 所示。

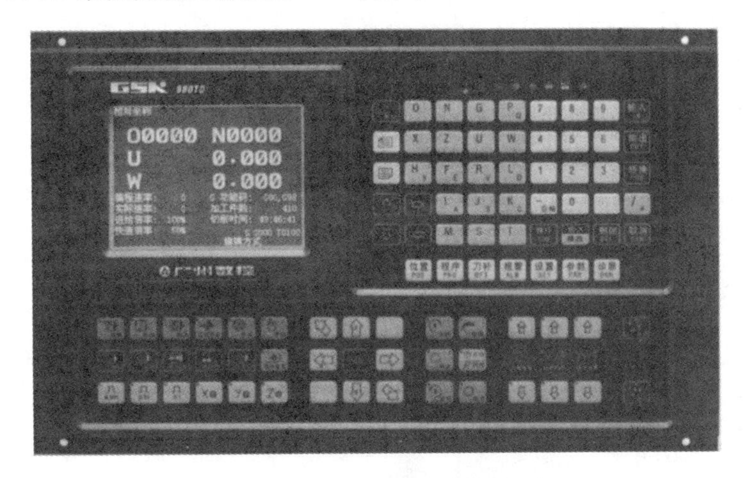

图 11-2　GSK980TD 系统控制面板

(2) GSK980TD 系统控制面板功能键如表 11-3 所示。

表 11-3　GSK980TD 系统控制面板功能键

按键	名称	功能说明
暂停	进给保持	程序、MDI 指令运行暂停
运行	循环启动	程序、MDI 指令运行启动
进给倍率	进给倍率	调整进给速度的倍率
快速倍率	快速倍率	调整快速移动速度的倍率

续表

按键	名称	功能说明
主轴倍率	主轴倍率	调整主轴速度的倍率(主轴转速模拟量控制方式有效)
换刀	手动换刀	手动换刀
点动	点动开关	主轴点动状态开/关
润滑	润滑开关	机床润滑开/关
冷却	冷却液开关	冷却液开/关
正转	主轴控制	主轴正转
停止		主轴停止
反转		主轴反转
	快速开关	快速速度/进给速度切换
	手动进给	手动、单步操作方式,X、Y、Z 轴正向/负向移动
X Y Z	手轮控制轴	手轮操作方式,X、Y、Z 轴选择
0.001 0.01 0.1	手轮/单步增量与快速倍率	手轮每格移动 0.001 mm、0.01 mm、0.1 mm 单步每步移动 0.001 mm、0.01 mm、0.1 mm
单段	单段开关	程序单段运行、连续运行状态切换,单段有效时单段运行指示灯亮
跳段	程序段选跳开关	程序段首标有“/”号的程序段是否跳过状态切换,程序段选跳开关打开时,跳段指示灯亮
机床锁	机床锁住开关	机床锁住时机床锁住指示灯亮,X、Z 轴输出无效

续表

按键	名称	功能说明
 MST 辅助锁	辅助功能锁住开关	辅助功能锁住时辅助功能锁住指示灯亮，M. S. T 功能输出无效
 空运行	空运行开关	空运行有效时空运行指示灯亮，加工程序、MDI 指令段空运行
 编辑	编辑方式	进入编辑操作方式
 自动	自动方式	进入自动操作方式
 录入	录入方式	进入录入（MDI）操作方式
 机械零点	机械回零	此方式下按轴移动方向键，系统返回机械零点
 手轮	单步/手轮方式	进入单步或手轮操作方式（两种操作方式根据参数选择其一）
 手动	手动方式	按方向键移动 X、Z 轴
 程序零点	程序回零	进入程序回零操作方式
	光标移动	光标上、下、左、右移动

11.2.3　数控车床操作说明

1. 通断电

1）系统通电

合上机床侧面电源总开关，松开“控制电源关”按钮，机床上电，按下“CNC 电源开”按钮，数控系统上电，机床可以工作。

2）系统断电

清理完机床，将刀架移至尾座端，X 方向平走刀箱，按下“控制电源关”按钮，关闭机床电源总开关。

2. 返回参考点（或返回原点操作）

由于数控系统采用增量值方式测定刀架的位置，因此，系统在断电后会失去参考点坐标值，编程坐标值也失去了正确的参考位置。故在机床断电后重新接通电源、紧急停止、按“复位”键后，必须进行返回参考点操作，具体步骤如下。

(1) 开机：打开电源，打开急停按钮，按“复位”键。

（2）回零：按“机械零点”键，按“翻页”键到绝对坐标显示界面，按手动操作键区的“＋X”及“＋Z”键，绝对坐标显示界面上的 X、Z 为 0.000 表示回零完成，如图 11-3 所示。

绝对坐标

O5555　N0000

X　0.000

Z　0.000

手动速率	126	G 功能码	G00,G98
实际倍率	0	加工件数	7980
进给倍率	100%	切削时间	527:52:19
快速倍率	100%		S0000 T0100

机械回零

图 11-3　绝对坐标显示界面

3. 相对坐标清零

（1）按“位置”键→“翻页”键，到相对坐标显示界面。

（2）按字母键“U”→“取消”键→字母键“W”→“取消”键。

（3）相对坐标显示界面上的 U、W 为 0.000，表示相对坐标清零完成，如图 11-4 所示。

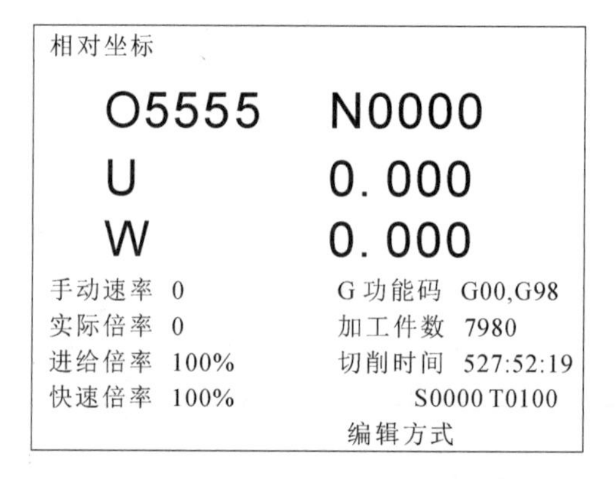

图 11-4　相对坐标显示界面

4. 刀补数据清零

（1）按“刀补”键→“翻页”键，到刀具偏置界面。

（2）按“光标”移动键，将光标移到有数据的行处。

（3）按字母键“X”→“输入”→字母键“Z”→“输入”，刀补数据清零完成，如图 11-5 所示。

5. 程序输入及修改

（1）新建程序：按“编辑”键→“程序”键→字母键“O”→数字键 0001 →换行键“EOB”。新建程序后，就可以输入数控程序了，每行程序输入结束都要按换行键“EOB”。

（2）修改程序：按“插入修改”键或“删除”键或“取消”键，就可以对程序进行编辑修改等操作。

6. 程序检查

（1）按“编辑”键→“程序”键→“复位”键→“自动”键。

（2）按“机床锁”→“辅助锁”→“空运行”。

刀具偏置　　O5555 N0000

序号	X	Z	R	T
000	0.000	0.000	0.000	0
001	0.000	0.000	0.000	0
002	0.000	0.000	0.000	0
003	0.000	0.000	0.000	0
004	0.000	0.000	0.000	0
005	0.000	0.000	0.000	0
006	0.000	0.000	0.000	0
007	0.000	0.000	0.000	0

相对坐标
U　0.000　W　-232.517
序号 001 Z 0　　S0000 T0100
手动方式

图 11-5　刀具偏置界面

(3) 连按两次“设置”键→“翻页”键，进入图形设置界面。

(4) 修改图形参数，按“光标移动”键，将光标移到 X 最大值等处，进行修改数据，如图 11-6 所示。

(5) 图形参数数值设置参考：

X 最大值＝毛坯直径＋10

Z 最大值＝10

X 最小值＝－10

Z 最小值＝－(工件长度＋10)

(6) 按“翻页”键→进入走刀路线显示界面→按字母键“S”→“运行”键，就可以进行检查了，按字母键“R”可以清除图形，如图 11-7 所示。

(7) 检查完毕后，必须解除“机床锁”→“辅助锁”→“空运行”，相应指示灯熄灭。

图形设置　　O5555 N0000
图形参数
坐标选择=　1　(XZ:0　ZX:1)
缩放比例=　7.031
图形中心=　12.500　(X轴工件坐标值)
图形中心=　-12.500　(Z轴工件坐标值)
X最大值=　35.000
Z最大值=　10.000
X最小值=　-10.000
Z最小值=　-35.000
(刀轨图形全屏显示范围：320*214点)
S0000 T0100
自动方式连续

图 11-6　图形参数设置界面

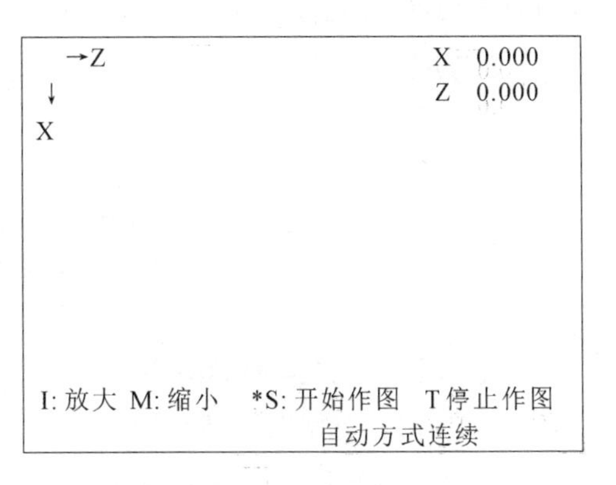

图 11-7　走刀路线显示界面

11.2.4　加工操作

所有零件加工前，都要手动操作进行加工坐标设置，统称为对刀操作，刀架上所有要参与零件加工的刀具，都要进行对刀操作，刀补值的输入行要对应刀号。

1. 主轴转动

(1) 按“录入”键→“程序”键→“翻页”键，进入程序状态界面。

（2）键入 M03，按“输入”键→ S500 →“输入”→“运行”，主轴会以 500 r/mim 的速度正转，如图 11-8 所示。

```
程序状态                    O5555 N0000
     程序段值           模态值
       X                  F        10
       Z        G00       M        03
       U        G97       S      0500
       W        G98       T
       R
       F
       M        G21
       S        G40     SRPM 0000
       T                SSPM 0000
       P                SMAX 3000
       Q                SMIN 0000
                          S0000 T0100
                      录入方式
```

图 11-8　程序状态界面

2. *Z* 轴对刀

（1）按“手动”键，按手动操作键区的“－X”“－Z”，将刀具快速移动到工件的右端面。

（2）按“手轮”键，按手轮操作键区的“X”或“Z”键，选择控制 *X* 轴或 *Z* 轴。

（3）转动手轮控制刀具沿－*X* 轴方向试切削端面到中心后，将刀具沿＋*X* 方向移动，离开工件。

（4）按“刀补”键→“翻页”键，进入刀具偏置界面。

（5）按“光标移动”键将光标移到 001 行处，按字母“Z”→数字“0”→“输入”，刀具偏置界面如图 11-5 所示。

3. *X* 轴对刀

（1）按“刀补”键，按手动操作键区的“－X”“－Z”，将刀具快速移动到工件的右端面。

（2）按“手轮”键，按手轮操作键区的“X”或“Z”键，选择控制 *X* 轴或 *Z* 轴。

（3）转动手轮控制刀具沿－*Z* 轴方向小量试切削工件外圆，将刀具沿＋*Z* 方向移动，离开工件。

（4）按“复位”键将主轴停止，测量工件的直径。

（5）在刀具偏置界面 001 行处→按字母“X”→写入（测量的直径数值）→“输入”，1 号刀对刀完成。

4. 其他刀具如 2、3、4 号刀对刀

其 *X* 轴的对刀方法与上述相同，其 *Z* 轴的对刀方法有些差异，对于 2、3、4 号刀，只需将刀尖与已经切削好的端面轻轻接触就可停下，在刀具偏置界面相应的刀号处，按上述方法操作。

5. 自动加工

（1）调出程序，按“编辑”键→“程序”键→输入程序文件名称→按向下的光标键。

（2）按“复位”键→“自动”键→“单段”键。

（3）调整“主轴倍率”到 100％，“快速倍率”到 25％，“进给倍率”到 60％。

（4）按“运行”键，车床开始自动加工，刀具定位准确后取消单段模式，观察加工情况，合理调整进给倍率、快速倍率、主轴倍率。

11.3　数控车床的编程实例

11.3.1　机床手柄零件加工编程实例

加工图 11-9 所示的机床手柄零件，毛坯为 ϕ22 mm 的棒料，从右端至左端轴向走刀切削，粗加工每次背吃刀量为 2 mm，粗加工进给量为 0.15 mm/r 或 100 mm/min，精加工进给量为 0.10 mm/r 或 150 mm/min，精加工余量为 0.5 mm。

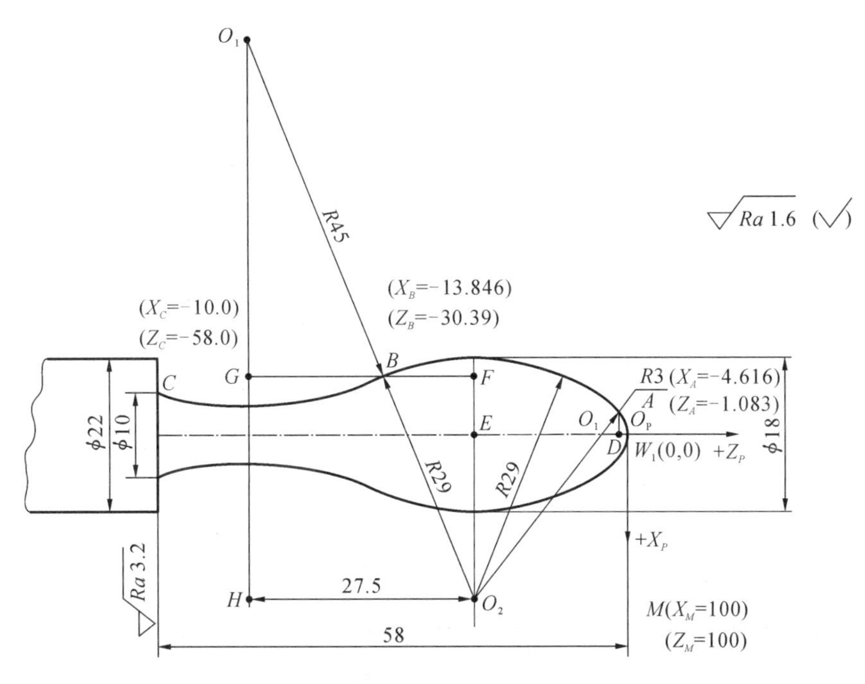

图 11-9　机床手柄

1. 数控车床加工过程分析

1）设置零件原点和换刀点

零件原点设在零件的右端面（工艺基准处），图中的 W_1(0,0) 为零件原点。换刀点（即刀具起点）设在零件的右前方(100,100)点处。

2）设精加工起点

由图 11-9 可知，精加工起点应设在零件原点 W_1(0,0)处。

3）确定刀具加工工艺路线

(1) 先从右至左车削外轮廓面，其路线为：车 R3 mm 圆弧→R29 mm 圆弧→R45 mm 圆弧。

(2) 加工路线：粗加工路线以(22.5,0)点为起点，按精加工路线走粗加工轮廓，每次进刀 2 mm，循环 12 次（即调用子程序 12 次）后，粗加工结束，最后刀具以(0,0)为精加工起点，按精加工轨迹加工。

2. 数控编程

采用调用子程序方式编程，程序如表 11-4 所示。

表 11-4　机床手柄程序

程序	说明
O2200	主程序号
N10 G50 X100 Z100；	设置换刀点
N20 G96 S100 M03 T0101；	主轴正转，换 1 号刀，恒线速 100 m/min
N30 G00 Z1；	刀具快速移至粗加工循环点(*X*44.5，*Z*1)
N40 X44.5；	
N50 G01 F0.15；	进给量：0.15 mm/r
N60 M98 P00122201；	调用子程序 O2201 12 次
N70 G00 X100；	快速返回换刀点
N80 Z100；	
N90 M05；	主轴停
N100 M00；	程序暂停
N110 G50 X100 Z100；	设置换刀点
N120 G96 S150 M03；	主轴正转，恒线速 150 m/min
N130 G00 Z1；	刀具快速移至精加工循环点(*X*22，*Z*1)
N140 X22；	
N150 G01 F0.10；	进给量：0.1 mm/r
N160 M98 P2201；	调用子程序一次进行精加工
N170 G00 X100；	快速返回换刀点
N180 Z100；	
N190 M05；	主轴停
N200 M30；	程序结束
O2201	子程序号
N10 G00 U－22；	快速至加工起点
N20 G01 W－1	
N30 G03 U4.616 W－1.083 R3；	车 *R*3 mm 圆弧 W_1→*A*
N40 G03 U9.230 W－29.307 R29；	车 *R*29 mm 圆弧 *A*→*B*
N50 G02 U－3.846 W－27.610 R45；	车 *R*45 mm 圆弧 *B*→*C*
N60 G01 U12；	快速返回循环起点
N70 G00 Z1；	
N80 U－2；	每次进刀 2 mm
N90 M99；	子程序结束

11.3.2　锥度、螺纹零件加工编程实例

加工图 11-10 所示的零件，毛坯为 ϕ30 mm 的棒料，螺纹倒角为 C2，未注倒角为 C1。从右端至左端轴向走刀切削，粗加工每次背吃刀量为 2 mm，粗加工进给量为 0.15 mm/r 或 100 mm/min，精加工进给量为 0.10 mm/r 或 150 mm/min，精加工余量为 0.5 mm。

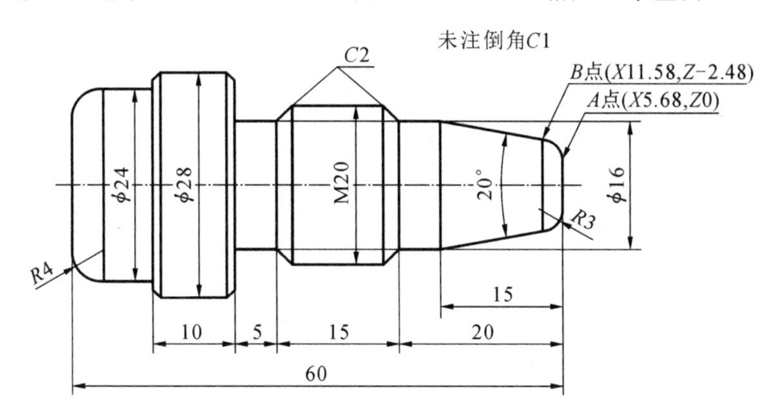

图 11-10　锥度、螺纹零件

1. 数控车床加工过程分析

1）设零件原点和换刀点

编程原点设在零件的右端面中心（X0，Z0），换刀点（即更换刀具的安全位置）设在距离零件编程原点的右前方（X100，Z100）点处。

2）设精车起点

由图 11-10 可知，精加工起点应设在右端面中心（X0，Z0）处。

3）确定刀具加工工艺路线

（1）用 G71 指令粗加工轮廓，每次进刀 1.5 mm，先从右至左车削外轮廓面，其路线为：车右端面→车 R3 mm 圆弧→车圆锥→车 ϕ16 mm、ϕ20 mm、ϕ28 mm 外圆→切槽→车螺纹→切 ϕ24 mm 槽→车圆弧→切断。

（2）用 G70 指令精加工轮廓，精加工余量为 0.5 mm。

2. 数控编程

锥度、螺纹零件程序如表 11-5 所示。

表 11-5　锥度、螺纹零件程序

程序	说明
O0002	主程序号
N10 T0101;	1 号刀（外圆刀）
N20 G00 X100 Z100;	设置换刀点
N30 G96 M03 S80 G50 S1500;	主轴正转，恒线速 80 m/min，最高限速 1500 r/min
N40 G00 Z1 X32;	刀具快速靠近工件

续表

程序	说明
N50 G01 Z0.1 F80；	车端面到圆心
N60 X0；	
N70 G00 Z1；	快速返回粗加工循环起刀点（$X32$，$Z1$）
N80 X32；	
N90 G97 S800；	设定主轴转速 800 r/min
N100 G71 U1.5 R1 F100；	G71 轴向粗加工循环，吃刀深度 1.5 mm，进给速度为 100 mm/min
N110 G71 U0.5 P120 Q220；	精加工余量 0.5 mm，循环从 N120 至 N220
N120 G00 X0；	刀具快速移至精加工前的起点（$X0$，$Z0$）
N130 G01 Z0；	
N140 X5.68；	$R3$ mm 圆弧起点
N150 G03 X11.58 Z－2.48 R3；	加工 $R3$ mm 圆弧
N160 G01 X16 Z－15；	加工圆锥
N170 Z－20；	加工 $\phi16$ mm 外圆
N180 X19.85 Z－22；	M20 螺纹倒角 $C2$
N190 Z－40；	加工 M20 外圆
N200 X26；	$\phi28$ mm 外圆倒角起点
N210 X28 Z－41；	加工 $\phi28$ mm 外圆倒角 $C1$
N220 Z－66；	加工 $\phi28$ mm 外圆
N230 G70 P120 Q220 F60；	精加工，循环从 N120 至 N220
N240 G00 X100 Z100；	返回换刀点
N250 G97 S600 T0202；	换 2 号刀（切槽刀，刀宽为 3 mm），转速为 600 r/min
N260 G00 X22 Z－38；	切槽起点
N270 G01 X16.1 F20	切 5 mm 宽退刀槽
N280 X22；	
N290 Z－40；	
N300 X16.1；	
N310 X19.85；	M20 螺纹倒角起点
N320 W4；	
N330 X16 W－2；	M20 螺纹倒角 $C2$
N340 Z－40；	加工退刀槽底
N350 Z－39 X22；	退刀

续表

程序	说明
N360 G00 X100 Z100；	返回换刀点
N370 T0303 G97 S500；	换 3 号刀(螺纹刀)，转速为 500 r/min
N380 G00 X22 Z－15；	刀具快速移至车螺纹的起点
N390 G76 P020060 Q150 R0.1；	车螺纹，精加工 2 次，牙型角 60°，最小切入深度 0.15 mm，精加工余量 0.1 mm
N400 G76 X18.65 Z－47 P1083 Q500 F2；	车至螺纹小径 ϕ18.65 mm，牙高 1.083 mm，第一次螺纹切削深度 0.5 mm，螺距 2 mm
N410 G00 X100 Z100；	返回换刀点
N420 T0202 G96 S45 G50 S1000；	换 2 号刀(切槽刀，刀宽 3 mm)，恒线速 45 m/min，最高限速 1000 r/min
N430 G00 X30 Z－53.2；	切槽起点
N440 G75 R0.5；	径向切槽多重循环 G75，退刀量 0.5 mm
N450 G75 X24.1 Z－66 P2000 Q2500 F30；	切槽至 ϕ24.1 mm，长度至 Z－66，每次径向切削 2 mm 退刀一次，每次轴向进刀量 2.5 mm
N460 G00 X30 Z－52；	ϕ28 mm 外圆倒角起点
N470 G01 X28 F20；	
N480 X26 W－1；	倒角 *C*1
N490 X24；	切槽至 ϕ24 mm
N500 Z－63.2；	加工 ϕ24 mm 外圆，长 63.2 mm
N510 X15.5；	切槽至 ϕ15.5 mm
N520 X24；	粗加工 *R*4 mm 圆弧起点
N530 W3；	
N540 G03 X18 W3 R3；	粗加工 *R*4 mm 圆弧
N550 G01 X24；	精加工 *R*4 mm 圆弧起点
N560 Z－59；	
N570 G03 X16 Z－63 R4；	精加工 *R*4 mm 圆弧
N580 G01 X0；	切断工件
N590 G00 X100；	返回换刀点，主轴停
N600 Z100 M05；	
N610 M30；	程序结束

思　考　题

1. 数控车床的主要加工对象有哪些？

2. 简述数控车床的结构特点及其分类情况。

3. 编程题

(1) 编制图 11-11 所示零件的数控车床加工程序。要求切断，加工刀具为 1 号外圆刀、2 号切槽刀，切槽刀宽度为 4 mm，毛坯直径为 32 mm。

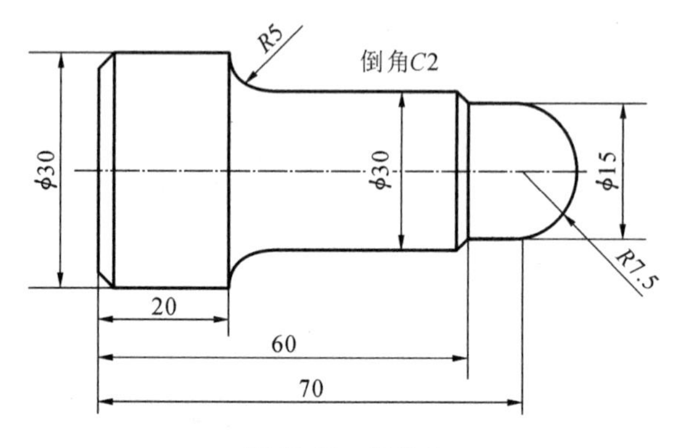

图 11-11　零件 1

(2) 编制图 11-12 所示零件的数控车床加工程序。不要求切断，加工刀具为 1 号外圆刀、2 号螺纹刀、3 号切槽刀。切槽刀宽度为 4 mm，毛坯直径为 32 mm。

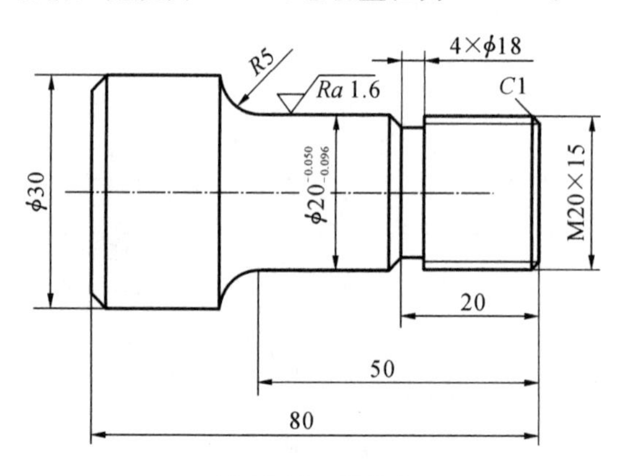

图 11-12　零件 2

第12章　加工中心加工

学习目标

1.了解数控加工技术的发展应用。

2.掌握加工中心基本操作技能。

3.熟悉编程软件的使用和加工中心编程的内容及步骤。

12.1　加工中心概述

加工中心是一种用途比较广泛的机床，主要用于各类平面、曲面、沟槽、齿形、内孔等的加工，其具有特有的多轴联动特性，多用于模具、样板、叶片、凸轮、连杆和箱体的加工。加工中心的加工方式以铣削为主，备有刀库，具有自动换刀功能，可以实现一次装夹工件后，连续对工件进行自动钻孔、扩孔、铰孔、攻螺纹、铣削等多工序加工。

12.1.1　加工中心的加工对象

按机床主轴的布置形式及机床的布局特点分类，数控加工中心可分为立式加工中心、卧式加工中心和龙门加工中心等，如图12-1至图12-3所示。

图12-1　立式加工中心

图12-2　卧式加工中心

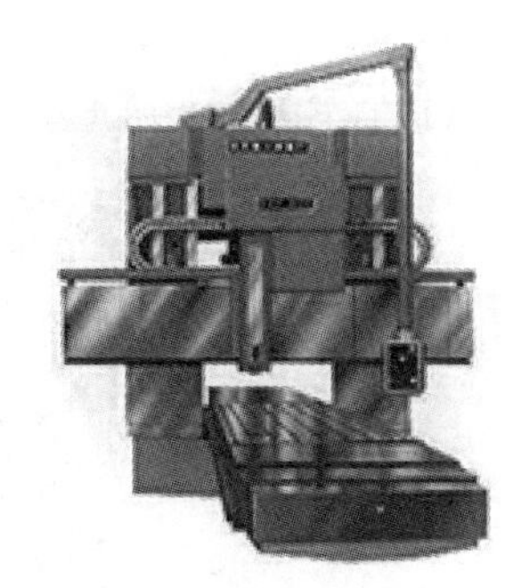

图12-3　龙门加工中心

立式加工中心一般适用于盘、套、板类零件的加工，一次装夹后，可对上述零件表面进行铣、钻、扩、镗、攻螺纹等加工以及侧面的轮廓加工；卧式加工中心一般带有回转工作台，便于加工零件的不同侧面，适用于箱体类零件的加工；龙门加工中心适用于大型或形状复杂零件的加工。

12.1.2　加工中心的加工特点

加工中心对零件的适应性强、灵活性好，可以加工轮廓形状非常复杂或难以控制尺寸的零件，如壳体、模具零件等；可以在一次装夹后，对零件进行多道工序的加工，使工序高度集中，装夹误差减小，大大提高了生产效率和加工精度；加工质量稳定可靠，一般不需要使用专用夹具和工艺装备，生产自动化程度高；另外，加工中心铣削加工对刀具的要求较高，要求刀具具有良好的抗冲击性、韧性和耐磨性。

12.2　加工中心的操作

加工中心的种类较多，具体的操作方法也有差异，本章以 VFP-32A 加工中心（图 12-4）为例，介绍数控加工中心的基本操作方法。

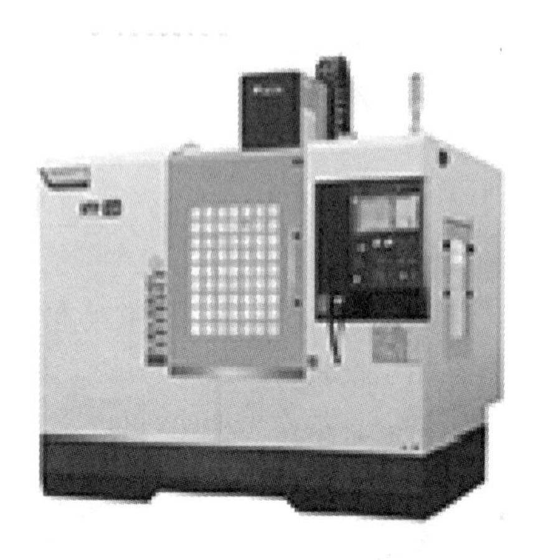

图 12-4　VFP-32A 加工中心（配置 FANUC 数控系统）

12.2.1　数控系统

VFP-32A 加工中心配置了 FANUC 数控系统。

(1) VFP-32A 加工中心操作面板如图 12-5 所示。

图 12-5　VFP-32A 加工中心操作面板

(2) 面板按键功能说明如表 12-1 所示。

表 12-1　面板按键功能

图　示	名　称	说　明
	记忆程序保护开关（PROGRAM PROTECT）	正常情况下程序保护开关处于关闭状态，此时无法进行程序的编辑及修改；当程序保护开关打开时，可以正常进行程序修改、删除等操作
/min	手动主轴旋钮（SPINDLE KNOB）	在手动模式下，此旋钮用于控制主轴旋转速度。当旋钮顺时针旋转时，主轴转速增加；当旋钮逆时针旋转时，主轴转速降低
手动	切削液手动（COOLANT MANUAL）	在手动（HANDLE MODE）、慢速（JOG MODE）、快速（RAPID MODE）等模式下，按此键，切削液开，再按一次此键或“RESET”键，切削液关
自动	切削液自动（COOLANT AUTO）	在任何模式下，按下此键，切削液自动操作有效。程序执行到 M08 时，切削液开，程序执行到 M09 时切削液关
F0	解除故障键	按下此键执行刀臂故障排除（M95）
F1	切削液水枪键	功能键内藏灯亮时，切削液水枪有效；功能键内藏灯灭时，切削液水枪无效
F2	预备键	—
F3	主轴鼻端喷水控制键	功能键内藏灯亮时，主轴鼻端喷水有效；功能键内藏灯灭时，主轴鼻端喷水无效
自动断电	自动断电功能键（AUTO POWER OFF）	按下该功能键，机床执行完加工程序后（程序执行到 M30），就会自动切断电源

续表

图　示	名　称	说　明
○机械锁定	机械锁定（MACHINE LOCK）	本功能键有效时，内藏灯会亮，无论在手动模式还是自动模式下，伺服轴机械会被锁定不动，但屏幕坐标会移动。M. S. T. B 码会继续执行，不受机械锁定限制
○Z轴锁定 Z	Z 轴锁定（Z AXIS LOCK）	本功能键有效时，内藏灯会亮，Z 轴会被机械锁定，不能移动，但屏幕 Z 轴坐标会移动
○MST锁定 M.S.T	辅助功能锁定（AUXILIARY FUNCTION LOCK）	本功能键有效时，内藏灯会亮；禁止执行指定 M. S. T. B 码
○门锁保护	前门打开（DOOR OPEN）	功能键内藏灯亮时，前门打开有效；功能键内藏灯灭时，前门打开无效
○选择停止	选择停止（OPTIONAL STOP）	本功能键有效时内藏灯亮，执行程序时，若有 M01 指令，程序将停止于该单节。如果要继续执行程序，则需按下程序启动键（CYCLE START）
○单节跳跃	单节跳跃（BLOCK SKIP）	本功能键内藏灯亮时，本功能有效，在程序执行中，程序单节前有"/"（斜线）符号时，此单节略过不执行。
○自动归位	自动原点复归（AUTO Z RN RETURN）	本功能键有效时，加工中心处于机械原点复归模式，按本功能键则各轴会自动完成原点复归动作
○单节执行	单节执行（SINGLE BLOCK）	本功能键有效时，内藏灯会亮。程序执行完一个单节后停止，且按一次程序启动键（CYCLE START）仅能执行一个单节程序
○程式预演	试车空行（DRY RUN）	本功能键有效时，内藏灯会亮，程序中所设定的 F 值（切削进给率）指令无效，各轴移动速率为慢速位移速率（JOG FEEDRATE）所指定的位移速率。主要适用于空运行，以验证程序的使用
○自动执行	自动模式（AUTO MODE）	可自动执行 CNC 内存中的程序

续表

图 示	名 称	说 明
单动	手动数据输入模式 (MDI MODE)	在此模式中,主要使用单节程序执行、修改参数及设定资料,可在屏幕上输入单节指令予以执行
资料输入	外部 CNC 联机 (TAPE MODE)	本模式下,可与个人计算机(PC)联机,可边读入加工程序边进行加工,直到 PC 侧的加工程序执行完后,NC 也逐次执行至程序结束
编辑	编辑程序 (EDIT MODE)	在此模式下,可以编辑新程序,或修改旧程序
手轮	手动进给模式 (HANDLE MODE)	本模式下,可通过手轮上的轴向选择按钮选择轴向运动,通过调节倍率旋钮控制移动速度的快慢
快速进给	快速进给模式 (RAPID MODE)	(1) 本模式下,欲移动各轴,可按各轴向键及选择快速进给百分比率。 (2) 移动进给速率是以快速进给速率进行移动的速度依据,可分为 F0%、F25%、F50%、F100%。 (3) 按轴向键时,手指不可离开(离开后停止移动)
寸动	慢速进给模式 (JOG MODE)	(1) 本模式下,欲移动各轴,可按各轴向键并选择慢速进给率。 (2) 移动进给速率是以慢速进给速率进行移动的速度依据,可在 0~10000 mm/min 之间调整。 (3) 按轴向键时,指定轴向即可移动,手指不可离开(离开后即停止移动)
原点复归	机械原点复归模式 (Z RN MODE)	本模式为进给轴机械原点复归,手动操作时使用
正转	铁屑输送机 及切屑螺旋前进 (CHIP CONVEYOR& CHIP SCRAPER FORWARD)[OPT]	按下本键或于自动(联机)模式下按程序启动键后,铁屑输送机及切屑螺旋连续运转,若想在自动(联机)模式下做间歇运转,须设定 PLC 参数(详阅 PLC 参数说明)

续表

图　示	名　称	说　明
○ 寸动	铁屑输送机及切屑螺旋反转(CHIP CONVEYOR & CHIP SCRAPER REVERSE)[OPT]	按下本键则铁屑输送机及切屑螺旋后退，但只持续几秒即停止
移至主轴转速100%之后 ○ 增速 △%	主轴加速(SPINDLE INC)	当主轴转动时，每按本键一次，其转速将增加10%，最高可达120%
移至主轴键增加之后 ○ 100 100%	主轴转速100%(SPINDLE 100%)	(1) 程序运转中，若中途有"主轴增速"或"主轴减速"操作，则主轴回复100%转速时，使用本键。 (2) 本键在手动模式下操作无效
移至主轴转速100%之后 ○ 减速 ▽%	主轴减速(SPINDLE DEC)	当主轴转动时，每按本键一次，其转速将减小10%，最低可达50%
○ 主轴正转	手动主轴正转(SPINDLE C. W)	按下此键，主轴正转
○ 主轴停止	手动主轴停止(SPINDLE STOP)	主轴无论在正转还是反转中，按下此键主轴即可停止
○ 主轴反转	手动主轴反转(SPINDLE C. C. W)	按下此键，主轴反转
○ 正转	刀库正转	按下此键，刀库上的刀套号码递增，松开本键，停止递增

续表

图　示	名　称	说　明
刀库致能	手动刀库确认键	(1) 本键在手动模式、慢速模式、快速模式下有效。 (2) 按下本键，当内藏灯亮时，可按刀库正转键或刀库反转键选刀，但是模式要正确
反转	刀库反转	按下本键，刀库上的刀套号码递减，松开本键，停止递减
01	主轴刀号指示灯	显示主轴上现有的刀具号码
03	预备刀套刀号指示灯	显示预备刀套上现有的刀具号码
+4　−Y　+Z +X　−X −4　+Y　−Z	手动方向键	在慢速模式下，按下某轴方向键即向指定的轴向移动，每次只能按下一个按钮，按下时移动，松手即停止移动
RAPID 0%　RAPID 25% RAPID 50%　RAPID 100%	快速进给百分比率显示	快速进给速率＝最大进给速率×快速进给百分比率
	切削进给及慢速进给率	(1) 在慢速进给中，旋转旋钮，选择进给率，其对应的比率值为 0，100，140，200，270，370，520，720，1000，1400，2000，2700，3700，5200，7200，10000。 (2) 在切削进给中，旋转旋钮，选择进给率，其对应比率值从 0%～150%以 10%的比率增加或减小
	紧急停止键 (EMERGENCY STOP)	在紧急情况发生时，按下此按钮可使机器全面停止，输入所有电动机的电流全部中断(但机器不断电)
程序启动	程序启动 (CYCLE START)	此按键于自动操作时有效，用于程序的执行

续表

图　示	名　称	说　明
程序暂停	程序暂停 (FEED HOLD)	此按键于自动操作时有效，程序执行中按下此键程序中止，轴停止不动而主轴继续转动，再次执行程序时按程序启动键即可
轴向选择 Y Z X B	轴向选择旋钮	(1) 本旋钮用于手动操作盒，与手轮进给倍率×1，×10，×100 互相配合使用。 (2) 本旋钮仅用于手动进给模式
手轮进给倍率 ×10 ×1 ×100	手轮进给倍率	×1：0.001 mm/移动 1 小格。 ×10：0.01 mm/移动 1 小格。 ×100：0.1 mm/移动 1 小格
手轮 MPG	手轮 MPG	本手轮仅在手动进给模式下有效，用于操作进给轴的方向与快慢

12.2.2　基本操作方法和步骤

由于数控系统采用增量值方式测定参考点的位置，因此系统在断电后会失去参考点坐标值，编程坐标值也就失去了正确的参考位置，故机床在断电后重新接通电源后，必须进行返回参考点操作。

1. 返回参考点(或返回原点操作)

操作方法和具体步骤如下。

(1) 开机：打开机床背后电源开关，打开控制系统电源开关，等待控制系统启动。控制系统启动后，按下“紧急停止”，按下“复位(RESET)”键。

(2) 回零：

① 在回零操作前，用“寸动”或“手轮”的操作方式把各轴移动到机床的中间位置。

② 按“位置(POS)”键查看机械坐标。

③ 按“原点复归”键→“自动归位”键，回零完成(回零过程不要操作设备)。

2. 手动操作

(1) 按“寸动”键。

(2) 选择要移动的轴,“-X”或“+X”、“-Y”或“+Y”、“-Z”或“+Z”,将其移动到合适的位置。

3. 手轮操作

(1) 在操作面板按“手轮”键,打开手轮旋钮开关。

(2) 选择要移动的轴,“X”或“Y”或“Z”。

(3) 调整进给倍率旋钮,“×1”或“×10”或“×100”。

(4) 转动手轮,实现轴的移动。手轮使用完后,将手轮旋钮开关打到“OFF”位置上。

4. 主轴正转

(1) 指定转速:

① 在操作面板按“单动”键;

② 按“程序(PROG)”键;

③ 按显示器下的一排按键中的程序软键;

④ 在界面写入 M03 S1000 →按“EOB”键→按“插入(INSERT)”键;

⑤ 按“程序启动”键,主轴以 1000 r/min 转动。

(2) 不指定转速:

① 按“主轴正转”键;

② 打开转速调整旋钮,可以看到显示屏显示的转速。

5. 主轴停止

关闭转速调整旋钮→按“主轴停止”键或按“复位(RESET)”键。

6. 刀杆装入刀库

(1) 按“单动”键。

(2) 按“程序(PROG)”键→按显示器下的一排按键中的程序软键。

(3) 在界面写入 T01 M06 →按“EOB”键→按“插入(INSERT)”键。

(4) 按“程序启动”键→打开进给旋钮→换刀动作完成后关闭进给旋钮。

(5) 按“寸动”键→按“快速进给”键→按“-Z”键,将 Z 轴降低至合适位置。

(6) 左手握住刀杆,刀杆定位槽要与主轴定位键对准→右手按住“松刀”键→左手将刀杆插上主轴→然后松开按键。

12.2.3 设置工件加工坐标(对刀)

1. 对刀前准备

(1) 装好所有需要用到的刀具、光电式寻边器。

(2) 装好工件毛坯。

2. 刀偏清零

(1) 刀具偏置清零:

按“偏置(OFS/SET)”键→刀偏→把光标移动到要清零数值的位置→写入“0” →按“输入(INPUT)”键。

(2) 坐标清零:

按“偏置(OFS/SET)”键→工件坐标系→ 000 坐标系和 001 坐标系→把光标移动到有数值的位置→写入“0”→按“输入(INPUT)”键。

3. 对刀

对刀使用 G54 坐标系。

用“寸动”或“手轮”的操作方式将光电式寻边器移到工件附近，利用寻边器对 X、Y 轴分中。

1) X 轴分中操作

(1) 按“位置(POS)”键→“相对坐标”。

(2) 用手轮控制 X 轴→让寻边器接触工件左面→寻边器亮灯并发出蜂鸣声→X 轴停止移动，如图 12-6 所示。

(3) 按“X”键→“起源”键→“执行”键。

(4) 让寻边器离开工件，提起 Z 轴。

(5) 寻边器移动到工件右边→寻边器接触工件右面→寻边器亮灯并发出蜂鸣声→X 轴停止移动。

(6) 按“X”键→写入实际数值的 1/2→按“预置”键。

(7) 让寻边器离开工件→提起 Z 轴→查看相对坐标→将 X 轴移到 0.000 位置处。

2) Y 轴分中操作

Y 轴分中操作与 X 轴分中操作基本相同，只不过是换成 Y 轴而已，写入预置数据后，将 Y 轴移动到 0.000 位置处，关闭手轮。

3) 设定 X、Y 轴的加工原点

(1) 按“偏置(OFS/SET)”键→工件坐标系页面→ 01(G54)坐标系。

(2) 写入“X0”→“测量”→“Y0”→“测量”→X、Y 轴分中完毕。

4. 设定 Z 轴的加工原点(1 号基准刀)

(1) 更换 1 号刀：

① 按“单动”键→按“程序(PROG)”键→按程序软键；

② 在界面写入 T01 M06 →按“EOB”键→按“插入(INSERT)”键；

③ 按“程序启动”键→打开进给旋钮→换刀动作完成后关闭进给旋钮。

(2) 用“手轮”的操作方式→将刀具移动到 Z 轴对刀仪上方→用手轮控制刀具接触 Z 轴对刀仪→使对刀仪数值为“0”→关闭手轮，如图 12-7 所示。

图 12-6 光电式寻边器接触工件左面

图 12-7 Z 轴对刀仪对刀

(3) 按"偏置(OFS/SET)"键→工件坐标系页面→ 01(G54)坐标系。

(4) 写入"Z50.0"→"测量"→查看绝对坐标→Z 值为 50。

(5) 移动 Z 轴抬起刀杆→关闭手轮(1 号基准刀),Z 轴原点设定完毕(Z 轴对刀仪高度是 50 mm)。

5. 2 号刀及其他号刀具的 Z 轴的原点设定

参与加工要用到的所有刀具都要进行 Z 轴对刀。

(1) 更换 2 号刀或其他号刀具后→接触 Z 轴对刀仪→使对刀仪数值为"0"→关闭手轮。

(2) 按"偏置(OFS/SET)"键→刀偏→Z 轴绝对坐标数值减去 50(得数)。

(3) 将得数输入 002(对应 2 号刀)长度形状栏内(其他号刀具的操作相同,得数输入对应刀号的长度形状栏内)。

6. 刀具验证

(1) 用"寸动"或"手轮"的操作方式先将 Z 轴提起,再移开 X、Y 轴。

(2) 输入验证程序。

① 按"单动"键→按"程序(PROG)"键→按程序软键。

② 在界面写入:

```
T02 M06;
G01 F2000 G54 G90 G43 H02 X0 Y0;
```

说明:H02 是对应 2 号刀的长度补偿。

(3) 按"EOB"键→按"插入(INSERT)"键。

(4) 把进给旋钮打到 0 的位置→按"程序启动"键。

(5) 按"位置(POS)"键→看绝对坐标。

(6) 打开进给旋钮→观察剩余移动量数据→等剩余移动量数据为 0→关闭进给旋钮。

注意:在刀具移动过程中,手不能离开进给旋钮,移动位置不对时,随时将进给旋钮打到 0 的位置,停止移动,按"复位(RESET)"键终止操作,重新检查。

(7) 用手轮控制刀具接触 Z 轴对刀仪→使对刀仪对 0 →显示屏显示绝对坐标 Z 数据为 50.000。

(8) 刀具验证正确后→把刀抬起→移开 X、Y 轴→关闭手轮→取下对刀仪→对刀完成。

12.3　加工中心的编程操作实例

利用数控加工中心加工图 12-8 所示的十字槽工件图样,材料为 6060 铝合金。

1. 工艺分析

用 Mastercam 软件进行绘图,编制数控加工程序。首先创建 ϕ14 mm 的四刃平铣刀加工平面;其次加工 80 mm×80 mm 和 45 mm×45 mm 外形轮廓;然后创建 ϕ10 mm 的平铣刀加工十字槽;最后创建 ϕ8 mm 的钻头钻孔,再用 ϕ10 mm 的平铣刀加工 ϕ12 mm 的平底孔。

2. 加工步骤

具体的加工步骤如表 12-2 所示。

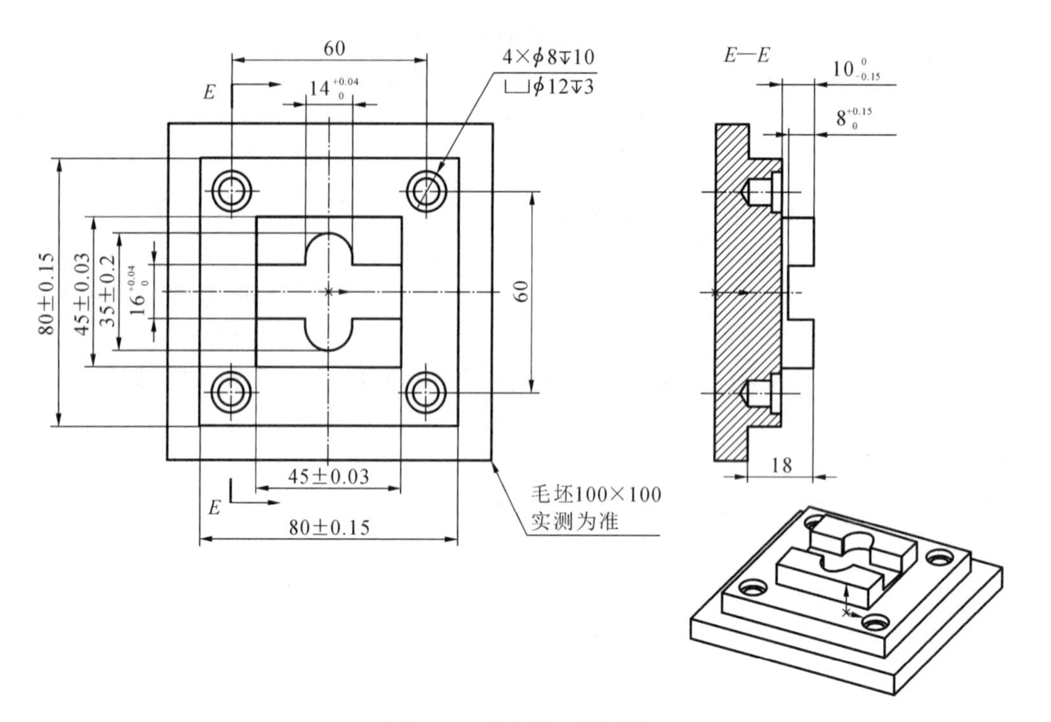

图 12-8 十字槽工件图样

表 12-2 加工步骤

工序	工序内容	刀具类型	主轴转速/(r/min)	下刀速度/(mm/min)	进给速度/(mm/min)	工序图
1	粗、精加工平面	ϕ14 mm 平铣刀	2000	1000	1000	
2	粗、精加工 80 mm×80 mm 外轮廓	ϕ14 mm 平铣刀	2000	1000	1000	
3	粗、精加工 45 mm×45 mm 外轮廓	ϕ14 mm 平铣刀	2000	1000	1000	
4	粗、精加工十字槽	ϕ10 mm 平铣刀	3000	1000	1000	

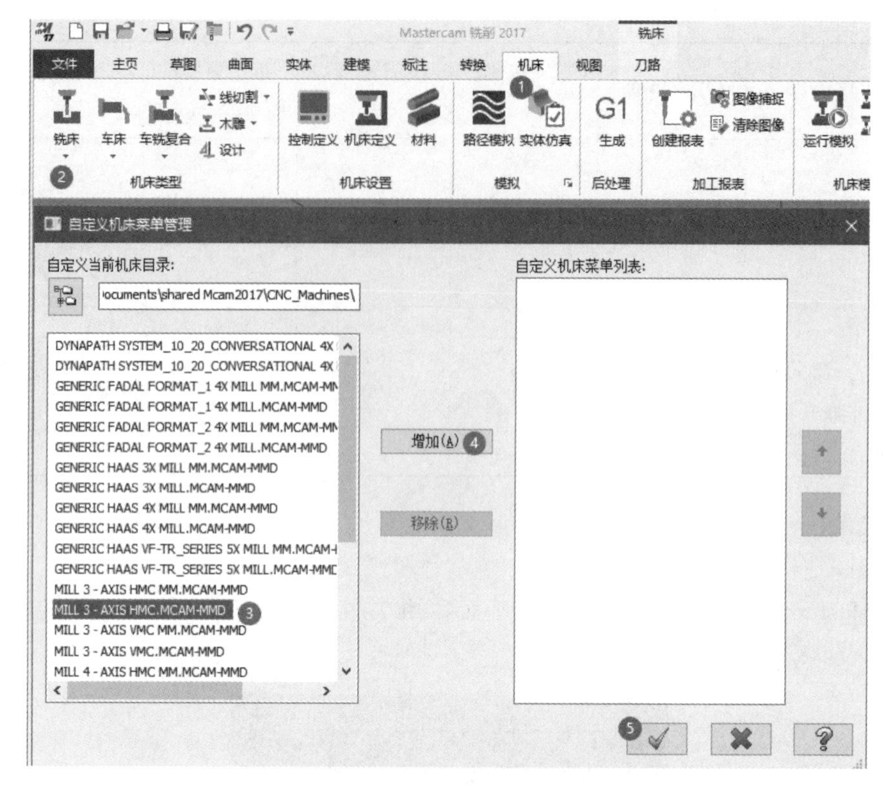

图 12-10 机床设置

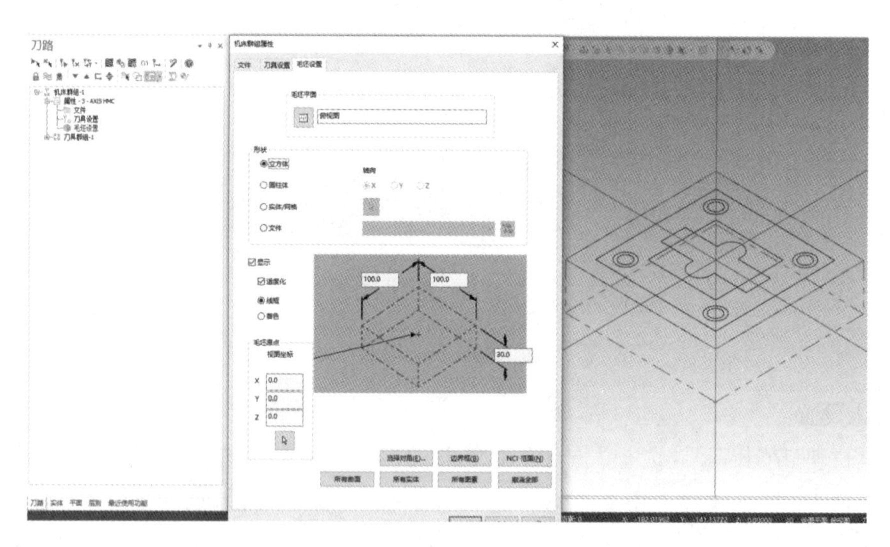

图 12-11 毛坯设置

刀具管理

机床群组-1 (加工群组)

刀号	状态	装配名称	刀具名称	刀柄名称	直径	圆角半径	长度	刀齿数	类型	半径类型	刀具伸出长度
1	✓	--	14平铣刀	--	14.0	0.0	25.0	4	平铣刀	无	75.0
2	✓	--	10平铣刀	--	10.0	0.0	25.0	4	平铣刀	无	75.0
3	✓	--	8钻头	--	8.0	0.0	25.0	2	钻头/钻孔	无	50.0

图 12-12 刀具设置

5）粗、精加工平面（工序1）

选择二维铣削“面铣”命令，弹出“串连选项”对话框，选择面铣线框，选择已建好的刀具ϕ14 mm平铣刀，设定主轴转速2000，下刀速率1000，进给速率1000，粗、精加工平面。

6）粗、精加工80 mm×80mm工件外轮廓（工序2）

选择二维铣削“外形”命令，弹出“串连选项”对话框，选择80×80的线框，选择已建好的刀具ϕ14 mm平铣刀，设定主轴转速2000，下刀速率1000，进给速率1000，粗、精加工80 mm×80 mm外轮廓。

7）粗、精加工45 mm×45 mm工件外轮廓（工序3）

在“操作管理器”选择“外形铣削（2D）”程序，单击鼠标右键，直接复制和粘贴到空白处，更改“几何图形—（1）串连”选项，选择45×45的线框，选择已建好的ϕ14 mm平铣刀，设定主轴转速2000，下刀速率1000，进给速率1000，粗、精加工45 mm×45 mm工件外轮廓。

8）粗、精加工十字槽（工序4）

在“操作管理器”选择“挖槽”程序，弹出“串连选项”对话框，选择十字槽线框，选择已建好的ϕ10 mm平铣刀，设定主轴转速3000，下刀速率1000，进给速率1000，粗、精加工十字槽。

9）钻孔ϕ8 mm（工序5）

选择二维铣削“钻孔”命令，弹出“选择”对话框，依次选择孔的中心点，选择已建好的ϕ8 mm钻头，设定主轴转速2000，下刀速率1000，进给速率500，钻ϕ8 mm的孔。

10）加工ϕ12 mm平底孔（工序6）

在“操作管理器”选择直接复制上一条“2D挖槽（标准）”程序粘贴到空白处，更改“几何图形—（1）串连”选项，依次选择ϕ12 mm孔的线框，选择ϕ10 mm平铣刀，设定主轴转速3000，下刀速率1000，进给速率1000，粗、精加工ϕ12 mm平底孔。

11）模拟加工

模拟加工效果，如图12-13所示。

图12-13　模拟加工效果

12）程序后处理

单击“执行选择的操作进行后处理”，弹出后处理程序对话框，勾选“NC文件”“编辑”，单击“ ✔ ”确认，保存到计算机桌面。

13）自动加工

（1）装夹好工件毛坯后，将刀具按编程设定的刀号安装到机床上对应的刀位，进行对刀（所有用到的刀具都要进行对刀），加工坐标原点设置在毛坯中心原点上。

（2）在机床操作面板上按下“资料输入”键、“程序启动”键，将“进给调整旋钮”调为0。

（3）在计算机上打开传输软件，选择要加工的NC程序，按“传输”键。

（4）在机床操作面板上打开“进给调整旋钮”，观察加工情况，调整到合适的进给速度。

思　考　题

1. 数控铣床的主要加工对象是什么？

2. 简述数控铣床的分类及其各自的适用范围。

3. 数控铣床加工的特点是什么？

4. 编程题。

(1) 用 Mastercam 软件绘图，编制图 12-14 所示矩形的内轮廓及圆的外轮廓数控铣加工程序，铣刀直径为 10 mm，一次下刀 2 mm，并模拟加工。

(2) 综合练习，零件图及毛坯图如图 12-15 所示。工件材料为 LY12，刀具材料为 W18Cr4V，粗铣切深 $a_p \leqslant 3$ mm，精铣余量为 0.5 mm。

要求：① 用 Mastercam 软件绘制图形；

② 确定加工方案，选择刀具及切削余量；

③ 编制加工程序，使用镜像加工功能；

④ 模拟加工操作。

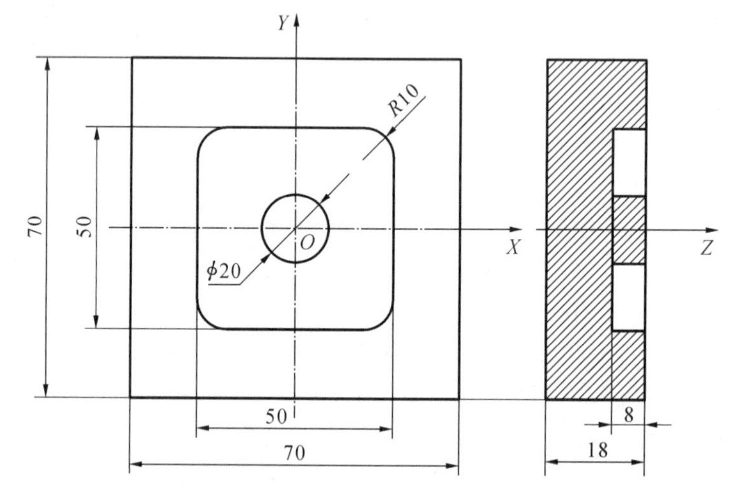

图 12-14　矩形零件

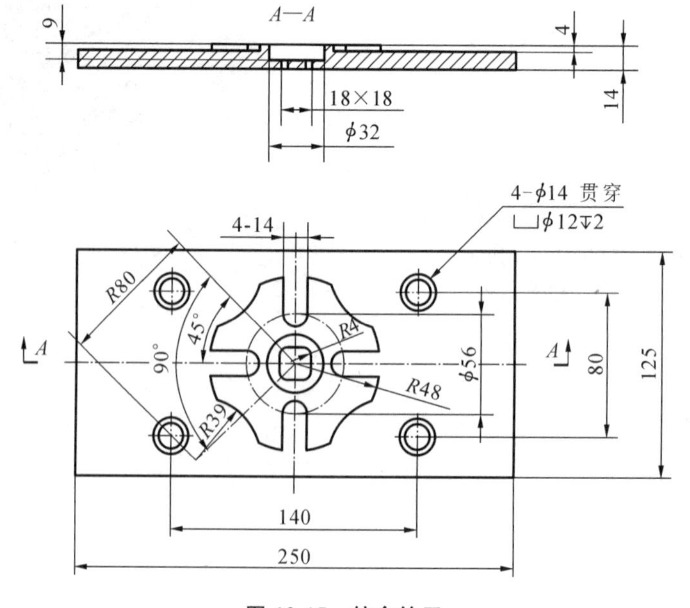

图 12-15　综合练习

第 13 章　电火花加工

学习目标

1. 了解电火花加工的原理。
2. 掌握电火花设备基本操作技能。
3. 熟悉自动编程软件使用、电参数的调整等内容及步骤。

电火花加工是利用电蚀作用原理，对金属工件进行加工的一种工艺方法。它既可以加工一般金属材料的工件，也可以加工传统切削方法难以加工的各种高熔点、高强度、高韧性的金属材料及精度要求高的工件，特别适合模具零件的加工。因此，电火花加工在模具加工领域中得到了广泛的应用。其中，电火花线切割加工和电火花成形加工的应用最为广泛，本章将对这两种加工工艺进行阐述。

13.1　电火花线切割加工

13.1.1　电火花线切割加工原理、特点及范围

1. 加工原理

线切割加工是电火花加工的一种方法。它以金属丝（$\phi0.02 \sim \phi0.3$ mm 的钼丝或黄铜丝）为工具电极，对工件进行切割加工。加工时，金属丝为一极，工件为另一极，两极间充满工作液介质（线切割水溶液），在两极间加上脉冲电压，当两极间的距离很近时，在两极间发生瞬间的放电击穿。瞬间放电点的温度极高（10000 ℃以上），放电点的金属局部熔化甚至气化，且放电的过程极为短暂，因此放电的过程具有爆炸的性质。这一爆炸力使得熔化了的金属被抛离电极表面，在工件表面形成一个小的凹坑。随着放电的不断进行，工件被不断蚀除，从而达到切割的目的，如图 13-1 所示。

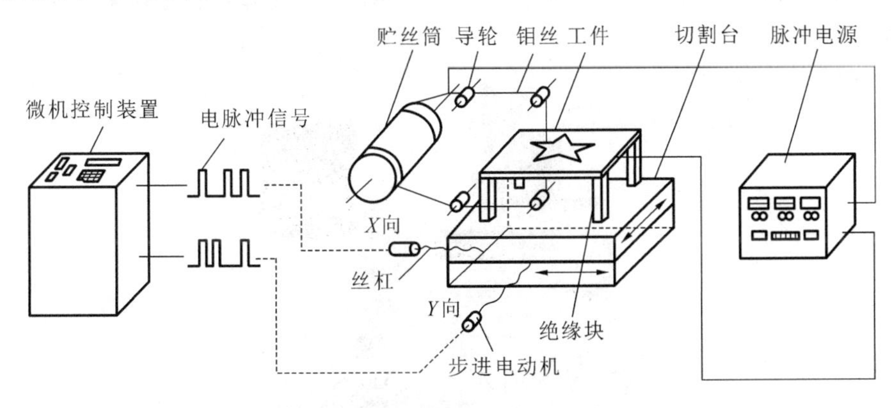

图 13-1　线切割加工原理

2. 电火花线切割加工特点

电火花线切割是利用电蚀的作用原理，来对工件进行加工的，所以只可加工导电的金属和半导体材料，电极丝(钼丝)与工件没有接触，因此不产生会导致加工变形的作用力，不受工件的硬度限制，可对一般切削方法难以或无法加工的高硬材料如淬火后的模具钢、工具钢、硬质合金等高硬材料进行加工。加工所使用的电极丝直径最小可达 0.02 mm，所以可以加工形状复杂，具有细小的窄缝、锐角(小圆角半径)等细微结构的通孔工件。加工精度和表面精度高，电极丝与工件没有接触，所以磨损很小。目前电火花线切割的加工精度已经可以达到 0.01 mm，表面粗糙度 Ra 值可达到 1.0 μm，可以加工精密的工件。另外，电火花线切割可以应用自动编程软件，便于实现自动化生产。

3. 电火花线切割加工范围

目前线切割加工技术，被广泛地应用在新产品试制、各种类型的模具制造和精密零件的加工上，发挥着巨大的作用。

在新产品试制中，电火花线切割可以用来直接加工零件。产品试制的时候，由于产品尚未定型，此时若贸然采用先制造工装再加工产品的方法，可能会因设计更改而导致工装报废，带来极大的经济损失。采用线切割加工方法，可以在坯料上直接割出零件，进行新产品的装配，这样不但可以大大缩短新产品的开发周期，而且可以降低成本，提高新产品试制的成功率。

在模具加工上，线切割加工特别适用于加工各种形状的冲裁模、注塑模、挤压模、粉末冶金模和弯曲模等模具。对同一套模具中的一些有配合要求的零件，如冲裁模中的凸、凹模，可一次编程，配以不同的火花间隙来进行加工，极大地提高模具的制造精度。

在精密零件加工上，对于一些异形槽孔、特殊齿轮、凸轮、样板、成形刀具等复杂形状零件及高硬度材料的精密零件，线切割加工方法往往是唯一高效、可行的加工方法。

在成形电极加工上，对于一般穿孔加工用、带锥度型腔加工用及微细复杂形状的电极，以及铜钨、银钨合金之类的电极材料，因其刚度低、易变形，无法采用机械加工的方法来制造，此时采用线切割加工方法特别经济。

线切割还可以实现贵重零件材料的套料加工，对于薄件，也可以多片叠在一起加工，提高加工的经济性和效率。

13.1.2　电火花线切割加工设备

电火花线切割设备的种类较多，本章以图 13-2 所示的中走丝数控线切割机床为例介绍基本操作方法。

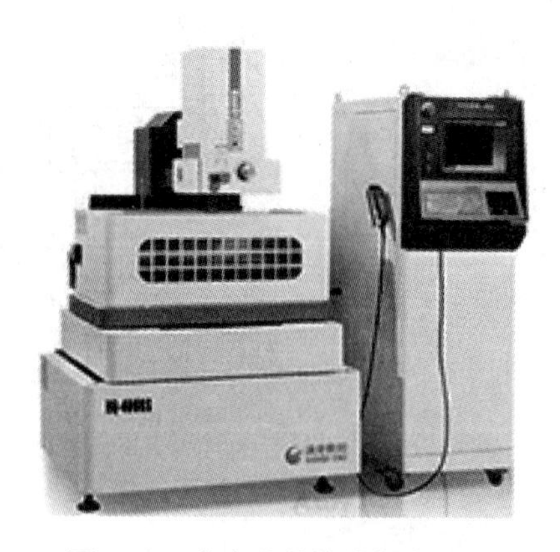

图 13-2　中走丝数控线切割机床

13.1.3　电火花线切割加工工艺

1. 电参数调整

脉冲电源的波形(图 13-3)与参数是影响线切割加工工艺的主要因素。

电参数与加工工件技术工艺指标的关系是:

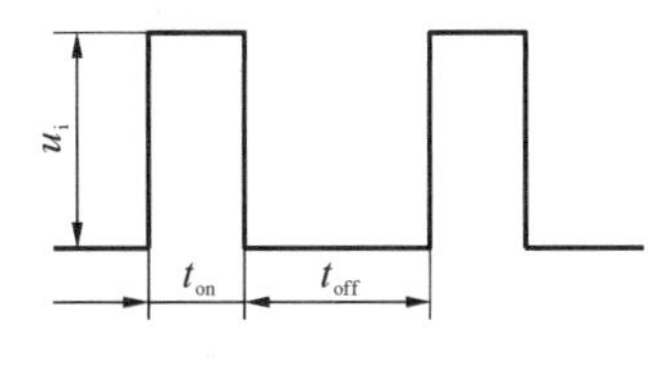

图 13-3　矩形波脉冲

峰值电流 I_m 增大,脉冲宽度 t_{on} 增加,脉冲间隔 t_{off} 减小,脉冲电压幅值 u_i 增大,都会使切割速度提高,但加工的表面粗糙度和精度则会下降;反之则可改善表面粗糙度和提高加工精度。

要求切割速度高时,选择大电流和脉宽、高电压和适当的脉冲间隔;要求表面粗糙度低时,选择小的电流和脉宽、低电压和适当的脉冲间隔;切割厚工件时,应选用大电流、大脉宽和大脉冲间隔以及高电压。

电参数对线切割加工的工艺指标的影响有如下规律:

(1) 加工速度随着电流、脉宽的增大以及脉冲间隔的减小而提高,即加工速度随着加工平均电流的增加而提高,增大电流比增大脉宽的办法更好。

(2) 增大加工电流、脉宽,表面精度变差;减小加工电流、脉宽,表面精度提高;增加精修次数可以提高工件表面质量,一般精修次数不超过三次。脉冲间隔的增加或减小对表面精度的影响较小。

(3) 脉冲间隔的选取,主要与工件厚度有关。工件较厚时,应适当增大脉冲间隔以便于排屑。

2. 工件的装夹

工件的支承装夹方法,将影响工件的加工质量,线切割机床的常用夹具有压板夹具和磁性夹具等。

压板夹具主要用于固定平板状的工件,常用的支承装夹方法还有悬臂式支承方式、两端支承方式、桥式支承方式等。

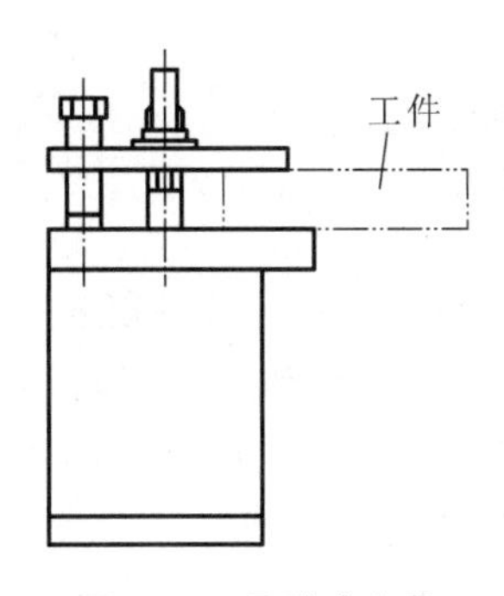

图 13-4　悬臂式支承

1) 悬臂式支承方式

工件直接装夹在台面上或桥式夹具的一个刃口上,图 13-4 所示的悬臂式支承通用性强,装夹方便,但容易出现上仰或倾斜,一般只在工件精度要求不高的情况下使用。如果受加工部位所限只能采用此装夹方法而加工又有垂直度要求时,要拉表找正工件上表面。

2) 两端支承方式

如图 13-5 所示,工件装在具有垂直刃口的夹具上,此种方法装夹后工件能悬伸出一角便于加工。两端支承方式装夹精度和稳定性较悬臂式好,也便于拉表找正,装夹时注意夹紧点对准刃口。

3) 桥式支承方式

如图 13-6 所示,此种装夹方式是快走线切割最常用的装夹方法,适用于装夹各类工件,特别是方形工件,装夹后稳定性好。只要工件上、下表面平行,装夹力均匀,工件表面即能保证与台面平行。桥的侧面也可作定位面使用,拉表找正桥的侧面,与工作台 X 方向平行,工件如果有较好的定位侧面，与桥的侧面靠紧即可保证工件与 X 方向平行。

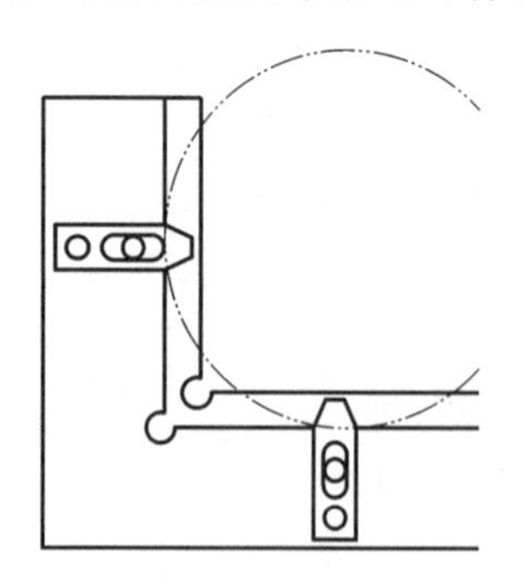

图 13-5　两端支承

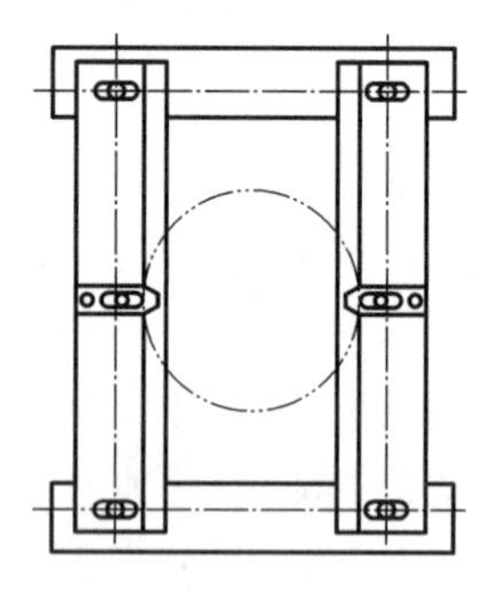

图 13-6　桥式支承

3. 切割路线的选择

加工程序引入点一般不能与工件上的起点重合，需要有一段引入程序。加工外形时，引入点一般在坯料之外，加工型孔时引入点在坯料之内，有时还需要预先加工工艺孔以便穿丝，穿丝的位置最好选在便于运算的坐标点上，可先钻孔进行加工。

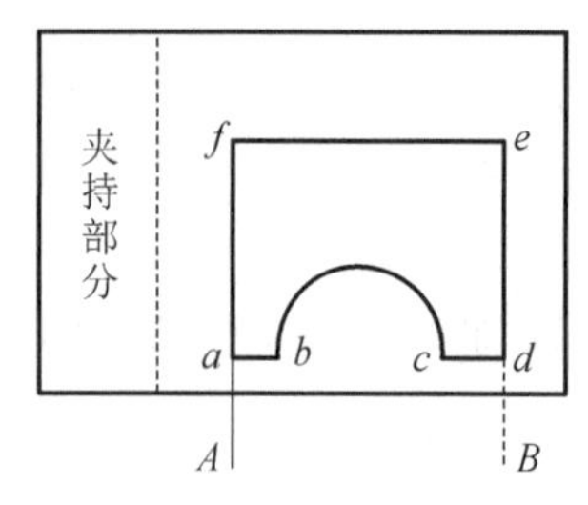

图 13-7　切割路线的选择

切割路线主要以防止或减小材料变形为原则，一般应考虑使靠近装夹这一边的图形最后切割为宜。如图 13-7 所示，加工程序引入点为 A，起点为 a，应选择切割路线：$A\to a\to b\to c\to d\to e\to f\to a\to A$。而假如选择 B 点作为引入点，起点为 d，则无论选择哪种走向，材料都易变形。

4. 工件的校正

工件的校正方法有按划线校正、按外形校正和按基准孔校正等方法。

按外形校正时，要预先磨出侧垂直基面。当把穿丝孔作为基准孔时，要保证其位置精度和尺寸精度。

13.1.4　电火花线切割加工操作

1. 线切割机床的主要结构

线切割机床由脉冲电源、数控装置、机床三部分组成。

(1) 脉冲电源：脉冲电源的作用是给两极间提供一高压的脉冲电压，为放电提供能量。

(2) 数控装置：与其他数控机床中的数控装置类似，可以对工作台的运动进行控制，以加工出所要求的工件形状。另外，线切割机床的数控装置还能对放电状态进行识别，控制工作台运动的速度，保证正常的放电间隙(0.01 mm 左右)，防止异常放电的发生。当有异常放电发生时，应能正确判断和处理。

(3) 机床：线切割机床上装有贮丝筒，贮丝筒可带动电极丝经由导轮做正、反向往复移动，使电极丝的损耗减少，以保证加工的正常进行。工作台的驱动一般采用步进电动机带动滚珠丝杠进行。机床部分还包括工作液循环系统。

2. 线切割机床操作步骤

工程训练中心所使用的电火花线切割设备采用 AutoCAD 自动编程，采用 AutoCut 系统操控，加工工件的操作流程为：机床回机械原点→ 用 AutoCAD 软件绘制图形 → 自动编程，

设置加工参数 →发送加工任务 →用 AutoCut 控制系统,打开加工任务文件 → 加工工件。

3. 线切割机床的 AutoCut 控制系统界面

AutoCut 操作界面如图 13-8 所示。

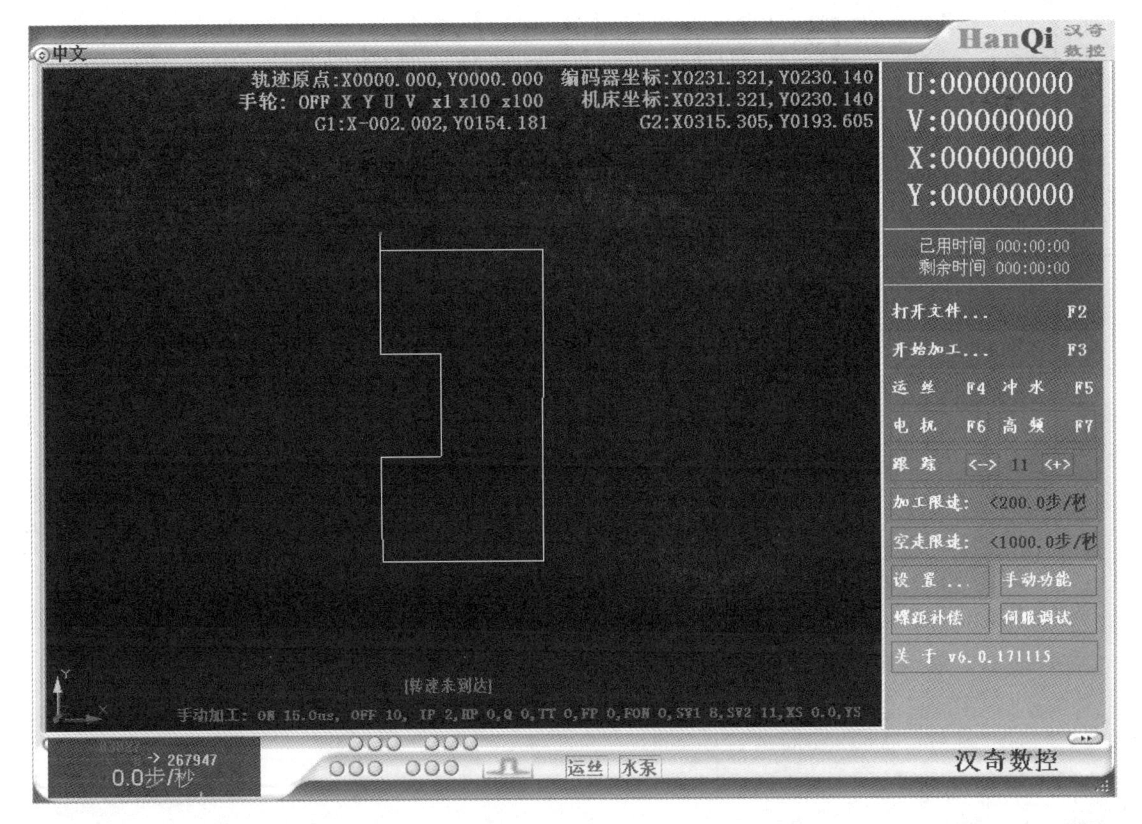

图 13-8　AutoCut 操作界面

(1) 左上角为语言切换键,有中文、英文、俄文等。

(2) 上中部显示机床区域,可看到轨迹原点,编码器坐标,机床坐标(G1、G2),U、V 轴坐标,其中 G1、G2 为加工坐标。

(3) 右上角显示当前加工程序坐标。

(4) 右边中间显示加工时间及剩余时间,剩余时间可以与加工效率切换。

4. AutoCut 界面各功能键

1) 打开文件

快捷键“F2”,按下后弹出显示内容:打开文件、打开模板、编辑 3B 文件、旋转/镜像、增加引入线。

(1) 打开文件:打开已保存的加工文件,格式有 tsk、3B 等。

(2) 打开模板:模板分为直线、圆、矩形、蛇形线等常用模板以及加工点、001 等不常用模板。

(3) 编辑 3B 文件:手动输入 3B 格式文件。

(4) 旋转/镜像:镜像及旋转功能,在程序发送后可根据实际装夹情况使工件与程序方向对应,有锥度时不能旋转与镜像。

(5) 增加引入线:引入线就是在原有程序基础上增加的一段延长线,从这条引入线开始

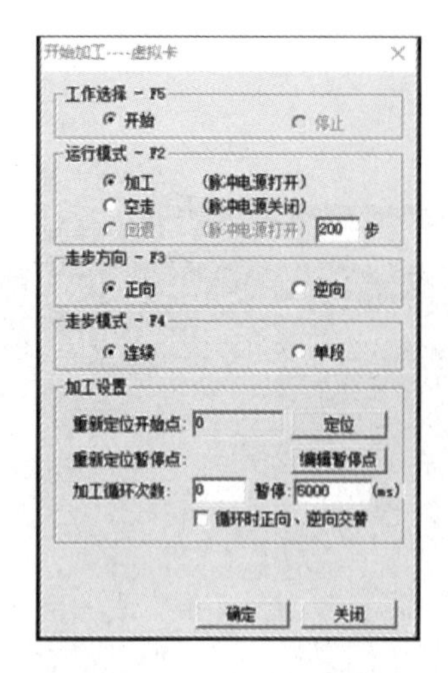

图 13-9　开始加工窗口

加工。

2）开始加工

快捷键“F3”，按下后弹出窗口，如图 13-9 所示。

(1) 工作选择：开始、停止。

(2) 运行模式：加工、空走、回退。

(3) 走步方向：正向、逆向。

(4) 走步模式：连续、单段。

(5) 加工设置：重新定位开始点、编辑暂停点、加工循环次数。

3）运丝

快捷键“F4”，也可以由手控制盒控制。

4）冲水

快捷键“F5”，也可以由手控制盒控制。

5）电机

快捷键“F6”，锁定机床 X、Y 轴，两轴在加工开始时会自动锁定。

6）高频

快捷键“F7”，高频放电。

7）跟踪

在加工参数里面设定，无须更改。

8）加工限速

在加工参数里面设定，面板只显示。

9）空走限速

一般设置为 2000，空走锥度时最高设为 500。

10）设置

采用机床默认参数，不需要修改。

11）手动功能

弹出窗口中显示的内容有：移轴、对中、碰边、碰边报警。

(1) 移轴：在程序停止状态下让机床各轴移动到要求的位置，分定速走步（空走状态）和跟踪走步（加工状态）。

(2) 对中：自动对中，可以自动寻找内孔中心。

(3) 碰边：自动碰边，选择方向后，点击“开始”，钼丝接触工件后自动停止。

(4) 碰边报警：当钼丝接触工件时蜂鸣器会发出报警。

12）螺距补偿

采用机床默认参数，不需要修改。

13）伺服调试

采用此功能可在相对或绝对坐标中指定 X、Y 轴移动距离。

5. 回机械原点操作

1）X 轴操作

(1) 用手控制盒（图 13-10）操作，移动速度选择低速挡，按下“－X”键，让机床向负方向移动，到撞击限位，出现报警信号。

(2) 在 AutoCut 操作界面，用鼠标指针在“G1、X 轴”处双击，弹出“虚拟坐标系设定”窗口，点击“坐标系 X 清零”，点击“确定”，X 轴清零完成。

(3) 用手控制盒操作，按下“＋X”键，移动 X 轴到 18 mm(±1 mm 左右)。

2) Y 轴操作

(1) 用手控制盒操作，移动速度选择低速挡，按下“－Y”键，让机床向负方向移动，到撞击限位，出现报警信号。

(2) 在 AutoCut 操作界面，用鼠标指针在“G1、Y 轴”处双击，弹出“虚拟坐标系设定”窗口，点击“坐标系 Y 清零”，点击“确定”，Y 轴清零完成。

(3) 用手控制盒操作，按下“＋Y”键，移动 Y 轴到 18 mm(±1 mm 左右)。

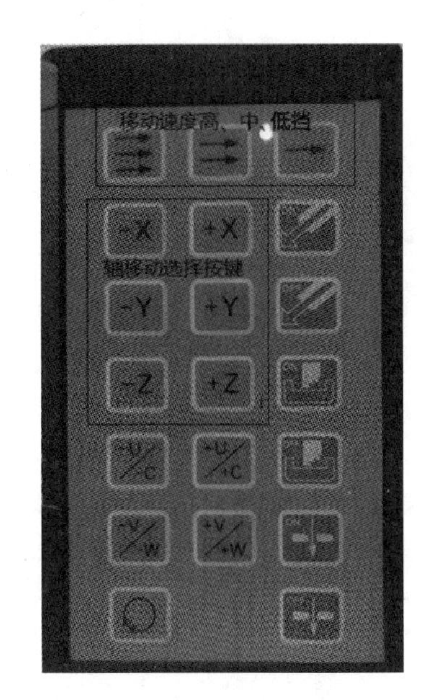

图 13-10　手控制盒

3) 在 AutoCut 操作界面操作

(1) 打开“螺距补偿”功能，弹出对话窗口。

(2) 将走步速度“200”改为“3000”，将速度“1－100”改为“3000”，将速度“2－5”改为“300”。

(3) 点击“X 轴回机械原点”，待机床自动回原点。

(4) 点击“Y 轴回机械原点”，待机床自动回原点。

(5) 点击“清零”“算 X 轴原点”“算 Y 轴原点”，关闭窗口，X、Y 轴回原点完成。

13.1.5　数控线切割的编程实例

1. 冷冲模凹模加工

1) 工艺分析

按图 13-11 所示尺寸用 AutoCAD 软件画出冷冲模凹模 CAD 图，确定切割顺序为 $O \to a \to b \to c \to d \to e \to f \to g \to h \to i \to j \to k \to a \to O$，生成加工程序。电极丝直径为 0.18 mm，单边放电间隙为 0.01 mm，则间隙补偿量 $f=(0.09+0.01)\text{mm}=0.1\ \text{mm}$，电极丝中心轨迹如图 13-11 中的点画线所示。

2) AutoCut 的编程与模拟

(1) 打开 AutoCAD 软件，按尺寸绘制图形。

(2) 在 AutoCAD 顶部用鼠标选择“AutoCut”的快捷键条，点击其中的第二个快捷键（“多次加工轨迹”），弹出窗口，如图 13-12 所示，设置加工设置选项：加工次数设为 2；钼丝补偿设为 0.1 mm；内外孔选择内孔；加工方向设为顺时针。

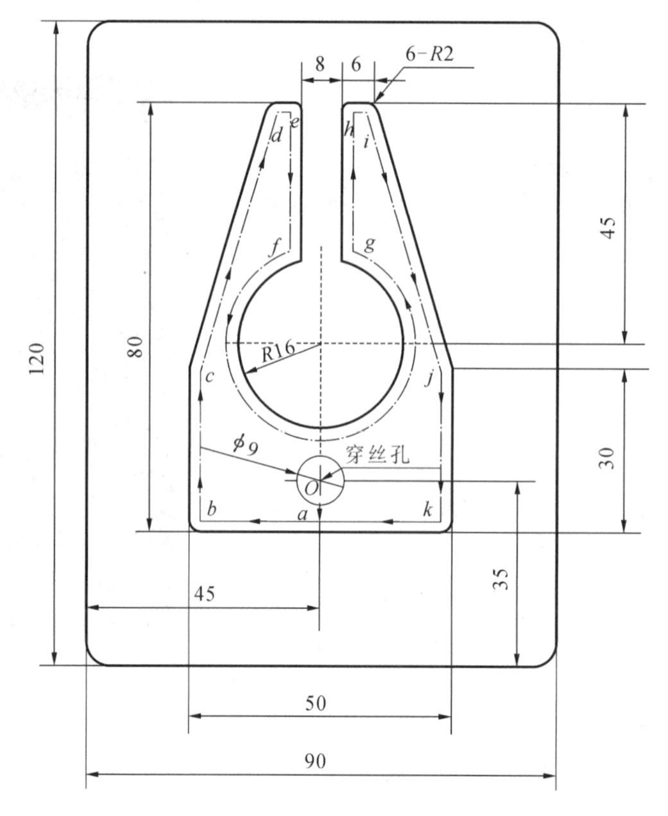

图 13-11　冷冲模凹模

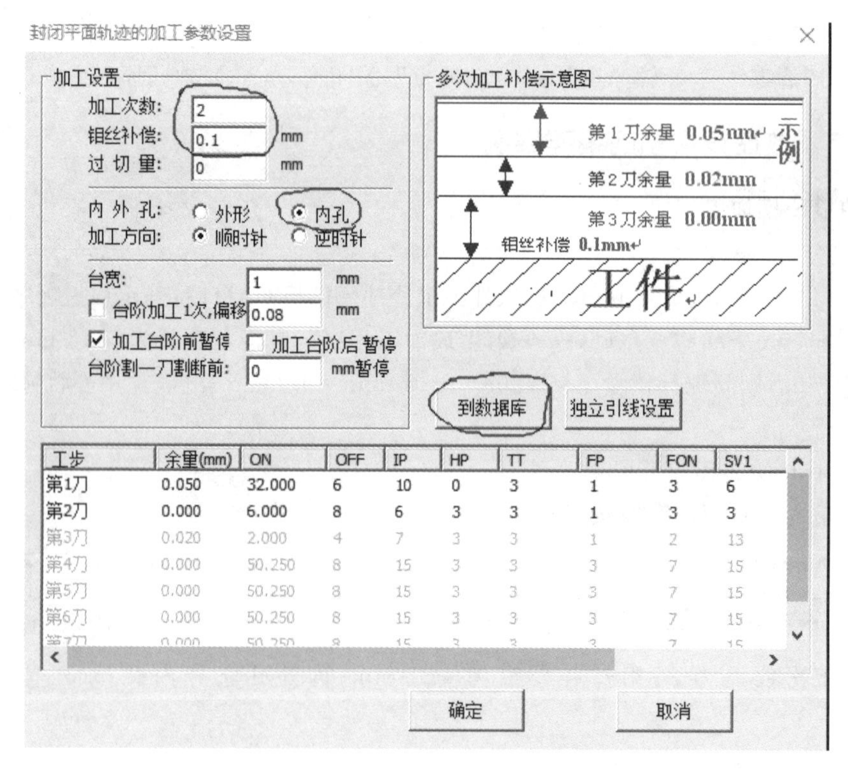

图 13-12　加工设置

（3）点击“到数据库”，弹出窗口，点击“用户数据库”，如图 13-13 所示。

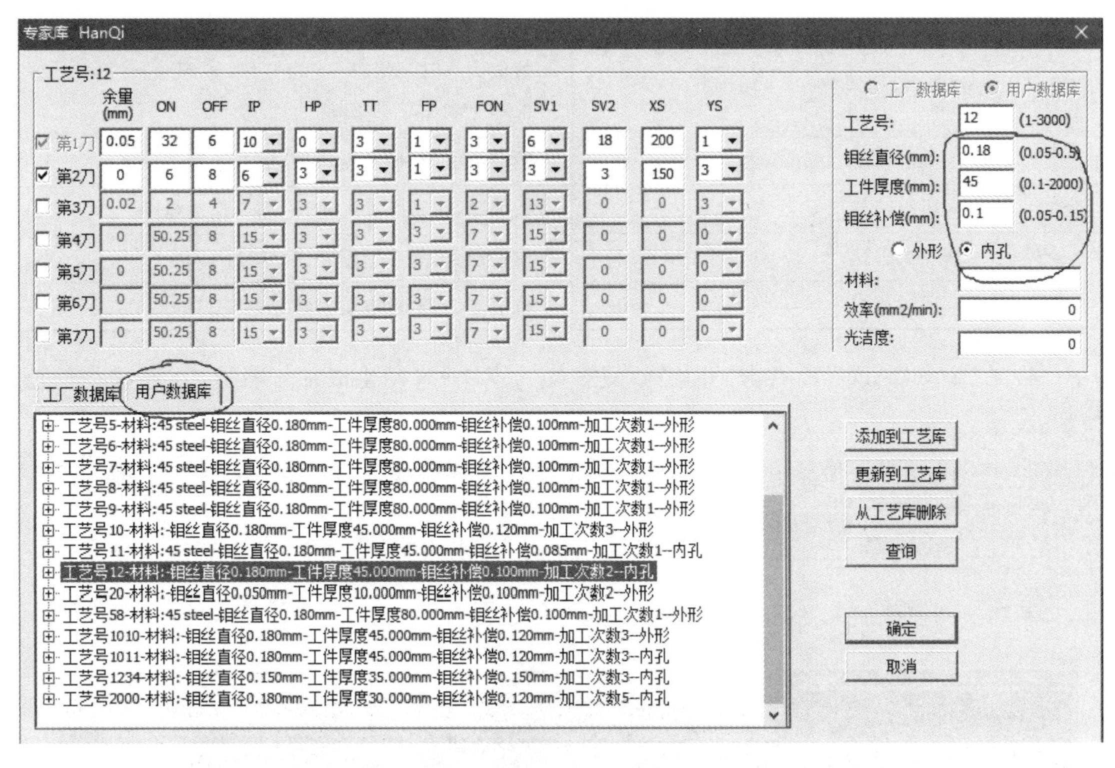

图 13-13　用户数据库

在数据库里选择相应或相近的加工厚度和工艺，点击“确定”（如果没有，可以新建一个添加进去），加工参数说明如表 13-1 所示。

表 13-1　加工参数说明

名称	说明	单位	范围	功能
余量	精加工余量	mm	0～0.05	精修余量常设为 0.02～0.05
ON	脉冲宽度	μs	0～250	数值越大，能量越大，加工速度越快，加工表面越粗糙；数值越小，能量越小，加工速度越慢，加工表面精度越高
OFF	脉冲间隙倍数	挡	4～30	数值越大，能量越小，加工速度越慢，加工表面精度越高；数值越小，能量越大，加工速度越快，加工表面越粗糙
IP	低功率电流	挡	0～15	数值越大，能量越大，加工速度越快，加工表面越粗糙
HP	高功率电流	挡	0～3	数值越大，能量越大，加工速度越快
TT	阶梯波	挡	0～3	数值为 0 时关闭，1～3 为打开，精加工时打开
FP	AC 电源控制电流	挡	0～3	数值为 0 时关闭，1～3 为打开

续表

名称	说明	单位	范围	功能
FON	AC 电源脉冲控制	挡	0～7	数值为 0 时关闭，1～3 为打开，与 FP 同时打开时，可使加工表面精度更高
SV1	伺服速度	挡	0～15	数值越大，伺服速度越慢，加工速度越慢
SV2	伺服跟踪倍率	挡	0～200	数值越大，跟踪速度越慢，加工速度越慢
XS	加工限速	挡	0～500	数值越大，加工速度越快，常设为 500
YS	运丝速度	挡	0～3	数值越大，运丝电动机转速越慢

(4) 在 AutoCAD 界面点击“开始点”→“切入点”→自动生成加工轨迹(轨迹线是红色的)。

(5) 在 AutoCAD 顶部用鼠标选择“AutoCUT”的快捷键条，点击其中的第四个快捷键（“发送加工任务”），点击“虚拟卡”→加工轨迹线→鼠标右键，自动切换到模拟加工界面，如图 13-14 所示。

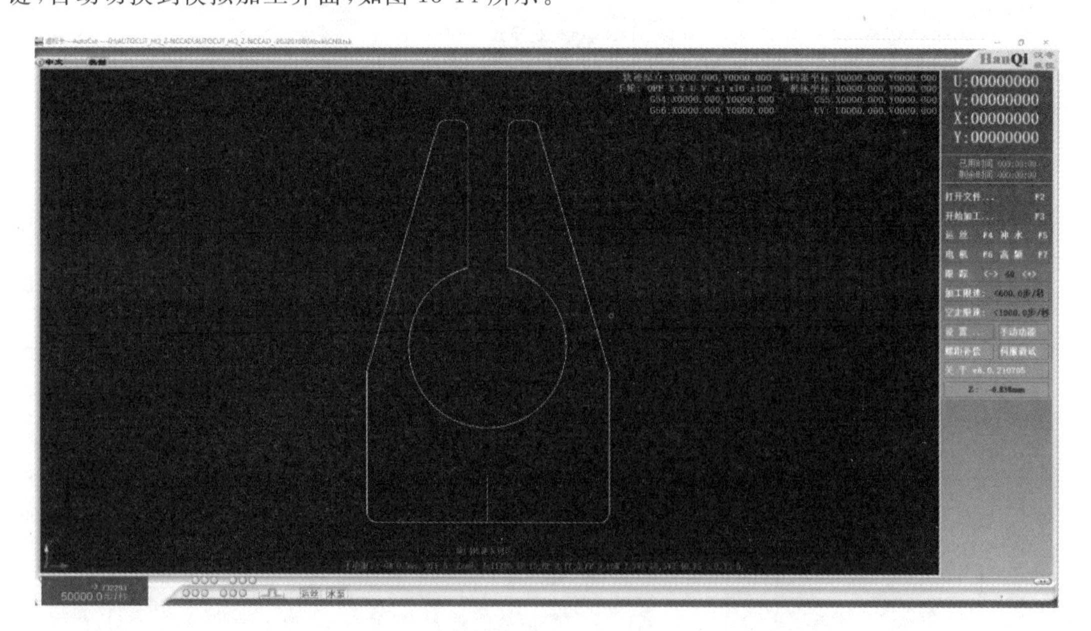

图 13-14　模拟加工界面

(6) 点击“开始加工”(F3)，弹出窗口，依次点击“开始”→“加工”→“正向连续”→“确定”，开始模拟自动加工，模拟加工完后，弹出“完成”窗口，点击“确定”。

(7) 保存 TSK 文件：在 AutoCAD 界面点击其中的第四个快捷键（“发送加工任务”），弹出窗口，如图 13-15 所示，点击“保存 TSK 文件”→命名文件并选择文件夹→单击“保存”→在 AutoCAD 界面点击“加工轨迹线”→按鼠标右键→文件保存完成。

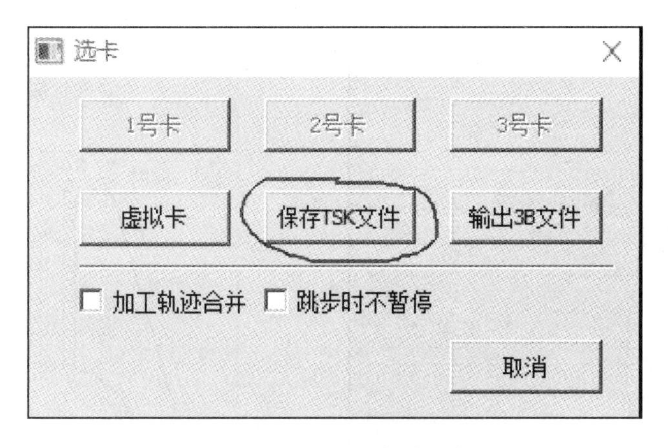

图 13-15　文件保存选项卡

3）装夹工件

（1）选择合适的压板和螺栓。

（2）装夹工件不要影响钼丝加工区域。

（3）用百分表校正工件的垂直度和平行度。

4）加工工件

（1）打开 AutoCut 控制软件。

（2）点击“手动功能”，选择“碰边”操作，双击 G1 坐标系，分别将 X、Y 轴碰边清零。

（3）将丝架导轮上的钼丝松开。

（4）选择“移轴”操作，将 X、Y 轴移动到程序加工起点的坐标，双击 G2 坐标系，分别将 X、Y 轴清零。

（5）将钼丝穿过工件的穿丝孔，装上钼丝。

（6）点击“打开文件”，打开要加工的程序，图形方向与工件装夹方向一致。

（7）点击“运丝开”→“冲水开”→“高频开”。

（8）点击“开始加工”，弹出开始加工窗口，选择“开始”“加工”“正向”“连续”，点击“确定”，开始加工零件，如图 13-16 所示。

2. 冷冲模凸模加工

（1）工艺分析。按图 13-17 所示尺寸用 AutoCAD 软件画出冷冲模凸模 CAD 图，确定切割顺序为 $O\to a\to b\to c\to d\to e\to f\to g\to h\to i\to j\to k\to l\to m\to n\to p\to q\to r\to a\to O$，生成加工程序。电极丝直径为 0.18 mm，单边放电间隙为 0.01 mm，则间隙补偿量 $f=(0.09-0.01)\text{mm}=0.08\text{ mm}$，电极丝中心轨迹如图 13-17 中的点画线所示。

（2）加工方法与加工凹模的方法大致相同，区别是：凹模加工设置时选择内孔，而凸模则要选择外圆，其他的设置基本相同。

（3）加工时要注意：当工件将切割完毕时，其与母体材料的连接强度势必下降，此时要注意固定好工件，防止工件因工作液的冲击而发生偏斜，从而改变切割间隙，轻则影响工件表面质量，重则使工件切坏报废。

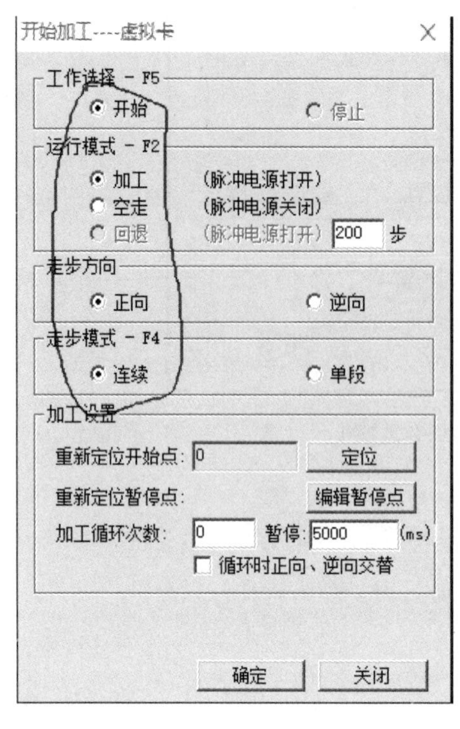

图 13-16　加工设置

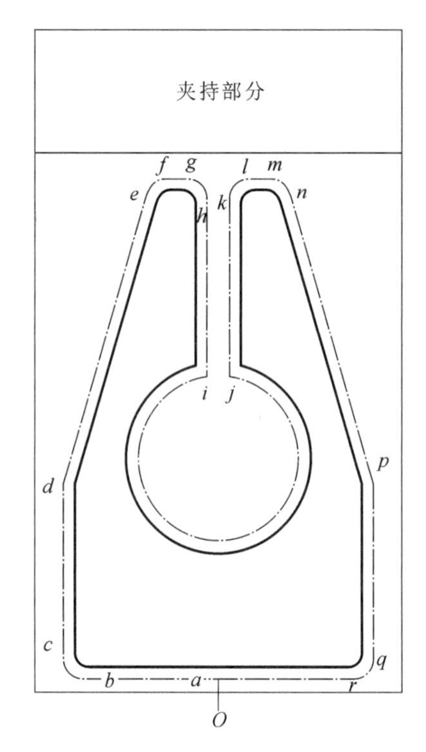

图 13-17　冷冲模凸模

(4) 加工结束,取下工件,将工作台移至各轴中间位置,清理加工现场,做好设备保养,关闭机床电源。

13.2　电火花成形加工

13.2.1　电火花成形加工原理、特点及范围

1. 加工原理

电火花成形加工同样是利用电蚀作用原理,对金属工件进行加工的一种工艺方法,是利用一个具有一定形状表面的工具电极,对工件进行放电蚀除加工,最终将工具电极的复杂形状复制到工件上去的加工方法。

工具电极和工件均浸入具有一定绝缘度的液体介质(常用煤油或矿物油或去离子水)中。脉冲电源在二者间施加脉冲电压,工具电极由自动进给调节装置控制,当工具电极与工件之间的距离缩小到电离击穿程度时,形成放电通道。由于通道的截面面积很小,放电时间极短,因此能量高度集中($10\sim10^7$ W/mm),放电区域产生的瞬时高温足以使材料熔化甚至蒸发。自动进给调节装置保证工具电极与工件在正常加工时维持一个很小的放电间隙(0.01～0.05 mm),放电过程不断地重复进行,工件材料表面就不断地蚀除,工具电极的形状就复制到了工件上。

2. 加工特点和加工范围

电火花成形加工和线切割加工有很多相同之处,线切割加工所使用的工具电极是钼丝或黄铜丝,电火花成形加工所使用的工具电极是按照工件的形状及其他要求专门制造的,材料一般为紫铜或石墨。

电火花成形加工包括电火花型腔加工和穿孔加工两种。电火花型腔加工主要用于加工各类热锻模、压铸模、挤压模、塑料模和胶木模的型腔。电火花穿孔加工主要用于型孔(圆孔、方孔、多边形孔、异形孔)、曲线孔(弯孔、螺旋孔)、小孔和微孔的加工。

13.2.2　电火花成形加工设备

图 13-18 所示为单轴数控电火花成形加工机床。

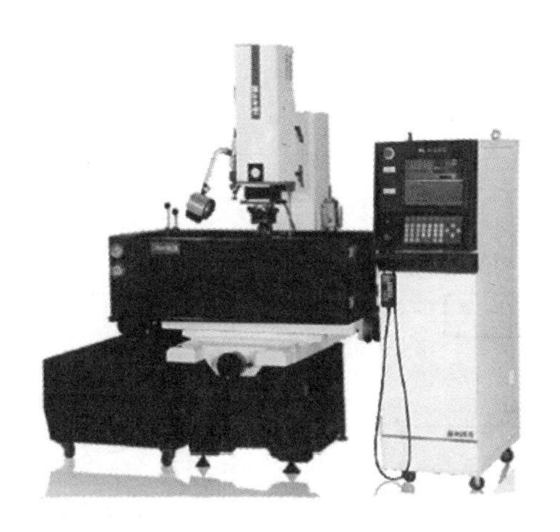

图 13-18　电火花成形加工机床

1. 电火花成形加工机床的结构

1) 主机

主机主要包括床身、立柱、工作台、主轴头及工作液槽。

2) 脉冲电源

脉冲电源安装在控制柜内部,其正、负两极由电源导线分别与工作台和电极夹具相连。

3) 自动进给调节系统

自动进给调节系统由软、硬件两部分组成,其控制软件安装在电源控制柜内部的工控机上,由数据导线与机床主机相连,对加工规准参数等进行控制。

4) 工作液循环和净化系统

工作液循环和净化系统由工作液箱、电动机、泵、过滤装置、工作液槽、管道、阀门,以及测量仪表等组成。

2. 电火花成形加工机床操作步骤

电火花成形加工机床从加工准备到加工实行的操作流程大体如图 13-19 所示。

工具电极及工件安装注意事项如下。

(1) 工具电极及其安装和更换过程与钻头的安装过程一样,通过钥匙开启或锁紧十字铰链式机构,并用百分表校正电极的垂直度。

(2) 工件安装在工作台上并固定,然后接上电极(粗加工、半精加工接负极,精加工接正极)。

3. 机床系统

机床系统以 NC 系统为核心,其主要构成如图 13-20 所示。

1) 人机交互界面

由触摸屏、显示器、机械动作控制键等构成,将操作人员的指令输入 NC 主机,并显示系统

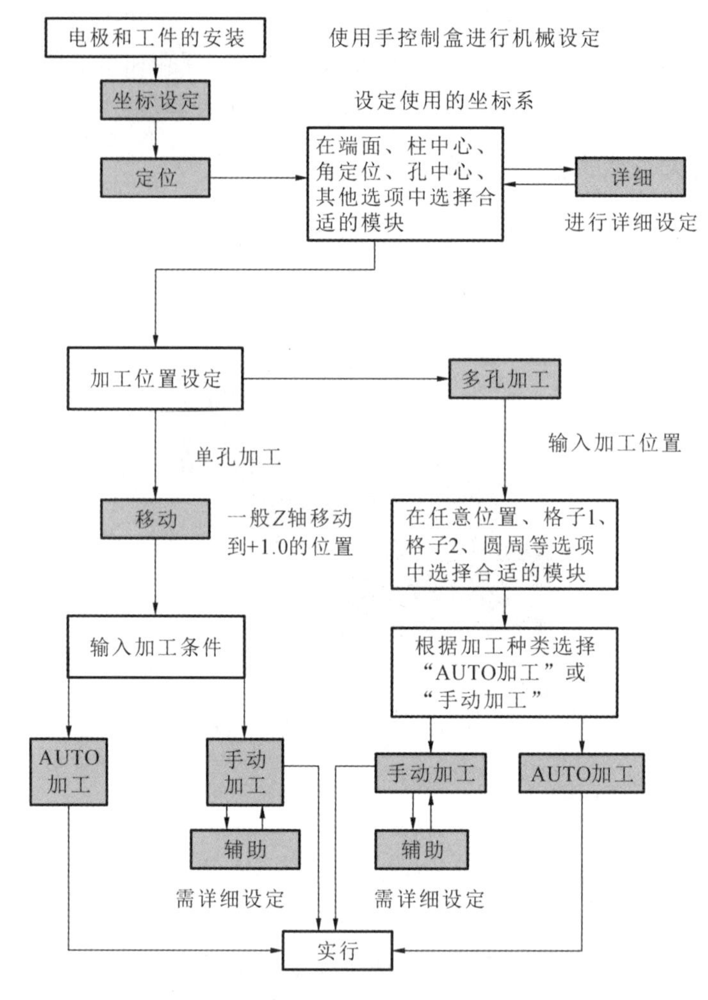

图 13-19　电火花成形加工机床操作流程

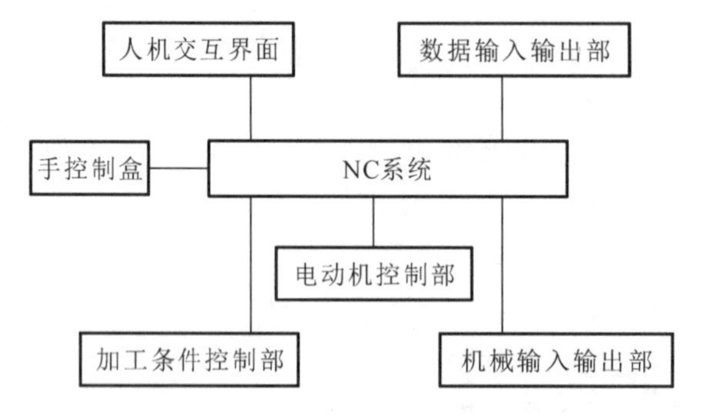

图 13-20　电火花成形加工机床系统

的工作状态。

2）数据输入输出部

由模拟软盘驱动接口、触摸屏组成，完成 NC 程序的输入输出。

3）手控制盒（遥控器）

手控制盒集中了程序操作过程中使用频率很高的各键。

4）NC 系统

对输入数据进行解析，其是对加工系统进行监视、控制和管理的主要部分。

5）加工条件控制部

为适应加工状态，提供最佳的加工波形和加工条件。

6）电动机控制部

根据 NC 系统的指令，完成高速高精度的移动、定位等操作。

7）机械输入输出部

从 NC 系统向机械部传送指令，将机械部状态反馈给 NC 系统。

4. 手控制盒（遥控器）的使用

手控制盒上集中了加工准备过程中必要的按键，手控制盒如图 13-21 所示。

（1）坐标系切换键　包括 A·0、A·1、A·2、A·3 等键。

（2）手控移动键（JOG）　包括 X－、X＋、Y－、Y＋、Z－、Z＋、U－、U＋键，用于选择数控轴及其方向。轴及其方向的定义如下：

① 左右方向为 X 轴，向右为 $+X$，向左为 $-X$。

② 前后方向为 Y 轴，向前为 $+Y$，向后为 $-Y$。

③ 上下方向为 Z 轴，向上为 $+Z$，向下为 $-Z$。

④ $+U$、$-U$ 仅对装有 U 轴的机械操作才有效，其中电极顺时针旋转为 $+U$，逆时针旋转为 $-U$。

以上方向都是面对机床正前方，以主轴（电极）的运动方向而言的。

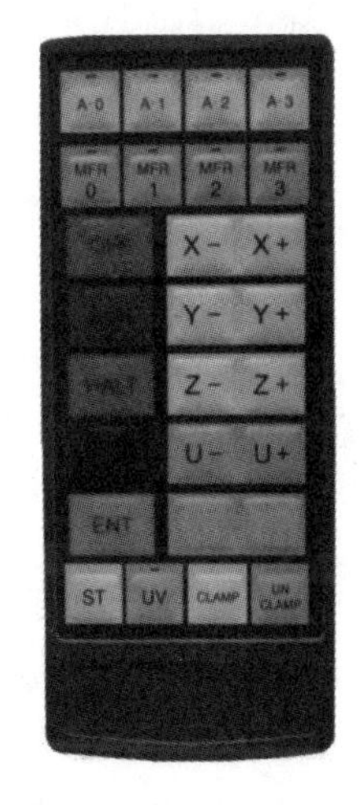

图 13-21　手控制盒

（3）MFR 拨挡（JOG 键）　手控移动时，可根据 MFR 选择 4 挡不同的轴移动速度：

① MFR0 为移动高速挡；

② MFR1 为移动中速挡；

③ MFR2 为移动低速挡；

④ MFR3 为微动挡，选择此挡时，每按一次所选轴向键，数控轴移动 0.001mm。

（4）“ENT”键　实行键，用于使系统根据用户设定的程序运转。

（5）“OFF”键　停止键、终了键，用于停止机械部的动作。轴动作（包括移动、定位及加工）时，按下此键，则运转终止。此时蜂鸣器鸣叫，画面显示提示信息，在上述显示状态下，无法实现轴的动作。

（6）“HALT”键　暂停键，用于暂停现行的操作程序，按“ENT”键后程序恢复运行。轴动作（包括移动、定位及加工）时，按下此键，则运转暂停动作。此时蜂鸣器鸣叫，画面显示提示信息，在上述显示状态下，基本无法实现新动作，按手控制盒上的 JOG 键可实行轴移动。

（7）“ACK”键　解除键，发生错误或机械故障，以及按下“OFF”键，按系统提示完成必要操作后，按此键，可解除中止状态。

（8）“ST”键　忽略接触感知键，在按下此键的状态下，利用 JOG 键进行轴移动时，将无视接触感知。（通常，轴移动时，工件与电极接触，轴运动将无条件停止，称为“接触感知”。）

5. 机床控制面板各部件名称及用途

机床控制面板如图 13-22 所示。

（1）显示装置（含触摸屏）　显示器可显示电源、机械系统的各种信息和机床操作的提示。

续表

工序	工序内容	刀具类型	主轴转速/(r/min)	下刀速度/(mm/min)	进给速度/(mm/min)	工序图
5	钻 $\phi 8$ mm 孔	$\phi 8$ mm 钻头	2000	1000	500	
6	加工 $\phi 12$ mm 平底孔	$\phi 10$ mm 平铣刀	3000	1000	1000	

3. 数控编程

1）绘图

先用 Mastercam 软件绘图，因为只用平面（二维）加工编程，所以只需要绘制俯视图，如图 12-9 所示。

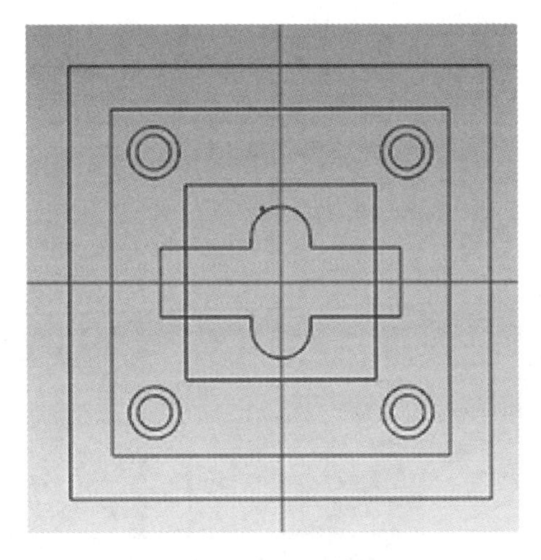

图 12-9　图形线框

2）机床设置

在菜单栏单击“机床”，选择“铣床”命令下的“管理列表”，选择“MILL 3-AXIS HMC. MCAM-MMD”三轴立式加工中心，单击“增加”，单击“ ✓ ”确认，如图 12-10 所示。

3）毛坯设置

在菜单栏单击“毛坯设置”，单击“ ✓ ”确认，如图 12-11 所示。

4）刀具设置

在菜单栏单击“刀路”，选择“刀具管理”命令，显示“刀具管理”对话框，在列表空白处单击右键，单击“创建新刀具”，依次把 $\phi 14$ mm、$\phi 10$ mm 平铣刀，$\phi 8$ mm 钻头全部创建好，如图 12-12所示。

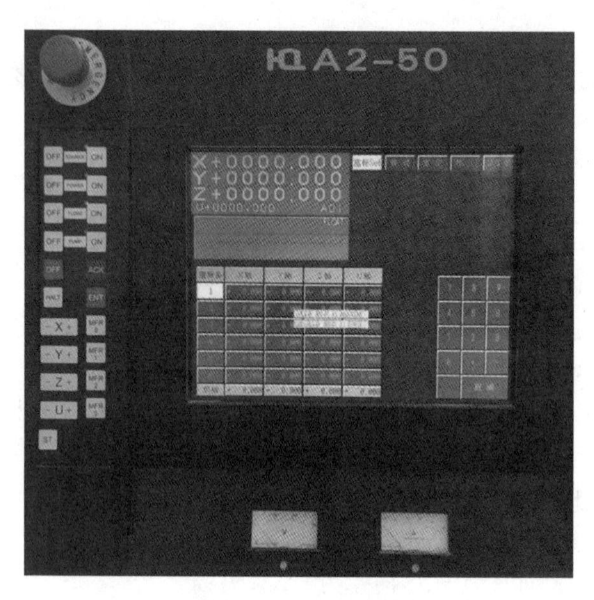

图 13-22　机床控制面板

(2) 紧急停止开关　紧急关闭电源系统的开关，除非常情况外，请不要按此开关。

(3) 电源开关(SOURCE ON/SOURCE OFF)　打开或关闭 NC 电源的开关。

注意事项：

① 不要在动力开关打开时关闭系统总电源，必须在关闭动力开关后，再关闭电源开关。

② 连续开、关电源开关，会给计算机增加负担，请至少保持 2 min 以上的时间间隔。

③ 请不要在正常关机时，使用紧急停止开关，这样会给 NC 系统造成伤害，可能导致系统丢失数据，下次启动电源时无法恢复现场状态。

(4) 动力开关(POWER ON/ POWER OFF)　打开或关闭机械部分的电源。此开关只能在打开电源开关后打开。

连续开、关动力开关，会给电源和机械部分增加负担，请至少保持 2 min 以上的时间间隔。

(5) 液位开关(FLOAT ON/FLOAT OFF)　打开或关闭液位开关。

(6) 工作液开关(PUMP ON/PUMP OFF)　打开或关闭工作液开关。

(7) 动作控制键　包括“ENT”(实行键)、“ACK”(解除键)、“HALT”(暂停键)、“OFF”(终了键)。功能作用与手控制盒上的相同。

(8) 各轴移动键、移动速度选择键、ST 接触感知键。功能作用与手控制盒上的相同。

(9) 仪表　左侧为电流表，显示平均加工电流；右侧为电压表，显示平均加工电压。

13.2.3　电火花成形加工操作

1. 机床启动

启动电源时请先开启电源右侧后方的电源总开关(空气开关)，再按以下顺序进行。

(1) 按“SOURCE ON”键，相应指示灯亮，显示器开始显示计算机自检，待计算机自检结束，出现开机画面，显示：

注意:在这一画面出现前,不可按“POWER ON”键。

在显示开机画面过程中,请绝对不要按“SOURCE OFF”键。

开、关 SOURCE 开关,请至少保持 2 min 的时间间隔。

(2) 按下“POWER ON”键后,相应的显示灯亮,机械部分的电源启动。

注意:开、关 POWER 开关,请至少保持 2 min 的时间间隔。

(3) 复归功能:此复归的位置,以断电前最后一次坐标位置为准。

“POWER ON”开启后,屏幕出现如下提示:“执行复归请按下 ENT 键,不执行复归请按下 ACK 键”,按照屏幕提示,如果执行复归,请按下操作面板或手控制盒的“ENT”键;如果不执行复归,请按操作面板或手控制盒的“ACK”键。

(4) 机械原点设定　利用移动模块下的极限移动操作,将全部轴移至极限位置,以设定机械原点(一般取 $+Z,-X,-Y$)。

注意:在原点设定的过程中,请确认工件和工具与电极间无干涉。

通过以上步骤,机床的启动就完成了。

2. 机床电源关闭操作

(1) 停止加工放电和机械部分的工作状态,若系统处于运转状态,请停止,若正在执行轴移动或其他动作,请在所有动作停止后再停止。严禁在从设定模块到其他模块画面的切换过程中关闭电源。

(2) 按下“POWER OFF”键,则“POWER ON”相应指示灯灭,中断机械部分供电。

(3) 按下“SOURCE OFF”键,则“SOURCE ON”相应指示灯灭,中断电源部分供电,显示器关闭。

(4) 关闭系统总电源。

警告:上述顺序绝对不可以颠倒。

3. 坐标设定

坐标设定就是设定当前加工所处的坐标系以及坐标系的具体坐标值。下面说明坐标设定的操作方法,其中包括坐标系变换、坐标值设定。

1) 坐标系变换

系统提供了六个坐标系。按屏幕上的“坐标设定”模块按钮键,则屏幕显示坐标设定界面,如图 13-23 所示。

界面中“坐标系”按钮下的 1～6 按钮表示六个坐标系,从 1～6 中选取当前加工所需的一个坐标系,按下按钮,实行后坐标系就会切换,被按下的坐标系变为当前选中坐标系。

2) 坐标值设定

坐标值的设定,就是把现在坐标系上各轴的坐标值变成指定的值,坐标值设定的界面如图 13-24 所示。

注意:请在确认各种设置的相应的目的功能及周围环境的安全后,再按下实行键。

坐标值的输入方法有下列两种。

(1) 同时输入指定坐标系的 X、Y、Z、U 轴坐标。

从坐标系 1～6 中选中坐标系,然后直接输入数值,这时四轴坐标同时改变成指定的值(四轴的坐标值相同),如图 13-24 所示,坐标系 3 的 X、Y、Z、U 轴坐标均设置为 10.500。

(2) 输入一指定坐标系中指定轴的坐标。

按下数值输入按钮(横方向为指定坐标系,纵方向为指定轴),输入数值。当输入错误时,

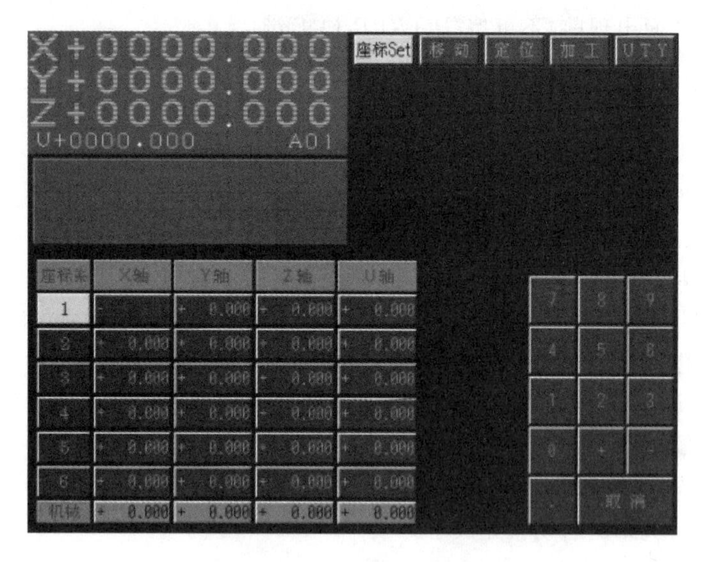

图 13-23　坐标系变换

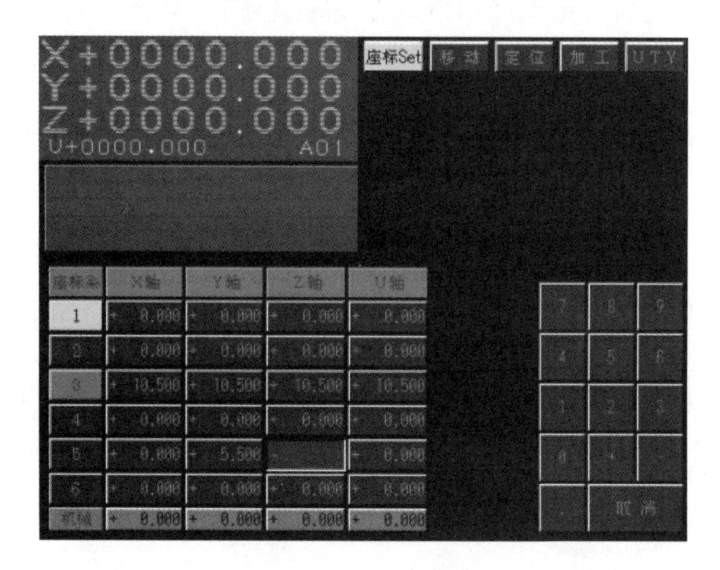

图 13-24　坐标值设定

可按界面上的“取消”按钮取消。如图 13-24 所示，坐标系 5 的 Y 轴坐标设置为 5.500。

4. 定位

定位是加工准备中最重要的步骤。

在初始界面上，按“定位”模块键，有 5 种定位子模式供选择，按定位子模式按钮，进入各自的界面。

1）端面定位

端面定位是指使电极从任意方向与工件接触，由此测出端面位置的定位方法。在定位子模块中按下“端面”按钮，则屏幕显示端面定位界面，如图 13-25 所示。

2）端面定位操作示例

进行 Z 轴负方向的端面定位，在端面位置进行 0 设定，最后将电极移至 $X=+100.000$、$Y=+100.000$、$Z=+100.000$ 的位置。

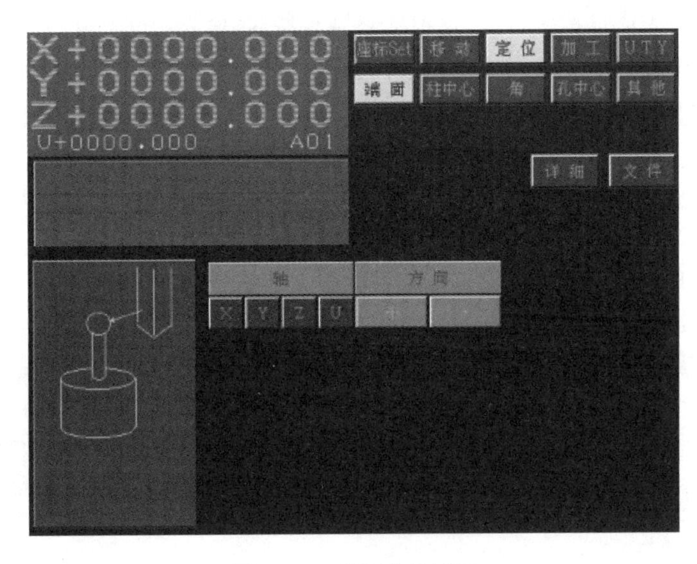

图 13-25 端面定位界面

具体步骤如下：

(1) 把电极移动到工件的正上方附近。

(2) 在端面定位界面上按下“详细”按钮，进入端面定位详细画面，如图 13-26 所示。

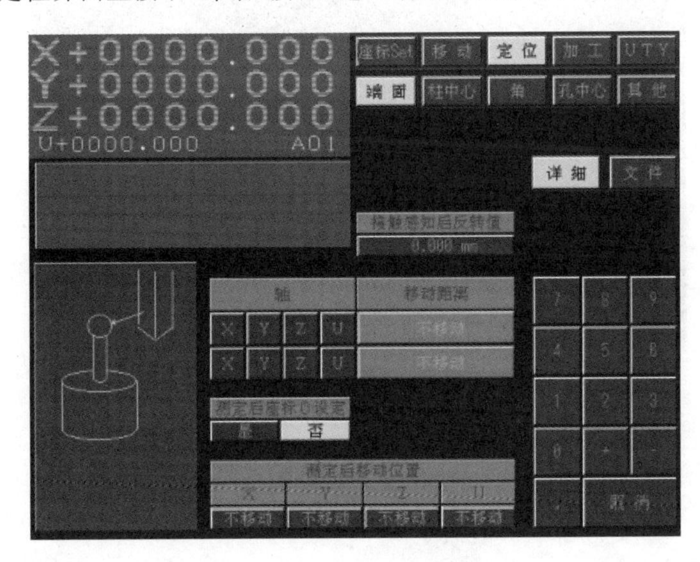

图 13-26 端面定位详细画面

(3) 在“接触感知后反转值”输入项目下按下按钮(缺省显示为 0.000)，再按模拟数字键盘按钮，输入 1.000。

(4) 在“轴”输入项下按下“Z”按钮。

(5) 在“移动距离”输入项目下按下按钮(缺省显示为 0.000)，再按模拟数字键盘按钮，输入－10.000。

(6) 按下“测定后座标 0 设定”项目的“是”按钮(如果“是”已被选中，则可跳过此步)。

(7) 在“测定后移动位置”下按下“X”输入项目按钮，再按模拟数字键盘按钮，输入 100.000。

(8) 按下“Y”输入项目按钮，再按模拟数字键盘按钮，输入 100.000。

(9) 按下“Z”输入项目按钮，再按模拟数字键盘按钮，输入 100.000。

(10) 按下实行键后，系统进行自动端面定位操作。

5. 加工

在进行了加工准备，即完成了坐标设定和定位后，就进入加工模块以完成加工的最终目的。

在 AUTO 加工中，用户可利用 Sodick 丰富的工艺软件数据库，根据图纸要求，将图纸上已有的数据(包括电极材料、电极形状、单面缩放量、型腔面积、加工深度、最后表面粗糙度等)填入表格，计算机能自动决定加工规准、转挡次数并自动分配摇动量，直至完成图纸要求的最后加工。

在模块选择按钮中按“加工”，并在随之出现的四种加工种类选择中按下“AUTO”模块按钮，再在“AUTO”和“单加工”子模式按钮中选择“AUTO”按钮，则屏幕显示 AUTO 加工界面，如图 13-27 所示。

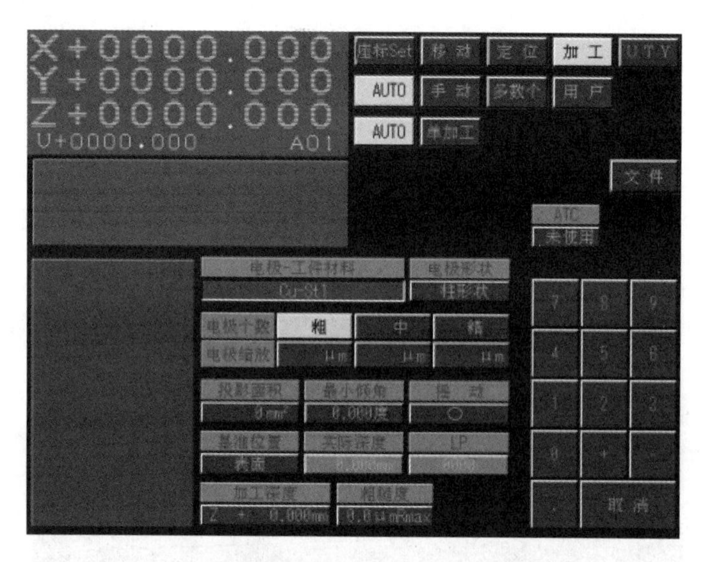

图 13-27　AUTO 加工界面

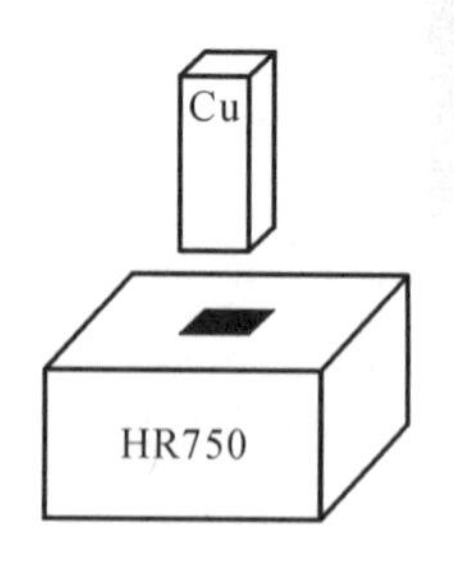

图 13-28　AUTO 加工操作示例示意图

AUTO 加工操作示例如下。

使用图 13-28 所示的电极与工件，对工件进行方孔加工。

1) 条件及要求

(1) 电极为四棱柱形，用 1 根电极进行粗加工和精加工；

(2) 电极的底面积为 100 mm^2；

(3) 电极缩放量为 300 μm；

(4) 电极材料为铜；

(5) 工件材料为铜合金 HR750；

(6) 以工件的表面为基准位置，加工深度 $Z=-3.00$ mm；

(7) 最终精加工表面粗糙度 Ra 为 10 μm。

2) 具体步骤

(1) 回机械原点，操作如图 13-29 所示，按下“ENT”键。

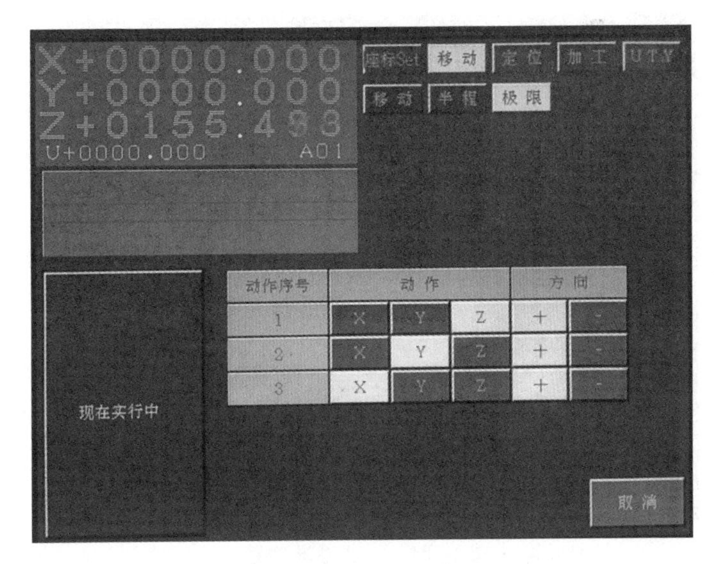

图 13-29　回机械原点

(2) 把电极移动到工件的上方，距离工件大约 10 mm(小于 10 mm)。

(3) 在坐标模块上，选择第一个坐标系，将所有轴设置为“0”，按下“ENT”键，如图 13-30 所示。

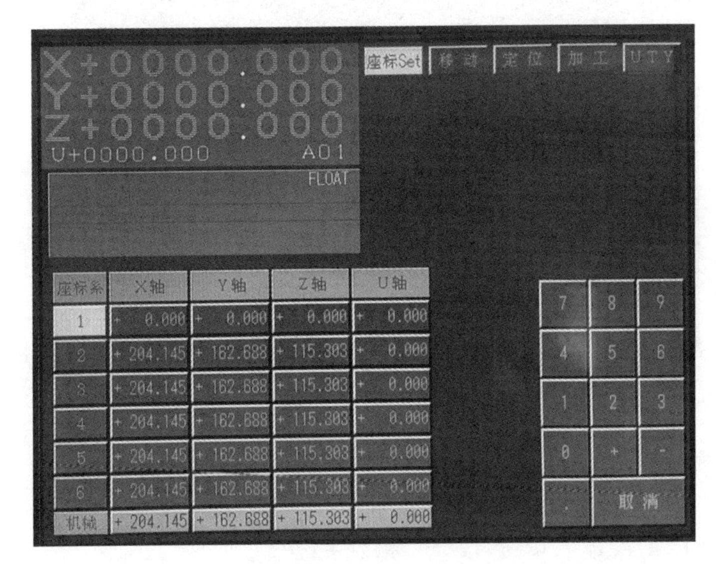

图 13-30　坐标设置

(4) 按“定位”→“端面”→“详细”，选择 Z 轴，“接触感知后反转值”设置为“1”，选择 Z 轴，“移动距离”设置为“－10”(负方向)，“测定后座标 0 设定”选择“是”，按“ENT”键，把工件的表面设定为基准位置，如图 13-31 所示。

(5) 按“加工”→“AUTO”，如图 13-32 所示。

(6) 按下“电极-工件材料”输入按钮，按数字键“11”(11 对应 Cu-HR750)。

(7) 按下“电极形状”输入按钮，再按数字键“1”(1 对应柱形状)。

(8) 按下对应电极个数“粗”“中”“精”的“电极缩放”输入按钮，各输入“300”。

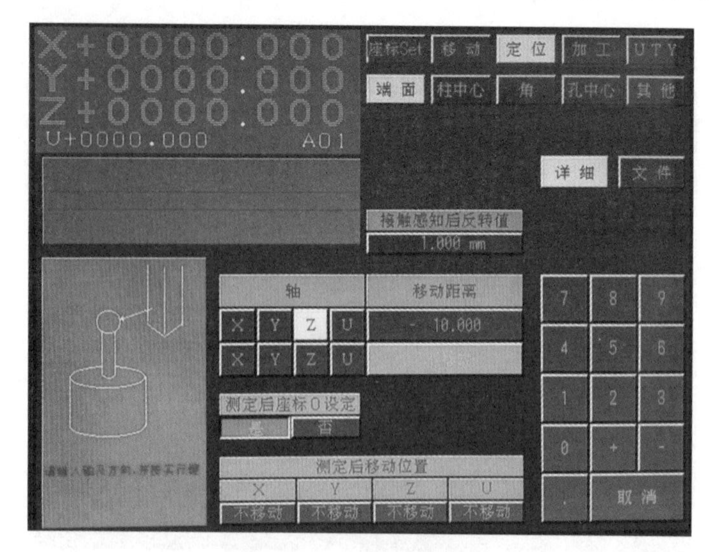

图 13-31　设置基准位置

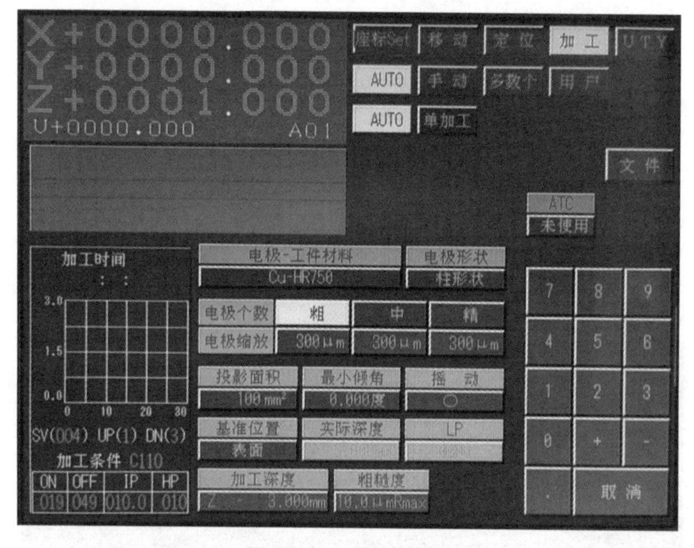

图 13-32　加工设置

(9) 按下“投影面积”输入按钮，键入数字“100”。

(10) 按下“基准位置”输入按钮，选取“表面”。

(11) 按下“加工深度”输入按钮，按“－”和数字键“3”。

(12) 按下“粗糙度”输入按钮，按数字键“10”。

(13) 按下液位开关 FLOAT ON，按下工作液开关 PUMP ON，工作液浸过工件。

(14) 按下实行键，系统开始自动加工。

思　考　题

1. 什么是电火花加工？它的基本原理是什么？

2. 电火花加工的特点有哪些？线切割加工和成形加工有什么区别？

3. 常见的数控电火花加工机床由哪几部分组成？各组成部分的具体作用是什么？

第 14 章　增材制造技术

学习目标

1. 了解增材制造技术的原理和应用。

2. 了解常用增材制造技术的方法和特性。

3. 使用增材制造技术装备制作零件模型。

14.1　概　　述

增材制造(additive manufacturing,AM)与传统的材料去除加工方法截然相反,是以计算机三维数据模型为基础,运用离散-堆积的原理,采用逐层增加材料的制造方式直接制造与相应数学模型完全一致的三维物理实体的方法。

该技术问世于 20 世纪 80 年代末,集成了 CAD、CAM、CNC、新材料技术以及激光技术等多种先进技术。经过多年的快速发展,现已出现众多成熟的成形工艺方法,并在多个领域得到成功应用。增材制造基于不同的分类原则和理解方式,还有快速原型、快速成形、快速制造、3D 打印等多种称谓,其内涵仍在不断深化,外延也不断扩展。这里所说的“增材制造”与“快速成形”“快速制造”“3D 打印”意义相同。

14.1.1　增材制造技术的基本原理

增材制造采用软件离散-材料累加堆积原理实现零件的成形过程,首先将三维 CAD 模型切成一系列二维的薄片状平面层,然后利用增材制造设备制造各薄片层,同时将各薄片层逐层堆积,最终制造出所需的三维零件,其基本原理如图 14-1 所示。

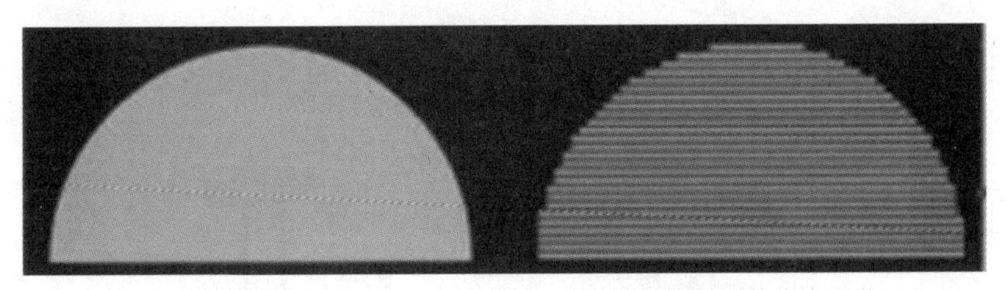

期望形状　　　　增材制造得到的真实形状

图 14-1　增材制造技术基本原理

14.1.2　增材制造技术的加工特点

传统的零件加工工艺多为切削加工方法,是一种减材制造,材料利用率较低,对于有些大型零件,材料利用率不足 10%;而增材制造技术采用逐层累加方式制造零部件,材料利用率极高,流程短,可实现近净成形,其特点如下:

(1) 自由成形制造,不需模具,可以直接制作原型,大大缩短生产周期,并节约模具费用;不受形状复杂程度的限制,能够制作任意复杂形状与结构。

(2) 制造过程快速,从 CAD 模型到产品,一般仅需数小时或十几个小时,制造速度比传统成形加工方法快得多。从产品构思到最终增材制造的过程也适合于远程制造服务,用户的需求可以得到最快的响应。

(3) 采用数字化成形方式,无论哪种增材制造技术,产品都是逐层添加、累积成形的。这也是增材制造技术区别于传统机械加工方式的显著特征。

(4) 经济效益显著,增材制造不需要模具,产品直接在数字模型驱动下采用特定材料堆积而成,因此可以缩短产品开发周期、节省成本,带来显著的经济效益。

(5) 应用领域广泛,增材制造技术特别适合于新产品的开发、单件及小批量零件制造、复杂形状零件制造、模具设计与制造、逆向工程,也适合于难加工材料的制造等。

14.2 增材制造主要工艺技术

目前,增材制造已有数十种不同的工艺技术,较为成熟且广为应用的有如下数种。

14.2.1 非金属增材制造方法

1. 立体光固化成形法

立体光固化成形(stereo lithography apparatus,SLA)又称立体光刻、光成形等,是主要以液态光敏树脂为原材料,通过紫外激光束照射使其快速固化成形的工艺技术。

SLA 工艺原理如图 14-2 所示,在液槽中注满液态光敏树脂,可升降工作台处于液面下方一个截面层厚的高度,聚焦后的激光束在计算机控制下沿液面扫描,被扫描区域的树脂固化,从而得到该截面的一层树脂薄片;可升降工作台下降一个层厚距离,液态树脂布满固化后的树脂薄片,再次扫描固化液态树脂,新的固化层牢固地黏结在上一层片上,如此重复,直到整个产品成形;可升降工作台升出液态树脂表面,取出工件,进行抛光、电镀、喷漆或着色等后处理得到最终产品。

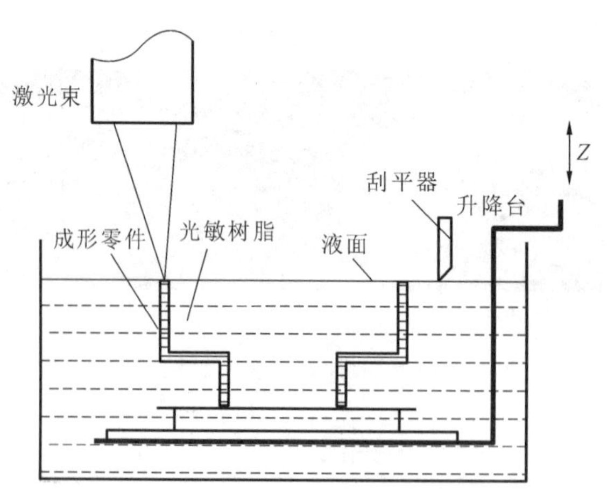

图 14-2 SLA 工艺原理示意图

SLA 是最早出现的一种增材制造工艺,其特点是成形精度高,精度可达到±0.1 mm,材料利用率高,适宜制造形状复杂、特别精细的树脂零件。其不足之处是材料昂贵,其原材料为液态树脂,需密闭避光,对工作环境要求严格。

2. 熔丝沉积成形法

熔丝沉积成形(fused deposition modeling,FDM)基于丝材选择性熔化原理,利用热塑性材料的热熔性和黏结性,通过将丝状材料(如热塑性塑料、蜡或金属的熔丝)从加热的喷嘴挤出,逐层将材料堆积成形,其工艺原理如图 14-3 所示。熔丝沉积制造过程中,增材制造系统将熔丝送入沿 X、Y 方向运动的喷头里,熔丝在喷头内被加热到半液体状态后喷出,喷嘴沿着模型图的表面移动,材料在该层自然凝固成形。一层制造完成后,工作台下降一个层厚的高度,制造下一层,直到整个零件制造完成。

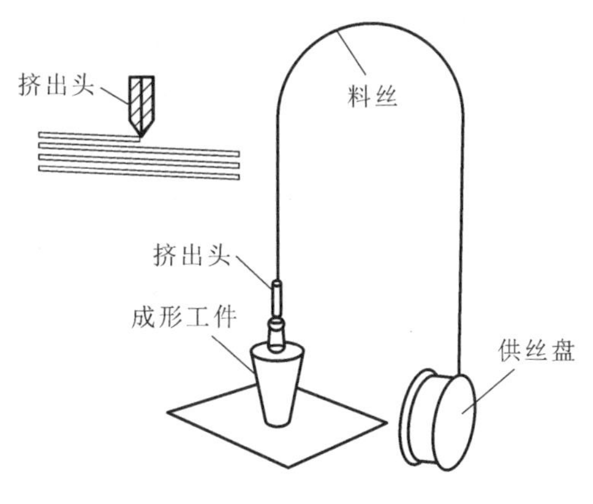

图 14-3　FDM 工艺原理

FDM 工艺不需激光系统,设备组成简单,系统成本及运行费用较低,易于推广,但成形过程需要支撑结构,选材范围较窄。

3. 叠层实体制造法

叠层实体制造(laminated object manufacturing,LOM)采用薄片材料,如纸、塑料薄膜等,在材料背面事先涂覆上一层热熔胶,加工时用 CO_2 激光器或刀具在计算机控制下进行切割,然后通过热压辊热压,使当前层与下面已成形的工件黏结,从而堆积成形。LOM 工艺原理如图 14-4 所示,由图 14-4 可见,涂有热熔胶的纸卷套在供料轴上,并跨越工作台面缠绕在由伺服电动机驱动的收料轴上。成形加工时,工作台上升与纸材接触,热压辊沿纸面滚压,通过热熔胶使纸材底面与工作台面上前一层纸材黏结;激光束沿切片轮廓进行切割,并将轮廓外的废纸余料切割成小方格以便成形后剥离;切割完一层纸材后,工作台连同被切出的轮廓层自动下降一个纸材厚度;收料轴卷动,再将新的一层纸材铺在前一层的上面,通过热压辊滚压,使当前层的纸材与下面已切割的前一层黏结在一起;重复上述过程,直至形成由一层层纸质切片黏结而成的纸质原型零件;成形完成后剥离废纸余料,即得到性能类似硬木或塑料的"纸质产品"。

LOM 工艺具有成形速度快、成形材料便宜、无相变、无热应力、形状和尺寸精度稳定等特点,但由于该工艺在成形后需将废料剥离,比较费时,且存在取材范围较窄以及层高固定等不足,因此其技术发展受到一定限制。

4. 激光选区烧结

激光选区烧结(selective laser sintering,SLS)是应用高能量激光束使粉末材料逐层烧结成形的一种工艺方法,图 14-5 所示为 SLS 工艺原理图。由图 14-5 可见,先将一层很薄的原料粉末铺在工作台上,接着在计算机控制下,激光束以一定的速度和能量密度,按分层面的二维数据进行扫描。激光扫描过的粉末就烧结成一定厚度的实体片层,未扫描的地方仍然保持松

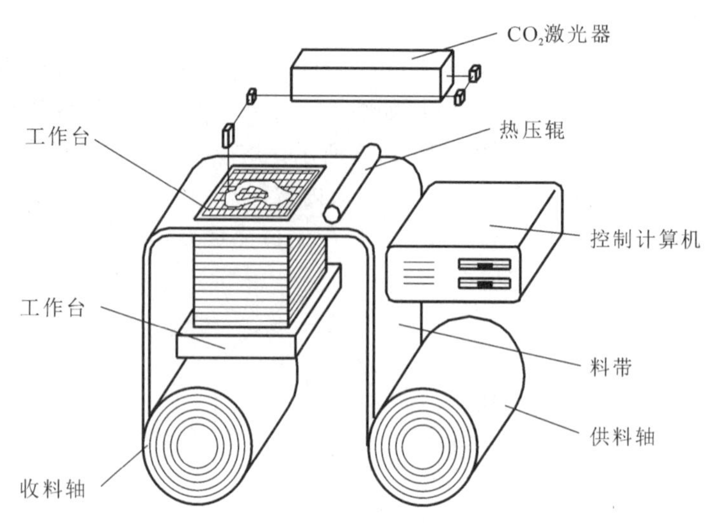

图 14-4　LOM 工艺原理

散的粉末状。一层扫描完毕,可升降工作台下降一个层厚,铺粉滚筒再次将粉末铺平,然后开始新一层的扫描。如此反复,直至扫描完所有层面,从而生成一个个切片层,每一层扫描都是在前一层顶部进行的,这样所烧结的当前层就能够与前一层牢固地黏结。扫描结束后将未烧结粉末去除,即可获得一个三维零件实体。

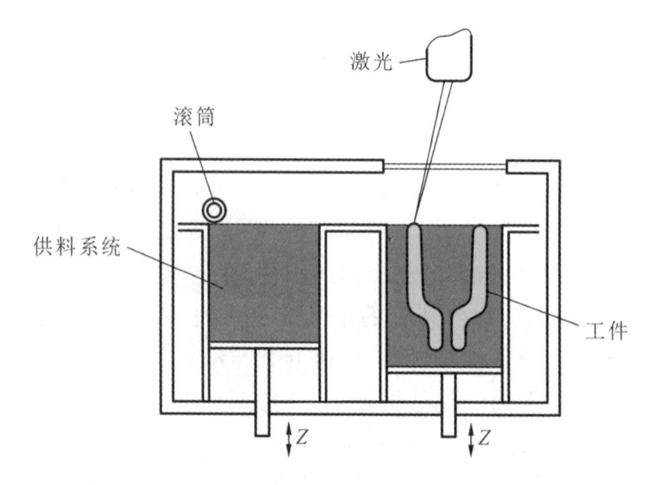

图 14-5　SLS 工艺原理

SLS 工艺选材广泛,理论上只要是粉材即可烧结成形,包括高分子材料、金属材料、陶瓷粉末以及复合材料粉末。此外,SLS 工艺成形过程不需要支撑,由粉床充当自然支撑材料,可成形悬臂、内空结构等其他工艺难以成形的复杂结构。但是,SLS 工艺成形过程涉及影响因素较多,包括材料的物理与化学性能、激光参数和烧结工艺参数等,它们均会影响烧结工艺、成形精度和产品质量。

5. 三维打印

三维打印(3 dimensional printing,3DP)技术是一种不使用激光的成形技术,其工艺和工作原理与传统的二维喷墨打印最为接近。与 SLS 工艺相同,3DP 技术也是通过将粉末黏结成整体来制作零部件的,但是它不是通过激光熔融的方式黏结,而是通过喷头喷出的黏结剂来完成黏结工作。其具体成形过程是:储存桶先送出一定分量粉末,然后滚筒在加工平台上铺一层很薄的粉末原料,喷嘴依照三维模型切片后获得的截面轮廓信息选择性地喷射黏结剂,使部分粉末黏结形成零件轮廓;当一层截面成形完成后,加工平台下降一个层厚的高度,储存桶上升一个层厚的高度,刮刀将储存桶推出的粉末推至加工平台并把粉末推平,喷嘴再喷黏结剂,如此循环,便可得到所要的形状,如图 14-6 所示。常用的打印材料主要有石膏粉、淀粉和塑料粉末等。

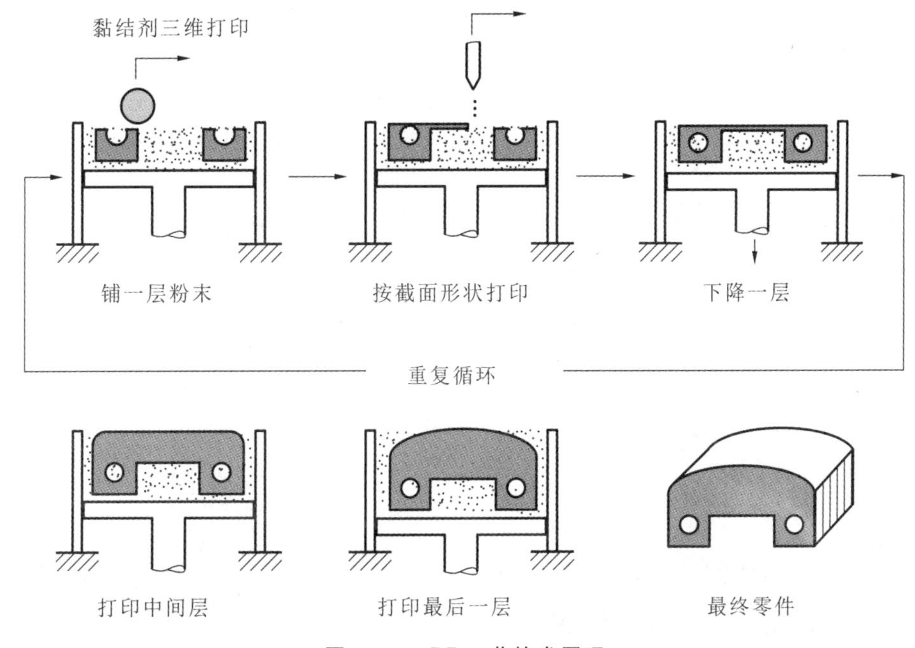

图 14-6　3DP 工艺技术原理

3DP 成形工艺不需要激光器,设备结构紧凑、体积小、成形效率高,可用作桌面办公系统,特别适宜制作产品实体原型、复制复杂工艺品等。然而,3DP 技术难以成形高性能的功能构件,通常用于制作产品设计模型以供分析评价。

14.2.2　金属增材制造方法

上述介绍的增材制造工艺所用材料多为熔点较低的光敏树脂、高分子材料以及低熔点金属材料等,所成形的零件产品密度小、强度低、综合性能差,很难满足实际工程应用要求。近年来,出现了不少直接用于金属材料的增材制造工艺。

1. 激光选区熔化

激光选区熔化(selective laser melting,SLM)是一种金属增材制造或 3D 打印技术,也称为直接金属激光熔化(DMLM)或激光粉末床熔合(LPBF),它主要通过高功率激光将金属粉末熔合在一起。SLM 工艺与 SLS 工艺非常相似,两种工艺都在粉末床融合的范畴内,主要区别在于所使用的原料或粉末的类型不同,SLS 主要使用尼龙(PA)高分子材料,SLM 专门用于金属材料。

SLM 设备具有一个充满金属粉末的腔室,成形是在惰性气体(一般为氩气)的保护下进行的,通过涂布刀片将金属粉末以非常薄的层均匀铺展在成形基板表面并刮平,依据计算机处理所得的分层截面信息,利用高功率激光选择性地熔化粉末材料来熔合部件的 2D 切片。待一层扫描结束之后,基板下降一层的高度,而涂布刀片在表面上精细地铺展一层新粉末。重复该过程，直到打印完成，得到具有冶金结合的金属构件，其工作原理如图 14-7 所示。

激光选区熔化特别适合于小批量复杂形状零部件及极难加工材料的生产制造，相较于传统加工工艺，其具有结构优、效率高、成本低、质量好等优点。

2. 激光熔化沉积

激光熔化沉积(laser metal deposition，LMD)技术的成形过程是在惰性气体的保护下，主要依靠打印喷头完成的，打印喷头同时连接激光光源与送粉装置，高能激光与金属粉末同时由喷头送出，粉末与激光交汇之后迅速熔化并沉积于成形基板之上，同时该打印喷头依据计算机分层截面数据进行扫描运动，从而完成二维平面的熔化沉积；在单层沉积完成之后，打印喷头会抬起设定的高度并继续下一层的扫描堆积，如此反复，从而得到具有良好冶金结合的致密金属构件。

激光熔化沉积具有成形零件不受制约、可加工成任意形状、成形材料多样、材料利用率高、成本低等特点。其工作原理如图 14-8 所示。

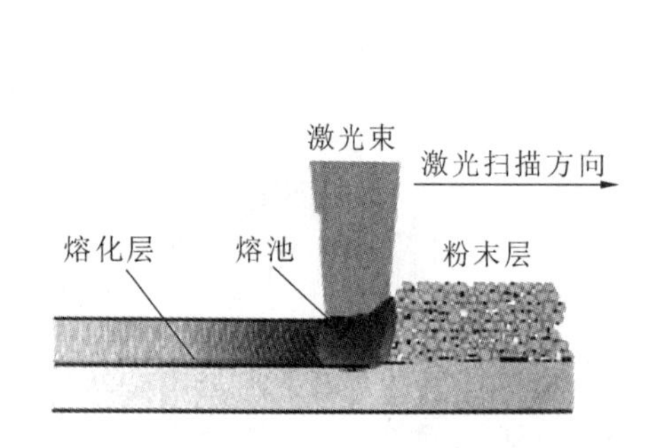

图 14-7　SLM 工艺原理

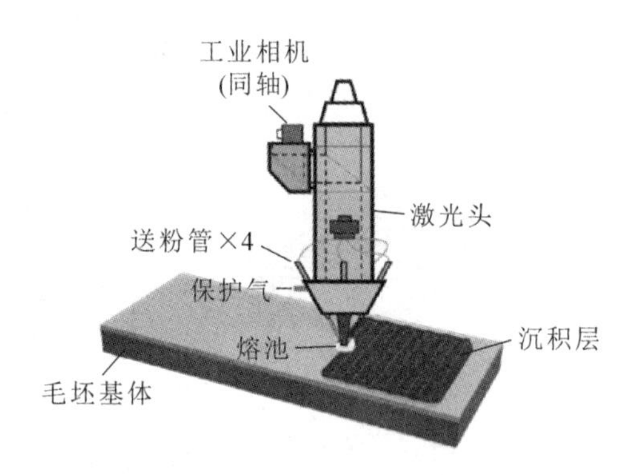

图 14-8　LMD 工作原理

14.2.3　增材制造过程

增材制造的工艺过程如图 14-9 所示。

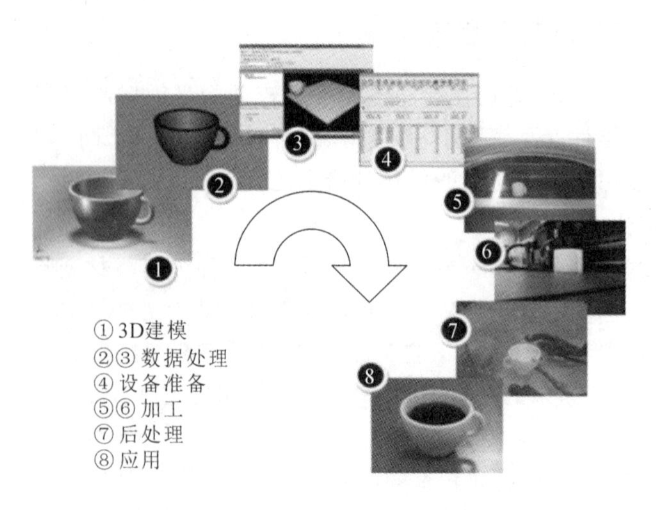

图 14-9　增材制造工艺过程

1. 建立三维模型

建立三维模型是整个增材制造过程的第一步。建立三维模型常用的方法有两种：第一种方法是使用三维 CAD 软件设计三维模型；第二种方法是通过逆向工程建立三维模型，即用光学扫描机对已有工件进行扫描，通过数据重构软件和三维 CAD 软件，得到零件的三维模型。常用的三维造型软件有 Pro/E、UG、SolidWorks 等，运用这些软件将零件设计成三维实体 CAD 模型，再将 CAD 模型转换成增材制造系统所能接收的数据文件格式。多数情况下采用 STL 格式文件，STL 文件是实体的表面三角化数据文件，是国际上增材制造通用的数据格式。

2. STL 文件的切片

三维模型建立之后，3D 打印机不能直接制作出模型。在打印前，还需要对三维模型进行切片。由于增材制造技术采用了离散制造的思想，因此三维实体的数据信息必须按一定的层厚参数进行分离，称为切片。切片的目的是将 STL 文件导入切片程序，使其转化为控制 3D 打印机运动的 G 代码，并设置切片厚度、打印速度、填充间距、填充方式等工艺参数，让机器制作出三维数据对应的实物模型。切片厚度参数的选取对成形的精度和加工效率有直接的影响，层厚太大将使得精度降低，太小则会使得加工时间延长，不同的成形工艺对层厚有一定的限制。

3. 模型打印

完成上述步骤后，切片软件处理后的文件被传输给 3D 打印机，开始进行打印。打印前需要将设备复位、调平等，并检查打印材料是否充足。待一切准备就绪后启动 3D 打印机开始模型打印。打印过程自动完成，无须值守。

4. 后处理

打印完成后，从打印机内取出模型，根据成形件的用途，对成形件进行相关的后处理。一般而言，后处理工序主要完成如下几种工作。

（1）提高成形件的精度，如去掉支撑、打磨、精整等。

（2）改善成形件的机械性能，如高温固化、去应力退火等。

（3）改善成形件的外观，如抛光、喷漆等。

14.3　3D 打印机分类

14.3.1　3D 打印机分类

目前国内还没有明确的 3D 打印机分类标准，根据市场定位，3D 打印机可简单分成三个等级：个人级、专业级和工业级。

1. 个人级 3D 打印机

以国内各大电商网站上销售的个人级 3D 打印机为例，大部分国产 3D 打印机都是基于国外开源技术延伸的，开发成本低，销售价格在 3000～10000 元，对于个人购买十分有吸引力，国外进口品牌个人级 3D 打印机价格在 20000～40000 元，这类设备都采用熔丝沉积成形（FDM）技术。

3D 打印机使用的打印材料主要是 ABS 塑料和 PLA 塑料。这类设备能满足个人用户生活需要，各项技术指标并不突出，优点在于体积小巧，性价比高，因此称为个人级 3D 打印机，如图 14-10 所示。

2. 专业级 3D 打印机

专业级 3D 打印机如图 14-11 所示，打印材料比个人级 3D 打印机要丰富很多，可选用塑料、尼龙、光敏树脂、高分子、金属粉末等，设备结构和技术原理更先进，自动化程度更高，可实现连续打印，应用软件的功能以及设备稳定性也是个人级 3D 打印机望尘莫及的。

3. 工业级 3D 打印机

工业级 3D 打印机(图 14-12)要满足材料的特殊需求、结构尺寸的特殊要求，还需要符合一系列特殊应用的标准，往往这类 3D 打印机要研发成功后才能应用，比如飞机制造中使用钛合金材料，对 3D 打印构件有强度、刚度、韧度的要求，由此可见，定制设备的价格很难估计。

图 14-10　个人级 3D 打印机

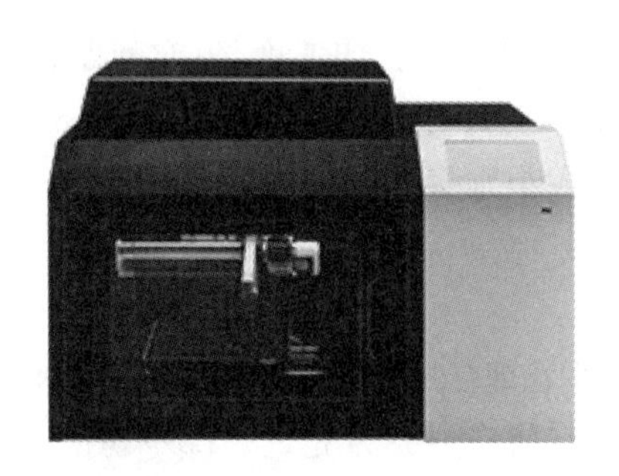

图 14-11　专业级 3D 打印机

图 14-12　工业级 3D 打印机

14.3.2　3D 打印材料

3D 打印材料是 3D 打印技术发展的重要物质基础，在某种程度上，材料的发展决定了 3D 打印的应用范围。目前，3D 打印材料主要包括工程塑料、光敏树脂、橡胶类材料、金属材料和陶瓷材料等，除此之外，彩色石膏材料、人造骨粉、细胞生物原料以及砂糖等材料也在 3D 打印领域得到了广泛的应用。3D 打印所用的这些原材料都是专门针对 3D 打印设备和工艺而研发的，与普通的塑料、石膏、树脂等有所区别，其形态一般有粉末状、丝状、层片状、液体状等。

1. 工程塑料

零件或外壳材料的工业用塑料是强度、耐冲击性、耐热性、硬度及抗老化性均优的塑料。工程塑料是当前应用最广泛的一类 3D 打印材料，常见的有 ABS(acrylonitrile butadiene styrene)类材料、聚乳酸(polylactic acid，PLA)类材料、聚碳酸酯(polycarbonate，PC)类材料、尼龙类材料等。

ABS 材料是 FDM 快速成形工艺常用的热塑性工程塑料，ABS 具有良好的强度、韧性、耐磨性和抗冲击吸收能力等优点，正常变形温度超过 90 ℃，可进行机械加工(钻孔、攻螺纹)、喷漆及电镀。ABS 的热收缩性较大，影响成品精度。实际使用中 ABS 材料有白色、黑色、深灰、红色、蓝色、绿色等颜色，在汽车、家电、电子消费品领域有广泛的应用。

PLA 是一种对环境影响较低的热敏性硬塑料。它是可再生资源(淀粉类)的衍生物，是一种较为新型环保的塑料，有非常好的打印特质。打印熔融时，PLA 没有 ABS 那样刺鼻的气味，打印出来的模型硬度和强度都不错，在自然情况下，PLA 是透明的，加入色彩后打印出来的成品往往色彩明亮、光泽度良好。

PC 材料是真正的热塑性材料，具备工程塑料的所有特性：高强度、耐高温、抗冲击、抗弯曲，成品可以作为最终零部件使用。PC 材料的颜色比较单一，只有白色，但其强度比 ABS 材料高出 60%左右，具备超强的工程材料属性。使用 PC 材料制作的样件，可以直接装配使用，广泛应用于电子消费品、家电、汽车制造、航空航天、医疗器械等领域。

尼龙是一种白色的粉末，与普通塑料相比，其抗拉强度、抗弯强度有所增强，热变形温度以及材料的模量有所提高，材料的收缩率减小，但表面粗糙，冲击强度降低。尼龙材料热变形温度为 110 ℃，主要应用于汽车、家电、电子消费品领域。尼龙是 3D 打印材料里面的“全能”材料，在强度、韧性、细节度、耐温性和精度等方面都属于佼佼者。尼龙打印的制品表面有一种磨砂的质感，有细微颗粒，放大镜下看会有些疏松结构。尼龙可以打磨，也可以上色，后续处理比较灵活。

2. 光敏树脂

光敏树脂由聚合物单体与预聚体组成，其中加有光（紫外光）引发剂（或称为光敏剂），在一定波长的紫外光（250～300 nm）照射下能立刻发生聚合反应完成固化。光敏树脂一般为液态，可用于制作高强度、耐高温、防水材料。

3. 橡胶类材料

橡胶类材料具有多种级别单性材料的特征，这些材料所具备的硬度、断裂伸长率、断裂强度和抗拉强度，使其非常适合于要求防滑或柔软表面的应用领域。3D 打印的橡胶类产品主要有消费类电子产品、医疗设备以及汽车内饰、轮胎、垫片等。

4. 金属材料

近年来，3D 打印技术逐渐应用于实际产品的制造，其中，金属材料的 3D 打印技术发展尤其迅速。在国防领域，欧美发达国家非常重视 3D 打印技术的发展，不惜投入巨资加以研究，而 3D 打印金属零部件是研究和应用的重点。3D 打印所使用的金属粉末一般要求纯净度高、球形度好、粒径分布窄、氧含量低。目前，应用于 3D 打印的金属粉末材料主要有钛合金、钴铬合金、不锈钢和铝合金材料等，此外还有用于打印首饰用的金、银等贵金属粉末材料。

5. 陶瓷材料

陶瓷材料具有强度高、硬度高、耐高温、密度低、化学稳定性好、耐腐蚀等优异特性，在航空航天、汽车、生物等行业有着广泛的应用。但陶瓷材料硬而脆的特点使其加工成形尤其困难，特别是复杂陶瓷件需通过模具来成形。模具加工成本高、开发周期长，难以满足产品不断更新的需求。陶瓷材料 3D 打印可解决这些问题。例如，它可以用于制造发动机部件、齿轮、轴承等机械零件，此外，陶瓷 3D 打印还可以用于制作陶瓷艺术品。

14.4　3D 打印操作

14.4.1　UP BOX＋3D 打印机

UP BOX＋3D 打印机套件由 3D 打印机（图 14-13）组成，图 14-14 是打印机控制按钮。3D 打印操作另需要一台计算机安装 UP Studio 软件，3D 打印机与计算机通过 USB 接口连接，能够直接根据计算机 STL 数据创建实体模型。丝状热塑性成形材料连续地送入喷头后在其中加热熔融并被挤出喷嘴，实现逐层打印堆积成形。3D 打印成形过程可精确地创建 3D 数据所展示的实体模型，所需时间根据部件的高度而定，可将原来用时几天的工作缩短为几个小时。

成形尺寸为 255 mm×205 mm×205 mm(10 in×8 in×8 in),层厚分别为 0.1 mm、0.15 mm、0.20 mm、0.25 mm、0.30 mm、0.35 mm、0.4 mm,具体的技术参数如表 14-1 所示。

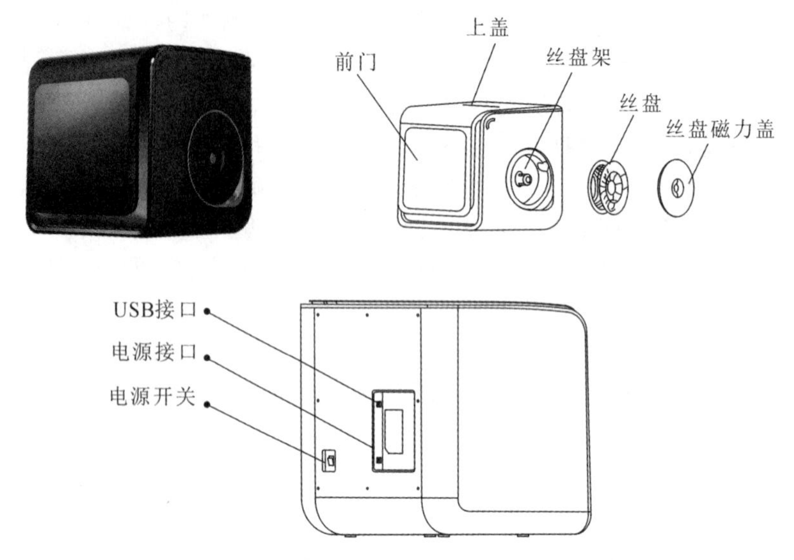

图 14-13　UP BOX+ 3D 打印机

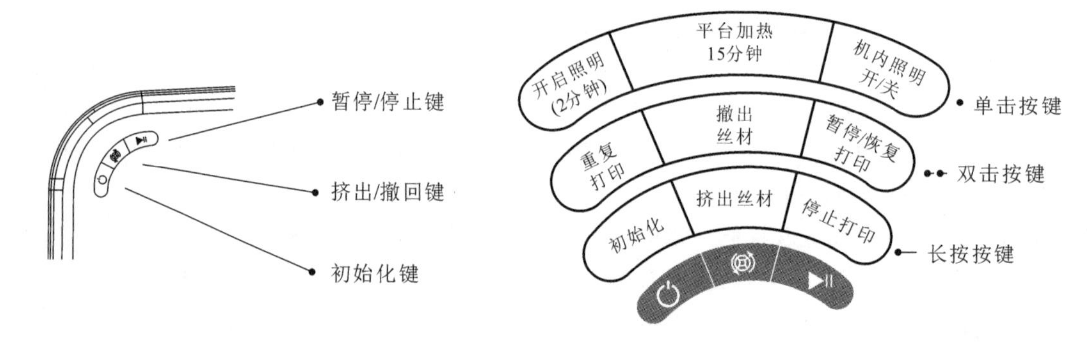

图 14-14　打印机控制按钮

表 14-1　UP BOX+技术参数

成形工艺	熔融挤出模型(MEM)
成形尺寸	255 mm×205 mm×205mm(10 in×8 in×8 in)(宽×高×深)
打印头	单头,模块化,易于更换
层厚	0.1 mm、0.15 mm、0.20 mm、0.25 mm、0.30 mm、0.35 mm、0.40 mm
支撑结构	智能支撑技术:自动生成,容易剥除(支撑范围可调)
打印平台校准	全自动平台调平和喷嘴对高
平台类型	加热,多孔打印板或 UP Flex 贴膜板
脱机打印	支持
平均工作噪声	51 dB
高级功能	门禁传感器、停电恢复、空气过滤系统和 LED 呼吸指示灯

续表

配套软件	UP Studio，UP Studio APP
兼容文件格式	STL，UP3
连接方式	USB，Wi-Fi
操作系统	Win Vista/7/8/10，Mac OS X，Mac IOS
电源	110～240 VAC，50～60 Hz，220 W
机身	封闭式，金属机身加塑料外壳
质量	20 kg/44 lb
尺寸	493 mm×493 mm×517 mm(19.5 in×19.5 in×20.5 in)(长×宽×高)
带包装质量	30 kg
包装尺寸	590 mm×590 mm×650 mm(22.4 in×22.4 in×24.8 in)(长×宽×高)

14.4.2　UP BOX+3D 打印机操作

1. UP Studio 软件安装与运行

UP Studio 软件是太尔时代增材制造设备 UP 系列 3D 打印机的专用软件，具有简洁灵动的程序界面，使用自然的交互方式，通过“搭积木”的形式让初学者使用简单的功能快速搭建出自己的模型作品。UP Studio 有丰富的资源库可供用户选择，即使不懂制图、不懂设计，用户也可以随便拖曳出不同的模型来“组装”3D 场景。

(1) 进入 www.tiertime.com 的下载页面，下载 UP Studio 软件。

(2) 双击 setup.exe 安装软件(默认安装路径为 C:\Program Files\UP Studio\)，弹出一个窗口，选择“安装”，然后按照指示完成安装。打印机的驱动程序被安装到系统内。

(3) 运行 PC 中的 UP Studio 软件，软件界面如图 14-15 所示，模型调整轮界面如图 14-16 所示。

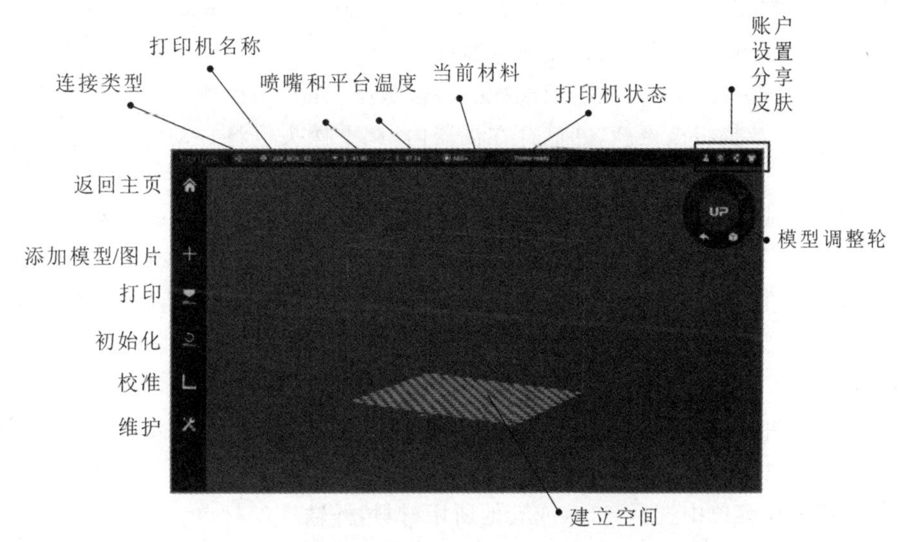

图 14-15　UP Studio 软件界面

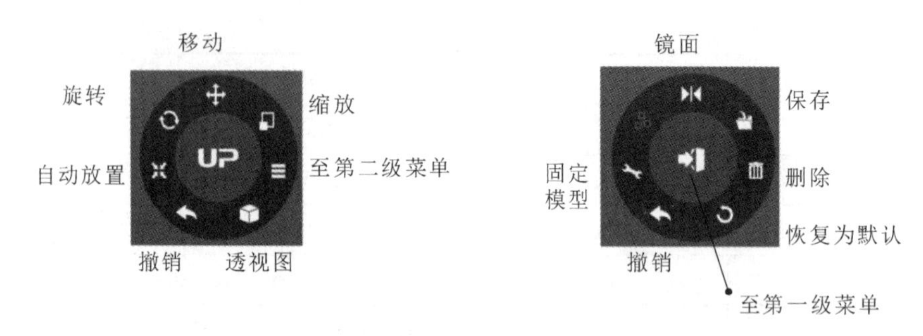

图 14-16　模型调整轮界面

2. UP BOX＋初始化

打开 3D 打印机上的开关，机器每次打开时都需要初始化。在初始化期间，打印头和打印平台缓慢移动，并会触碰到 X、Y、Z 轴的限位开关。这一步很重要，因为打印机需要找到每个轴的起点。只有在初始化之后，软件其他选项才会亮起以供选择使用。

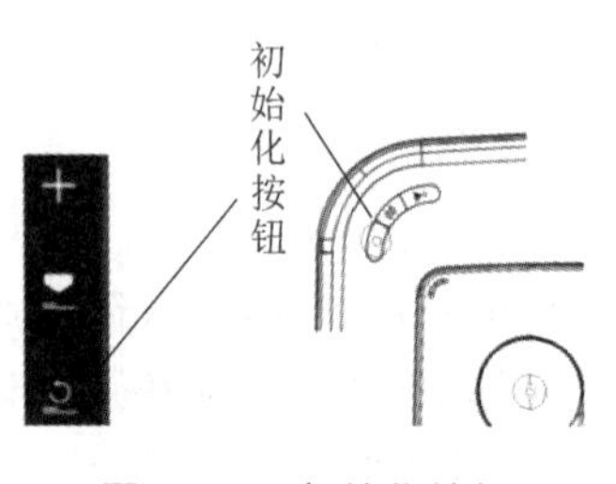

图 14-17　初始化按钮

初始化有两种方式。

(1) 点击软件菜单中的“初始化”选项，如图 14-17 左侧所示，对 UP BOX＋进行初始化。

(2) 当打印机空闲时，长按打印机上的初始化按钮也会触发初始化，如图 14-17 右侧所示。

初始化按钮的其他功能如下。

(1) 停止当前的打印工作：在打印期间，长按初始化按钮。

(2) 重新打印上一项工作：双击初始化按钮。

3. UP BOX＋自动平台校准

平台校准是成功打印最重要的步骤，因为它确保第一层的黏附。理想情况下，喷嘴和平台之间的距离是恒定的，但在实际中，很多原因(例如平台略微倾斜)会导致距离在不同位置有所不同，这可能造成制品翘边，甚至完全失败。UP BOX＋具有自动平台校准和自动喷嘴对高功能，使用这两个功能，可以快速方便地完成校准过程。

在校准菜单中，选择“自动补偿”，校准探头将被放下，并开始探测平台上的 9 个位置。在探测平台之后，调平数据将被更新，并储存在机器内，调平探头也将自动缩回。自动平台校准如图 14-18 所示。

当自动调平完成并确认后，喷嘴对高将会自动开始。打印头会移动至喷嘴对高装置上方，最终，喷嘴将接触并挤压金属薄片以完成高度测量。喷嘴对高除了在自动调平后自动启动外，也可以手动启动。在校准菜单中选择“自动对高”可启动该功能。自动喷嘴对高如图 14-19 所示。

4. 打印准备

(1) 确保打印机打开，并连接到计算机。点击软件界面上的“维护”按钮，界面如图 14-20 所示。

(2) 从材料下拉菜单中选择 ABS 或其他所用材料，并输入丝材重量。

(3) 点击“挤出”按钮。打印头将开始加热，大约 5 min 之后，打印头的温度将达到材料熔点，比如，对于 ABS，温度为 260 ℃。在打印机发出蜂鸣后，打印头开始挤出丝材。

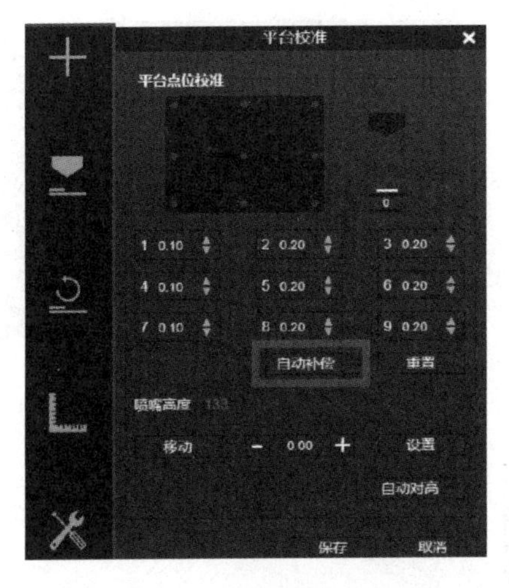

图 14-18 自动平台校准

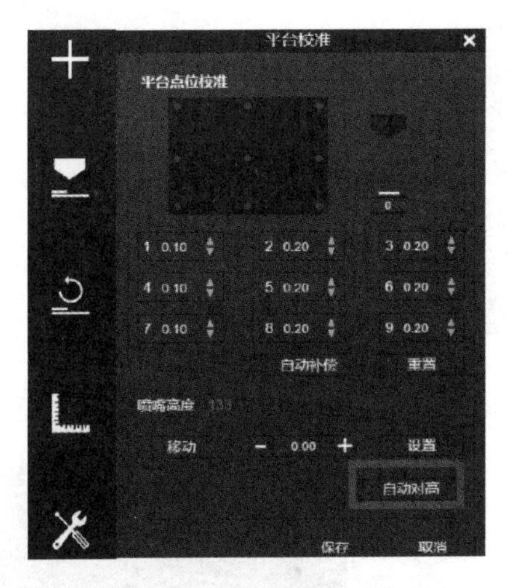

图 14-19 自动喷嘴对高

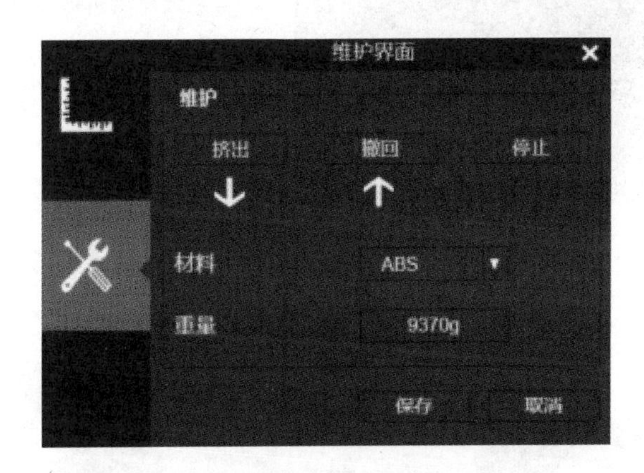

图 14-20 维护界面

(4) 轻轻地将丝材插入打印头上的小孔。丝材在到达打印头内的挤压机齿轮时，会被自动带入打印头。

(5) 检查喷嘴挤出情况，如果材料从喷嘴出来，则表示丝材加载正确，可以准备打印(挤出动作将自动停止)。

5. 模型打印

1) 载入模型

点击“添加模型/图片”按钮，在“打开”窗口中选择 STL 格式文件导入模型，载入的模型出现在印盘上，如图 14-21 所示。

2) 设置打印参数

点击“打印”按钮，打开打印界面，出现图 14-22 所示的打印设置对话框，其中填充物类型如图 14-23 所示。

用鼠标点击并拖动模型，放置到适合的打印位置，并通过“打印”按钮菜单设置层厚、填充物类型、打印质量/速度等。

3) 打印模型

参数设置好之后，按“打印”按钮将数据发送至打印机。在发送数据后，程序将弹出窗口，

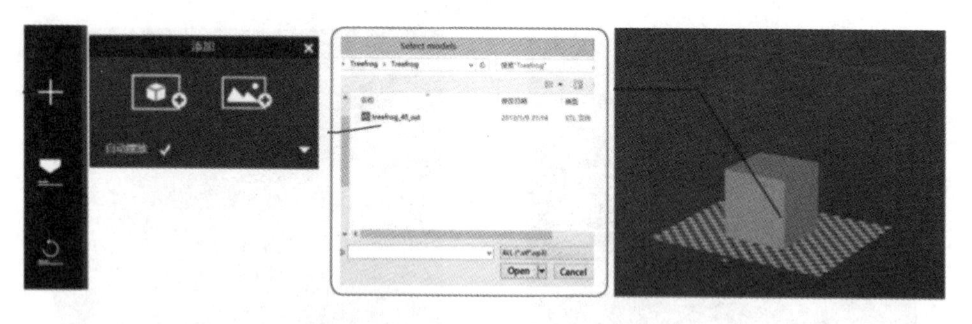

图 14-21　将模型导入软件

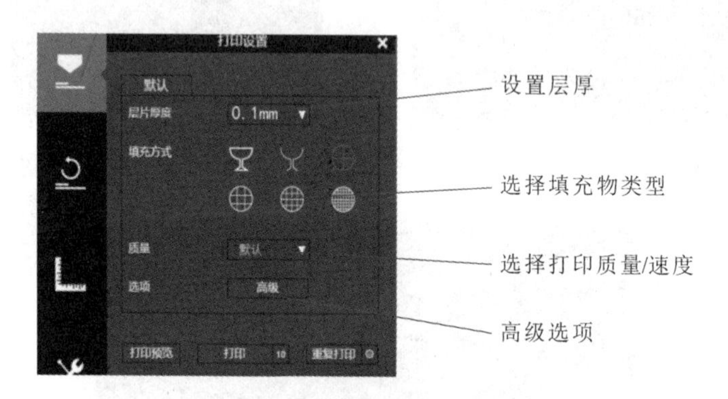

图 14-22　打印设置

表面：无顶层和底层，无填充物，仅圆周

外壳：无填充物，公称壁厚

大孔

中空

松散填充物

实心填充物

图 14-23　填充物类型

显示材料数量和打印所需时间，如图 14-24 所示。同时，喷嘴开始加热，自动开始打印。此时用户可以安全地断开打印机和计算机。打印进度显示在 UP BOX+顶部的 LED 进度条上，如图 14-25 所示。

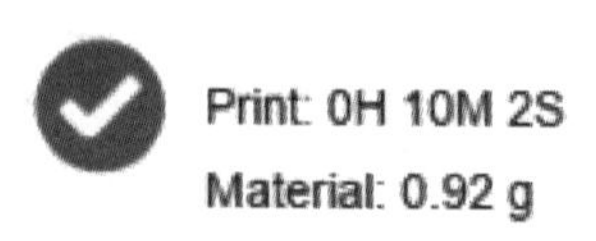

图 14-24　打印时间

图 14-25　打印进度

6. 后处理

(1) 模型打印完成后,打印机会发出蜂鸣声,喷嘴和打印平台会停止加热。

(2) 从打印机的加热板上取下多孔板。

(3) 慢慢滑动铲刀,将铲刀慢慢地滑动到模型下面,来回撬松模型。切记在撬模型时要佩戴手套以防烫伤。

(4) 利用工具去除支撑等多余材料,并对模型进行修整。

思　考　题

1. FDM 工艺的特点有哪些?

2. SLS 与 SLM 有什么区别?

3. 金属增材制造方式有哪些?

4. 增材制造技术面临的挑战有哪些?

第 15 章　激 光 加 工

学习目标

1. 了解激光加工的原理。
2. 了解激光加工装备与性能。
3. 了解激光加工的各种应用。
4. 基本掌握激光切割机床的操作。

15.1　概　　述

15.1.1　激光加工原理

激光加工(laser beam machining,LBM)技术是 20 世纪 60 年代初发展起来的一门新兴技术,它是利用激光束对材料的光热效应来进行加工的一门加工技术。利用激光,可以对各种硬、脆、软、韧、难熔的金属和非金属进行切割和微小孔加工。此外,激光还广泛应用于精密测量和焊接工作。激光加工技术是涉及光、机、电、材料及检测等多学科的一门综合技术。

激光是一种强度高、方向性好、单色性好的相干光。由于激光的发散角小和单色性好,理论上可以聚焦到尺寸与光的波长(微米甚至亚微米)相近的小斑点上,加上它本身强度高,故可以使焦点处的功率密度达到 $10^7 \sim 10^{11}$ W/cm^2,产生 10000 ℃以上的高温,从而能在千分之几秒甚至更短的时间内使被加工物质熔化和气化,并爆炸性地高速喷射出来,同时产生方向性很强的冲击,于是被加工表面上形成小坑,达到工件蚀除或使材料局部改性的目的。激光加工原理如图 15-1 所示。

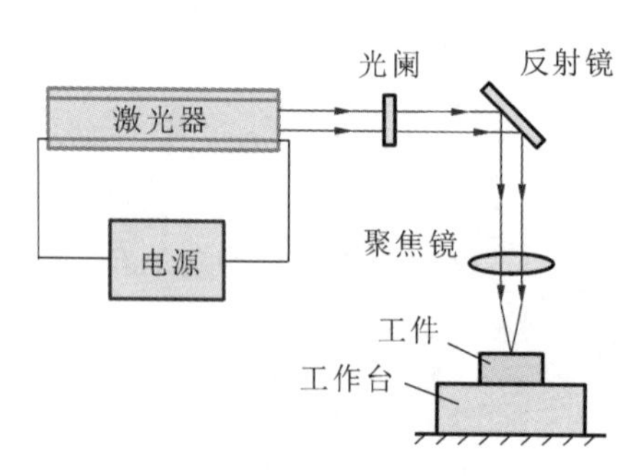

图 15-1　激光加工原理

15.1.2　激光加工特点

基于激光高亮度、高方向性、高单色性和高相干性的特性,激光加工具有如下一些可贵特点:

(1) 加工材料范围广。聚焦后,激光加工的功率密度可高达 $10^7 \sim 10^{11}$ W/cm^2,光能转化为热能,几乎可以熔化、气化任何材料。例如,耐热合金、陶瓷、石英、金刚石等硬脆材料都能加工。

(2) 可进行微细加工。激光聚焦后焦点直径理论上可小至1 μm以下,输出功率可以调节,因此可用于精密微细加工。

(3) 加工所用工具是激光束,为非接触加工,所以没有明显的机械力,没有工具损耗问题,加工速度快、热影响区小,工件热变形小。

(4) 能在常温、常压下于空气中加工;激光可以通过透明介质对密闭容器内的工件进行各种加工。

(5) 加工速度快,效率高,可实现高速切割和打孔。

(6) 激光加工可控性好,易于实现自动控制。

激光加工的不足之处在于激光加工设备目前还比较昂贵。

15.2 激 光 器

典型的激光加工基本设备由激光器、光束传输及聚焦系统、冷却系统、气体供给系统、控制系统、运动执行机构(工作台)等几部分组成,如图15-2所示,此外还有一些辅助装置。根据不同激光加工技术应用及工艺需求,激光设备的配置有所不同。

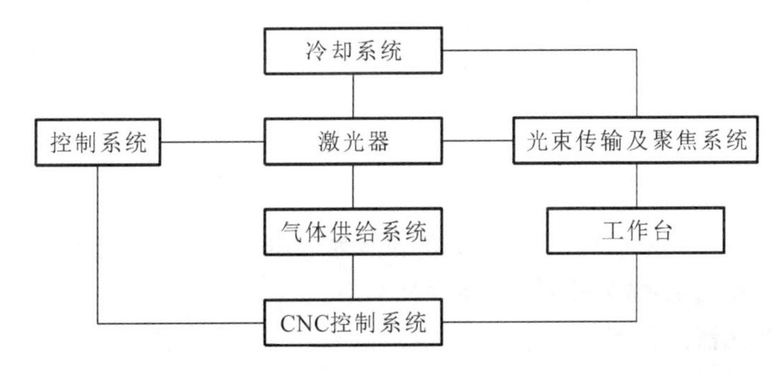

图15-2 典型激光加工设备的组成

激光器的作用是把电能转变成光能,产生所需要的激光束。激光器按工作物质的种类可分为固体激光器、气体激光器、液体激光器和半导体激光器四大类。由于He-Ne(氦-氖)气体激光器所产生的激光不仅容易控制,而且方向性、单色性及相干性都比较好,因而其在机械制造的精密测量中被广泛采用。而在激光加工中则要求输出功率与能量大,目前多采用CO_2气体激光器及红宝石、钕玻璃、YAG(钇铝石榴石)等固体激光器。

15.2.1 CO_2气体激光器

1. CO_2气体激光器的基本结构

典型的封离型CO_2气体激光器的基本结构如图15-3所示,主要由激光管、谐振腔、电极三部分组成。

1) 激光管

激光管通常由三部分构成:放电空间(放电管)、水冷套(管)、储气管。放电管通常由硬质玻璃制成,一般选用层套筒式构造。它可以影响激光的输出以及激光输出的功率,放电管长度与输出功率成正比。

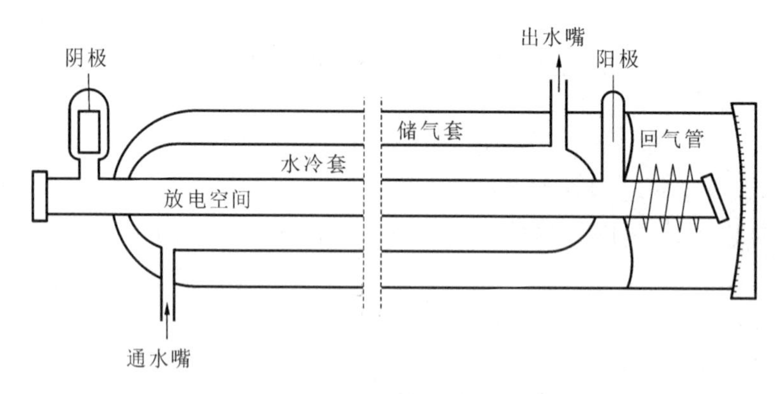

图 15-3　封离型 CO_2 气体激光器示意图

水冷套(管)和放电管一样,都是由硬质玻璃制成的。它的作用是冷却作业气体,使得输出功率稳定。

储气管与放电管的两端相连接,即储气管的一端有一小孔与放电管相通,另一端通过螺旋形回气管与放电管相通。它的作用是使气体在放电管中与储气管中循环流动,放电管中的气体可以随时交换。

2) 光学谐振腔

光学谐振腔由前、后反射凹面镜和反射平面镜构成,是 CO_2 气体激光器的主要组成部分,在镜面上镀有高反射率的金属膜——镀金膜,使得波长为 10.6 μm 的光反射率达 98.8%,且化学性质稳定。

3) 电极

CO_2 气体激光器一般采用冷阴极,形状为圆筒形,阴极材料对激光器的寿命有很大影响。对阴极材料的基本要求是:溅射率低,气体吸收率小。

2. CO_2 气体激光器的特点

优点:具有较好的方向性、单色性和频率稳定性,设备结构简单,维护方便,造价和运行费用低。而气体的密度小,不易得到高的激发粒子浓度,因此,CO_2 气体激光器输出的能量密度一般比固体激光器小。

缺点:CO_2 气体激光器的转换效率是很高的,但最高也不会超过 40%,也就是说,将有 60%以上的能量转换为气体的热能,使温度升高。而气体温度的升高,将引起激光上能级的消激发和激光下能级的热激发,这都会使粒子的反转数减少。并且,气体温度的升高,将使谱线展宽,导致增益系数下降。特别是,气体温度的升高,还将引起 CO_2 分子的分解,降低放电管内的 CO_2 分子浓度。

3. CO_2 激光器在工业上的应用

1) 激光切割

激光切割广泛应用于金属和非金属材料的加工中,可大大缩短加工时间,降低加工成本,提高工件质量。激光切割是利用激光聚焦后产生的高能量密度实现的。与传统的板材加工方法相比,激光切割具有高的切割质量、高的切割速度、高的柔性(可切割任意形状)、高的材料适应性等优点。

2) 激光焊接

激光能量高度集中,加热、冷却的过程极其迅速,一些普通焊接技术难以加工的如脆性大、硬度高或柔软性强的材料,用激光很容易焊接。另外,在激光焊接过程中无机械接触,易保证焊接部位不因受力而发生变形,通过熔化最少的物质实现合金连接,可大大提高焊接质量,提高生产率。激光焊接的焊缝深度比较大,而焊缝热影响区极小,质量好。

15.2.2 YAG固体激光器

1. YAG固体激光器的基本结构

固体激光器是以固体激光材料为工作物质的激光器,工作介质是在作为基质材料的晶体或玻璃中均匀掺入少量激活离子形成的。

通常将光激发作为固体激光器激发方法,并且经常将氙气闪光灯用于脉冲操作,将汞灯或含卤素的钨灯用于连续操作。

YAG固体激光器由工作物质、泵浦源、聚光腔、冷却系统、激光电源等组成,主要采用光泵浦,工作物质中的激活粒子吸收光能,形成粒子数反转,产生激光。固体激光器的结构如图15-4所示。

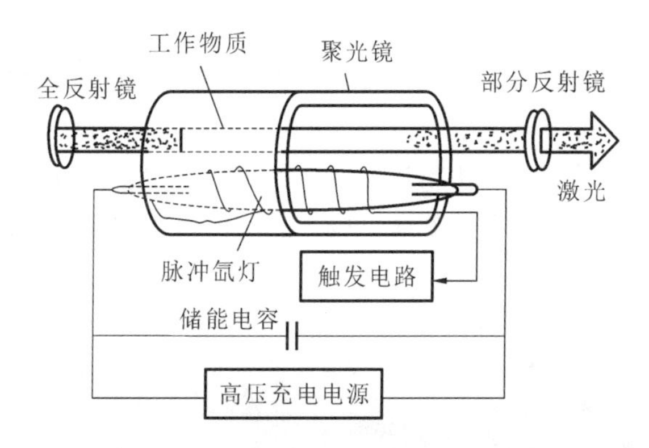

图15-4 光泵浦YAG固体激光器结构

(1) 工作物质是激光器的核心,由掺杂离子型基质晶体或玻璃组成。Nd:YAG晶体是典型的四能级系统,工作物质形状可做成圆棒状、板条状、圆盘状等,使用最多的是圆棒状。

(2) 泵浦源为工作物质形成粒子数反转提供光能量。常规泵浦源都采用氪灯、氙灯等惰性气体闪光灯。近年来,采用激光二极管泵浦是固体激光器新的发展方向,其体积小,效率高。

(3) 聚光腔将泵浦源发射的光能有效均匀地汇聚到工作物质上,提高泵浦转换效率。光学谐振腔由全反射镜和部分反射镜组成,使受激辐射光经反馈形成放大和振荡输出激光。

(4) 冷却系统的作用是防止激光棒、灯、聚光腔温度过高,因为泵浦源发出的光能只有很少部分被激光棒吸收,大部分光能转化为热能。在高功率、大能量激光器中散热尤为重要。

(5) 激光电源为泵浦源提供电能,使泵浦源转换为光能,用于泵浦工作物质。

2. YAG固体激光器的特点

YAG激光输出波长为1.06 μm,为红外不可见光,恰巧是CO_2激光的十分之一,可以通过光纤传输。YAG固体激光器光束质量好,具有效率高、成本低、稳定、安全、精密、可靠性高的优势。在具体的应用中,采用YAG固体激光器的设备加工速度快、效率高、经济效益好、直边割缝小、切割面光滑,可获得大的深径比和深宽比,热变形极小,可加工硬、脆、软等各种材料,且不存在刀具磨损、替换问题,无机械变形,容易实现自动化,可在特殊条件下实现加工;泵浦效率高,可达20%左右,随着效率的提高,激光介质的热负荷下降,光束质量大大改善,设备寿命长，可靠性高，体积小，重量轻，适合小型化应用。

3. YAG 固体激光器的应用

YAG 固体激光器适用于金属材料，如碳钢、不锈钢、合金钢、铝及其合金、铜及其合金、钛及其合金、镍钼合金等材料的激光切割、焊接、打孔，广泛应用于航空航天、兵器、舰船、石化、医疗、仪表、微电子、汽车等行业，不仅使加工质量得到提高，而且提高了工作效率。除此之外，YAG 固体激光器还可以为科学研究提供一种精确而快捷的研究手段。

15.3 激光加工工艺

15.3.1 激光切割

1. 激光切割原理

激光切割是利用经聚焦的高功率密度激光束照射材料，在极短时间内将材料加热到几千甚至上万摄氏度，使被照射的材料迅速熔化、气化、烧蚀或达到燃点，同时借助与光束同轴的高速气流将熔化或气化物质从切缝中吹走，达到切割材料的目的。激光切割的特点是速度快，切口光滑平整，一般不需要后续加工；切割热影响区小，板材变形小，切缝窄（0.1～0.3 mm）；切口没有机械应力，无剪切毛刺；加工精度高，重复性好，不损伤材料表面；适合自动控制，适合对细小部件进行各种精密切割；可以切割各种材料。激光切割原理如图 15-5 所示。

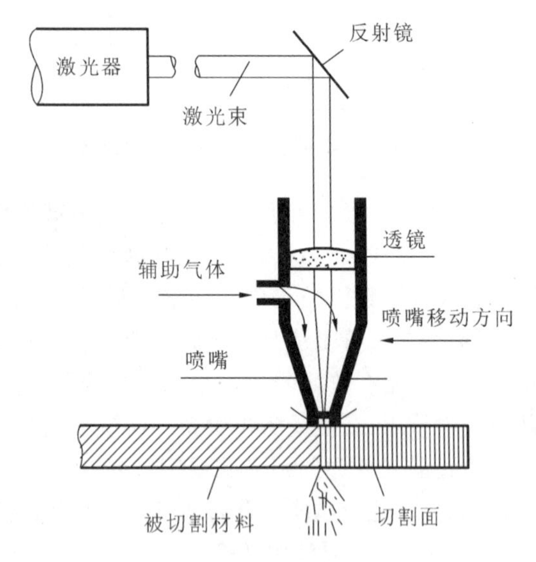

图 15-5 激光切割原理

2. 激光切割方式

1）气化切割

在气化切割过程中，切口部分材料以蒸气或渣的形式排出，这是切割不熔化材料（如木材、炭和某些塑料）的基本形式。采用脉冲激光，其峰值功率密度达 10^8 W/cm^2 以上时，各种金属和非金属材料（陶瓷、石英）也主要以气化的形式被切除，因为在这样高的激光功率密度下，被辐照材料的温度迅速上升到沸点而无显著的熔化。

2）熔化切割

这是金属板材切割的基本形式。当被切材料受到较低功率密度的激光作用时，切口材料主要发生熔化而不是气化。在气流的作用下，切口材料以熔融物的形式由切口底部排出，激光能量的消耗要比气化切割低。

3）反应熔化切割

如果不采用惰性气体，而采用氧气或其他反应气体吹气，和被切材料产生放热反应，则在除激光辐照之外，还提供了另一种切割所需的能量。在氧气辅助切割钢板时，大约有60%切割所需的能量来自铁的氧化反应。而在氧气辅助切割钛合金板时，放热反应可提供90%的能量。

3. 激光切割应用

1）钣金件激光切割

早期金属激光切割技术主要用于金属钣金和管材的二维、三维的切割，此类应用是激光切割金属材料的支柱领域，主要包括自动电梯结构件、电机机箱、计算机机壳和衬板等，尤其是一些产量不大、形状复杂、产品生命周期不长、开模具不划算的钣金件的切割。万瓦级光纤激光器的出现改变了传统激光切割只能切薄板的历史，整体切割效率和设备性能极大提升。以两万瓦激光切割机为例，不锈钢切割厚度提升到100 mm，碳钢可到60 mm，铝合金可到80 mm；1 mm不锈钢切割速度高达80 m/min。

2）非金属板材激光切割

绝大多数非金属材料都可以使用激光进行高速切割，并有良好的切割质量，尤其是CO_2激光，其几乎被完全吸收。此类应用包括有机材料、纸盒模切板、木材、布料皮具等的激光切割。这类应用的切割图案复杂，激光切割非常适合。

激光切割成品如图15-6至图15-8所示。

图15-6 激光切割不锈钢

图15-7 激光切割木材

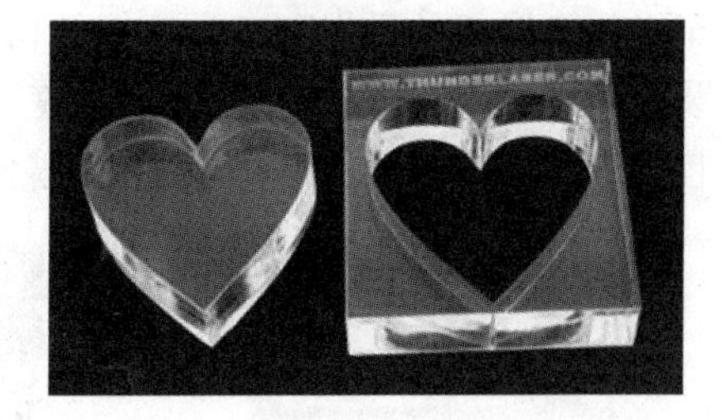

图15-8 激光切割亚克力板

15.3.2 激光焊接

1. 激光焊接的原理

激光焊接以高功率的激光束为热源，激光照射工件表面，表面热量通过热传导向内部扩散，控制激光脉冲的宽度、能量、峰值功率和重复频率等参数，使工件熔化，形成特定的熔池，最终形成焊接接头。当激光的功率密度为$10^5 \sim 10^7$ W/cm^2，照射时间约为1/100 s时，可进行激光焊接。图15-9所示为激光焊接过程示意图。

激光焊接的特点是具有溶池净化效应，能净化焊缝金属，适用于相同或不同材质、不同厚度的金属的焊接，特别适用于高熔点、高反射率、高导热率和物理特性相差很大的金属的焊接。激光焊接一般不需要焊料和焊剂，只需将工件的加工区域“热熔”在一起就可以。激光功率可

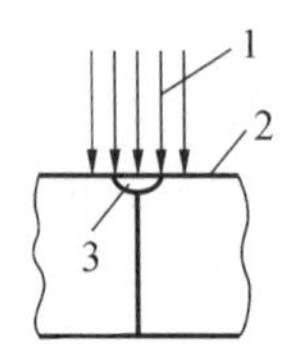

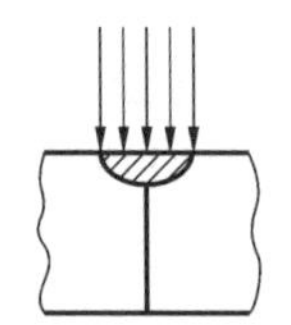
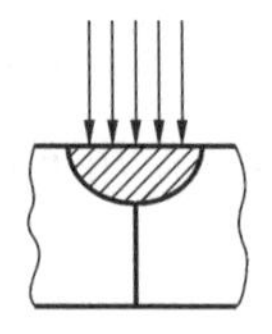
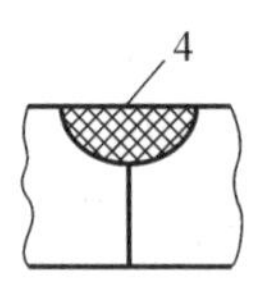

图 15-9 激光焊接过程示意图

1—激光；2—被焊接零件；3—被熔化金属；4—已冷却的熔池

控，易于实现自动化；激光束功率密度很高，焊缝熔深大，焊接速度快，效率高；激光焊缝窄，热影响区很小，工件变形很小，可实现精密焊接；激光焊缝组织均匀，晶粒细小，气孔少，夹杂缺陷少，在机械性能、抗蚀性能和电磁学性能上优于常规焊接方法。

2. 激光焊接方式

1）传导型激光焊接

将高强度激光束直接辐射至材料表面，通过激光与材料的相互作用，使材料局部熔化实现焊接。激光与材料相互作用过程中，同样会出现光的反射、光的吸收、热传导及物质的传导等过程。只是在热传导型激光焊接中，辐射至材料表面的激光功率密度较低，光能量只能被表层吸收，不产生非线性效应或小孔效应。

2）深熔焊接

当激光功率密度足够高，引起被焊金属材料气化时，小孔即可形成。金属蒸气产生的压力促使熔融金属沿孔壁向上移动，小孔作为一个黑体有助于激光束吸收和传热至材料内部。

3. 激光焊接应用

激光焊接的材料主要是金属材料，包括低碳钢、不锈钢、铝合金等，广泛应用于电池、五金件、汽车等行业，如图 15-10 至图 15-12 所示。以激光焊接汽车车身为例，激光焊接主要用于车身不等厚板的拼焊和车身框架结构的焊接。激光焊接不仅可以降低车身重量、提高车身的装配精度，还能大大加强车身的强度，从而提高车身安全性；此外，还可以降低汽车车身制造过程中的冲压和装配成本，减少车身零件的数目，提高车身一体化程度。

图 15-10 汽车车门焊接

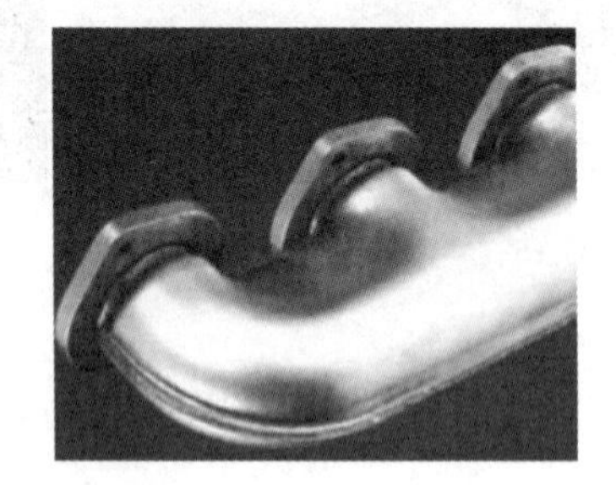

图 15-11 法兰盘的焊接

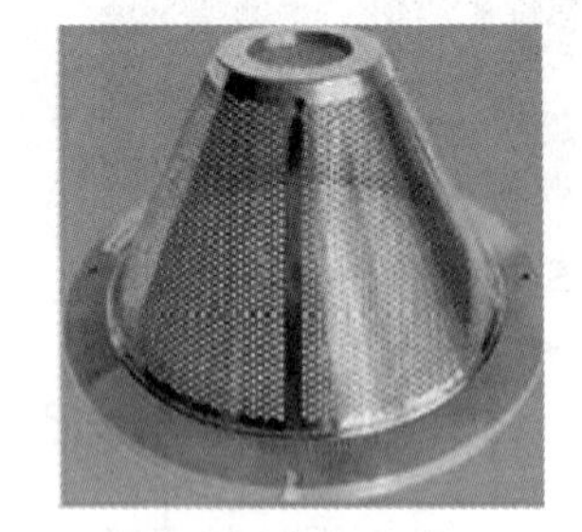

图 15-12 隔渣网的焊接

15.3.3 激光打标

1. 激光打标原理

激光打标是激光加工最大的应用领域之一。激光打标是利用高能量密度的激光对工件进行局部照射，使表层材料气化或发生颜色变化的化学反应，从而留下永久性标记的一种打标方法。激光打标可以打出各种文字、符号和图案等，字符大小可以从毫米量级到微米量级，对产品的防伪有特殊的意义。聚焦后的极细的激光束如同刀具,可将物体表面材料逐点去除,其先进性在于:标记过程为非接触加工,不产生机械挤压或机械应力,因此不会损坏被加工物品;由于激光聚焦后的尺寸很小,热影响区小,加工精细,因此,其可以完成一些常规方法无法实现的工艺。

激光打标使用的"刀具"是聚焦后的光点,不需要额外增添其他设备和材料,只要激光器能正常工作,就可以长时间连续加工。激光打标速度快,成本低廉,可由计算机自动控制,生产时无须人为干预。

2. 激光打标方式

目前激光打标按其工作方式可分为掩模式打标、阵列式打标和扫描式打标。扫描式打标又分为机械扫描式和振镜扫描式两种。振镜扫描式打标因其应用范围广,可进行矢量打标和点阵打标,标记范围可调,而且具有响应速度快、打标速度高(每秒可打标几百个字符)、打标质量较高、光路密封性能好、对环境适应性强等优势已成为主流产品,并被认为代表了未来激光打标机的发展方向,具有广阔的应用前景。

振镜式激光打标技术是目前应用最广泛的激光打标技术,其应用占到了激光打标的半数以上。振镜扫描式打标头主要由 X、Y 扫描镜,场镜,振镜及由计算机控制的打标软件等构成。其工作原理是将激光束入射到两反射镜(扫描镜)上,用计算机控制反射镜的反射角度,这两个反射镜可分别沿 X、Y 轴扫描,从而实现激光束的偏转,使具有一定功率密度的激光聚焦点(经场镜聚焦)在打标材料上按所需的要求运动,从而在材料表面上留下永久的标记,如图 15-13 所示。聚焦的光斑可以是圆形或矩形。

3. 激光打标典型应用

(1) 金属材料,包括不锈钢、铝合金、铸铁、铜合金、钛合金等。

(2) 非金属材料,包括有机玻璃、塑料、陶瓷、合成材料、木材、橡胶、皮革制品、纸制品、电路板、电器元件、香烟、纽扣等。

激光打标样品如图 15-14 所示。

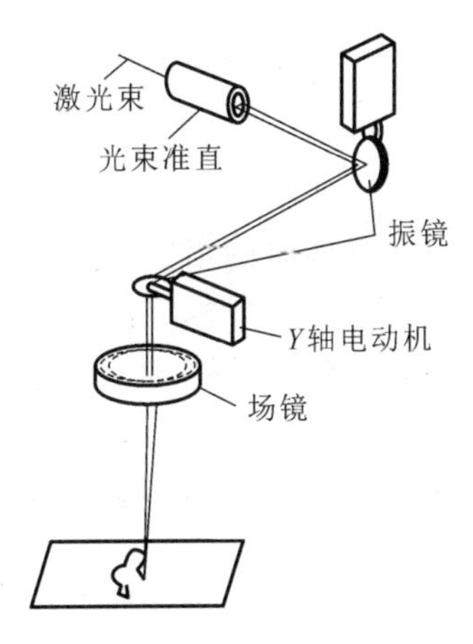

图 15-13 振镜式激光打标原理

图 15-14 激光打标样品

15.3.4 激光内雕

1. 激光内雕的原理

激光内雕原理并不是光的干涉现象,而是因为聚焦点处的激光强度足够高,透明材料虽然一般情况下不吸收激光能量，但是在足够高的光强下会产生非线性效应，短时间内吸收大量能量从而在焦点处产生微爆裂，大量微爆裂点形成内雕图案。

激光要能雕刻玻璃，它的能量密度必须大于使玻璃破坏的某一临界值，或称阈值，而激光在某处的能量密度与它在该点光斑的大小有关，同一束激光，光斑越小的地方能量密度越大。这样，通过适当聚焦，可以使激光的能量密度在进入玻璃及到达加工区之前低于玻璃的破坏阈值，而在希望加工的区域则超过这一临界值，激光在极短的时间内产生脉冲，其能量能够在瞬间使玻璃受热破裂，从而产生极小的白点，在玻璃内部雕出预定的形状，而玻璃的其余部分则保持原样完好无损。适合激光内雕的激光器是半导体泵浦的脉冲绿光激光器，其输出波长为532 nm。

2. 激光内雕工艺

激光三维内雕属于选择性激光雕刻技术，首先用 3D 相机拍摄立体图像，然后对三维立体图像信息进行离散化处理(切片分层)，也就是三维数据的二维化处理，接着提取每一层数据信息，采用激光进行二维雕刻，再在高度方向堆积，最终在材料内部形成完整的三维图像，如图15-15 所示。

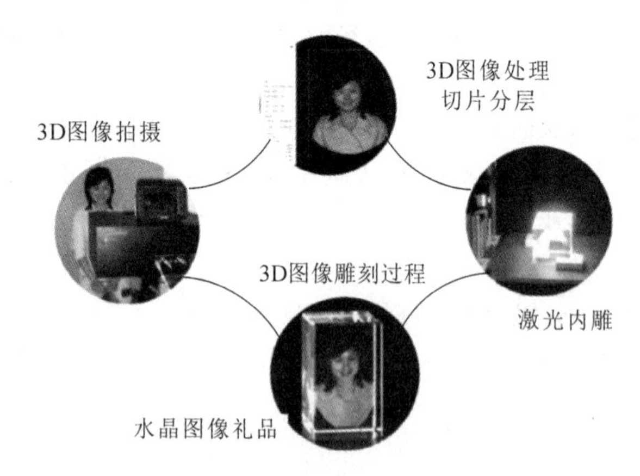

图 15-15 激光内雕的过程

3. 激光内雕应用

1）手机行业

全面屏手机在黑屏的时候显示出制造商标识，而在亮屏时则不影响其显示效果。5G 时代，手机材质及制造工艺将为适应 5G 新技术而发生改变，全面屏标识内雕、双色手机套个性化定制、手机壳内雕、手机屏幻影内雕将会大规模应用，以满足市场个性化需求。

2）礼品

激光内雕工艺可以在各种不同材质的大众消费载体上进行任意图案个性化定制，使产品具有独特创意，吸引消费者。

3）LED 玻璃

LED 玻璃是一种将 LED 光源嵌入玻璃里形成各种样式、图案的高科技产品，其本身拥有出色的亮度及节能的特性。LED 玻璃科技可令在玻璃表面看不见线路，适用于各式平板以及弯曲玻璃，满足顾客的各种设计应用需求。

激光内雕样品如图 15-16 所示。

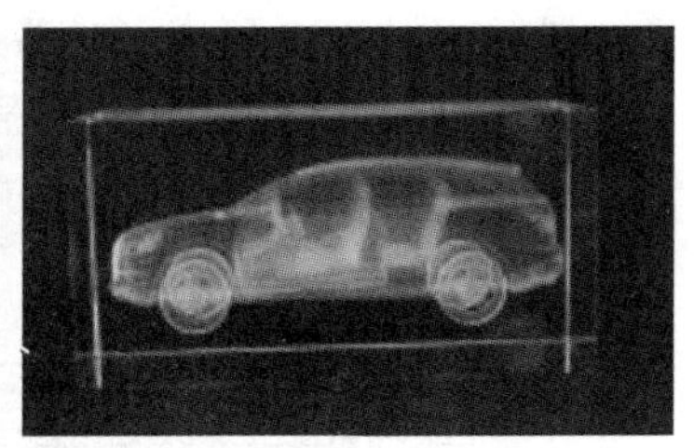

图 15-16　激光内雕样品

15.4　激光切割加工训练

15.4.1　非金属激光切割机的组成

本训练以宏山牌 HS-Z1390M 激光切割机为例。该机器运动精确，性能稳定，配置进口无缝隙直线方形双导轨，故运行平稳，切割边缘光滑；采用三相电机、三相驱动器，精密同步带传动，切割速度快，精度高；选用先进的操作软件，操作简单易学，具有自动存储记忆功能；适用于木头、竹简、有机玻璃、塑料、纸张、皮革、橡胶、水晶、玉器、大理石、陶瓷等非金属材料的切割。

该非金属激光切割机主要采用 CO_2 气体激光器对亚克力、木材、布匹等非金属材料进行激光雕刻和切割，工作系统由主机、激光器、水泵、水箱、气泵、离心风机、排气管、排气扇或空气净化器、通信电缆等组成，如图 15-17 所示。

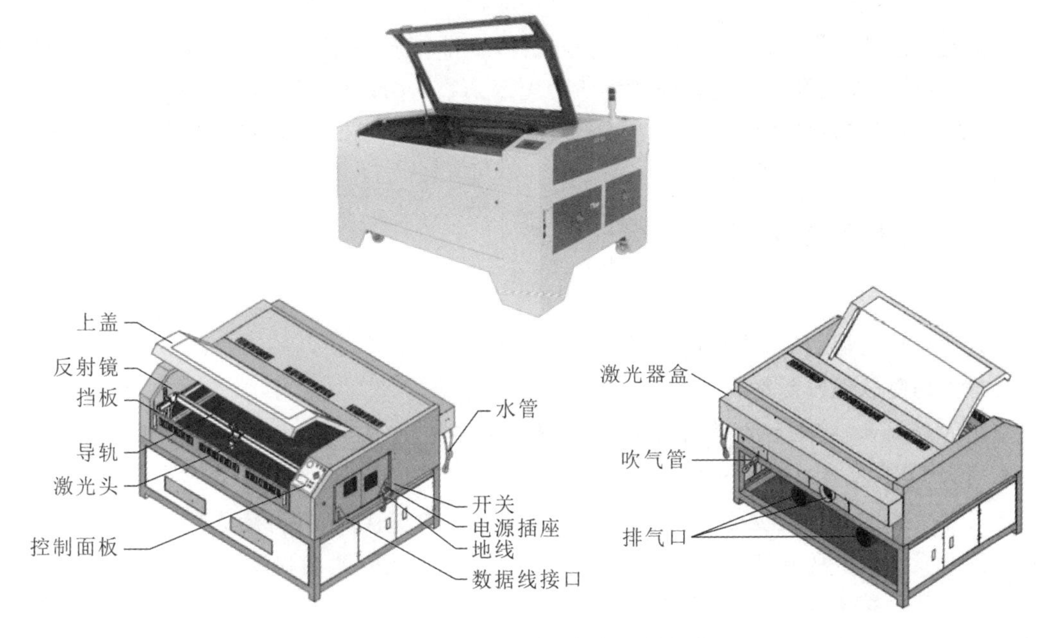

图 15-17　非金属激光切割机的组成

1. 激光器结构

激光器出光的一端为阴极，阴极一端有圆孔；阳极一端为实面，且激光器中的螺旋回气管多在阳极一端，如图 15-18 所示。光路系统包括三个反射镜和一个聚焦镜。激光器产生的光通过反射镜反射后，打到聚焦镜上，再通过聚焦镜的聚光，成为可用的光束。第一反射镜在激光盒中，第二反射镜可以随横梁沿 Y 方向移动，第三反射镜和聚焦镜都在激光头中。

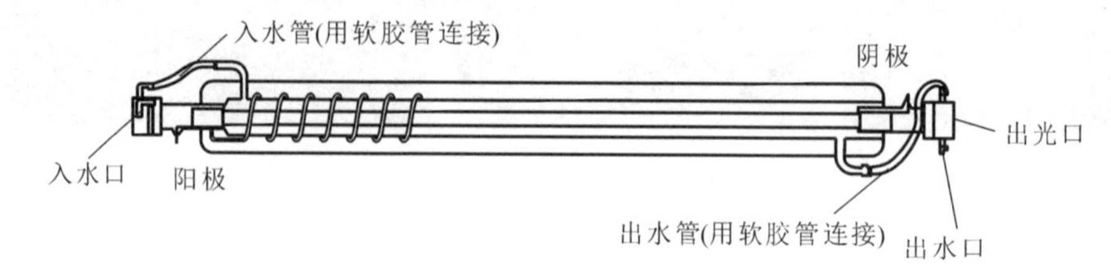

图 15-18　激光器结构

2. 工作台

工作台配置灵活，且可自动升降。加工时，把待加工材料直接放在工作台上，在加工较轻的材料或容易受热卷曲变形的材料时，可用重物压住边缘，或用双面胶粘在工作台上，也可根据自身情况自配夹具。

3. 水循环系统

水循环系统包括进、出水管和潜水泵。玻璃管激光器工作时会发热，如不能及时冷却，激光器会破裂损坏，所以配置玻璃管激光器的切割机在其工作过程中一定要保持良好的水循环，这在使用玻璃管激光切割机的时候非常重要，应特别注意。机器装有缺水报警装置，一旦激光器内的冷却水循环异常，切割机会报警提示，同时停止工作，直到冷却水循环恢复正常为止。

4. 除尘通风系统

除尘通风系统包括气泵、吹气管、空气净化器（或排气扇）和排气管。吹气不仅可以快速冷却加工表面，还可以吹开加工过程中产生的粉尘等杂物，保证加工质量。同时，在激光加工过程中，很多非金属材料会产生刺鼻气体，需要用空气净化器（或排气扇）把气体排出去。本训练中采用的激光切割机为后抽气方式。

15.4.2　非金属激光切割机操作步骤

1. 开机

打开计算机及切割机，并检查通风系统等设备是否工作正常。

2. 进入切割软件排版系统

双击 Windows 桌面上的雕刻快捷键，选择雕刻幅面，单击“确定”按钮，进入切割软件。

3. 导入 DXF 文件

近几年生产的切割机也可导入 JPG 等格式图片到切割软件，进行激光切割。不同厂家和不同时期开发的软件所支持的图片格式不同，具体要根据实际的切割机确定。

我们以宏山牌 HS-Z1390M 激光切割机为例，在 AutoCAD 软件中画出需要切割的图，另存为 DXF 格式，导入切割软件。在软件中单击导入文件命令，则会弹出对话框，打开 DXF 文件，如图 15-19 所示。也可以直接在该切割软件中绘制简单的切割图形，但是复杂图形还是需要在 AutoCAD 软件中绘制。

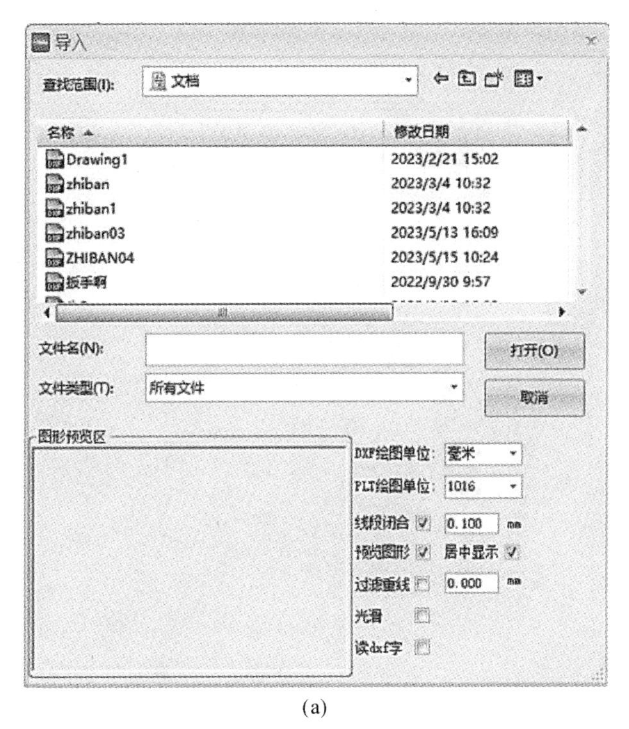

(a)

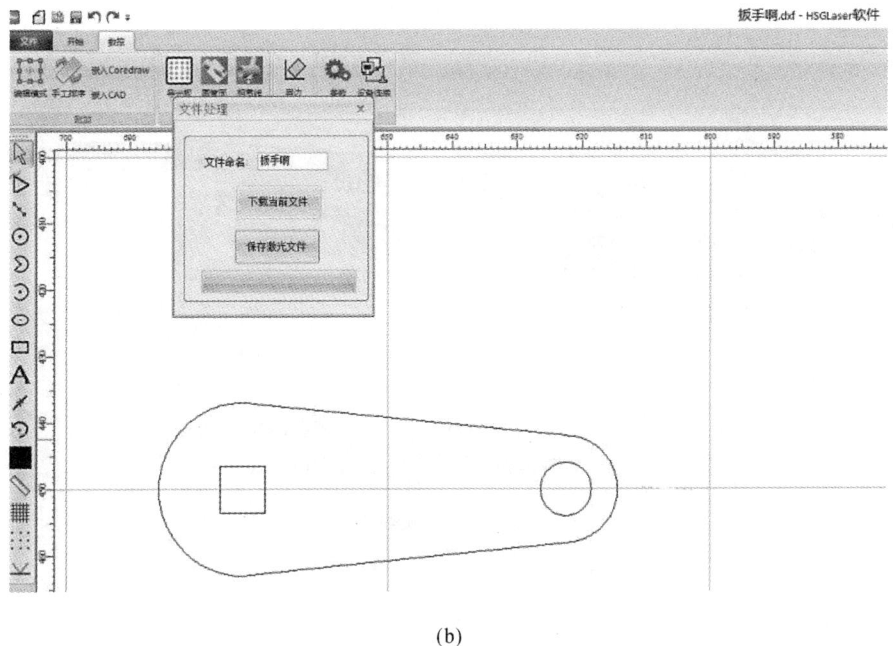

(b)

图 15-19　导入 DXF 文件

4. 设置参数

单击“参数设置”按钮，弹出“选项设置”对话框，依次选择“显示参数”“工艺参数”“设备参数”和“用户参数”选项卡，设置相应参数，如图 15-20 至图 15-23 所示。

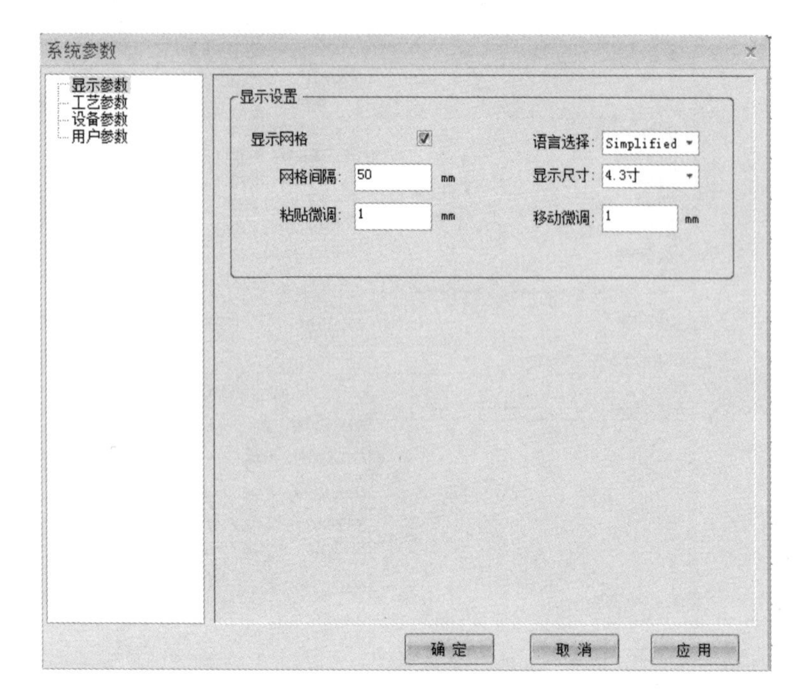

图 15-20　设置显示参数

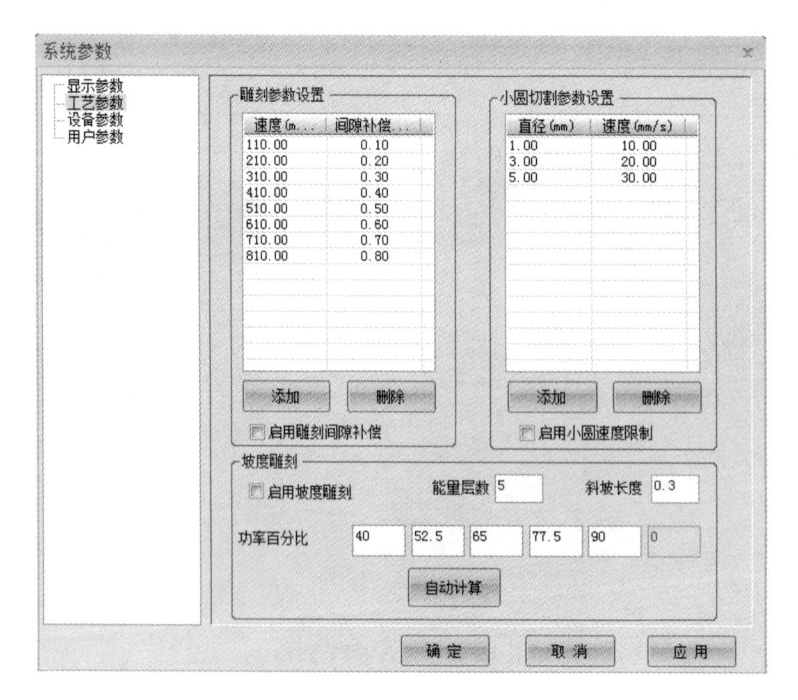

图 15-21　设置工艺参数

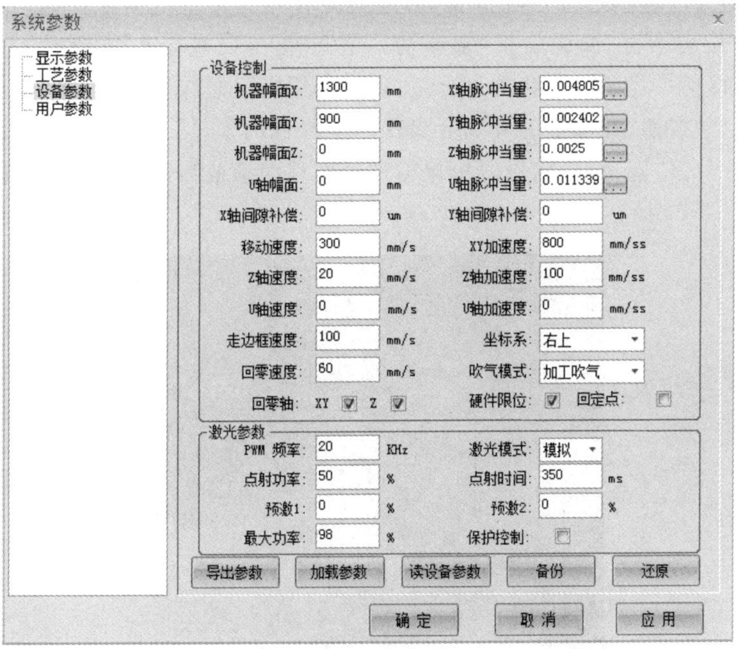

图 15-22　设置设备参数

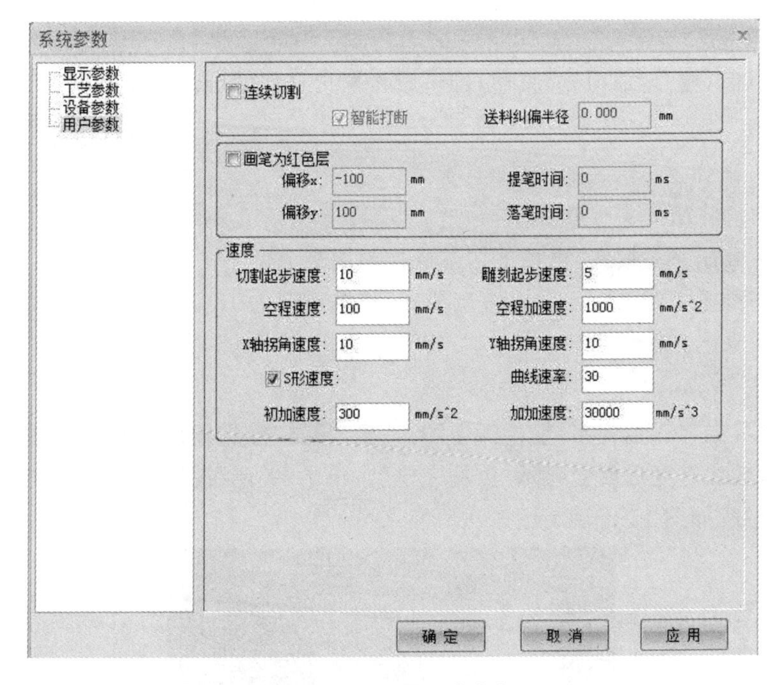

图 15-23　设置用户参数

5. 定位

启动软件时我们已经选择了切割机的幅面，软件界面会出现一个带标尺的矩形框（如果不能全视，请改小显示比例），此时，所排版面在此矩形框中的位置，即代表切割机会在幅面内切割的位置，具体坐标可从标尺上直接读出。

调节切割机的电流，定位时一般用较小的电流，同时保证切割机处于待切割状态。

界面上的图形位置即定位框的位置，可通过鼠标在界面上点击来控制，也可用键盘上的上、下、左、右移位键结合“微调步长”来移动。粗调时，可以直接在图形上方单击鼠标左键拖动，激光头随之移动。将激光头移动到合适位置后，用定位框进行观察。

单击“定位框”按钮，在图形的外围会出现一个红色的框，同时，切割机会走一个相同大小的矩形框，若第一次位置不对，则可以用鼠标把版面移动到适当位置，再预览，直到调整到适当位置为止，如图 15-24 所示。

图 15-24　定位

6. 生成数据

定好位置以后，按“生成数据”按钮，即可以按照设计好的版面生成数据。

7. 调节电流

电流调节方法如下：

(1) 按方向键将激光头移开；

(2) 先按下高压开关按钮，再按下切割机控制面板上的手动出光按钮；

(3) 旋转切割机控制面板上的电流调节器，将电流调为 18 mA；

(4) 弹起手动出光按钮。

8. 切割输出

单击“输出数据”按钮，弹出“输出操作”对话框，单击“数据输出”按钮，切割机即开始切割。数据传输完后，输出进度后面会显示“传输完毕”。单击“关闭”按钮，退出“输出数据”对话框。

切割输出过程如图 15-25 所示。

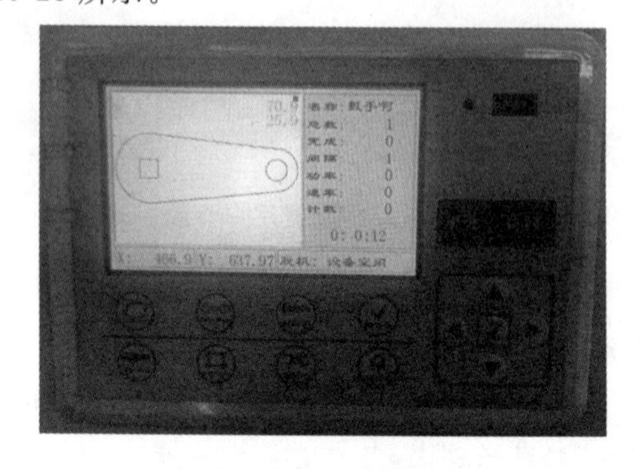

图 15-25　切割输出

9. 退出程序，保存文件

切割结束后，用鼠标左键单击软件右上角“关闭”按钮，关闭窗口，或用左键单击“文件”→“退出”命令。如果文件还没保存，则在弹出的对话框中单击“是”按钮，出现保存对话框，输入文件名后，单击“保存”按钮，退出软件；如果文件已经保存，则会出现对话框，单击“是”按钮后，直接退出软件。

切割加工及成品如图 15-26 所示。

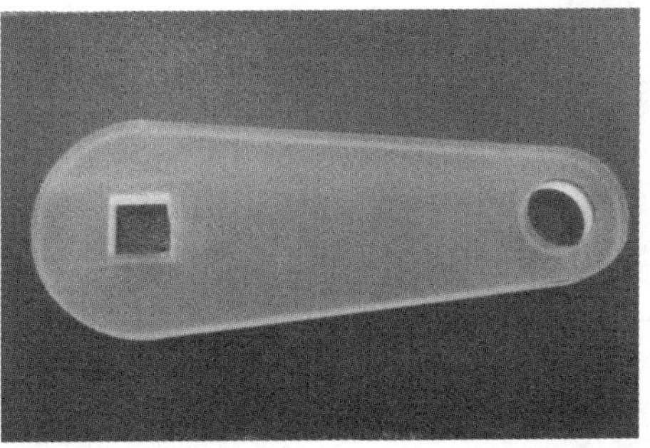

图 15-26　切割加工及成品

15.4.3　金属激光切割机的组成

图 15-27　金属激光切割机

我们以德美鹰华 X6060 金属激光切割机为例进行介绍。X6060 激光切割机利用光纤激光器产生的 1064 nm 波长的激光束，其经过扩束整形、聚焦后辐射到加工件表面，表面热量通过热传导向内部扩散，通过数字化精确控制激光脉冲的能量、峰值功率和重复频率等参数，使工件材料气化、熔化，形成切缝，从而实现对被加工工件的激光切割。该激光切割机主要由光纤激光系统、机床运动系统、控制系统、冷却系统、除尘系统等部分组成，如图 15-27所示。

图 15-28 所示为金属激光切割机操作台，其主要按钮如表 15-1 所示。

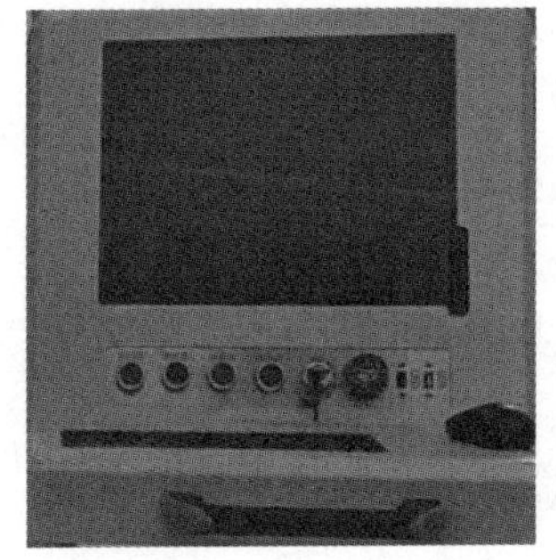
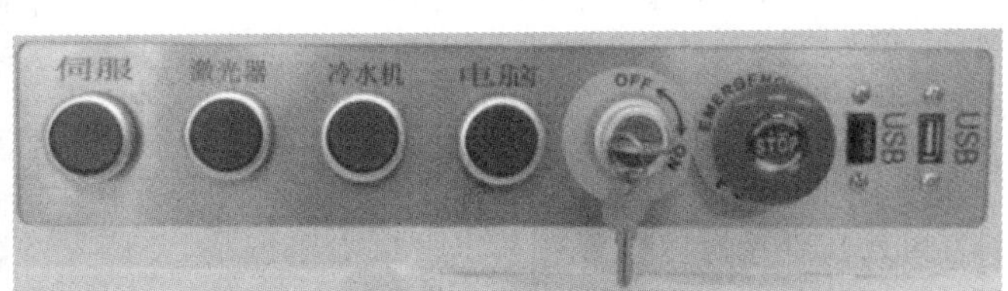

图 15-28　金属激光切割机操作台

表 15-1 金属激光切割机主要按钮

图示	名称	图示	名称
	急停按钮		伺服电源开关
	钥匙开关		激光电源开关
	计算机开关		冷水机开关

15.4.4 金属激光切割机操作

1. 金属激光切割机安全操作规程

(1) 本机使用的激光为不可见光,对人体有害。出光时严禁将身体的各个部分伸入光路,以免烧伤。

(2) 设备内存在高压,严禁在过于潮湿的环境中使用,以免引起高压打火。

(3) 激光加工可能产生高温和明火,加工时严禁离开机器,以避免燃烧和其他各种安全事故发生。

(4) 使用前检查冷却水是否冻结,是否有水垢、脏物,循环冷却水泵运转是否正常,以免造成激光器损坏。严禁在无冷却水的状态下使用。

(5) 使用前检查气瓶是否正常,以保证切割时一直吹气。

(6) 严禁手或其他物件接触镜片,以免损坏镜片镀膜。

(7) 机器开启后,严禁用手去推动导轨,以避免损坏其传动系统。

(8) 保证通风除尘系统畅通,防止机箱因烟尘、湿气堆积过多而引起腐蚀,损坏电子元件。

(9) 使用后保持设备内外清洁,去除切割残余物,检查机油壶是否有油等。

(10) 未经培训人员不得擅自操作机器,设备使用时禁止多人操作。

(11) 切割任务完成后必须切断电源、水源方可离开。

2. 主机启动

(1) 目视检查所有电气连接和水冷机水路连接,并确保水冷机水位线位于绿色区域。

(2) 目视检查工作台面和运动系统部件,确保无杂物。

(3) 打开机床的总电源开关。

(4) 打开操作面板上的急停开关。

(5) 打开操作面板上的钥匙开关。

(6) 启动计算机。

(7) 打开操作面板上的伺服开关。

注意观察运动系统部件有无异常移动，注意听有无异常噪声。若有，请立即关闭伺服系统开关，并排查故障。

(8) 打开操作面板上的激光电源开关。

注意观察激光器和切割头的冷却水管路有无漏水情况。若有，请立即关闭激光电源开关，并排查故障。

注意观察激光器的冷却水路的水温，水温过低和过高都会造成激光器报警，需要等待一段时间，待水温升高或降低到要求范围内，激光器才能正常工作。

(9) 启动 CypCut 软件，软件启动后，若界面显示报警信息，则需要立即根据具体情况排查故障。

(10) 复位运行系统，按照软件提示进行运动系统复位，建立设备坐标系，否则，后续加工中可能出现运动系统部件超出加工区域范围的情况，对部件造成损伤。

至此，主机启动部分完成。

(11) 打开辅助气体气阀，目视检查气路连接情况，打开气阀。

注意观察有无漏气情况，注意听有无异常噪声。若有，请立即关闭气阀，并排除故障。

(12) 启动排风机，目视检查风管和电气连接情况，启动风机。

注意听有无异常噪声。若有，请立即关闭风机，并排除故障。

3. 零件加工

零件加工的过程如图 15-29 所示。

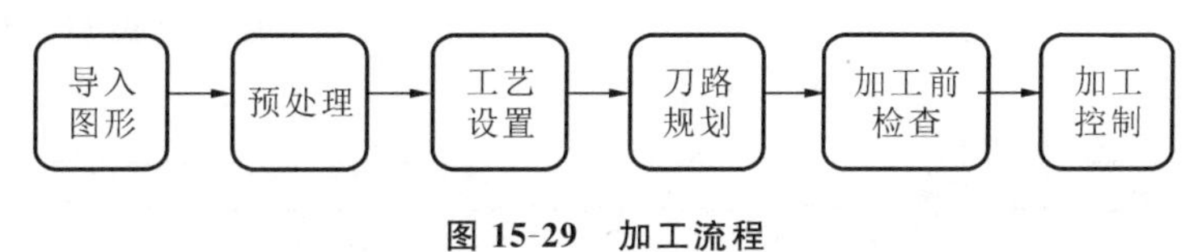

图 15-29　加工流程

1) 导入图形

软件支持 AI、DXF 等图形数据格式，可接收 CAD、文泰等软件生成的文件。打开/导入 DXF 等外部文件时，软件自动进行优化，包括去除重复线、合并相连线、去除极小图形、自动区分内外模和排序等。自动优化过程可自定义，上述每一项功能也可以手动完成。

单击界面左上角快速启动栏的“打开文件”按钮 ，弹出“打开”对话框，选择需要打开的图形。“打开”对话框的右侧提供了一个快速预览的窗口，便于快速找到所需要的文件，如图 15-30 所示。

也可以通过 CypCut 软件绘制零件：单击“新建”按钮，然后使用左侧绘图工具栏中的按钮来画图即可。

2) 预处理

导入图形的同时，CypCut 会自动进行去除极小图形、去除重复线、合并相连线、自动平滑、排序和打散等处理，一般情况下不需要其他处理就可以开始设置工艺参数了。如果自动处理过程不能满足要求，可以点击“菜单”→“文件”→“用户参数”进行配置。

一般情况下，软件认为要加工的图形都应当是封闭图形，如果打开的文件中包含不封闭图形，软件可能会提示并以红色显示。但是该功能可能会被关闭，要查看绘图板上的不封闭图

图 15-30　导入图形

形，可以单击常用菜单栏显示按钮中的 和 按钮来突出显示不封闭的图形；也可以单击工具栏最左侧大按钮“选择”，然后单击“选择不封闭图形”来选择所有不封闭的图形。

如果某些情况下，需要手动拆分图形，可单击常用菜单栏“优化”按钮下的 曲线分割 按钮，然后在需要分割的位置单击鼠标；需要合并图形时，请选择需要合并的图形，然后单击 合并相连线 按钮。

3）工艺设置

加工过程中会用到常用工具栏（图 15-31）中的大部分功能，包括设置引入引出线、设置补偿等。

图 15-31　常用工具栏

大尺寸按钮 引线 可以用于设置引入引出线，按钮 封口 用于设置过切、缺口或封口参数；按钮 补偿 用于进行割缝补偿；按钮 微连 用于在图形中插入不切割的小段微连；按钮 反向 可将单个图形反向；按钮 冷却点 用于在图形中设置冷却点。单击 起点 按钮，然后在希望设置为图形起点的地方单击，就可以改变图形的起点，如果在图形之外单击，然后在图形上单击，就可以手动绘制一条引入线。

可以按下 Ctrl＋A 全选所有图形，然后单击“引线”按钮，设置好引线的参数，最后单击“确定”，软件会根据设置自动查找合适的位置加入引入引出线。单击“引线”下方的小三角，选择“检查引入引出”，就可以进行引入引出线的合法性检查，选择“区分内外模”，就可根据内外模自动优化引线。

单击右侧工具栏的“工艺参数设置”按钮，可以设置详细的切割工艺参数，如图 15-32 所示，图层参数设置对话框包含了几乎所有与切割效果有关的参数。

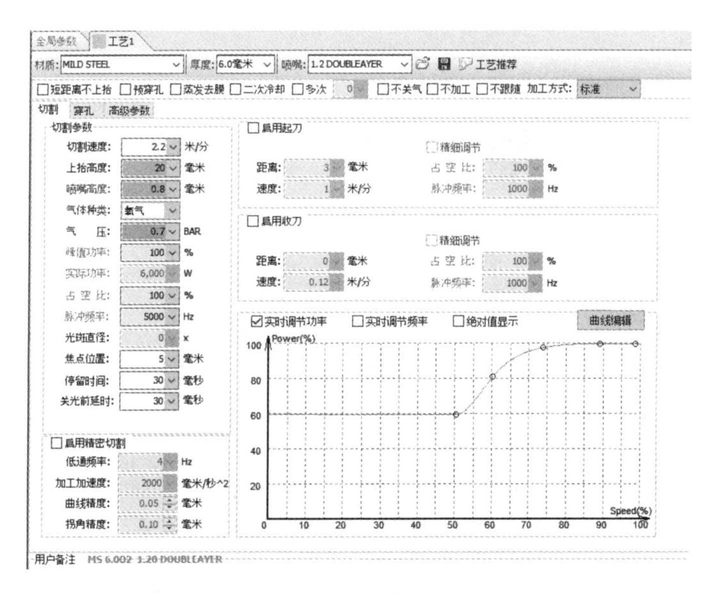

图 15-32　工艺参数设置

4）刀路规划

刀路规划的作用是对图形进行排序。单击常用或排样菜单栏下的 按钮可以进行自动排序，单击“排序”按钮下方的小三角可以选择排序方式，可以控制是否允许自动排序过程改变图形的方向及是否自动区分内外模。

5）加工前检查

在实际切割之前，可以对加工轨迹进行检查。单击各对齐按钮可将图形相应对齐；拖动交互式预览进度条（绘图菜单栏下），可以快速查看图形加工次序；单击交互式预览按钮，可以逐个查看图形加工次序，如图 15-33 所示。

图 15-33　检查菜单栏

6）加工控制

（1）模拟加工。

图形的排序完成之后，可以通过模拟加工模拟整个图形的加工过程。该过程可以脱离机床进行。在模拟过程中不仅可以看到图形之间的次序，还可以看到图形内的加工过程。

单击控制台上的 模拟 按钮开始模拟，工具栏将自动跳到“数控”分页，在“数控”分页的第一栏可以调整模拟加工的速度，如图 15-34 所示。

（2）手动测试。

控制台手动控制部分功能如图 15-35 所示。

带 图标的按钮在相应的设备打开之后会相应变化，其中对于 激光 按钮，按下时开启激光，放开时关闭激光，形成点射；对于其他的按钮，按下时切换，放开时不执行任何动

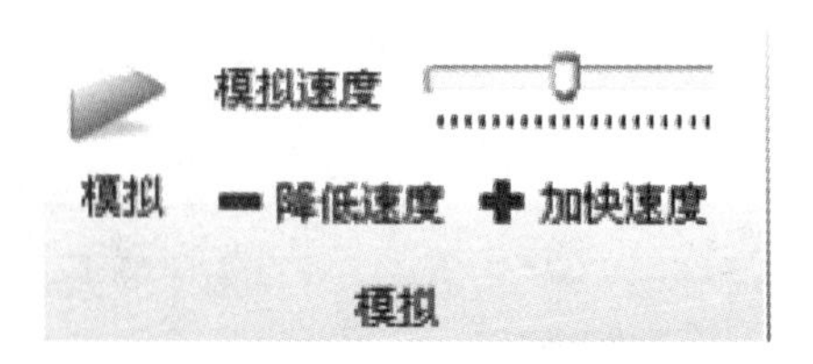

图 15-34　模拟加工速度调节

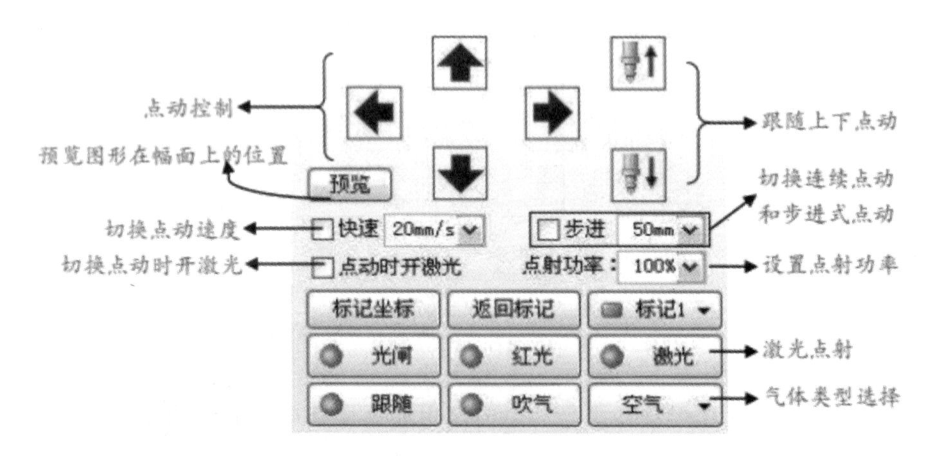

图 15-35　手动控制

作，例如按下【吹气】按钮开始吹气，再次按下则关闭吹气。根据激光器的不同，【光闸】按钮在按下后可能会过一段之间才会变成●样式，此状态是从激光器中读取而来的。按下【光闸】按钮，激光器发出红光。

(3) 加工与空走。

单击控制台上的【开始】按钮开始加工，加工过程中将显示图 15-36 所示的监控界面，其中包括坐标、速度、加工计时和跟随高度等信息。

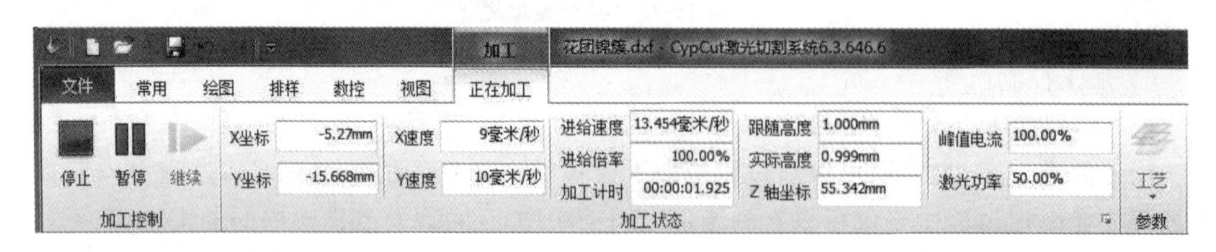

图 15-36　加工的监控界面

单击控制台上的【空走】按钮可以执行空走，空走与实际加工的区别在于不打开激光开关，不打开气体开关，可选择是否开启跟随，所有运行轨迹，包括“预穿孔”的空移、速度及加减速过程等都和实际加工过程完全一致，而且同样可以进行暂停、继续、前进、后退操作，停止后的断点记忆也与实际加工过程完全相同，甚至可以在暂停之后修改参数再继续空走。因此空走可以用于在不切割的情况下对整体加工过程进行全面检查和模拟。

(4) 自动标定功能。

BCS100 电容调高器(以下简称 BCS100,其采用闭环控制方法控制激光切割电容随动头)是一款高性能的电容调高装置。除与其他产品的控制方式类似以外,BCS100 还提供了独有的以太网通信(TCP/IP 协议)接口,可配合 CypCut 激光切割软件轻易地实现高度自动跟踪、分段穿孔、渐进穿孔、寻边切割、蛙跳式上抬、切割头上抬高度任意设置、飞行光路补偿等功能。BCS100 的界面如图 15-37 所示。

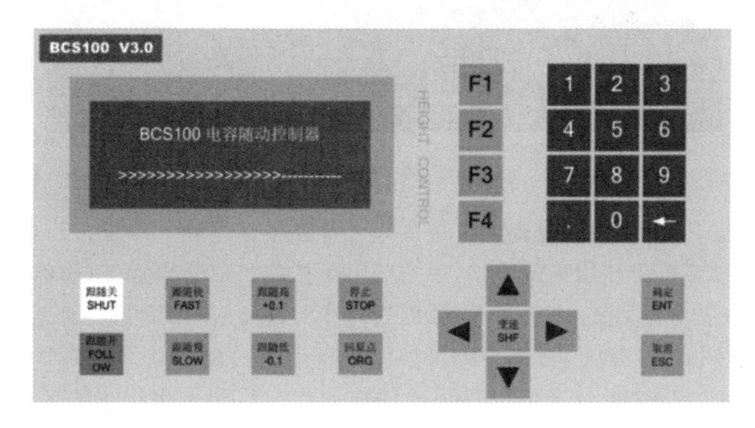

图 15-37 BCS100 **电容调高器界面**

BCS100 上电初始化完成后,自动进入主界面,如图 15-38 所示。

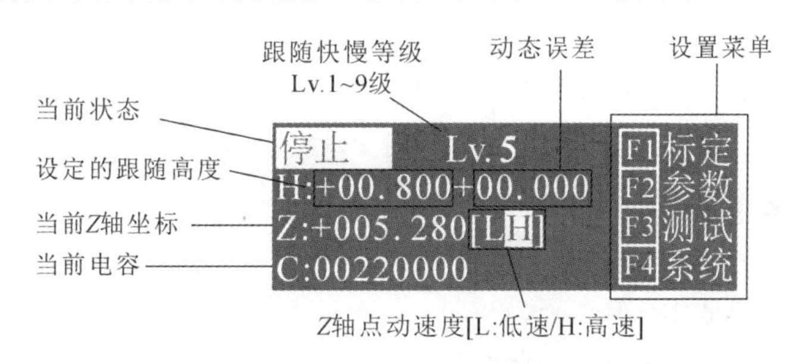

图 15-38 BCS100 **主界面**

7) 实际加工

这一步必须要在实际的机床上才能运行,必须要加密狗和控制卡的支持。在正式加工前,需要将屏幕上的图形和机床对应起来,单击“控制台”上方向键左侧的“预览”按钮可以在屏幕上看到即将加工的图形与机床幅面之间的相对位置关系。该对应关系,是以屏幕上的停靠点标记与机床上激光头的位置匹配来计算的。图 15-39 显示了屏幕上常见的几种坐标标记,单击“预览”时停靠点将平移到激光头位置,视觉上图形整体发生了平移。

如果十字光标所示的激光头位置与实际机床上的激光头位置不符,请检查机床原点位置是否正确,通过“数控回原点”可进行矫正。如果预览后发现图形全部或部分位于机床幅面之外,则表示加工过程可能超出行程范围。

单击常用菜单栏下“停靠”按钮,可以改变图形与停靠点的相对关系。例如,若激光头位于待加工工件的左下角,则设置停靠点为左下角,依次类推。

检查无误后,单击“控制台”上的“走边框”按钮,软件将控制机床沿待加工图形的最外框走一圈,可以借此检查加工位置是否正确。还可以单击“空走”按钮,在不打开激光的情况下沿待

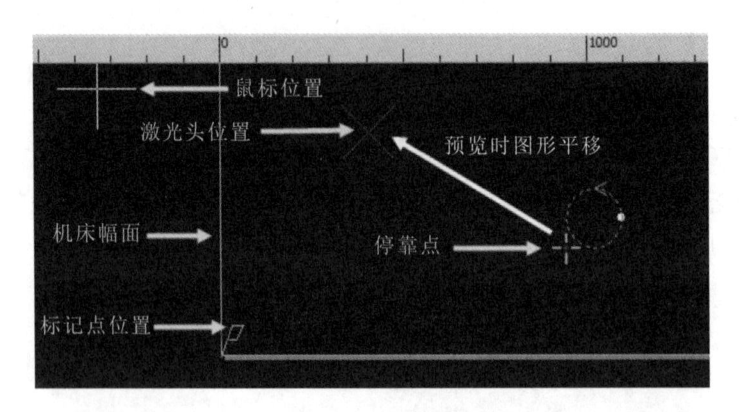

图 15-39　实际加工

加工图形完整运行,以更详细地检查加工过程是否存在不当之处。

最后单击“开始”按钮开始正式加工,单击“暂停”按钮可以暂停加工,暂停过程中可以手动控制激光头升降,手动开关激光、气体等;暂停过程中可以通过“回退”和“前进”按钮继续加工。单击“停止”按钮可以中止加工,激光头将根据设置自动返回相应点。只要没有改变图形形状或开始新一轮加工,单击“断点定位”按钮,软件将允许定位到上次停止的地方,单击“断点继续”按钮将从上次停止的地方继续加工。

思　考　题

1. 激光加工的特点有哪些?
2. 激光加工工艺参数有哪些?
3. 激光加工设备的组成有哪些?
4. 典型的激光加工应用有哪些?
5. 激光切割的原理是什么?
6. 非金属激光切割机的组成有哪些?
7. 激光打标的原理是什么?
8. 激光打标机的组成有哪些?
9. 设计一激光切割样品,并设置切割参数,最后加工出来。
10. 设计一激光打标样品,并设置打标参数,最后加工出来。

参考文献

[1] 宋金虎,侯文志.金工实训[M].北京:人民邮电出版社,2011.

[2] 梁蓓.金工实训[M].北京:机械工业出版社,2009.

[3] 明岩.钳工实训指导书[M].北京:中央广播电视大学出版社,2010.

[4] 童永华,冯忠伟.钳工技能实训[M].北京:北京理工大学出版社,2013.

[5] 魏永涛,刘兴芝.金工实训教程[M].北京:清华大学出版社,2013.

[6] 陈忠建.金工实训教程[M].大连:大连理工大学出版社,2011.

[7] 柴增田.金工实训[M].北京:北京大学出版社,2009.

[8] 李英.机械工程材料及成型工艺基础[M].北京:人民邮电出版社,2010.

[9] 谭雪松,漆向华.机械制造基础[M].北京:人民邮电出版社,2008.

[10] 何世松,寿兵.机械制造基础[M].哈尔滨:哈尔滨工程大学出版社,2009.

[11] 杜可可.机械制造技术基础[M].北京:人民邮电出版社,2007.

[12] 丁德全.金属工艺学[M].北京:机械工业出版社,2011.

[13] 张至丰.机械工程材料及成型工艺基础[M].北京:机械工业出版社,2007.

[14] 张若峰,邓健平.金属切屑原理与刀具[M].北京:人民邮电出版社,2010.

[15] 王爱玲.数控编程技术[M].北京:机械工业出版社,2009.

[16] 周湛学.数控电火花加工[M].北京:化学工业出版社,2010.

[17] 何世松.机械制造基础项目教程[M].南京:东南大学出版社,2016.

[18] 韩鸿鸾.数控车削工艺与编程一体化教程[M].北京:高等教育出版社,2014.

[19] 霍苏萍,刘岩.数控铣削加工工艺编程与操作[M].北京:人民邮电出版社,2014.

[20] 徐慧民,贾颖莲.模具制造工艺[M].北京:北京理工大学出版社,2012.

[21] 京玉海.金工实习[M].天津:天津大学出版社,2010.

[22] 张克义,章国庆.金工实习[M].南京:南京大学出版社,2012.

[23] 陈莛.金工实训[M].重庆:重庆大学出版社,2016.

[24] 韩鸿鸾,董先,张玉东.数控铣工/加工中心操作工技能鉴定实战详解[M].北京:化学工业出版社,2013.